수능특강

과학탐구영역 **화학 I**

KB214222

기획 및 개발

심미연(EBS 교과위원)
강유진(EBS 교과위원)
권현지(EBS 교과위원)
조은정(개발총괄위원)

감수

한국교육과정평가원

책임 편집

송명숙

정답과 해설은 EBS*i* 사이트(www.ebsi.co.kr)에서 다운로드 받으실 수 있습니다.

광주과학기술원
Gwangju Institute of Science and Technology

정해진 길이 없는 시대,
대학의 새로운 역할에 관하여

국가과학기술 베이스캠프
GIST

누적 기술이전 계약액 621억 원

교원창업기업

애니젠(주) | **김재일** 생명과학부 교수
국내 최고 펩타이드 기술 보유, 코스닥 상장 (2016년)

(주)지놈앤컴퍼니 | **박한수** 의생명공학과 교수
마이크로바이옴 기반 신약개발, 코스닥 상장 (2020년)

(주)제이디바이오사이언스 | **안진희** 화학과 교수
GIST 공동연구 개발 혁신신약 후보물질 글로벌 임상시험 진행

(주)리셀 | **이광희** 신소재공학부 교수 · 연구부총장
중기부 딥테크 팁스 선정…15억 원 규모 투자 유치

학생창업기업

(주)에스오에스랩 | **정지성** 대표 · **장준환** CTO (기계공학부)
특허기술 최고 영예 특허청 '세종대왕상' 수상

뉴로핏(주) | **빈준길** 대표 · **김동현** CTO (전기전자컴퓨터공학부)
바이오산업 유공 과기부장관 표창 수상

(주)클라우드스톤 | **김민준** 대표 (화학과) · **송대욱** CSO (기계공
대학교 특화 배달앱 '배달긱' 24.5억 원 규모 투자 유치

수능특강

과학탐구영역 화학 I

이 책의 **차례** Contents

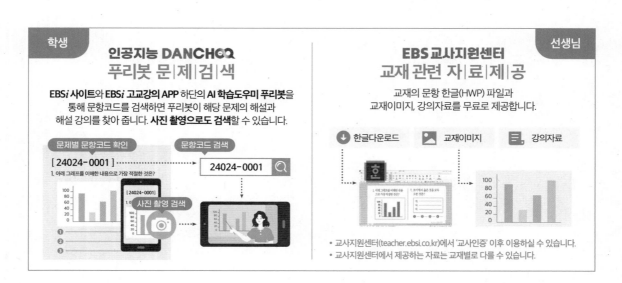

학생

인공지능 DANCHOQ
푸리봇 문|제|검|색

EBS*i* 사이트와 **EBS*i* 고교강의 APP** 하단의 **AI 학습도우미 푸리봇**을 통해 문항코드를 검색하면 푸리봇이 해당 문제의 해설과 해설 강의를 찾아 줍니다. **사진 촬영으로도 검색**할 수 있습니다.

문제별 문항코드 확인 → 문항코드 검색

[24024-0001]
1. 아래 그래프를 이해한 내용으로 가장 적절한 것은?

24024-0001

[24024-0001]
사진 촬영 검색

①
②
③

선생님

EBS 교사지원센터
교재 관련 자|료|제|공

교재의 문항 한글(HWP) 파일과
교재이미지, 강의자료를 무료로 제공합니다.

⬇ 한글다운로드   🖼 교재이미지   📋 강의자료

• 교사지원센터(teacher.ebsi.co.kr)에서 '교사인증' 이후 이용하실 수 있습니다.
• 교사지원센터에서 제공하는 자료는 교재별로 다를 수 있습니다.

이 책의 **구성과 특징** Structure

교육과정의 **핵심 개념 학습**과 **문제 해결 능력** 신장

[EBS 수능특강]은 고등학교 교육과정과 교과서를 분석·종합하여 개발한 교재입니다.
본 교재를 활용하여 대학수학능력시험이 요구하는 교육과정의 핵심 개념과 다양한 난이도의 수능형 문항을 학습함
으로써 문제 해결 능력을 기를 수 있습니다. EBS가 심혈을 기울여 개발한 [EBS 수능특강]을 통해 다양한 출제 유형을
연습함으로써, 대학수학능력시험 준비에 도움이 되기를 바랍니다.

충실한 개념 설명과 보충 자료 제공

1. 핵심 개념 정리
주요 개념을 요약·정리하고 탐구 상황에 적용하였으며, 보다 깊이 있는 이해를 돕기 위해 보충 설명과 관련 자료를
풍부하게 제공하였습니다.

 과학 돋보기

개념의 통합적인 이해를 돕는 보충 설명 자료나 배경
지식, 과학사, 자료 해석 방법 등을 제시하였습니다.

 탐구자료 살펴보기

주요 개념의 이해를 돕고 적용 능력을 기를 수 있도록
시험 문제에 자주 등장하는 탐구 상황을 소개하였습
니다.

2. 개념 체크 및 날개 평가
본문에 소개된 주요 개념을 요약·정리하고 간단한 퀴즈를 제시하여 학습한 내용을 갈무리하고 점검할 수 있도록
구성하였습니다.

단계별 평가를 통한 실력 향상

[EBS 수능특강]은 문제를 수능 시험과 유사하게 **수능 2점 테스트**와 **수능 3점 테스트**로 구분하여 제시하였습니다.
수능 2점 테스트는 필수적인 개념을 간략한 문제 상황으로 다루고 있으며, 수능 3점 테스트는 다양한 개념을 복잡한
문제 상황이나 탐구 활동에 적용하였습니다.

01 우리 생활 속의 화학

● **암모니아의 합성과 식량 문제 해결**
공기 중 질소를 수소와 반응시켜 대량으로 암모니아를 합성함으로써 식량 문제 해결에 기여하였다.

1. 공기 중 가장 많은 양을 차지하는 기체의 성분 원소이며, 단백질을 구성하는 원소는 (   )이다.

※ ○ 또는 ×

2. 암모니아를 원료로 하여 만든 질소 비료는 식량 문제 해결에 크게 기여하였다.
(   )

3. 암모니아는 공기 중 질소와 산소를 반응시켜 합성한다. (   )

4. 대부분의 생명체는 공기 중의 질소를 직접 이용하지 못한다. (   )

1 화학의 유용성

(1) 화학의 발전 과정

① **불의 발견과 이용** : 금속의 제련이 가능해졌다.
② **중세와 근대 연금술의 발전** : 화학적 조작 및 새로운 화학 물질을 발견하는 계기가 되었다.
③ **18세기 말 라부아지에의 화학 혁명** : 물질이 산소와 반응하여 연소된다는 사실이 밝혀져 화학이 크게 발전하는 원동력이 되었다.

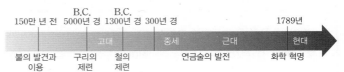

> 🔍 **과학 돋보기** | **연금술**
>
> 오늘날의 관점에서 연금술을 과학의 분야로 인정하기는 힘들지만, 연금술은 각종 실험 기구와 실험 기법을 발전시키고, 물질에 화학 변화를 일으키는 여러 가지 방법을 개발하여 화학의 발전에 기여하였다고 평가 받는다. 현대에는 연금술사의 방법으로 금을 만드는 것은 불가능하지만, 특정 원소에 특정한 에너지의 방사선을 조사하면 금을 만들 수 있다는 것을 알게 되었다. 그러나 이렇게 금을 만드는 방법은 많은 비용이 요구되어 일반적으로 사용되지는 않는다.

(2) 화학과 식량 문제의 해결

① **식량 문제** : 산업 혁명 이후 인구의 급격한 증가로 인해 식물의 퇴비나 동물의 분뇨와 같은 천연 비료에 의존하던 농업이 한계에 이르게 되었다.
② **질소 비료의 필요성** : 급격한 인구 증가에 따른 식량 부족으로 농업 생산량을 높이기 위해 질소 비료가 필요하였다.
③ **암모니아 합성과 식량 문제의 해결**
  • **생명체와 질소** : 질소(N)는 생명체 내에서 단백질, 핵산 등을 구성하는 원소이지만 대부분의 생명체는 공기 중의 질소(N_2)를 직접 이용하지 못한다.
  • 하버와 보슈는 공기 중의 질소(N_2)를 수소(H_2)와 반응시켜 암모니아(NH_3)를 대량으로 합성하는 방법을 개발하였다.
  • **암모니아 대량 생산의 의의** : 암모니아를 원료로 하여 만든 질소 비료는 식량 문제 해결에 크게 기여하였다.

> 🔍 **과학 돋보기** | **하버 · 보슈 법**
>
> 19세기 말 인구의 폭발적인 증가로 인한 식량 부족 문제는 인류가 해결해야 할 시급한 과제 중 하나였다.
> 대기 중의 질소는 매우 안정한 물질이기 때문에 암모니아 합성 반응은 실온에서는 잘 일어나지 않고 고온, 고압 조건에서 일어난다.
> 하버와 보슈는 암모니아 합성에 필요한 최적의 온도와 압력, 촉매 등의 조건을 알아내기 위한 연구 끝에 공기 중의 질소를 수소와 반응시켜 암모니아를 대량 생산하는 공정을 만들었는데, 이를 하버 · 보슈 법이라고 한다.
> 이렇게 생성된 암모니아를 질산, 황산과 반응시켜 질산 암모늄이나 황산 암모늄으로 만들어 비료로 사용한다. 하버 · 보슈 법에 의한 암모니아의 대량 생산은 식량 부족 문제를 해결하는 데 크게 기여하였고, 이 업적으로 하버는 1918년에 노벨 화학상을 수상하였다.
>
> $H_2 \rightarrow$ 촉매 $\rightarrow NH_3$
> $N_2 \rightarrow$ 고온 · 고압

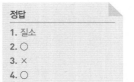

정답
1. 질소
2. ○
3. ×
4. ○

(3) 화학과 의류 문제의 해결

① 의류 문제 : 식물에서 얻는 면이나 마, 동물에서 얻는 비단과 같은 천연 섬유는 강도가 약하며, 생산 과정에 많은 시간과 노력이 들어 합성 섬유보다 값이 비싸고 대량 생산이 어렵다.
② 합성 섬유의 개발과 의류 문제의 해결
- 합성 섬유 : 간단한 분자를 이용하여 합성한 섬유로, 원료에 따라 다양한 특징을 갖는 섬유를 합성할 수 있다. 합성 섬유의 원료는 석유로부터 얻는다.
- 천연 섬유와 합성 섬유의 특징

구분	천연 섬유	합성 섬유
종류	면, 마, 모, 견 등	나일론, 폴리에스터 등
특징	• 흡습성과 촉감이 좋다. • 질기지 않아 쉽게 닳는다. • 생산량이 일정하지 않다. • 생산 과정에 많은 시간과 노력이 필요하다.	• 흡습성이 좋지 않다. • 질기고 쉽게 닳지 않는다. • 대량 생산이 가능하다. • 세탁이 간편하고 해충과 곰팡이의 피해가 없다. • 다양한 기능의 섬유를 제작할 수 있다.

- 합성 섬유 개발의 의의 : 화학의 발달과 함께 개발된 여러 가지 합성 섬유로 인해 값싸고 다양한 기능이 있는 의복을 제작하고 이용할 수 있게 되었다.

과학 돋보기 ┃ 최초의 합성 섬유인 나일론

캐러더스(Carothers, W. H., 1896~1937)가 개발한 나일론은 최초의 합성 섬유로, '공기, 석탄, 그리고 물로부터 만들며, 강철보다 강하다.'라는 주목을 받았다. 나일론은 질기고 물을 흡수해도 팽창하지 않으며 오랫동안 변하지 않는 장점이 있어 여러 가지 의류뿐만 아니라 밧줄, 전선, 그물 등 산업용으로 다양하게 이용된다. 그러나 고온에 비교적 민감하여 쉽게 변형되며, 섬유가 누렇게 되는 황변 현상이 일어나기도 한다.

(4) 화학과 주거 문제의 해결

① 주거 문제 : 산업 혁명 이후 인구의 급격한 증가로 인해 대규모 주거 공간이 필요해졌다.
② 건축 재료의 특징

건축 재료	특징
철	단단하고 내구성이 뛰어나 건축물의 골조, 배관 및 가전제품이나 생활용품 등에 이용한다.
스타이로폼	건물 내부의 열이 밖으로 빠져나가지 않도록 하는 단열재로 사용되며, 가볍고 거의 부식되지 않지만 열에 약하다.
시멘트	석회석($CaCO_3$)을 가열하여 생석회(CaO)로 만든 후 점토와 섞은 건축 재료이다.
콘크리트	시멘트에 물, 모래, 자갈 등을 섞은 건축 재료이며, 압축에는 강하지만 잡아당기는 힘에는 약하다.
철근 콘크리트	콘크리트 속에 철근을 넣어 콘크리트의 강도를 높인 것으로 주택, 건물, 도로 등의 건설에 이용한다.
유리	모래에 포함된 이산화 규소(SiO_2)를 원료로 만들며, 건물의 외벽과 창 등에 이용한다.

③ 건축 재료 발달의 의의 : 화학의 발달로 건축 재료가 바뀌면서 주택, 건물, 도로 등의 대규모 건설이 가능하게 되었다.

개념 체크

◐ 합성 섬유
간단한 분자를 이용하여 합성한 섬유로, 일반적으로 천연 섬유보다 질기고 쉽게 닳지 않으며 대량 생산이 가능하다.

◐ 건축 재료의 개발
시멘트, 철근 콘크리트, 스타이로폼 등의 건축 재료 개발로 안락한 주거 환경과 대규모 건설이 가능해졌다.

1. 면과 같은 (　　　)는 흡습성과 촉감이 좋지만 질기지 않아 쉽게 닳는다.

2. (　　　)은 최초의 합성 섬유로 질기고 쉽게 닳지 않아 여러 가지 의류뿐만 아니라 밧줄, 전선, 그물 등에 사용할 수 있다.

3. (　　　)는 시멘트에 물, 모래, 자갈 등을 섞은 건축 재료이다.

※ ○ 또는 ×

4. 합성 섬유는 대량 생산이 가능하다. (　　　)

정답
1. 천연 섬유
2. 나일론
3. 콘크리트
4. ○

② 탄소 화합물의 유용성

(1) 탄소 화합물 : 탄소(C)를 기본 골격으로 수소(H), 산소(O), 질소(N), 황(S), 인(P), 할로젠 등이 공유 결합하여 이루어진 화합물이다.

　囫 아미노산, DNA, 합성 섬유 등

(2) 탄소 화합물의 다양성

① 탄소 원자 1개는 최대로 다른 원자 4개와 결합할 수 있고, 탄소 원자들은 다양한 결합 방법(단일 결합, 2중 결합, 3중 결합)으로 여러 가지 구조의 탄소 화합물을 만든다.

② 구성 원소의 종류는 적으나 탄소 사이의 다양한 결합이 가능해 화합물의 종류가 매우 많다.

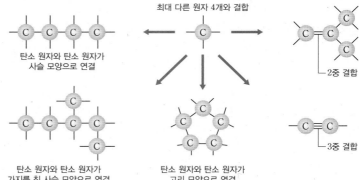

③ 탄소 원자는 C 원자뿐만 아니라 H, O, N 등의 원자와도 결합하므로 화합물의 종류가 매우 많다.

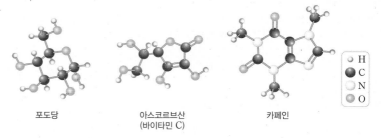

포도당　　　　　아스코르브산　　　　　카페인
　　　　　　　　(바이타민 C)

(3) 여러 가지 탄소 화합물

① **탄화수소** : 탄소 화합물 중 탄소(C)와 수소(H)로만 이루어진 화합물이다.
　• 물에 잘 녹지 않는다.
　• 연소할 때 많은 열이 발생하여 연료로 많이 사용한다.
　• 완전 연소되면 이산화 탄소(CO_2)와 물(H_2O)이 생성된다.

탄화수소	메테인(CH_4)	프로페인(C_3H_8)	뷰테인(C_4H_{10})
분자 모형 및 결합의 특징	C 원자 1개를 중심으로 4개의 H 원자가 정사면체 모양을 이룬다.	3개의 C 원자가 사슬 모양으로 결합되어 있다.	4개의 C 원자가 사슬 모양으로 결합되어 있다.

탄화수소	메테인(CH_4)	프로페인(C_3H_8)	뷰테인(C_4H_{10})
특징	• 가장 간단한 탄화수소 • 액화 천연 가스(LNG)의 주성분 • 실온에서 기체 • 냄새와 색깔이 없다.	• 액화 석유 가스(LPG)의 주성분 • 실온에서 기체 • 냄새와 색깔이 없다.	• 액화 석유 가스(LPG)의 주성분 • 실온에서 기체 • 냄새와 색깔이 없다.
이용	가정용 연료	차량용, 상업용 연료	차량용, 상업용, 휴대용 연료

개념 체크

○ **탄소 화합물의 연소**
탄소 화합물에는 탄소(C)와 수소(H)가 포함되어 있으므로, 탄소 화합물을 완전 연소시키면 이산화 탄소와 물이 생성된다.

1. (　　)은 가장 간단한 탄화수소로 천연 가스의 주성분이다.

2. 푸른색 염화 코발트 종이에 (　　)을 묻히면 붉은색으로 변한다.

3. 탄화수소의 완전 연소 생성물 중 (　　)를 석회수에 통과시키면 석회수가 뿌옇게 흐려진다.

 과학 돋보기 ▶ **LNG와 LPG의 저장·운반 및 이용**

구분	LNG	LPG	
주성분	메테인(CH_4)	프로페인(C_3H_8)	뷰테인(C_4H_{10})
끓는점(℃)	−162.0	−42.1	−0.5
이용	도시 가스	차량용, 상업용 연료	

1. LNG(액화 천연 가스) : 끓는점이 매우 낮아 쉽게 기화되기 때문에 액화시키기 어려워 용기에 넣어 저장하거나 운반하지 않고 주로 가스관을 통해 공급한다.
2. LPG(액화 석유 가스) : 끓는점이 메테인보다 높아 비교적 쉽게 액화되므로 용기에 담아 저장하거나 운반한다.
3. 겨울철 LPG의 이용 : 겨울에는 여름철보다 프로페인 비율을 높여 공급한다. 끓는점이 −0.5℃인 뷰테인은 온도가 낮아지면 기화되기 어려운 반면, 상대적으로 끓는점이 낮은 프로페인은 기화되기 쉬우므로 겨울철에는 프로페인의 비율을 여름철보다 약간 높이면 사용하기에 편리하다.

탐구자료 살펴보기 ▶ **연료의 연소 생성물 확인**

실험 과정

(가) 그림과 같이 연료를 알코올 램프에 넣고 연소시켜 발생하는 기체를 석회수에 통과시킨다.
(나) 그림과 같이 연료가 연소될 때 비커를 거꾸로 씌웠다가 비커 안쪽에 액체 방울이 생기면 푸른색 염화 코발트 종이를 대어 본다.

(가)　　　　　　　(나)

실험 결과

(가)에서 석회수가 뿌옇게 흐려졌고, (나)에서 푸른색 염화 코발트 종이가 붉게 변하였다.

분석 point

1. 석회수($Ca(OH)_2(aq)$)가 뿌옇게 흐려진 것은 석회수와 이산화 탄소가 반응하여 물에 녹지 않는 탄산 칼슘($CaCO_3$)이 생성되었기 때문이다.
$$Ca(OH)_2(aq) + CO_2(g) \longrightarrow CaCO_3(s) + H_2O(l)$$
2. 푸른색 염화 코발트 종이는 물에 의해 붉게 변하므로 생성된 액체는 물이다.

정답
1. 메테인(CH_4)
2. 물
3. 이산화 탄소

개념 체크

○ **에탄올**
탄화수소인 에테인(C_2H_6)에서 H 원자 1개 대신 −OH가 탄소 원자에 결합되어 있는 물질로, 물에 잘 녹는다.

○ **아세트산**
탄화수소인 메테인(CH_4)에서 H 원자 1개 대신 −COOH가 탄소 원자에 결합되어 있는 물질로, 수용액은 산성이다.

1. 에탄올을 완전 연소시키면 (   )와/과 (   )이/가 생성된다.

2. 식초는 약 6%의 (   ) 수용액이다.

※ ○ 또는 ×

3. 에탄올을 물에 녹인 수용액은 염기성이다. (   )

4. 분자당 탄소 원자 수는 아세트산이 에탄올보다 크다. (   )

② 에탄올(C_2H_5OH) : 탄화수소인 에테인(C_2H_6)에서 H 원자 1개 대신 −OH가 탄소 원자에 결합되어 있다.

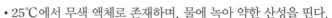

- 술의 주성분으로, 효모를 이용하여 과일이나 곡물 속에 포함된 당을 발효시켜 만든다.
- 물에 잘 녹는 부분과 잘 녹지 않는 부분을 모두 포함하므로 물과 기름에 모두 잘 녹는다.
- 25℃에서 무색 액체로 존재하며 수용액은 중성이다.
- 소독용 알코올, 약품의 원료, 용매, 연료 등으로 사용한다.

③ 아세트산(CH_3COOH) : 탄화수소인 메테인(CH_4)에서 H 원자 1개 대신 −COOH가 탄소 원자에 결합되어 있다.

- 아세트산이 포함된 식초는 오랜 옛날부터 인류가 이용해 온 대표적인 발효 식품으로, 자연 상태에서 에탄올이 발효되어 만들어진다.
- 25℃에서 무색 액체로 존재하며, 물에 녹아 약한 산성을 띤다.
- 약 6% 아세트산 수용액인 식초는 음식을 조리하는 데 사용된다.
- 아스피린과 같은 의약품과 플라스틱, 염료 등의 원료로 사용된다.

④ 그 밖의 탄소 화합물

탄소 화합물	폼알데하이드(CH_2O)	아세톤(C_3H_6O)
분자 모형		
	• C 원자 1개에 H 원자 2개와 O 원자 1개가 결합한 분자이다. • 모든 원자가 동일 평면에 존재한다.	• 프로페인(C_3H_8)의 가운데 탄소 원자에 H 원자 2개 대신 O 원자 1개가 결합한 분자이다.
특징	• 25℃에서 무색 기체로 자극적인 냄새가 난다. • 물에 잘 용해된다. • 플라스틱, 가구용 접착제 등의 원료로 사용된다.	• 25℃에서 무색 액체로 특유의 냄새가 난다. • 물에 잘 용해된다. • 탄소 화합물을 녹이는 용매나 매니큐어 제거제로 사용된다.

과학 돋보기 **탄소 화합물의 완전 연소**

탄소 화합물이 완전 연소될 때 분자를 구성하는 C와 H 원자가 O 원자와 결합하므로 이산화 탄소(CO_2)와 물(H_2O)이 생성되며, 생성되는 CO_2와 H_2O의 분자 수는 각각 탄소 화합물의 분자당 C와 H의 원자 수에 비례한다.

탄소 화합물		메테인 (CH_4)	에탄올 (C_2H_5OH)	아세트산 (CH_3COOH)
분자당 구성 원자 수	C	1	2	2
	H	4	6	4
분자당 완전 연소 생성물의 분자 수	CO_2	1	2	2
	H_2O	2	3	2

정답
1. 이산화 탄소, 물
2. 아세트산
3. ×
4. ×

(4) 탄소 화합물과 우리 생활

① 탄소 화합물의 생산과 활용

- 원유는 액체 상태로 산출되는 탄화수소의 혼합물이다. 원유를 분별 증류하여 석유 가스, 나프타, 등유, 경유, 중유, 아스팔트 등을 얻는다.
- 나프타를 고온에서 분해하여 생성된 물질을 원료로 플라스틱, 의약품, 화장품, 페인트, 합성 고무 등의 석유 화학 제품을 만들 수 있는데, 이러한 제품이 모두 탄소 화합물이다.

② 생활 속의 탄소 화합물

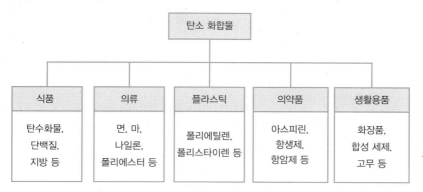

	탄소 화합물			
식품	**의류**	**플라스틱**	**의약품**	**생활용품**
탄수화물, 단백질, 지방 등	면, 마, 나일론, 폴리에스터 등	폴리에틸렌, 폴리스타이렌 등	아스피린, 항생제, 항암제 등	화장품, 합성 세제, 고무 등

- 플라스틱 : 주로 원유에서 분리되는 나프타를 원료로 하여 합성하는 탄소 화합물로, 가볍고 외부의 힘과 충격에 강하며, 녹이 슬지 않고 대량 생산이 가능하여 값이 싸다.
- 아세틸살리실산(아스피린) : 살리실산과 아세트산을 반응시켜 합성한 탄소 화합물로 해열제나 진통제로 사용된다.

과학 돋보기 **원유의 분별 증류**

- 원유는 여러 가지 탄화수소가 혼합되어 있는 물질이며, 분별 증류를 이용하여 탄화수소를 분리할 수 있다.
- 분별 증류는 물질의 끓는점 차이를 이용하여 물질을 분리하는 방법으로, 끓는점이 낮은 물질은 먼저 기화하여 증류탑의 위쪽에서 액화되고, 끓는점이 높은 물질은 증류탑의 아래쪽에서 액화된다.
- 분자당 탄소 수가 클수록 끓는점이 높으므로 분별 증류탑의 위쪽에서 분리되어 나오는 탄화수소일수록 분자당 탄소 수가 작다.
- 원유에서 분리되어 나오는 탄화수소 중 나프타는 여러 가지 석유 화학 제품의 원료로 사용된다.

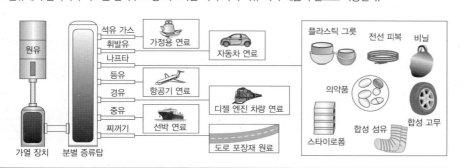

01 다음은 질소(N_2)와 수소(H_2)가 반응하여 화합물 A를 생성하는 반응의 화학 반응식이다.

[24024-0001]

$$N_2(g) + 3H_2(g) \longrightarrow 2A(g)$$

A에 대한 설명으로 옳은 것만을 〈보기〉에서 있는 대로 고른 것은?

─● 보기 ●─
ㄱ. 탄소 화합물이다.
ㄴ. 화학식은 NH_3이다.
ㄷ. 질소 비료의 원료로 사용될 수 있다.

① ㄱ   ② ㄴ   ③ ㄷ
④ ㄱ, ㄷ   ⑤ ㄴ, ㄷ

02 그림은 수건과 비옷의 품질 표시 중 일부를 나타낸 것이다.

[24024-0002]

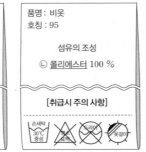

품명 : 수건	품명 : 비옷
규격 : 40 × 80 cm	호칭 : 95
섬유의 조성	섬유의 조성
㉠ 면 100%	㉡ 폴리에스터 100 %
[취급시 주의 사항]	[취급시 주의 사항]

이에 대한 설명으로 옳은 것만을 〈보기〉에서 있는 대로 고른 것은?

─● 보기 ●─
ㄱ. ㉠은 탄소 화합물이다.
ㄴ. ㉡은 천연 섬유이다.
ㄷ. ㉡이 ㉠보다 물을 잘 흡수한다.

① ㄱ   ② ㄷ   ③ ㄱ, ㄴ
④ ㄴ, ㄷ   ⑤ ㄱ, ㄴ, ㄷ

03 다음은 건축 재료에 대한 세 학생의 대화이다.

[24024-0003]

콘크리트는 시멘트에 물, 모래, 자갈 등을 섞어서 만들어. — 학생 A

콘크리트에 철근을 넣으면 강도가 높아져서 고층 건물의 건설에 이용할 수 있어. — 학생 B

창문 틀에 사용되는 플라스틱은 화학 반응을 통해 만들 수 있어. — 학생 C

제시한 내용이 옳은 학생만을 있는 대로 고른 것은?

① A   ② B   ③ A, C
④ B, C   ⑤ A, B, C

04 다음은 탄소 화합물과 관련된 설명이다.

[24024-0004]

○ 탄소 원자 1개는 최대로 다른 원자 4개와 결합할 수 있다.
○ 탄소 화합물은 탄소(C)를 기본 골격으로 수소(H), 산소(O), 질소(N) 등이 공유 결합하여 만들어진다.
○ 메테인(CH_4)은 일상생활에서 유용하게 사용되는 탄소 화합물이다.

이에 대한 설명으로 옳은 것만을 〈보기〉에서 있는 대로 고른 것은?

─● 보기 ●─
ㄱ. 메탄올(CH_3OH)에서 탄소 원자는 다른 원자 4개와 공유 결합한다.
ㄴ. 흑연(C)은 탄소 화합물이다.
ㄷ. 메테인(CH_4)은 연료로 사용할 수 있다.

① ㄱ   ② ㄴ   ③ ㄱ, ㄷ
④ ㄴ, ㄷ   ⑤ ㄱ, ㄴ, ㄷ

05 다음은 3가지 탄소 화합물 (가)~(다)에 대한 설명이다. (가)~(다)는 메테인(CH_4), 프로페인(C_3H_8), 뷰테인(C_4H_{10})을 순서 없이 나타낸 것이다.

[24024-0005]

> ○ (가)는 액화 석유 가스(LPG)의 주성분 중 하나이다.
> ○ $\dfrac{\text{H 원자 수}}{\text{C 원자 수}}$ 는 (다)가 가장 작다.

이에 대한 설명으로 옳은 것만을 〈보기〉에서 있는 대로 고른 것은?

> ● 보기 ●
> ㄱ. (가)는 C_3H_8이다.
> ㄴ. (나)는 액화 천연 가스(LNG)의 주성분이다.
> ㄷ. 완전 연소할 때 생성물의 가짓수는 (나)와 (다)가 같다.

① ㄱ   ② ㄴ   ③ ㄱ, ㄷ
④ ㄴ, ㄷ   ⑤ ㄱ, ㄴ, ㄷ

06 그림은 탄소 화합물 (가)~(다)를 모형으로 나타낸 것이다. (가)~(다)는 에탄올, 아세톤, 아세트산을 순서 없이 나타낸 것이다.

[24024-0006]

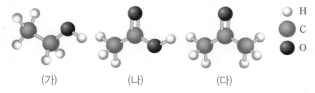

(가)   (나)   (다)

이에 대한 설명으로 옳은 것만을 〈보기〉에서 있는 대로 고른 것은?

> ● 보기 ●
> ㄱ. (가)는 물에 잘 용해되지 않는다.
> ㄴ. (나)의 수용액은 산성이다.
> ㄷ. $\dfrac{\text{H 원자 수}}{\text{C 원자 수}}$ 는 (가)가 (다)보다 크다.

① ㄱ   ② ㄴ   ③ ㄱ, ㄷ
④ ㄴ, ㄷ   ⑤ ㄱ, ㄴ, ㄷ

07 그림은 3가지 탄소 화합물을 주어진 기준에 따라 분류한 것이다. ㉠과 ㉡은 C_2H_5OH과 CH_3COOH을 순서 없이 나타낸 것이다.

[24024-0007]

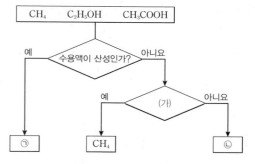

이에 대한 설명으로 옳은 것만을 〈보기〉에서 있는 대로 고른 것은?

> ● 보기 ●
> ㄱ. ㉠은 CH_3COOH이다.
> ㄴ. ㉡은 손 소독제를 만드는 데 사용된다.
> ㄷ. '완전 연소 생성물의 가짓수는 2인가?'는 (가)로 적절하다.

① ㄱ   ② ㄷ   ③ ㄱ, ㄴ
④ ㄴ, ㄷ   ⑤ ㄱ, ㄴ, ㄷ

08 그림은 탄소 화합물 (가)와 (나)를 모형으로 나타낸 것이다.

[24024-0008]

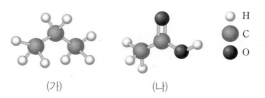

(가)   (나)

(가)와 (나)의 공통점만을 〈보기〉에서 있는 대로 고른 것은?

> ● 보기 ●
> ㄱ. 탄화수소이다.
> ㄴ. 완전 연소 생성물의 종류가 같다.
> ㄷ. 모든 탄소 원자는 4개의 원자와 공유 결합한다.

① ㄱ   ② ㄴ   ③ ㄱ, ㄷ
④ ㄴ, ㄷ   ⑤ ㄱ, ㄴ, ㄷ

[24024-0009]

01 다음은 화학의 유용성에 대하여 학생이 작성한 보고서이다.

암모니아의 합성은 식량 문제, 합성 섬유의 개발은 의류 문제, 건축 재료의 발달은 주거 문제 해결에 기여하였다.

> 최근 '케미포비아'라는 신조어가 나올 정도로 화학에 대한 부정적 인식이 커지고 있지만, 화학은 인류가 직면한 여러 가지 문제를 해결함으로써 삶의 질을 향상시켜 왔다. 공기 중의 질소를 수소와 반응시켜 만든 ⓐ ◯ 은/는 비료의 원료로 사용되어 인류의 식량 문제 해결에 크게 기여하였으며, 석유로부터 얻은 원료로 만든 ⓒ합성 섬유의 대량 생산으로 값싸고 질 좋은 의복을 제작할 수 있게 되었다. 또한 화학의 발달로 ⓒ시멘트 등 새로운 건축 재료가 개발되어 건물, 도로 등의 대규모 건설이 가능해졌다.

이에 대한 설명으로 옳은 것만을 〈보기〉에서 있는 대로 고른 것은?

> **● 보기 ●**
> ㄱ. '암모니아'는 ⓐ으로 적절하다.
> ㄴ. 나일론은 ⓒ의 예이다.
> ㄷ. ⓒ에 물, 모래, 자갈 등을 섞어 콘크리트를 만든다.

① ㄱ　　　② ㄷ　　　③ ㄱ, ㄴ　　　④ ㄴ, ㄷ　　　⑤ ㄱ, ㄴ, ㄷ

[24024-0010]

02 그림은 탄소 화합물 (가)와 (나)를 모형으로 나타낸 것이다.

구성 원소가 C, H인 화합물과 C, H, O인 화합물의 완전 연소 생성물은 이산화 탄소(CO_2)와 물(H_2O)로 같다.

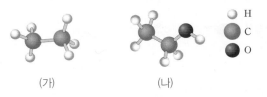

(가)　　　　　(나)

○ H
● C
● O

(가)와 (나)의 공통점만을 〈보기〉에서 있는 대로 고른 것은?

> **● 보기 ●**
> ㄱ. 구성 원소의 가짓수가 같다.
> ㄴ. 완전 연소될 때 생성물의 가짓수가 같다.
> ㄷ. $\dfrac{\text{H 원자 수}}{\text{C 원자 수}}$ 가 같다.

① ㄱ　　　② ㄷ　　　③ ㄱ, ㄴ　　　④ ㄴ, ㄷ　　　⑤ ㄱ, ㄴ, ㄷ

03 다음은 3D 프린터와 관련된 신문 기사이다.

> 일반적으로 ㉠ 플라스틱 제품을 만드는 데 사용되었던 3D 프린터가 최근 다양한 분야에 활용되어 다시 한번 주목을 받고 있다. 한 패션 업체는 ㉡ 나일론을 이용하여 3D 프린팅 수영복을 제작하였는데, 이 수영복은 봉제선이 전혀 없는 것이 특징이다. 또한 최근 해외의 한 업체가 3D 프린터를 이용하여 집을 만들어 화제가 되었는데, 3D 프린터가 치약을 짜듯 ㉢ 콘크리트를 쌓아 집을 지어 건축 시간뿐만 아니라 비용까지 절감하였다고 한다.

㉠~㉢에 대한 설명으로 옳은 것만을 〈보기〉에서 있는 대로 고른 것은?

● 보 기 ●
ㄱ. ㉠은 탄소 화합물이다.
ㄴ. ㉡은 대량 생산이 불가능하다.
ㄷ. ㉢의 개발은 주거 문제 해결에 기여하였다.

① ㄱ   ② ㄴ   ③ ㄱ, ㄷ   ④ ㄴ, ㄷ   ⑤ ㄱ, ㄴ, ㄷ

[24024-0011]

합성 섬유는 대량 생산이 가능하다.

04 다음은 생활 잡지에 소개된 '와인으로 식초 만드는 방법'의 일부이다. (가)와 (나)는 에탄올과 아세트산을 순서 없이 나타낸 것이다.

> Q : 집에 남은 와인이 많아요. 버리기 아까운데 활용할 방법이 없을까요?
> A : 와인 속 [(가)] 성분이 발효되면 [(나)](으)로 변하게 되는데, 이러한 화학 반응을 이용해서 와인으로 식초를 만들 수 있어요. 한번 따라 해 보세요.

이에 대한 설명으로 옳은 것만을 〈보기〉에서 있는 대로 고른 것은?

● 보 기 ●
ㄱ. (가)는 물에 잘 녹지 않는다.
ㄴ. (가)는 과일이나 곡물 속에 포함된 당을 발효시켜 만들 수 있다.
ㄷ. (나)의 수용액은 염기성이다.

① ㄱ   ② ㄴ   ③ ㄱ, ㄷ   ④ ㄴ, ㄷ   ⑤ ㄱ, ㄴ, ㄷ

[24024-0012]

에탄올은 과일이나 곡물 속에 포함된 당을 발효시켜 만들 수 있고, 아세트산은 에탄올을 발효시켜 만들 수 있다.

메테인은 액화 천연 가스
(LNG), 프로페인과 뷰테인은
액화 석유 가스(LPG)의 주성
분이다.

05 다음은 3가지 물질의 화학식과 이에 대한 세 학생의 대화이다.

[24024-0013]

물질	메테인	프로페인	뷰테인
화학식	CH_4	C_3H_8	C_4H_{10}

메테인은 액화 천연 가스의 주성분이야.

3가지 물질 모두 연소할 때 많은 열이 발생하여 연료로 사용해.

완전 연소 생성물의 가짓수는 뷰테인이 프로페인보다 커.

학생 A 학생 B 학생 C

제시한 내용이 옳은 학생만을 있는 대로 고른 것은?

① A   ② C   ③ A, B   ④ B, C   ⑤ A, B, C

에탄올을 발효시켜 아세트산
을 만들 수 있다.

06 다음은 2가지 반응의 화학 반응식이다. (가)와 (나)는 에탄올(C_2H_5OH)과 아세트산(CH_3COOH)을 순서 없이 나타낸 것이다.

[24024-0014]

○ (가)의 발효 : $\boxed{(가)} + O_2 \longrightarrow \boxed{(나)} + H_2O$
○ 아스피린의 합성 : $C_7H_6O_3 + \boxed{(나)} \longrightarrow C_9H_8O_4 + H_2O$

이에 대한 설명으로 옳은 것만을 〈보기〉에서 있는 대로 고른 것은?

● 보기 ●
ㄱ. (가)와 (나)는 모두 탄소 화합물이다.
ㄴ. (가)의 수용액은 산성이다.
ㄷ. 1 mol을 완전 연소시켰을 때 생성되는 H_2O의 양(mol)은 (나)가 (가)보다 크다.

① ㄱ   ② ㄴ   ③ ㄱ, ㄷ   ④ ㄴ, ㄷ   ⑤ ㄱ, ㄴ, ㄷ

07 표는 물질 (가)~(라)에 대한 자료이다. (가)~(라)는 메테인(CH_4), 프로페인(C_3H_8), 에탄올(C_2H_5OH), 아세트산(CH_3COOH)을 순서 없이 나타낸 것이다.

물질	(가)	(나)	(다)	(라)
구성 원소	C, H	C, H	C, H, O	C, H, O
$\dfrac{\text{H 원자 수}}{\text{C 원자 수}}$	4			a
분자당 완전 연소 생성물의 분자 수	a	b		

이에 대한 설명으로 옳은 것만을 〈보기〉에서 있는 대로 고른 것은?

─● 보기 ●─
ㄱ. (가)는 액화 천연 가스(LNG)의 주성분이다.
ㄴ. (다)를 발효시켜 (라)를 만들 수 있다.
ㄷ. $a+b=9$이다.

① ㄱ ② ㄴ ③ ㄱ, ㄷ ④ ㄴ, ㄷ ⑤ ㄱ, ㄴ, ㄷ

분자당 완전 연소 생성물의 분자 수는 CH_4이 3, C_3H_8이 7, C_2H_5OH이 5, CH_3COOH이 4이다.

08 다음은 물질 (가)~(라)에 대한 자료이다. (가)~(라)는 메테인(CH_4), 암모니아(NH_3), 에탄올(C_2H_5OH), 아세트산(CH_3COOH)을 순서 없이 나타낸 것이다.

○ 구성 원소의 가짓수는 (가)와 (나)가 같다.
○ 완전 연소 생성물의 종류는 (가)와 (다)가 같다.
○ 분자당 구성 원자 수는 (라)가 (다)보다 크다.

이에 대한 설명으로 옳은 것만을 〈보기〉에서 있는 대로 고른 것은?

─● 보기 ●─
ㄱ. (가)는 손 소독제를 만드는 데 사용된다.
ㄴ. (나)는 질소 비료의 원료이다.
ㄷ. $\dfrac{\text{H 원자 수}}{\text{전체 원자 수}}$ 는 (라)가 (다)보다 크다.

① ㄱ ② ㄷ ③ ㄱ, ㄴ ④ ㄴ, ㄷ ⑤ ㄱ, ㄴ, ㄷ

구성 원소의 가짓수는 CH_4과 NH_3가 같고, C_2H_5OH과 CH_3COOH이 같다.

[24024-0017]

구성 원소의 가짓수는 C_2H_6이 2, C_2H_5OH과 CH_3COOH은 3이다.

09 그림은 (가)~(다)의 구성 원소의 가짓수와 $\dfrac{H\ 원자\ 수}{C\ 원자\ 수}$를 나타낸 것이다. (가)~(다)는 에테인($C_2H_6$), 에탄올($C_2H_5OH$), 아세트산($CH_3COOH$)을 순서 없이 나타낸 것이다.

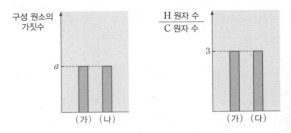

이에 대한 설명으로 옳은 것만을 〈보기〉에서 있는 대로 고른 것은?

┌─ 보기 ─
ㄱ. (가)는 손 소독제를 만드는 데 사용할 수 있다.
ㄴ. (나)의 수용액은 산성이다.
ㄷ. $\dfrac{H\ 원자\ 수}{C\ 원자\ 수}$는 (다)가 (나)보다 크다.
└─

① ㄱ   ② ㄷ   ③ ㄱ, ㄴ   ④ ㄴ, ㄷ   ⑤ ㄱ, ㄴ, ㄷ

[24024-0018]

C_2H_5OH과 CH_3COOH은 분자당 C 원자 수가 같으므로, 1 mol을 완전 연소시켰을 때 생성되는 CO_2의 양(mol)이 같다.

10 그림은 탄소 화합물 (가)~(다) **1 mol**을 각각 완전 연소시켰을 때 생성되는 CO_2와 H_2O의 양 **(mol)**을 나타낸 것이다. (가)~(다)는 메테인(CH_4), 에탄올(C_2H_5OH), 아세트산(CH_3COOH)을 순서 없이 나타낸 것이다.

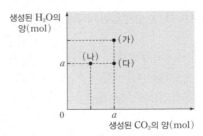

이에 대한 설명으로 옳은 것만을 〈보기〉에서 있는 대로 고른 것은?

┌─ 보기 ─
ㄱ. $a=2$이다.
ㄴ. (나)는 액화 천연 가스(LNG)의 주성분이다.
ㄷ. (가)는 (다)를 발효시켜 만들 수 있다.
└─

① ㄱ   ② ㄷ   ③ ㄱ, ㄴ   ④ ㄴ, ㄷ   ⑤ ㄱ, ㄴ, ㄷ

02 화학식량과 몰

1 화학식량

물질을 원소 기호를 이용하여 표현하는 것을 통틀어 화학식이라고 한다. 화학식량은 물질의 화학식을 이루는 원자의 원자량을 모두 더하여 구한다.

> **과학 돋보기** | **원자, 분자, 이온**
>
> • 원자는 물질을 구성하는 기본적인 입자로 원자핵과 전자로 구성되어 있다.
> • 분자는 원자가 공유 결합하여 만들어지며 독립적으로 존재할 수 있다. 분자는 구성 원자 수에 따라 이원자 분자, 삼원자 분자, 사원자 분자 등으로 구분할 수 있다. 단, He, Ne, Ar 등의 18족 원소는 예외적으로 원자가 독립적으로 존재하는 일원자 분자이다.
>
> | 분자(분자식) | 산소(O_2) | 물(H_2O) | 암모니아(NH_3) |
> |---|---|---|---|
> | 분자 모형 | O O | H O H | H N H H |
> | 구성 원자 (분자당 원자 수) | O O (2개) | O H H (3개) | N H H H (4개) |
>
> • 이온은 원자가 전자를 잃거나 얻어서 전하를 띤 입자이다. 화합물 중에는 분자로 이루어지지 않고 이온으로 이루어진 물질도 있다.

(1) 원자량

① 질량수가 12인 탄소(^{12}C) 원자의 원자량을 12로 정하고, 이것을 기준으로 하여 비교한 원자의 상대적인 질량이며, g, kg과 같은 단위를 붙이지 않는다.
• 질량수 : 양성자수와 중성자수를 합한 수이다.
  예 ^{12}C : 양성자수가 6, 중성자수가 6이므로 질량수가 12이다.

② 원자량을 사용하는 까닭 : 원자 1개의 실제 질량은 매우 작아서 원자 1개의 질량을 직접 측정하기 어렵고, 실제 질량을 그대로 사용하면 매우 불편하다. 그래서 특정 원자와 비교한 상대적 질량인 원자량을 사용한다.

> **과학 돋보기** | **원자량의 의미**
>
> | 수소(^1H) | 산소(^{16}O) |
> |---|---|
> | C 원자 1개 / H 원자 12개 | C 원자 4개 / O 원자 3개 |
> | • C의 원자량×C의 개수=H의 원자량×H의 개수 | • C의 원자량×C의 개수=O의 원자량×O의 개수 |
> | • C 원자 1개와 H 원자 12개의 질량이 같으므로 H 원자 1개의 질량은 C 원자 1개 질량의 $\frac{1}{12}$배이다. | • C 원자 4개와 O 원자 3개의 질량이 같으므로 O 원자 1개의 질량은 C 원자 1개 질량의 $\frac{4}{3}$배이다. |
> | ➡ C의 원자량이 12이므로 H의 원자량은 1이다. | ➡ C의 원자량이 12이므로 O의 원자량은 16이다. |

개념 체크

◆ **원자량**
질량수가 12인 C 원자의 원자량을 12로 정하고, 이것을 기준으로 비교한 원자의 상대적인 질량이다.

1. 원자량은 질량수가 12인 ( )의 원자량을 12로 정하여 기준으로 삼는다.

※ ○ 또는 ×

2. 화학식량은 상대적인 질량이며 단위를 붙이지 않는다.
( )

3. 같은 질량의 질소(N) 원자와 산소(O) 원자의 개수비는 N : O=( ) : ( )이다. (단, N, O의 원자량은 각각 14, 16이다.)

정답
1. 탄소(C)
2. ○
3. 8, 7

개념 체크

○ **분자량**
분자를 구성하는 모든 원자들의 원자량을 합하여 구한다.

○ **분자가 아닌 물질의 화학식량**
화학식에 표시된 구성 원자의 원자량을 합하여 구한다.

1. 다음 물질의 분자량을 구하시오. (단, H, C, O의 원자량은 각각 1, 12, 16이다.)
   (1) CH₄
   (2) CO₂
   (3) H₂O₂

2. 다음 물질의 화학식량을 구하시오. (단, C, O, Ca의 원자량은 각각 12, 16, 40이다.)
   (1) 흑연(C)
   (2) 산화 칼슘(CaO)
   (3) 탄산 칼슘(CaCO₃)

 과학 돋보기 **동위 원소와 평균 원자량**

원자 번호 — 6
원소 기호 — C
원소 이름 — 탄소
원자량 — 12.011

동위 원소는 원자 번호는 같지만 원자의 질량수가 다른 원소이다. 대부분의 원소들은 동위 원소가 있고, 자연 상태에서 그 존재 비율이 거의 일정하다. 예를 들면 자연 상태의 탄소는 질량수가 12인 ^{12}C가 대부분이지만 질량수가 13인 ^{13}C도 조금 섞여 있다. 평균 원자량은 동위 원소의 존재 비율을 고려하여 평균값으로 나타낸 것이고, 주기율표에 주어진 각 원소의 원자량은 평균 원자량이다.

^{12}C의 존재 비율 ㄱ   ㄱ ^{13}C의 존재 비율

탄소의 평균 원자량 $= 12 \times \dfrac{98.93}{100} + 13 \times \dfrac{1.07}{100} ≒ 12.011$

↑ ^{12}C의 원자량   ↑ ^{13}C의 원자량

---

(2) 분자량

분자의 상대적인 질량을 나타내는 값으로, 분자를 구성하는 모든 원자들의 원자량을 합한 값이다. 분자량도 상대적인 질량이므로 단위가 없다.

분자(분자식)	산소(O_2)	물(H_2O)	암모니아(NH_3)
분자 모형	O O	O H H	H N H H
구성 원자 (원자량)	O O (16) (16)	O H H (16) (1) (1)	N H H H (14) (1) (1) (1)
분자량	$16 \times 2 = 32$	$16 + (1 \times 2) = 18$	$14 + (1 \times 3) = 17$

(3) 분자가 아닌 물질의 화학식량

① 염화 나트륨($NaCl$), 염화 칼슘($CaCl_2$) 등의 이온 결합 물질과 철(Fe), 구리(Cu) 등의 금속 결합 물질, 그리고 공유 결합 물질 중 이산화 규소(SiO_2), 다이아몬드(C) 등은 분자가 아니다.

② 분자가 아닌 물질의 화학식량은 화학식을 이루는 각 원자의 원자량을 합하여 구한다.

   예 염화 나트륨은 Na^+과 Cl^-이 1 : 1의 개수비로 연속적으로 결합하여 결정을 이루고 있어서 화학식을 $NaCl$로 표시하며 화학식량은 화학식을 구성하는 원자의 원자량을 합하여 구한다.

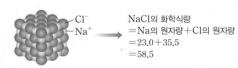

Cl⁻
Na⁺ →
NaCl의 화학식량
= Na의 원자량 + Cl의 원자량
= 23.0 + 35.5
= 58.5

물질(화학식)	플루오린화 칼슘(CaF_2)	이산화 규소(SiO_2)	다이아몬드(C)
모형			
화학식량	$40 + (19 \times 2) = 78$	$28 + (16 \times 2) = 60$	12

정답
1. (1) 16 (2) 44 (3) 34
2. (1) 12 (2) 56 (3) 100

② 몰

(1) **몰(mol)** : 원자, 분자, 이온 등과 같은 입자의 수를 나타낼 때 사용하는 묶음 단위이다.
- 묶음 단위를 사용하는 까닭 : 원자, 분자, 이온은 매우 작고 가벼워서 물질의 질량이 작아도 그 속에 들어 있는 원자, 분자, 이온 수가 매우 많기 때문에 묶음 단위를 사용하면 편리하다.

(2) **몰과 아보가드로수(N_A)** : 1 mol은 6.02×10^{23}개의 입자를 뜻하며, 6.02×10^{23}을 아보가드로수라고 한다.

$$1 \text{ mol} = \text{입자 } 6.02 \times 10^{23}\text{개}$$

 과학 돋보기 | **1 mol과 아보가드로수**

원자, 분자, 이온과 같이 작은 입자들의 개수를 다룰 때 mol이라는 단위를 사용한다. 입자 수가 많을 때는 개수를 세는 것보다 질량을 재는 것이 편리하다. 1 mol은 탄소(^{12}C) 12 g 속에 들어 있는 원자의 개수로 정의되었다가 현재는 '1 mol은 $6.02214076 \times 10^{23}$개의 구성 요소를 포함한다.'로 정의가 바뀌었다. 구성 요소는 원자, 분자, 이온, 전자 등이 될 수 있다. 예를 들면 전자 1 mol에 포함된 전자는 $6.02214076 \times 10^{23}$개이다.

(3) **몰과 입자 수** : 원자, 분자, 이온 등 입자의 종류와 관계없이 입자 1 mol에는 그 입자가 6.02×10^{23}개 들어 있다.

원자		분자	
원자 1 mol	원자 1 mol = 원자 6.02×10^{23}개	분자 1 mol	분자 1 mol = 분자 6.02×10^{23}개
원자 2 mol	원자 2 mol = 원자 $2 \times 6.02 \times 10^{23}$개	분자 2 mol	분자 2 mol = 분자 $2 \times 6.02 \times 10^{23}$개

입자	1 mol의 의미	물질의 양(mol)과 입자 수
원자	6.02×10^{23}개의 원자	• 탄소 원자(C) 1 mol ➡ 탄소 원자 6.02×10^{23}개 • 수소 원자(H) 0.5 mol ➡ 수소 원자 $0.5 \times 6.02 \times 10^{23}$개
분자	6.02×10^{23}개의 분자	• 물 분자(H_2O) 1 mol ➡ 물 분자 6.02×10^{23}개 • 산소 분자(O_2) 0.1 mol ➡ 산소 분자 $0.1 \times 6.02 \times 10^{23}$개
이온	6.02×10^{23}개의 이온	• 칼륨 이온(K^+) 1 mol ➡ 칼륨 이온 6.02×10^{23}개 • 염화 이온(Cl^-) 2 mol ➡ 염화 이온 $2 \times 6.02 \times 10^{23}$개

① 분자로 이루어진 물질의 양(mol)을 알면 그 물질을 구성하는 원자의 양(mol)과 개수를 알 수 있다.

예 이산화 탄소(CO_2) 분자 1 mol에는 탄소(C) 원자 1 mol, 산소(O) 원자 2 mol이 들어 있다.

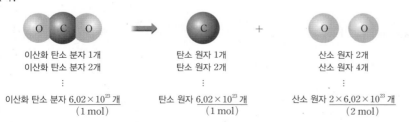

이산화 탄소 분자 1개
이산화 탄소 분자 2개
⋮
이산화 탄소 분자 $\underline{6.02 \times 10^{23}}$ 개
(1 mol)

탄소 원자 1개
탄소 원자 2개
⋮
탄소 원자 $\underline{6.02 \times 10^{23}}$ 개
(1 mol)

+

산소 원자 2개
산소 원자 4개
⋮
산소 원자 $\underline{2 \times 6.02 \times 10^{23}}$ 개
(2 mol)

개념 체크

○ **1 mol의 질량**
물질의 화학식량 뒤에 그램(g)
단위를 붙인 질량이다.

※ ○ 또는 ×
※ H, C, O의 원자량은 각각
1, 12, 16이다.

1. 산소(O) 원자 1 mol의
질량은 16 g이다. (　　)

2. 메테인(CH_4) 2 mol과
산소(O_2) 1 mol의 질량
은 같다. (　　)

3. 이산화 탄소(CO_2) 88 g
에 포함된 전체 원자 수는
$3 \times 6.02 \times 10^{23}$이다.
(　　)

② 이온 결합 물질의 양(mol)을 알면 그 물질을 구성하는 이온의 양(mol)을 알 수 있다.

예 염화 나트륨(NaCl) 1 mol에는 Na^+ 1 mol과 Cl^- 1 mol이 들어 있으므로 총 2 mol 의 이온이 들어 있다.

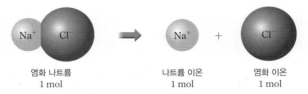

| 염화 나트륨 | 나트륨 이온 | 염화 이온 |
| 1 mol | 1 mol | 1 mol |

(4) 몰과 질량

① 1 mol의 질량 : 물질의 화학식량 뒤에 그램(g) 단위를 붙인 질량이다.

구분	1 mol의 질량	예
원자	원자량 g	탄소(C)의 원자량 : 12 ➡ 탄소(C) 원자 1 mol의 질량＝12 g
분자	분자량 g	암모니아(NH_3)의 분자량 : 17 ➡ 암모니아(NH_3) 분자 1 mol의 질량＝17 g
이온 결합 물질	화학식량 g	탄산 칼슘($CaCO_3$)의 화학식량 : 100 ➡ 탄산 칼슘($CaCO_3$) 1 mol의 질량＝100 g

• 이산화 탄소(CO_2) 분자와 구성 원자의 몰과 질량 관계

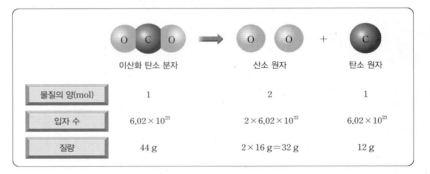

	이산화 탄소 분자	산소 원자	탄소 원자
물질의 양(mol)	1	2	1
입자 수	6.02×10^{23}	$2 \times 6.02 \times 10^{23}$	6.02×10^{23}
질량	44 g	2×16 g＝32 g	12 g

🔍 **과학 돋보기** ▌물질 1 mol의 질량 비교

물질	화학식	1 mol의 질량(g)
물	H_2O	18
구리	Cu	63.5
염화 나트륨	NaCl	58.5

| 1 mol의 물(H_2O) | 1 mol의 구리(Cu) | 1 mol의 염화 나트륨(NaCl) |

• 분자량이 18인 H_2O 분자 1 mol의 질량은 18 g이다.
• 원자량이 63.5인 Cu 원자 1 mol의 질량은 63.5 g이다.
• 화학식량이 58.5인 NaCl 1 mol의 질량은 58.5 g이다.

정답
1. ○
2. ○
3. ×

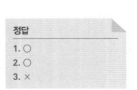

과학 돋보기 **물질의 질량과 아보가드로수의 관계**

입자 1 mol의 질량을 아보가드로수(N_A)로 나누면 입자 1개의 질량이 되고, 입자 1개의 질량에 아보가드로수(N_A)를 곱하면 입자 1 mol의 질량이 된다.

$$
\begin{array}{c}
\text{원자, 분자, 이온} \quad \xrightarrow{\div N_A} \quad \text{원자, 분자, 이온} \\
\text{1 mol의 질량(g)} \quad \xleftarrow{\times N_A} \quad \text{1개의 질량(g)}
\end{array}
$$

예 · 산소 원자(O) 1 mol의 질량(g)
  = 산소 원자(O) 1개의 질량(g) × N_A
 · 물 분자(H_2O) 1개의 질량(g)
  = 물 분자(H_2O) 1 mol의 질량(g) ÷ N_A

예 · 탄소(C) 원자 1개의 질량 : $\dfrac{\text{탄소 원자 1 mol의 질량}}{N_A}$

  $= \dfrac{12\,g}{6.02 \times 10^{23}} \fallingdotseq 1.99 \times 10^{-23}\,g$

 · 탄소(C) 원자 1 mol의 질량 : 탄소 원자 1개의 질량 × N_A

  $= 1.99 \times 10^{-23}\,g \times 6.02 \times 10^{23} \fallingdotseq 12\,g$

② **물질의 질량 구하기** : 물질의 질량은 1 mol의 질량에 물질의 양(mol)을 곱하여 구한다.

$$\text{질량(g)} = \text{1 mol의 질량(g/mol)} \times \text{물질의 양(mol)}$$

예 물(H_2O) 2 mol의 질량 = 18 g/mol × 2 mol = 36 g

③ **물질의 양(mol) 구하기** : 물질의 양(mol)은 물질의 질량을 그 물질 1 mol의 질량으로 나누어 구한다.

$$\text{물질의 양(mol)} = \dfrac{\text{질량(g)}}{\text{1 mol의 질량(g/mol)}}$$

예 물(H_2O) 54 g의 양(mol) = $\dfrac{54\,g}{18\,g/mol}$ = 3 mol

④ **물질 1 g에 포함된 양(mol)과 구성 원자의 개수비, 질량비**

분자(분자식)	메테인(CH_4)	이산화 탄소(CO_2)
분자량	16	44
1 g에 포함된 분자의 양(mol)	$\dfrac{1}{16}$	$\dfrac{1}{44}$
1 g에 포함된 전체 원자의 양(mol)	$\dfrac{1}{16} \times 5 = \dfrac{5}{16}$	$\dfrac{1}{44} \times 3 = \dfrac{3}{44}$
구성 원자의 개수비	C : H = 1 : 4	C : O = 1 : 2
구성 원자의 질량비	C : H = 12 : (4×1) = 3 : 1	C : O = 12 : (2×16) = 3 : 8

· 같은 질량의 물질에 포함된 분자 수는 분자량에 반비례한다.
  예 1 g의 메테인(CH_4)과 1 g의 이산화 탄소(CO_2)에 포함된 분자 수비

$$CH_4 : CO_2 = \dfrac{1}{16} : \dfrac{1}{44} = 11 : 4$$

개념 체크

◯ 질량(g) = 1 mol의 질량(g/mol)
  × 물질의 양(mol)

◯ 물질의 양(mol)
  $= \dfrac{\text{질량(g)}}{\text{1 mol의 질량(g/mol)}}$

※ ◯ 또는 ×

1. 물(H_2O) 2 mol과 이산화 탄소(CO_2) 1 mol에 포함된 산소(O) 원자의 질량은 같다. ( )

2. 메테인(CH_4) 8 g에 포함된 전체 원자의 양은 $\dfrac{5}{2}$ mol 이다. (단, H와 C의 원자량은 각각 1, 12이다.)
  ( )

3. 암모니아(NH_3) 34 g이 있다. 다음을 구하시오. (단, H와 N의 원자량은 각각 1, 14이다.)
  (1) 암모니아 분자의 양 (mol)
  (2) 수소(H) 원자의 양 (mol)
  (3) 질소(N) 원자의 질량

정답
1. ◯
2. ◯
3. (1) 2 mol (2) 6 mol
  (3) 28 g

1. 0℃, 1 atm에서 메테인 (CH_4) 기체 11.2 L가 있다. 다음을 구하시오.(단, H와 C의 원자량은 각각 1, 12이다.)
(1) 메테인 분자의 양(mol)
(2) 메테인의 질량
(3) 수소 원자의 양(mol)
(4) 탄소 원자의 질량

※ ○ 또는 ×

2. 온도와 압력이 같으면 기체의 분자량에 관계없이 기체 1 mol이 차지하는 부피는 같다. ( )

정답
1. (1) 0.5 mol (2) 8 g
   (3) 2 mol (4) 6 g
2. ○

(5) 몰과 기체의 부피

① **아보가드로 법칙** : 모든 기체는 같은 온도와 압력에서 같은 부피 속에 같은 수의 분자가 들어 있다.

② **기체 1 mol의 부피** : 0℃, 1 atm에서 모든 기체 1 mol의 부피는 22.4 L로 일정하며, 기체 22.4 L 속에는 6.02×10^{23}개의 기체 분자가 들어 있다.

$$\text{기체 1 mol의 부피}=22.4\ \text{L}\ (0℃, 1\ \text{atm})$$

> **과학 돋보기** **기체 1 mol의 비교 (0℃, 1 atm)**
>
> | 분자(분자식) | 수소(H_2) | 산소(O_2) | 암모니아(NH_3) | 이산화 탄소(CO_2) |
> |---|---|---|---|---|
> | 모형 (0℃, 1 atm) | | | | |
> | 물질의 양(mol) | 1 | 1 | 1 | 1 |
> | 분자 수 | 6.02×10^{23} | 6.02×10^{23} | 6.02×10^{23} | 6.02×10^{23} |
> | 원자 수 | $2 \times (6.02 \times 10^{23})$ | $2 \times (6.02 \times 10^{23})$ | $4 \times (6.02 \times 10^{23})$ | $3 \times (6.02 \times 10^{23})$ |
> | 질량(g) | 2 | 32 | 17 | 44 |
> | 부피(L) | 22.4 | 22.4 | 22.4 | 22.4 |
>
> • 기체 1 mol에 포함된 분자 수는 6.02×10^{23}으로 같다.
> • 기체 1 mol의 부피는 22.4 L로 같지만, 질량은 분자량에 비례하여 달라진다.
> • 기체 1 mol에 포함된 전체 원자 수는 분자당 원자 수에 아보가드로수를 곱해서 구한다.

③ **기체의 부피와 분자의 양(mol)** : 기체 분자의 양(mol)은 기체의 부피를 기체 1 mol의 부피로 나누어 구한다.

$$\text{기체 분자의 양(mol)}=\frac{\text{기체의 부피(L)}}{\text{기체 1 mol의 부피(L/mol)}}$$

예 20℃, 1 atm에서 기체 1 mol의 부피가 24 L일 때, 20℃, 1 atm에서 메테인(CH_4) 기체 12 L에 포함된 기체 분자의 양은 $\dfrac{12\ \text{L}}{24\ \text{L/mol}}=0.5$ mol이다.

④ **기체의 밀도와 분자량** : 같은 온도와 압력에서 같은 부피의 기체에 포함된 분자 수가 같고, 밀도$=\dfrac{\text{질량}}{\text{부피}}$이므로 기체의 밀도는 분자량에 비례한다.

예 산소(O_2)의 분자량이 32, 메테인(CH_4)의 분자량이 16이므로 20℃, 1 atm에서 산소 (O_2) 기체의 밀도가 $\dfrac{4}{3}$ g/L이면 메테인(CH_4) 기체의 밀도는 $\dfrac{4}{3}$ g/L $\times \dfrac{1}{2}=\dfrac{2}{3}$ g/L 이다.

(6) 물질의 양(mol)과 입자 수, 질량, 기체의 부피 사이의 관계

$$물질의 양(mol) = \frac{입자 수}{6.02 \times 10^{23}(/mol)}$$
$$= \frac{질량(g)}{1\,mol의\,질량(g/mol)} = \frac{기체의\,부피(L)}{22.4(L/mol)}\ (0℃,\,1\,atm)$$

예 C_2H_6(분자량 : 30) 기체 2 mol의 입자 수, 질량, 부피
- 분자 수 : $2 \times 6.02 \times 10^{23}$
- 질량 : $2 \times 30\,g$
- 기체의 부피 : $2 \times 22.4\,L\ (0℃,\,1\,atm)$

🧪 **탐구자료 살펴보기** | **여러 가지 물질 1 mol의 질량과 부피**

물질 1 mol의 양을 측정하는 실험을 계획하고 수행하여 1 mol의 양을 체험해 보자.

준비물 염화 나트륨, 구리, 물, 에탄올, 산소, 헬륨, 풍선, 비커, 약숟가락, 시약포지, 전자저울, 자

실험 과정

(가) 다음 각 물질 1 mol의 양을 측정하는 실험 방법을 계획해 보자.

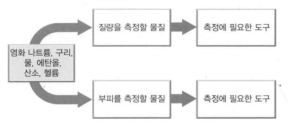

(나) 각 물질 1 mol의 질량 또는 부피를 어림해 본다.
(다) 실험 도구를 이용하여 각 물질 1 mol의 질량 또는 부피를 측정하고, 어림한 양과 비교해 본다.

실험 결과

1. 질량을 측정할 물질과 부피를 측정할 물질, 측정에 필요한 도구는 다음과 같다.

구분	질량을 측정할 물질	부피를 측정할 물질
물질	염화 나트륨, 구리, 물, 에탄올	산소, 헬륨
측정에 필요한 도구	전자저울, 시약포지, 약숟가락, 비커	풍선, 자

2. 측정한 각 물질 1 mol의 양은 다음과 같다.

물질	염화 나트륨	구리	물	에탄올	산소	헬륨
질량 또는 부피	질량 58.5 g	질량 64 g	질량 18 g	질량 46 g	부피 22.4 L	부피 22.4 L

※ 기체 1 mol을 담기 위해서는 풍선 내부의 온도와 압력을 0℃, 1 atm으로 가정하고, 풍선의 지름을 35 cm인 구 모양으로 맞춘다. ➡ 22.4 L는 22400 cm^3이고, $\frac{4}{3}\pi r^3 = 22400\,cm^3$에서 $r ≒ 17.5\,cm$이기 때문이다.

분석 point

1. 구성 원자의 종류와 수가 다른 물질은 화학식량이 다르므로 1 mol의 질량이 서로 다르다.
2. 온도와 압력이 같을 때 기체 상태인 산소와 헬륨은 1 mol의 부피가 같다.

개념 체크

- 물질의 입자 수 = 물질의 양(mol) $\times 6.02 \times 10^{23}(/mol)$
- 물질의 질량(g) = 물질의 양(mol) $\times 1\,mol의\,질량(g/mol)$
- 0℃, 1 atm에서 기체의 부피(L) = 물질의 양(mol) $\times 1\,mol의\,부피(22.4\,L/mol)$

1. 표는 0℃, 1 atm에서 기체의 양을 비교한 것이다. ㉠~㉢의 값을 쓰시오.

기체	산소(O_2)	질소(N_2)
분자량	32	㉠
양(mol)	㉡	1
질량(g)	16	28
부피(L)	㉢	22.4

※ ○ 또는 ×

2. 0℃, 1 atm에서 액체 에탄올 1 mol의 부피는 22.4 L이다. ( )

3. 온도와 압력이 같으면 같은 부피의 산소(O_2) 기체와 헬륨(He) 기체에 포함된 분자의 양(mol)은 같다. ( )

정답

1. ㉠ 28 ㉡ 0.5 ㉢ 11.2
2. ×
3. ○

개념 체크

○ 0℃, 1 atm에서 기체 1 mol의 부피가 22.4 L이므로 기체 22.4 L의 질량을 계산하여 분자량을 구할 수 있다.

○ 기체의 온도와 압력이 같을 때 같은 부피의 기체의 질량비는 분자량비와 같다.

○ 기체의 온도와 압력이 같을 때 기체의 밀도비는 분자량비와 같다.

1. 다음 기체의 분자량을 구하시오. (단, O의 원자량은 16이고, 0℃, 1 atm에서 기체 1 mol의 부피는 22.4 L이다.)

  (1) 0℃, 1 atm에서 5.6 L의 질량이 8 g인 기체

  (2) 같은 온도와 압력에서 밀도가 산소(O_2)의 2배인 기체

※ ○ 또는 ×

2. 분자 A의 분자량이 분자 B의 분자량보다 크면 같은 온도와 압력에서 기체 10 L에 포함된 분자 수는 B가 A보다 크다. (　　)

과학 돋보기 | **물질의 양(mol) 구하기**

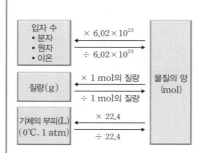

물질의 입자 수와 양(mol)
· 물질의 입자 수는 물질의 양(mol)에 아보가드로수(6.02×10^{23})를 곱하여 구한다.
· 물질의 양(mol)은 입자 수를 6.02×10^{23}로 나누어 구한다.

물질의 질량과 양(mol)
· 물질의 질량(g)은 물질의 양(mol)에 1 mol의 질량을 곱하여 구한다.
· 물질의 양(mol)은 물질의 질량(g)을 1 mol의 질량으로 나누어 구한다.

기체의 부피와 양(mol)(0℃, 1 atm)
· 기체의 부피(L)는 물질의 양(mol)에 22.4를 곱하여 구한다.
· 기체의 양(mol)은 기체의 부피(L)를 22.4로 나누어 구한다.

과학 돋보기 | **기체의 분자량 구하기**

(1) 0℃, 1 atm에서 기체 1 mol의 부피를 이용하여 분자량 구하기

0℃, 1 atm에서 기체 1 mol의 부피는 22.4 L이고, 1 mol의 질량은 분자량에 g(단위)을 붙인 질량에 해당하므로 기체 22.4 L의 질량을 계산하여 분자량을 구할 수 있다.

예 0℃, 1 atm에서 기체 X 5.6 L의 질량이 4 g이다. X의 분자량은?

➡ X 22.4 L의 질량을 구한다. $5.6 \text{ L} : 4 \text{ g} = 22.4 \text{ L} : x \text{ g}$ ∴ $x = 16$
따라서 X의 분자량은 16이다.

(2) 아보가드로 법칙을 이용하여 분자량 구하기

① 모든 기체는 같은 온도와 압력에서 같은 부피 속에 같은 수의 분자가 들어 있으므로 같은 부피의 기체의 질량비는 분자 1개의 질량비와 같고, 분자 1개의 질량비는 분자량비와 같다.

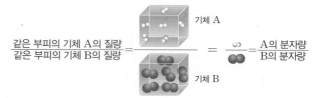

$$\frac{\text{같은 부피의 기체 A의 질량}}{\text{같은 부피의 기체 B의 질량}} = \frac{}{} = \frac{\text{A의 분자량}}{\text{B의 분자량}}$$

예 같은 온도와 압력에서 기체 X 12 L의 질량이 8 g이고, 산소(O_2) 기체 12 L의 질량이 16 g이다. X의 분자량은? (단, O의 원자량은 16이다.)

➡ $\dfrac{\text{X 12 L의 질량}(8\text{ g})}{O_2 \text{ 12 L의 질량}(16\text{ g})} = \dfrac{\text{X의 분자량}}{O_2\text{의 분자량}} = \dfrac{\text{X의 분자량}}{32}$ 이므로 $\dfrac{\text{X의 분자량}}{32} = \dfrac{1}{2}$ 이다.
따라서 X의 분자량은 16이다.

② 모든 기체는 같은 온도와 압력에서 같은 부피 속에 같은 수의 분자가 들어 있으며, 밀도$=\dfrac{\text{질량}}{\text{부피}}$이므로 기체의 분자량비는 밀도비와 같다. 따라서 어느 한 기체의 분자량을 알고 있으면 두 기체의 밀도비를 이용하여 다른 기체의 분자량을 구할 수 있다.

$$\frac{\text{A의 분자량}}{\text{B의 분자량}} = \frac{\text{기체 A의 밀도}}{\text{기체 B의 밀도}}$$

예 t℃, 1 atm에서 기체 X 6 L의 질량이 8 g이고, 이산화 탄소(CO_2) 12 L의 질량이 22 g이다. X의 분자량은? (단, CO_2의 분자량은 44이다.)

➡ X의 밀도는 $\dfrac{4}{3}$ g/L, CO_2의 밀도는 $\dfrac{11}{6}$ g/L이므로 $\dfrac{\text{기체 X의 밀도}}{\text{기체 } CO_2\text{의 밀도}} = \dfrac{8}{11}$ 이며,

$\dfrac{\text{X의 분자량}}{CO_2\text{의 분자량}} = \dfrac{\text{기체 X의 밀도}}{\text{기체 } CO_2\text{의 밀도}}$ 이므로 $\dfrac{\text{X의 분자량}}{44} = \dfrac{8}{11}$ 이다. 따라서 X의 분자량은 32이다.

정답

1. (1) 32 (2) 64

2. ×

01 그림은 원자 X~Z의 질량 관계를 나타낸 것이다. X의 원자량은 a이다.

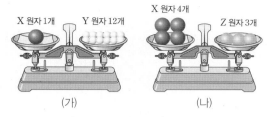

(가)   (나)

XY$_2$Z의 분자량은? (단, X~Z는 임의의 원소 기호이다.)

① $\dfrac{3}{2}a$ ② $\dfrac{5}{2}a$ ③ $\dfrac{7}{2}a$

④ $\dfrac{9}{2}a$ ⑤ $\dfrac{11}{2}a$

02 다음은 t°C, 1 atm에서 기체 (가)~(다)에 대한 자료이다. t°C, 1 atm에서 기체 1 mol의 부피는 25 L이다.

> (가) H$_2$O 18 g
> (나) CH$_4$ 12.5 L
> (다) NH$_3$ 분자 $\dfrac{N_A}{2}$개

(가)~(다)에 대한 설명으로 옳은 것만을 〈보기〉에서 있는 대로 고른 것은? (단, H와 O의 원자량은 각각 1, 16이고, N_A는 아보가드로수이다.)

─● 보기 ●─
ㄱ. (가)의 부피는 25 L이다.
ㄴ. 전체 원자 수는 (가)가 (나)보다 크다.
ㄷ. H 원자 수는 (다)가 가장 크다.

① ㄱ   ② ㄷ   ③ ㄱ, ㄴ
④ ㄴ, ㄷ   ⑤ ㄱ, ㄴ, ㄷ

03 표는 3가지 물질의 화학식과 1 mol의 질량을 나타낸 것이다.

화학식	Cu$_2$O	Cu	H$_2$O
1 mol의 질량(g)	x	y	z

이로부터 구한 H$_2$의 분자량은?

① $-x+2y+z$ ② $-x+2y-z$ ③ $x+2y-z$
④ $x-2y+z$ ⑤ $x-2y-z$

04 표는 0°C, 1 atm에서 기체 (가)~(다)에 대한 자료이다. 0°C, 1 atm에서 기체 1 mol의 부피는 22.4 L이다.

기체	분자식	질량(g)	부피(L)
(가)	AB	x	44.8
(나)	B$_2$	32	22.4
(다)	AB$_2$	22	11.2

이에 대한 설명으로 옳은 것만을 〈보기〉에서 있는 대로 고른 것은? (단, A와 B는 임의의 원소 기호이다.)

─● 보기 ●─
ㄱ. 원자량은 A가 B보다 크다.
ㄴ. $x=56$이다.
ㄷ. (가)의 전체 원자 수는 (나)와 (다)의 전체 원자 수 합보다 크다.

① ㄱ   ② ㄴ   ③ ㄱ, ㄷ
④ ㄴ, ㄷ   ⑤ ㄱ, ㄴ, ㄷ

05 표는 $t\,°\text{C}$, 1 atm에서 4가지 물질 (가)~(라)에 대한 자료이다. $t\,°\text{C}$, 1 atm에서 밀도는 (라)>(다)>(나)>(가)이다.

[24024-0023]

물질	(가)	(나)	(다)	(라)
분자식	A	CH_4	C_2H_5OH	H_2O
상태	기체	기체	액체	액체
1 mol의 부피(L)			x	y

이에 대한 설명으로 옳은 것만을 〈보기〉에서 있는 대로 고른 것은?

● 보기 ●

ㄱ. 분자량은 CH_4이 A보다 크다.

ㄴ. $\dfrac{x}{y}>1$이다.

ㄷ. 1 g에 들어 있는 분자 수는 (나)가 (다)보다 크다.

① ㄱ   ② ㄴ   ③ ㄱ, ㄷ
④ ㄴ, ㄷ   ⑤ ㄱ, ㄴ, ㄷ

06 그림은 $t\,°\text{C}$, 1 atm에서 실린더에 기체가 각각 들어 있는 것을 나타낸 것이다.

[24024-0024]

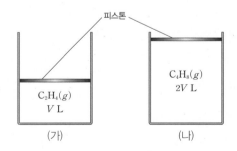

피스톤

$C_2H_4(g)$ V L (가)

$C_4H_8(g)$ $2V$ L (나)

이에 대한 설명으로 옳은 것만을 〈보기〉에서 있는 대로 고른 것은? (단, 피스톤의 질량과 마찰은 무시한다.)

● 보기 ●

ㄱ. 기체의 밀도비는 (가) : (나)=1 : 2이다.

ㄴ. 기체 1 g에 들어 있는 분자 수는 (나)>(가)이다.

ㄷ. 기체 1 g에 들어 있는 원자 수는 (가)=(나)이다.

① ㄱ   ② ㄴ   ③ ㄱ, ㄷ
④ ㄴ, ㄷ   ⑤ ㄱ, ㄴ, ㄷ

07 그림은 $t\,°\text{C}$, 1 atm에서 $X_2(g)$와 $YH_4(g)$의 부피에 따른 질량을 나타낸 것이다. $t\,°\text{C}$, 1 atm에서 기체 1 mol의 부피는 24 L이다.

[24024-0025]

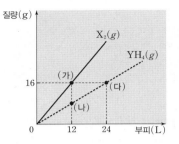

이에 대한 설명으로 옳은 것만을 〈보기〉에서 있는 대로 고른 것은? (단, H의 원자량은 1이고, X와 Y는 임의의 원소 기호이다.)

● 보기 ●

ㄱ. 원자량비는 X : Y=4 : 3이다.

ㄴ. 분자 수는 (다)에서가 (가)에서의 2배이다.

ㄷ. 1 g에 들어 있는 원자 수는 (나)에서가 (가)에서의 3배보다 크다.

① ㄱ   ② ㄴ   ③ ㄱ, ㄷ
④ ㄴ, ㄷ   ⑤ ㄱ, ㄴ, ㄷ

08 표는 $t\,°\text{C}$, 1 atm에서 기체 (가)~(라)에 대한 자료이다.

[24024-0026]

기체	(가)	(나)	(다)	(라)
분자식	X_2Y	ZX_2Y	Y_2	Z_aX_b
질량(g)	9	15	4	4
부피(상댓값)	4	4	1	2

이에 대한 설명으로 옳은 것만을 〈보기〉에서 있는 대로 고른 것은? (단, X~Z는 임의의 원소 기호이다.)

● 보기 ●

ㄱ. Y 원자 수는 (나)가 (다)의 2배이다.

ㄴ. 원자량비는 X : Z=1 : 16이다.

ㄷ. $a+b=6$이다.

① ㄱ   ② ㄴ   ③ ㄱ, ㄷ
④ ㄴ, ㄷ   ⑤ ㄱ, ㄴ, ㄷ

01 다음은 화학식량과 몰에 대한 세 학생의 대화이다.

질량수가 12인 탄소(^{12}C)의 원자량은 12야.

H$_2$ 4 g에 들어 있는 총 원자 수는 $4N_A$야.

H$_2$O 18 g에 들어 있는 O 원자 수는 O$_2$ 16 g에 들어 있는 O 원자 수보다 커.

학생 A 학생 B 학생 C

제시한 내용이 옳은 학생만을 있는 대로 고른 것은? (단, H와 O의 원자량은 각각 1, 16이고, N_A는 아보가드로수이다.)

① A   ② C   ③ A, B   ④ B, C   ⑤ A, B, C

원자량은 질량수가 12인 탄소(^{12}C)의 원자량을 12로 정하고, 이것을 기준으로 하여 비교한 상대적인 질량이다.

---

02 그림은 $t\,°C$에서 부피가 같은 강철 용기 (가)~(다)에 들어 있는 기체를 모형으로 나타낸 것이다. 기체의 밀도비는 (가) : (나) : (다)=1 : 4 : 2이다.

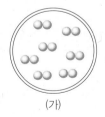 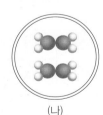 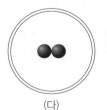

(가)   (나)   (다)

X
Y
Z

이에 대한 설명으로 옳은 것만을 〈보기〉에서 있는 대로 고른 것은? (단, X~Z는 임의의 원소 기호이다.)

┌─ **보기** ─────────────────────────────
ㄱ. 원자량비는 Y : Z=3 : 4이다.
ㄴ. 분자량은 Y$_2$X$_4$와 Z$_2$가 같다.
ㄷ. 용기 속 기체 1 g에 들어 있는 원자 수는 (나)에서가 (다)에서의 3배이다.
└────────────────────────────────────

① ㄱ   ② ㄴ   ③ ㄱ, ㄷ   ④ ㄴ, ㄷ   ⑤ ㄱ, ㄴ, ㄷ

밀도는 $\dfrac{질량}{부피}$이다.

[24024–0029]

1 g에 들어 있는 분자 수는 분자량에 반비례한다.

03 다음은 t°C, 1 atm에서 기체 (가)~(다)에 대한 설명이다. (가)~(다)는 24 L의 H_2, 22 g의 C_3H_8, 88 g의 CO_2를 순서 없이 나타낸 것이고, t°C, 1 atm에서 기체 1 mol의 부피는 24 L이다.

> ○ 기체의 양(mol)은 (가)가 (나)보다 크다.
> ○ 1 g에 들어 있는 분자 수는 (나)와 (다)가 같다.

이에 대한 설명으로 옳은 것만을 〈보기〉에서 있는 대로 고른 것은? (단, H, C, O의 원자량은 각각 1, 12, 16이다.)

> ● 보기 ●
> ㄱ. (가)를 구성하는 원소의 가짓수는 1이다.
> ㄴ. (다)의 부피는 12 L이다.
> ㄷ. 전체 원자의 양(mol)은 (나)가 (다)보다 크다.

① ㄱ   ② ㄷ   ③ ㄱ, ㄴ   ④ ㄴ, ㄷ   ⑤ ㄱ, ㄴ, ㄷ

[24024–0030]

A_2 1 mol에 들어 있는 전체 원자 수는 $2N_A$이다.

04 표는 t°C, 1 atm에서 물질 (가)~(라)에 대한 자료이다. t°C, 1 atm에서 기체 1 mol의 부피는 24 L이고, N_A는 아보가드로수이다.

물질	화학식	상태	부피(L)	질량(g)	밀도(g/mL)	전체 원자 수
(가)	A_2	기체		2	x	$2N_A$
(나)	B_2	기체	48	64	y	
(다)	CB	고체		238.5		aN_A
(라)	A_2B	액체	0.036		1	aN_A

이에 대한 설명으로 옳은 것만을 〈보기〉에서 있는 대로 고른 것은? (단, A~C는 임의의 원소 기호이다.)

> ● 보기 ●
> ㄱ. $x < y$이다.
> ㄴ. $a = 2$이다.
> ㄷ. C의 원자량은 63.5이다.

① ㄱ   ② ㄴ   ③ ㄱ, ㄷ   ④ ㄴ, ㄷ   ⑤ ㄱ, ㄴ, ㄷ

05 표는 원소 X~Z로 이루어진 분자 (가)~(다)에 대한 자료이다. (가)~(다)는 각각 분자당 구성 원자 수가 5 이하이다.

[24024-0031]

분자	(가)	(나)	(다)
구성 원소	X, Y	X, Z	Y, Z
분자식		X_2Z	
분자량(상댓값)	8	9	14
1 g에 들어 있는 Y 원자 수(상댓값)	7		4
1 g에 들어 있는 전체 원자 수(상댓값)	35		8

이에 대한 설명으로 옳은 것만을 〈보기〉에서 있는 대로 고른 것은? (단, X~Z는 임의의 원소 기호이다.)

● 보기 ●

ㄱ. (가)의 분자식은 YX_4이다.

ㄴ. 분자당 구성 원자 수는 (다)가 (나)보다 크다.

ㄷ. 원자량비는 Y : Z=4 : 3이다.

① ㄱ   ② ㄴ   ③ ㄱ, ㄷ   ④ ㄴ, ㄷ   ⑤ ㄱ, ㄴ, ㄷ

X_aY_b의 분자량이 M일 때, X_aY_b 1 g에 들어 있는 전체 원자의 양은 $\dfrac{a+b}{M}$ mol이다.

06 그림은 t℃, 1 atm에서 실린더에 A(g)와 B(g)의 혼합 기체가 각각 들어 있는 것을 나타낸 것이다.

[24024-0032]

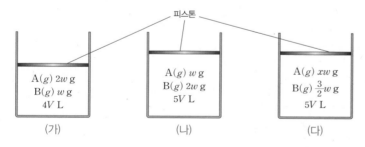

피스톤

(가)   (나)   (다)

이에 대한 설명으로 옳은 것만을 〈보기〉에서 있는 대로 고른 것은? (단, A와 B는 반응하지 않고, 피스톤의 질량과 마찰은 무시한다.)

● 보기 ●

ㄱ. 분자량비는 A : B=7 : 8이다.

ㄴ. (가)에서 기체의 양(mol)은 A와 B가 같다.

ㄷ. x=2이다.

① ㄱ   ② ㄷ   ③ ㄱ, ㄴ   ④ ㄴ, ㄷ   ⑤ ㄱ, ㄴ, ㄷ

일정한 온도와 압력에서 기체의 부피는 기체의 양(mol)에 비례한다.

[24024-0033]

07 표는 3가지 탄화수소 (가)~(다)에 대한 자료이다.

탄화수소	(가)	(나)	(다)
분자식	C_3H_a	C_3H_b	C_4H_b
1 g에 들어 있는 전체 원자 수(상댓값)	1		1
1 g에 들어 있는 H 원자 수(상댓값)		14	11

$a+b$는? (단, H와 C의 원자량은 각각 1, 12이다.)

① 11   ② 12   ③ 13   ④ 14   ⑤ 15

1 g에 들어 있는 전체 원자 수는 (가)와 (다)가 같다.

[24024-0034]

08 그림은 실린더와 강철 용기에 각각 혼합 기체가 들어 있는 것을 나타낸 것이고, 자료는 실린더와 강철 용기에 들어 있는 기체에 대한 설명이다. 실린더와 강철 용기에 각각 들어 있는 혼합 기체의 온도는 $t\,°C$, 압력은 P atm이고, 모든 기체는 반응하지 않는다.

XY_4, XZ_2, XZ는 모두 분자당 X 원자 수가 1이다.

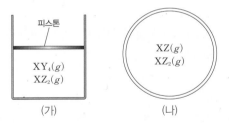

○ X 원자 수는 (나)에서가 (가)에서의 2배이다.
○ XZ_2의 밀도는 (가)에서와 (나)에서가 같다.
○ $\dfrac{X\ 원자\ 수}{Z\ 원자\ 수}$ 의 비는 (가) : (나)=5 : 4이다.

이에 대한 설명으로 옳은 것만을 〈보기〉에서 있는 대로 고른 것은? (단, X~Z는 임의의 원소 기호이다.)

● 보기 ●
ㄱ. 혼합 기체의 부피는 (나)에서가 (가)에서의 2배이다.
ㄴ. (가)에서 기체의 양(mol)은 XZ_2가 XY_4의 2배이다.
ㄷ. (나)에서 기체의 밀도는 XZ_2가 XZ보다 크다.

① ㄱ   ② ㄴ   ③ ㄱ, ㄷ   ④ ㄴ, ㄷ   ⑤ ㄱ, ㄴ, ㄷ

09 그림은 $t\,°C$, 1 atm에서 4가지 기체의 전체 원자 수와 질량을 나타낸 것이다.

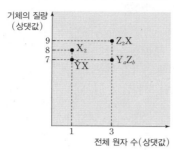

[24024-0035]

전체 원자의 양(mol)은 분자당 구성 원자 수와 기체의 양(mol)을 곱한 값과 같다.

이에 대한 설명으로 옳은 것만을 〈보기〉에서 있는 대로 고른 것은? (단, X~Z는 임의의 원소 기호이다.)

● 보기 ●
ㄱ. 원자량비는 $X : Y = 8 : 7$이다.
ㄴ. 1 g에 들어 있는 X 원자의 양(mol)은 X_2가 Z_2X보다 크다.
ㄷ. $\dfrac{b}{a} = 4$이다.

① ㄱ   ② ㄴ   ③ ㄱ, ㄷ   ④ ㄴ, ㄷ   ⑤ ㄱ, ㄴ, ㄷ

---

10 표는 $t\,°C$, 1 atm에서 기체 (가)~(다)에 대한 자료이다. $t\,°C$, 1 atm에서 기체 1 mol의 부피는 24 L이고, $b > a$이다.

[24024-0036]

(가)~(다)는 각각 1 mol, 0.5 mol, 1.5 mol이므로 (가)~(다)의 분자량은 각각 16, 44, 44이다.

기체	(가)	(나)	(다)
분자식	X_aY_b	X_cY_{2b}	XZ_2
부피(L)	24	12	36
질량(g)	16	22	66
$\dfrac{\text{Y 원자 수}}{\text{X 원자 수}}$(상댓값)	3	2	
1 g에 들어 있는 전체 원자 수(상댓값)		11	3

이에 대한 설명으로 옳은 것만을 〈보기〉에서 있는 대로 고른 것은? (단, X~Z는 임의의 원소 기호이다.)

● 보기 ●
ㄱ. (가)는 XY_4이다.
ㄴ. 원자량비는 $X : Z = 4 : 3$이다.
ㄷ. 1 g에 들어 있는 전체 원자 수는 (가)가 (나)보다 크다.

① ㄱ   ② ㄴ   ③ ㄱ, ㄷ   ④ ㄴ, ㄷ   ⑤ ㄱ, ㄴ, ㄷ

[24024−0037]

11 다음은 기체의 성질을 알아보는 실험이다. 모든 기체는 반응하지 않는다.

Z 원자는 ZY와 ZY_2에만 포함되어 있다.

[실험 과정]

(가) 그림과 같이 꼭지 a, b로 분리된 실린더와 강철 용기 Ⅰ, Ⅱ에 기체를 각각 넣은 후, Ⅰ에 들어 있는 기체에 포함된 Z 원자 수를 구한다.

(나) (가)에서 꼭지 a를 열고 충분한 시간이 흐른 후, Ⅰ에 들어 있는 기체에 포함된 Z 원자 수를 구한다.

(다) (나)에서 꼭지 b를 열고 충분한 시간이 흐른 후, Ⅰ에 들어 있는 기체에 포함된 Z 원자 수를 구한다.

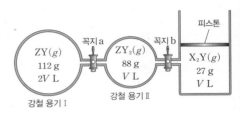

[실험 결과]

과정	(가)	(나)	(다)
Ⅰ에 들어 있는 기체에 포함된 Z 원자 수(상댓값)	5	5	3

이에 대한 설명으로 옳은 것만을 〈보기〉에서 있는 대로 고른 것은? (단, $X \sim Z$는 임의의 원소 기호이고, 기체의 온도와 대기압은 일정하며, 피스톤의 질량과 마찰 및 연결관의 부피는 무시한다.)

● 보기 ●

ㄱ. (가)에서 Ⅰ에 넣어 준 기체의 양(mol)은 Ⅱ와 실린더에 넣어 준 기체의 양(mol)의 합보다 크다.

ㄴ. (다) 과정 후 실린더의 부피는 $2V$ L이다.

ㄷ. Ⅰ 속의 기체 1 g에 포함된 Y 원자 수비는 (가) 과정 후 : (나) 과정 후=25 : 28이다.

① ㄱ ② ㄴ ③ ㄱ, ㄷ ④ ㄴ, ㄷ ⑤ ㄱ, ㄴ, ㄷ

[24024−0038]

12 그림 (가)는 실린더에 $CH_4(g)$ $2w$ g이 들어 있는 것을, (나)는 (가)의 실린더에 $C_{2x}H_{2y}(g)$ w g이 첨가된 것을, (다)는 (나)의 실린더에 $C_zH_y(g)$ w g이 첨가된 것을 나타낸 것이다. 실린더에 들어 있는 기체 1 g에 들어 있는 C 원자 수비는 (가) : (나)=21 : 22이며, 모든 기체는 반응하지 않는다.

$C_{2x}H_{2y}(g)$ w g과 $C_zH_y(g)$ w g의 몰비는 1 : 2이다.

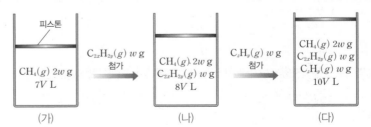

$\dfrac{x \times z}{y}$는? (단, H와 C의 원자량은 각각 1, 12이고, 실린더 속 기체의 온도와 압력은 일정하다.)

① 1 ② $\dfrac{3}{2}$ ③ 2 ④ $\dfrac{9}{4}$ ⑤ 3

1 화학 반응식

(1) 화학 반응식

화학식과 기호를 사용하여 화학 반응을 나타낸 식이다.

① 화살표($\rightarrow$)의 왼쪽에 반응물, 오른쪽에 생성물을 표기한다.

② 화학식 뒤에 물질의 상태를 (　) 안에 써서 나타내기도 한다.

예 고체 : (s), 액체 : (l), 기체 : (g), 수용액 : (aq)

(2) 화학 반응식 만들기

반응물과 생성물에 있는 원자의 종류와 개수가 같도록 계수를 맞춘다. 이때 계수는 일반적으로 가장 간단한 자연수비로 나타내고, 1이면 생략한다.

예 수소와 산소가 반응하여 수증기를 생성하는 반응의 화학 반응식 만들기

1단계	반응물과 생성물을 화학식으로 나타낸다.	• 반응물 : 수소 H_2, 산소 O_2 • 생성물 : 수증기 H_2O
2단계	반응물은 왼쪽에, 생성물은 오른쪽에 쓰고, 그 사이를 '$\longrightarrow$'로 연결한다. 또 반응물이나 생성물이 2가지 이상이면 각 물질을 '$+$'로 연결한다.	수소 $+$ 산소 $\longrightarrow$ 수증기 $H_2 + O_2 \longrightarrow H_2O$
3단계	반응물과 생성물을 구성하는 원자의 종류와 개수가 같아지도록 화학식의 계수를 맞춘다. 이때 계수는 가장 간단한 자연수비로 나타내고, 1이면 생략한다.	i) 산소 원자의 수를 같게 맞춘다. $H_2+O_2 \longrightarrow 2H_2O$ ii) 수소 원자의 수를 같게 맞춘다. $2H_2+O_2 \longrightarrow 2H_2O$
4단계	물질의 상태는 (　) 안에 기호를 써서 화학식 뒤에 표시한다.	고체 : (s), 액체 : (l), 기체 : (g), 수용액 : (aq) $2H_2(g)+O_2(g) \longrightarrow 2H_2O(g)$

과학 돋보기 **복잡한 화학 반응식에서 계수 구하기**

화학 반응식이 복잡할 때에는 반응물과 생성물의 계수를 미지수로 두고 미정 계수법을 사용하여 화학 반응식의 계수를 구할 수 있다.

예 메탄올(CH_3OH)이 연소하여 이산화 탄소(CO_2)와 물(H_2O)이 생성되는 반응

단계	설명	예시
1단계	반응물과 생성물의 계수를 a, b, x, y 등을 이용하여 나타낸다.	$aCH_3OH+bO_2 \longrightarrow xCO_2+yH_2O$
2단계	반응 전과 후에 원자 수가 같도록 방정식을 세운다.	• C 원자 수 : $a=x$ • H 원자 수 : $4a=2y$ • O 원자 수 : $a+2b=2x+y$
3단계	반응 계수 중 하나를 1로 놓고, 다른 계수를 구한 다음, 구한 계수를 방정식에 대입하여 계수를 가장 간단한 자연수비가 되도록 조정한다.	$a=1$이라면, $b=\dfrac{3}{2}$, $x=1$, $y=2$이다. $CH_3OH+\dfrac{3}{2}O_2 \longrightarrow CO_2+2H_2O$ 화살표 양쪽에 2를 곱하여 계수를 가장 간단한 자연수비로 나타낸다. $2CH_3OH+3O_2 \longrightarrow 2CO_2+4H_2O$
4단계	각 물질의 상태를 표시하고, 화살표 양쪽의 원자들의 종류와 개수가 같은지 확인한다.	$2CH_3OH(l)+3O_2(g) \longrightarrow 2CO_2(g)+4H_2O(l)$

개념 체크

○ **화학 반응식**
화학식과 기호를 사용하여 화학 반응을 나타낸 식이다.

○ **화학 반응식의 계수**
반응물과 생성물에 있는 원자의 종류와 개수가 같도록 맞춘다.

1. 화학 반응식 A+B $\longrightarrow$ C+D에서 생성물은 (　)이다.

※ ○ 또는 ×

2. 일반적으로 화학 반응식의 계수는 가장 간단한 자연수비로 나타낸다. (　)

3. 질소(N_2) 기체와 수소(H_2) 기체가 반응하여 암모니아(NH_3) 기체가 생성되는 반응의 화학 반응식을 쓰시오.

정답

1. C, D
2. ○
3. $N_2(g)+3H_2(g) \longrightarrow$
$\qquad\qquad\qquad 2NH_3(g)$

(3) 화학 반응식의 의미

화학 반응식을 통해 반응물과 생성물의 종류를 알 수 있고, 물질의 양(mol), 분자 수, 질량, 기체의 부피 등의 양적 관계를 파악할 수 있다.

① 화학 반응식의 계수비는 반응 몰비 및 반응 분자 수비와 같다.

② 기체인 경우, 일정한 온도와 압력에서 화학 반응식의 계수비는 기체의 반응 부피비와 같다.

③ 반응물의 질량 총합과 생성물의 질량 총합은 같지만 반응 질량비는 화학 반응식의 계수비와 같지 않다.

> 계수비＝반응 몰비＝반응 분자 수비＝반응 부피비(온도와 압력이 같은 기체의 경우)≠반응 질량비

🔍 **과학 돋보기** | **화학 반응식에서 알 수 있는 정보**

화학 반응식을 통해서 반응물과 생성물의 종류와 상태를 알 수 있으며, 화학 반응식의 계수비로부터 반응물과 생성물의 양적 관계를 알 수 있다.

화학 반응식	$CH_4(g)$ + $2O_2(g)$ $\longrightarrow$ $CO_2(g)$ + $2H_2O(l)$
분자 모형	
물질의 종류와 상태	메테인 + 산소 $\longrightarrow$ 이산화 탄소 + 물 ➡ 기체인 메테인과 산소가 반응하여 기체인 이산화 탄소와 액체인 물이 생성된다.
물질의 양 (mol)	1　　2　　1　　2 ➡ CH_4 1 mol과 O_2 2 mol이 반응하여 CO_2 1 mol과 H_2O 2 mol이 생성된다.
분자 수	6.02×10^{23}　$2 \times 6.02 \times 10^{23}$　6.02×10^{23}　$2 \times 6.02 \times 10^{23}$ ➡ CH_4 분자 1개와 O_2 분자 2개가 반응하여 CO_2 분자 1개와 H_2O 분자 2개가 생성된다.
기체의 부피(L) (0℃, 1 atm)	22.4　　44.8　　22.4 ➡ CH_4 22.4 L와 O_2 44.8 L가 반응하여 CO_2 22.4 L가 생성된다.
질량(g)	1×16　2×32　1×44　2×18 ➡ 반응한 물질의 양(mol)과 1 mol의 질량을 곱하여 반응한 질량과 생성된 질량을 구할 수 있으며, CH_4 16 g과 O_2 64 g이 반응하여 CO_2 44 g과 H_2O 36 g이 생성된다.

1. 반응 몰비와 반응 분자 수비는 $CH_4 : O_2 : CO_2 : H_2O = 1 : 2 : 1 : 2$이며, 화학 반응식의 계수비와 같다.
2. 반응물과 생성물이 기체인 경우 온도와 압력이 일정할 때 반응 부피비는 $CH_4 : O_2 : CO_2 = 1 : 2 : 1$이며, 화학 반응식의 계수비와 같다.
3. 반응물의 질량 총합과 생성물의 질량 총합은 80 g으로 같으며, 반응 전 질량 총합과 반응 후 질량 총합이 같다.
4. 반응 질량비는 $CH_4 : O_2 : CO_2 : H_2O = 4 : 16 : 11 : 9$이며, 화학 반응식의 계수비와 같지 않다.

예 질소와 수소가 반응하여 암모니아가 생성되는 반응의 화학 반응식은
$N_2(g)+3H_2(g) \longrightarrow 2NH_3(g)$이다.
- 계수비는 $N_2 : H_2 : NH_3 = 1 : 3 : 2$이다.
- 반응 몰비와 반응 분자 수비는 $N_2 : H_2 : NH_3 = 1 : 3 : 2$이다.
- 일정한 온도와 압력에서 기체의 반응 부피비는 $N_2 : H_2 : NH_3 = 1 : 3 : 2$이다.
- 반응 질량비는 $N_2 : H_2 : NH_3 = 14 : 3 : 17$이다.

2 화학 반응에서의 양적 관계

화학 반응에서 반응물과 생성물의 계수비가 반응 몰비와 같다는 것을 이용하여 반응물과 생성물의 질량이나 부피를 구할 수 있다.

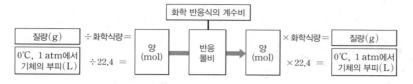

(1) 화학 반응에서의 질량 · 질량 관계

화학 반응식에서 각 물질의 계수비는 반응 몰비와 같다. 화학 반응에서 물질의 양(mol)과 질량의 관계를 이용하면 반응물과 생성물 중 어느 한 물질의 질량만 알아도 다른 물질의 질량을 구할 수 있다.

 예 포도당($C_6H_{12}O_6$) 90 g이 생성되는 데 필요한 물(H_2O)의 질량 구하기

화학 반응식 : $6CO_2(g) + 6H_2O(l) \longrightarrow C_6H_{12}O_6(s) + 6O_2(g)$

1단계	포도당 90 g의 양(mol)을 구한다.	양(mol)$=\dfrac{질량}{1\ mol의\ 질량}=\dfrac{90\ g}{180\ g/mol}=0.5\ mol$
2단계	화학 반응식에서 포도당과 물의 반응 몰비를 구하고, 비례식을 이용하여 반응에 필요한 물의 양(mol) x를 구한다.	$6CO_2(g)+\underline{6H_2O(l)} \longrightarrow \underline{C_6H_{12}O_6(s)}+6O_2(g)$ 반응 몰비　　　6　：　1 물과 포도당의 반응 몰비는 $6:1=x:0.5$이므로 $x=3$이다.
3단계	물의 양(mol)을 질량으로 변환한다.	H_2O의 질량=양(mol)×1 mol의 질량 =3 mol×18 g/mol=54 g

(2) 화학 반응에서 기체의 부피 · 부피 관계

반응물과 생성물이 기체인 경우 화학 반응식에서 각 물질의 계수비는 기체의 반응 부피비와 같다. 이를 이용하면 일정한 온도와 압력에서 반응물과 생성물 중 어느 한 기체의 부피만 알아도 다른 기체의 부피를 구할 수 있다.

 예 일정한 온도와 압력에서 암모니아(NH_3) 30 L가 생성되는 데 필요한 수소(H_2)의 부피 구하기

화학 반응식 : $N_2(g) + 3H_2(g) \longrightarrow 2NH_3(g)$

1단계	화학 반응식의 계수비로부터 수소와 암모니아의 반응 부피비를 구한다.	$N_2(g)+\underline{3H_2(g)} \longrightarrow \underline{2NH_3(g)}$ 반응 부피비　　3　：　2
2단계	비례식을 이용하여 암모니아 30 L를 얻기 위해 필요한 수소 기체의 부피 x L를 구한다.	수소와 암모니아의 반응 부피비는 $3:2=x:30$에서 수소 기체의 부피 x L=45 L이다.

(3) 화학 반응에서의 질량 · 부피 관계

화학 반응식에서 각 물질의 계수비는 반응 몰비와 같다. 일정한 온도와 압력에서 기체 1 mol의 부피를 알 때 반응물과 생성물 중 어느 한 물질의 질량이나 부피만 알아도 다른 물질의 질량이나 부피를 구할 수 있다.

개념 체크

● 반응물과 생성물의 <u>반응 질량</u> <u>화학식량</u> 의 비는 반응 몰비와 같고, 화학 반응식의 계수비와도 같다.

※ 다음은 탄산 칼슘($CaCO_3$) 과 묽은 염산($HCl(aq)$)의 반응에 대한 화학 반응식이 다. (단, $CaCO_3$, CO_2의 화 학식량은 각각 100, 44이고, $t°C$, 1 atm에서 기체 1 mol 의 부피는 24 L이다.)
$CaCO_3(s)+2HCl(aq) \longrightarrow$
$CaCl_2(aq)+H_2O(l)+CO_2(g)$

1. 탄산 칼슘 1 g을 충분한 양 의 묽은 염산($HCl(aq)$) 과 반응시켰을 때 발생하 는 이산화 탄소의 질량을 구하시오.

2. $t°C$, 1 atm에서 이산화 탄소 3.6 L를 얻기 위해 반응시켜야 할 탄산 칼슘 의 질량을 구하시오.

예 알루미늄(Al) 5.4 g과 충분한 양의 염산($HCl(aq)$)이 반응할 때 생성되는 수소(H_2)의 0°C, 1 atm에서의 부피 구하기

화학 반응식 : $2Al(s)+6HCl(aq) \longrightarrow 2AlCl_3(aq)+3H_2(g)$

1단계	알루미늄 5.4 g의 양(mol)을 구한다.	$\text{양(mol)} = \dfrac{\text{질량}}{\text{1 mol의 질량}} = \dfrac{5.4 \text{ g}}{27 \text{ g/mol}} = 0.2 \text{ mol}$
2단계	화학 반응식에서 알루미늄과 수소의 반응 몰비를 구하고, 비례식을 이용하 여 생성되는 수소의 양(mol) x를 구한다.	$2Al(s)+6HCl(aq) \longrightarrow 2AlCl_3(aq)+\underline{3H_2(g)}$ 반응 몰비 2 : 3 알루미늄(Al)과 수소(H_2)의 반응 몰비는 $2:3=0.2:x$이므 로 $x=0.3$이다.
3단계	0°C, 1 atm에서 기체 1 mol의 부피 가 22.4 L인 것을 이용하여 수소 기체 의 양(mol)으로부터 부피를 구한다.	수소 기체의 부피$=0.3 \text{ mol} \times 22.4 \text{ L/mol} = 6.72 \text{ L}$이다.

탐구자료 살펴보기 ▷ **화학 반응에서의 양적 관계**

탄산 칼슘($CaCO_3$)과 염산($HCl(aq)$)이 반응하여 염화 칼슘($CaCl_2$), 물(H_2O), 이산화 탄소(CO_2)를 생성한다. 반응물인 탄산 칼슘($CaCO_3$)과 생성물인 이산화 탄소(CO_2) 사이의 양적 관계를 확인해 보자.

준비물 탄산 칼슘, 시약포지, 묽은 염산, 삼각 플라스크 3개, 전자저울, 유리 막대, 약숟가락

탄산 칼슘 2 g 탄산 칼슘 1 g
탄산 칼슘 3 g 묽은 염산 70 mL

실험 과정

(가) 전자저울에 시약포지를 올려놓고 탄산 칼슘 1 g을 측정한다.
(나) 묽은 염산 70 mL가 담긴 삼각 플라스크를 저울 위에 올려놓고 질량을 측정한다.
(다) (가)의 탄산 칼슘을 (나)의 삼각 플라스크에 모두 넣어 반응시킨다.
(라) 묽은 염산과 탄산 칼슘의 반응이 완전히 끝나면 용액이 들어 있는 삼각 플라스크의 질량을 측정한다.
(마) 생성된 이산화 탄소의 질량은 (반응 전 묽은 염산이 들어 있는 삼각 플라스크의 질량+탄산 칼슘의 질량)−
(반응 후 용액이 들어 있는 삼각 플라스크의 질량)이므로 이를 이용하여 생성된 이산화 탄소의 질량을 구한다.
(바) 반응한 탄산 칼슘과 생성된 이산화 탄소의 몰비를 구하여 화학 반응식의 계수비와 일치하는지 확인한다($CaCO_3$
과 CO_2의 화학식량은 각각 100, 44이다).
(사) 탄산 칼슘 2 g과 3 g에 대하여 과정 (가)~(바)를 반복한다.

실험 결과

1. 화학 반응식 : $CaCO_3(s)+2HCl(aq) \longrightarrow CaCl_2(aq)+H_2O(l)+CO_2(g)$
2. 반응한 $CaCO_3$과 생성된 CO_2의 질량(g)과 양(mol)

반응한 $CaCO_3$의 질량(g)	1.00	2.00	3.00
생성된 CO_2의 질량(g)	0.44	0.88	1.32
반응한 $CaCO_3$의 양(mol)	0.01	0.02	0.03
생성된 CO_2의 양(mol)	0.01	0.02	0.03

분석 point

1. 화학 반응식에서 탄산 칼슘과 이산화 탄소의 반응 몰비를 구하면 $CaCO_3 : CO_2 = 1 : 1$이다.
2. 실험 결과에서 반응한 탄산 칼슘($CaCO_3$)과 생성된 이산화 탄소(CO_2)의 몰비는 1 : 1이며, 화학 반응식의 계수비 와 같다.

정답
1. 0.44 g
2. 15 g

❸ 용액의 농도

(1) 용해와 용액

① **용해** : 용질이 용매와 고르게 섞이는 현상이다.

② **용액** : 두 종류 이상의 순물질이 균일하게 섞여 있는 혼합물을 용액이라고 하며 용액에서 녹이는 물질을 용매, 녹는 물질을 용질이라고 한다.

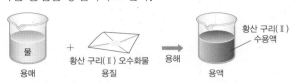

물
용매

+

황산 구리(Ⅱ) 오수화물
용질

용해 →

황산 구리(Ⅱ)
수용액

용액

③ **용액의 농도** : 용액이 얼마나 진하고 묽은지를 나타내는 값이며, 퍼센트 농도(%), 몰 농도(M) 등이 있다.

(2) 퍼센트 농도

용액 100 g에 녹아 있는 용질의 질량(g)을 나타내며, 단위는 %를 사용한다.

$$\text{퍼센트 농도}(\%) = \frac{\text{용질의 질량}(g)}{\text{용액의 질량}(g)} \times 100 = \frac{\text{용질의 질량}(g)}{(\text{용매}+\text{용질})\text{의 질량}(g)} \times 100$$

① 퍼센트 농도와 용액의 질량을 알면 용액에 녹아 있는 용질의 질량을 구할 수 있다.

$$\text{용질의 질량}(g) = \text{용액의 질량}(g) \times \frac{\text{퍼센트 농도}(\%)}{100}$$

예 15% 포도당 수용액 200 g에 들어 있는 물과 포도당의 질량

➡ 용질의 질량(g)=용액의 질량(g)×$\frac{\text{퍼센트 농도}(\%)}{100}$이므로

포도당의 질량(g)=200 g×$\frac{15}{100}$=30 g이다.

➡ 15% 포도당 수용액 200 g은 물 170 g과 포도당 30 g이 혼합된 수용액이다.

② 용액과 용질의 질량으로 나타내므로 온도나 압력의 영향을 받지 않는다.

🔍 과학 돋보기 　퍼센트 농도가 같은 수용액에서 입자 수 비교

포도당 입자

10% 포도당 수용액 100 g

설탕 입자

10% 설탕 수용액 100 g

· 10% 포도당 수용액 100 g에는 물 90 g과 포도당 10 g이 혼합되어 있다.
· 10% 설탕 수용액 100 g에는 물 90 g과 설탕 10 g이 혼합되어 있다.
➡ 수용액에 녹아 있는 포도당과 설탕의 질량은 10 g으로 같다.
➡ 포도당과 설탕은 1 mol의 질량이 각각 다르므로 10% 포도당 수용액과 10% 설탕 수용액에 녹아 있는 포도당과 설탕의 분자 수는 다르다.

개념 체크

○ **용액**
두 종류 이상의 순물질이 균일하게 섞여 있는 혼합물이며, 녹이는 물질을 용매, 녹는 물질을 용질이라고 한다.

○ **용액의 농도**
용액이 얼마나 진하고 묽은지를 나타내는 값이다.

○ **퍼센트 농도**
용액 100 g에 녹아 있는 용질의 질량(g)을 나타낸다.

※ ○ 또는 ×

1. 설탕 수용액에서 설탕은 용질이고 물은 용매이다.
(　)

2. 퍼센트 농도는 용액 속에 녹아 있는 용질의 양(mol)을 나타낸다.
(　)

3. 10% 포도당 수용액 100 g에 녹아 있는 포도당의 질량은 10 g이다. (　)

4. 25℃, 5% 염화 나트륨 수용액의 온도를 50℃로 높여 주면 퍼센트 농도는 10%가 된다. (단, 물의 증발은 무시한다.) (　)

정답

1. ○
2. ×
3. ○
4. ×

개념 체크

○ **몰 농도**
용액 1 L 속에 녹아 있는 용질의 양(mol)으로 나타낸 농도이며, 단위는 M 또는 mol/L를 사용한다.

○ **용액에 녹아 있는 용질의 양 (mol)**
몰 농도(M)와 용액의 부피(L)를 곱해서 구한다.

1. 용액 1 L 속에 녹아 있는 용질의 양(mol)으로 나타낸 농도는 (   )이다.

※ ○ 또는 ×

2. 몰 농도(M)와 용액의 부피(L)를 곱하면 용질의 양(mol)을 구할 수 있다.
(   )

3. 0.1 M 포도당 수용액 100 mL에 녹아 있는 포도당의 양은 (   ) mol이다.

4. 몰 농도는 용액의 (   )를 기준으로 하므로 온도에 따라 달라진다.

5. 표시선까지 용매를 채워 일정한 부피의 용액을 만드는 데 사용하는 실험 기구는 (   )이다.

정답

1. 몰 농도
2. ○
3. 0.01
4. 부피
5. 부피 플라스크

4 몰 농도

(1) 몰 농도

용액 1 L 속에 녹아 있는 용질의 양(mol)으로 나타낸 농도이며, 단위는 M 또는 mol/L를 사용한다.

$$\text{몰 농도(M)} = \frac{\text{용질의 양(mol)}}{\text{용액의 부피(L)}}$$

① 용액의 부피를 기준으로 하기 때문에 사용하기에 편리하다.
② 온도에 따라 용질의 양(mol)은 변하지 않지만 용액의 부피가 변하므로 몰 농도는 온도에 따라 달라진다.
③ 용액의 몰 농도와 부피를 알면 녹아 있는 용질의 양(mol)을 구할 수 있다.

$$\text{용질의 양(mol)} = \text{몰 농도(mol/L)} \times \text{용액의 부피(L)}$$

(2) 용액 만들기

특정한 몰 농도의 용액을 만들 때 부피 플라스크, 전자저울, 비커, 씻기병 등이 필요하다.

부피 플라스크	전자저울	비커
―표시선		
표시선까지 용매를 채워 일정 부피의 용액을 만들 때 사용한다.	용질의 질량을 측정한다.	용질을 소량의 용매에 용해시킨 후 용액을 부피 플라스크에 옮길 때 사용한다.

☑ 0.1 M 수산화 나트륨($NaOH$) 수용액 1 L 만들기

❶ 화학식량이 40인 $NaOH$ 4.0 g을 적당량의 물이 들어 있는 비커에 넣어 모두 녹인다.
❷ 1 L 부피 플라스크에 ❶의 용액을 넣는다.
❸ 물로 비커를 씻어 묻어 있는 용액까지 부피 플라스크에 넣는다.
❹ 부피 플라스크에 물을 $\frac{2}{3}$ 정도 넣고, 용액을 섞는다.
❺ 표시선까지 물을 가하고, 용액을 충분히 흔들어 준다.
❻ 실온으로 식힌 후 다시 표시선까지 물을 채운다.

수산화 나트륨 4.0 g / 물 / 물이 들어 있는 씻기병

탐구자료 살펴보기 ▶ **0.1 M 황산 구리(Ⅱ) 수용액 만들기**

0.1 M 황산 구리(Ⅱ) 수용액을 제조해 보자. 황산 구리(Ⅱ) 오수화물의 화학식량은 249.7이다.

준비물 황산 구리(Ⅱ) 오수화물($CuSO_4 \cdot 5H_2O$), 물, 1000 mL 부피 플라스크, 비커, 깔때기, 씻기병, 스포이트, 유리 막대, 약숟가락, 전자저울

실험 과정

(가) 황산 구리(Ⅱ) 오수화물 24.97 g을 비커에 담아 측정하고, 적당량의 물을 부어 유리 막대로 저어 모두 녹인다.
(나) 황산 구리(Ⅱ) 수용액을 깔때기를 이용하여 1000 mL 부피 플라스크에 넣는다. 물로 비커를 씻어 묻어 있는 용액 까지 넣는다.
(다) 부피 플라스크에 물을 채운다. 스포이트를 이용하여 표시선까지 맞춰 물을 넣는다.
(라) 부피 플라스크의 뚜껑을 닫고, 잘 흔들어 섞어 준다.

실험 결과

1. 증류수에 녹인 황산 구리(Ⅱ) 오수화물 24.97 g의 양(mol)은 황산 구리(Ⅱ) 오수화물의 화학식량이 249.7이므로 $\dfrac{24.97 \text{ g}}{249.7 \text{ g/mol}} = 0.1$ mol이다.

2. 황산 구리(Ⅱ) 오수화물 0.1 mol이 녹아 있는 용액 전체의 부피가 1 L이므로 황산 구리(Ⅱ) 수용액의 몰 농도는 $\dfrac{0.1 \text{ mol}}{1 \text{ L}} = 0.1$ M이다.

분석 point

1. 용질의 양(mol)=몰 농도(mol/L)×용액의 부피(L)이므로 0.1 M 황산 구리(Ⅱ) 수용액 1 L를 만드는 데 필요 한 황산 구리(Ⅱ)의 양은 0.1 mol/L×1 L=0.1 mol이다.

2. 황산 구리(Ⅱ) 오수화물을 모두 녹인 후 물을 더 넣어 용액의 부피를 1 L로 맞춰 주어야 황산 구리(Ⅱ) 0.1 mol이 녹아 있는 용액 1 L를 만들 수 있다.

---

(3) 용액의 희석과 혼합

① **용액 희석하기** : 어떤 용액에 물을 가하여 용액을 희석했을 때 용액의 부피와 몰 농도는 달라 지지만 그 속에 녹아 있는 용질의 양(mol)은 변하지 않는다.

- 용액의 몰 농도가 M mol/L인 용액 V L에 물을 가하여 몰 농도는 M' mol/L, 부피는 V' L가 되었다면 두 용액에서 용질의 양(mol)은 같으므로 다음 관계가 성립한다.

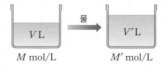

용질의 양(mol)＝몰 농도(mol/L)×용액의 부피(L)

$$\Rightarrow MV = M'V' \Rightarrow M' = \frac{MV}{V'} \text{(mol/L)}$$

개념 체크

○ 어떤 용액에 물을 가해서 희석 할 때 용액의 부피와 몰 농도는 달 라지지만 용질의 양(mol)은 변하 지 않는다.

1. 어떤 용액에 물을 가하여 희석할 때 용액에 녹아 있 는 (　　　)의 양(mol)은 변하지 않는다.

2. 몰 농도가 M mol/L인 용액 V L에 물을 가해서 M' mol/L인 용액 V' L 가 되었다면 $MV = (\quad)$ 의 관계가 성립한다.

정답

1. 용질
2. $M'V'$

○ 몰 농도가 서로 다른 두 용액을 혼합할 때 혼합 용액에 녹아 있는 용질의 양(mol)은 혼합 전 각 용액에 녹아 있는 용질의 양(mol)의 합과 같다.

※ ○ 또는 ×

1. 0.2 M 포도당 수용액 500 mL에 물을 넣어 1 L 수용액을 만들었다. (단, 포도당의 분자량은 180이다.)

(1) 0.2 M 포도당 수용액 500 mL에 녹아 있는 포도당의 질량은 18 g 이다. ( )

(2) 물을 넣어 희석한 용액의 몰 농도는 0.1 M이다. ( )

2. 1 M 포도당 수용액 100 mL와 2 M 포도당 수용액 100 mL를 혼합하고 물을 넣어 혼합 용액 300 mL를 만들었다. 이 혼합 용액의 몰 농도를 구하시오.

예 0.1 M 포도당 수용액을 희석하여 0.01 M 포도당 수용액 500 mL 만들기

① 용액을 희석해도 그 속에 녹아 있는 용질의 양(mol)은 변하지 않으므로, 희석된 용액에 녹아 있는 포도당의 양(mol)을 계산한다.

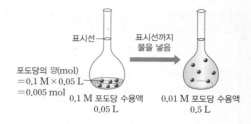

포도당의 양(mol)
=0.1 M×0.05 L
=0.005 mol

0.1 M 포도당 수용액 0.05 L → 표시선까지 물을 넣음 → 0.01 M 포도당 수용액 0.5 L

➡ 0.01 M 포도당 수용액 0.5 L에 녹아 있는 포도당의 양(mol)은 몰 농도×부피 =0.01 M×0.5 L=0.005 mol이다.

② 진한 용액에서 같은 양(mol)의 포도당을 얻는 데 필요한 부피를 계산한다.

➡ 용액의 부피(L)=$\dfrac{용질의 양(mol)}{몰 농도(mol/L)}$=$\dfrac{0.005\ mol}{0.1\ mol/L}$=0.05 L이므로 0.1 M 포도당 수용액 0.05 L가 필요하다.

③ 0.1 M 포도당 수용액 0.05 L를 500 mL 부피 플라스크에 넣고 표시선까지 물을 채워 용액의 부피를 500 mL로 맞춘다.

② **혼합 용액의 몰 농도** : 몰 농도가 서로 다른 두 용액을 혼합하면 용액의 부피와 몰 농도는 달라지지만 혼합 용액에 녹아 있는 용질의 양(mol)은 혼합 전 각 용액에 녹아 있는 용질의 양(mol)의 합과 같다.

• 용액의 몰 농도가 M mol/L인 용액 V L에 M' mol/L인 용액 V' L를 혼합하여 용액의 몰 농도가 M'' mol/L, 용액의 전체 부피가 V'' L가 되었다면 다음 관계가 성립한다.

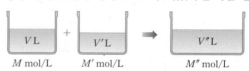

V L M mol/L + V' L M' mol/L ➡ V'' L M'' mol/L

$$MV+M'V'=M''V'' \Rightarrow M''=\frac{MV+M'V'}{V''}\ (mol/L)$$

✏️ **과학 돋보기** **화학 반응의 양적 관계에서 몰 농도 이용하기**

질산 은($AgNO_3$) 수용액과 염화 나트륨($NaCl$) 수용액이 반응하면 흰색 앙금인 염화 은($AgCl$)이 생성된다. 이와 같이 반응물이나 생성물이 용액인 화학 반응에서 양적 관계를 다루려면 용액의 몰 농도로부터 용질의 양(mol)을 계산해야 한다.

예 0.1 M $AgNO_3$ 수용액 100 mL와 완전히 반응하는 데 필요한 $NaCl$의 질량 구하기

[화학 반응식] $AgNO_3(aq)+NaCl(aq) \longrightarrow AgCl(s)+NaNO_3(aq)$

① 0.1 M $AgNO_3$ 수용액 100 mL에 녹아 있는 $AgNO_3$의 양(mol)을 구한다.

➡ 용질의 양(mol)=몰 농도(mol/L)×용액의 부피(L)이므로
$AgNO_3$의 양(mol)=0.1 mol/L×0.1 L=0.01 mol이다.

② 화학 반응식의 계수비는 반응 몰비와 같고, $AgNO_3$과 $NaCl$의 계수비는 1 : 1이므로 $AgNO_3$ 0.01 mol은 $NaCl$ 0.01 mol과 반응한다.

➡ $NaCl$의 화학식량이 58.5이므로 $NaCl$ 0.01 mol의 질량은 0.585 g이며, 0.1 M $AgNO_3$ 수용액 100 mL와 완전히 반응하는 데 필요한 $NaCl$의 질량은 0.585 g이다.

정답

1. (1) ○ (2) ○

2. 1 M

01 다음은 2가지 반응의 화학 반응식이다.

[24024-0039]

$$(가)\ a\mathrm{Al}(s)+b\mathrm{HCl}(aq) \longrightarrow 2\mathrm{AlCl_3}(aq)+3\mathrm{X}(g)$$
$$(a, b는\ 반응\ 계수)$$
$$(나)\ \mathrm{Mg}(s)+c\mathrm{HCl}(aq) \longrightarrow \mathrm{MgCl_2}(aq)+\mathrm{X}(g)$$
$$(c는\ 반응\ 계수)$$

이에 대한 설명으로 옳은 것만을 〈보기〉에서 있는 대로 고른 것은?

● 보기 ●
ㄱ. $b=a+c$이다.
ㄴ. X는 $\mathrm{H_2}$이다.
ㄷ. (가)와 (나)에서 각각 X(g) 2 mol이 생성되었을 때 반응한 금속의 몰비는 $\mathrm{Al}(s):\mathrm{Mg}(s)=3:2$이다.

① ㄱ   ② ㄴ   ③ ㄷ
④ ㄱ, ㄴ   ⑤ ㄴ, ㄷ

02 다음은 프로페인($\mathrm{C_3H_8}$)이 연소하는 반응의 화학 반응식이다.

[24024-0040]

$$\mathrm{C_3H_8}+a\mathrm{O_2} \longrightarrow b\mathrm{CO_2}+4\mathrm{H_2O} \quad (a, b는\ 반응\ 계수)$$

이에 대한 설명으로 옳은 것만을 〈보기〉에서 있는 대로 고른 것은? (단, H, C, O의 원자량은 각각 1, 12, 16이다.)

● 보기 ●
ㄱ. $a+b=8$이다.
ㄴ. $\mathrm{C_3H_8}$ 1 mol이 모두 반응하면 $\mathrm{CO_2}$ 44 g이 생성된다.
ㄷ. 실린더에 $\mathrm{C_3H_8}$ 22 g과 $\mathrm{O_2}$ 90 g을 넣고 반응을 완결시켰을 때 $\mathrm{O_2}$가 10 g 남는다.

① ㄱ   ② ㄴ   ③ ㄱ, ㄷ
④ ㄴ, ㄷ   ⑤ ㄱ, ㄴ, ㄷ

03 다음은 A(g)와 B(g)가 반응하여 C(g)를 생성하는 반응의 화학 반응식이다.

[24024-0041]

$$2\mathrm{A}(g)+b\mathrm{B}(g) \longrightarrow 2\mathrm{C}(g) \quad (b는\ 반응\ 계수)$$

표는 실린더에 A(g)와 B(g)를 넣고 반응을 완결시켰을 때, 반응 전과 후에 대한 자료이다.

반응 전		반응 후	
A의 질량(g)	B의 질량(g)	B의 질량(g)	$\dfrac{\mathrm{B의\ 양(mol)}}{\mathrm{C의\ 양(mol)}}$
4	5	4	2

$b \times \dfrac{\mathrm{A의\ 분자량}}{\mathrm{B의\ 분자량}}$ 은?

① $\dfrac{5}{4}$ ② $\dfrac{3}{2}$ ③ 2

④ $\dfrac{5}{2}$ ⑤ $\dfrac{8}{3}$

04 다음은 $\mathrm{A_2}(g)$와 $\mathrm{B_2}(g)$가 반응하여 X(g)를 생성하는 반응의 화학 반응식이다.

[24024-0042]

$$a\mathrm{A_2}(g)+b\mathrm{B_2}(g) \longrightarrow 2\mathrm{X}(g) \quad (a, b는\ 반응\ 계수)$$

그림은 용기에 $\mathrm{A_2}(g)$와 $\mathrm{B_2}(g)$를 넣고 반응시킬 때 용기 속 기체의 모형을 시간에 따라 나타낸 것이다. (나)에서 반응이 완결되었고, 모형은 나타내지 않았다.

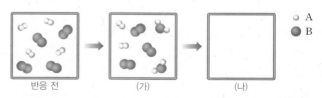

이에 대한 설명으로 옳은 것만을 〈보기〉에서 있는 대로 고른 것은? (단, A와 B는 임의의 원소 기호이다.)

● 보기 ●
ㄱ. $a+b=4$이다.
ㄴ. (나)에서 ●은 4개이다.
ㄷ. 용기 속 전체 기체의 몰비는 (가) : (나)=7 : 6이다.

① ㄱ   ② ㄴ   ③ ㄱ, ㄷ
④ ㄴ, ㄷ   ⑤ ㄱ, ㄴ, ㄷ

05 다음은 A(g)와 B(g)가 반응하여 C(g)와 D(g)를 생성하는 반응의 화학 반응식이다.

[24024-0043]

$$aA(g) + 2B(g) \longrightarrow cC(g) + 2D(g) \quad (a, c는 반응 계수)$$

표는 실린더에 A(g)와 B(g)를 넣고 반응을 완결시켰을 때, 반응물과 생성물에 대한 자료이다. Ⅰ과 Ⅲ에서 반응 후 남아 있는 반응물의 종류는 같다.

실험	기체의 양(mol)			
	반응 전		반응 후	
	A(g)	B(g)	C(g)	D(g)
Ⅰ	1	1	0.5	
Ⅱ	2	1		1
Ⅲ	3	2	1	

이에 대한 설명으로 옳은 것만을 〈보기〉에서 있는 대로 고른 것은?

─● 보기 ●─
ㄱ. Ⅱ에서 반응 후 남아 있는 반응물의 종류는 B(g)이다.
ㄴ. $c=1$이다.
ㄷ. 반응 후 남아 있는 반응물의 양(mol)은 Ⅲ에서가 Ⅰ에서의 2배이다.

① ㄱ   ② ㄴ   ③ ㄱ, ㄷ
④ ㄴ, ㄷ   ⑤ ㄱ, ㄴ, ㄷ

06 그림은 A x g을 물에 녹여서 만든 수용액 200 mL를 나타낸 것이다. 수용액의 밀도는 1.1 g/mL이다.

[24024-0044]

A(aq)
200 mL

A(aq)에 대한 설명으로 옳은 것만을 〈보기〉에서 있는 대로 고른 것은? (단, 용액의 온도는 일정하고, A의 화학식량은 40이다.)

─● 보기 ●─
ㄱ. A(aq)의 몰 농도는 $\frac{x}{8}$ M이다.
ㄴ. A(aq)의 퍼센트 농도는 $\frac{5x}{11}$%이다.
ㄷ. 수용액 속 물의 질량은 $(220-x)$ g이다.

① ㄱ   ② ㄴ   ③ ㄱ, ㄷ
④ ㄴ, ㄷ   ⑤ ㄱ, ㄴ, ㄷ

07 다음은 A(g)와 B(g)가 반응하여 C(g)를 생성하는 반응의 화학 반응식이다.

[24024-0045]

$$A(g) + B(g) \longrightarrow 2C(g)$$

표는 반응물의 질량비를 달리하여 반응을 완결시킨 실험 Ⅰ과 Ⅱ에 대한 자료이다.

실험	반응 전 질량비	반응 후 부피비
Ⅰ	A : B=21 : 8	A : C=1 : 1
Ⅱ	A : B=7 : 12	

이에 대한 설명으로 옳은 것만을 〈보기〉에서 있는 대로 고른 것은? (단, 온도와 압력은 일정하다.)

─● 보기 ●─
ㄱ. 분자량비는 A : B=7 : 8이다.
ㄴ. 반응 후 남아 있는 반응물의 종류는 Ⅰ과 Ⅱ에서 다르다.
ㄷ. Ⅱ에서 반응 후 $\frac{생성물의\ 질량(g)}{남아\ 있는\ 반응물의\ 질량(g)} = \frac{15}{4}$ 이다.

① ㄱ   ② ㄴ   ③ ㄱ, ㄷ
④ ㄴ, ㄷ   ⑤ ㄱ, ㄴ, ㄷ

08 그림은 포도당 수용액 (가)와 (나)를 나타낸 것이다. (가)의 밀도는 1.02 g/mL이다.

[24024-0046]

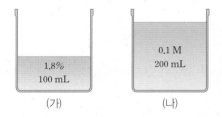

(가)   (나)

이에 대한 설명으로 옳은 것만을 〈보기〉에서 있는 대로 고른 것은? (단, 온도는 일정하고, 포도당의 분자량은 180이며, 혼합 수용액의 부피는 혼합 전 각 수용액의 부피의 합과 같다.)

─● 보기 ●─
ㄱ. (가)에 들어 있는 포도당의 질량은 1.8 g보다 크다.
ㄴ. (나)에 들어 있는 포도당의 양은 0.2 mol이다.
ㄷ. (가)와 (나)를 혼합한 수용액의 농도는 0.1 M보다 작다.

① ㄱ   ② ㄴ   ③ ㄱ, ㄷ
④ ㄴ, ㄷ   ⑤ ㄱ, ㄴ, ㄷ

09 [24024-0047]

다음은 수산화 나트륨(NaOH) 수용액을 만드는 실험이다. (나)에서 만든 수용액의 밀도는 1 g/mL이다.

[실험 과정]

(가) NaOH(s) 2 g을 물 x g에 녹여 2% NaOH 수용액을 만든다.

(나) (가)의 수용액 10 g을 취하여 부피 플라스크에 넣고 물을 더 넣어 200 mL로 만든다.

이에 대한 설명으로 옳은 것만을 〈보기〉에서 있는 대로 고른 것은? (단, 온도는 일정하고, NaOH의 화학식량은 40이다.)

보 기

ㄱ. $x=98$이다.

ㄴ. (나)에서 만든 수용액의 몰 농도는 $\frac{1}{40}$ M이다.

ㄷ. (나)에서 만든 수용액의 퍼센트 농도는 1%이다.

① ㄱ   ② ㄷ   ③ ㄱ, ㄴ

④ ㄴ, ㄷ   ⑤ ㄱ, ㄴ, ㄷ

10 [24024-0048]

그림은 포도당 수용액 (가)와 (나)를 부피 플라스크에 넣은 후 물을 가하여 500 mL의 수용액 (다)를 만드는 것을 나타낸 것이다.

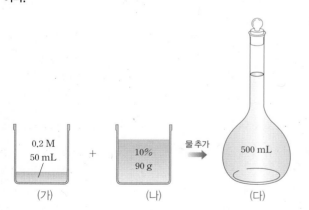

(가)   (나)   (다)

(다)의 몰 농도(M)는? (단, 온도는 일정하고, 포도당의 분자량은 180이다.)

① 0.01   ② 0.03   ③ 0.06

④ 0.12   ⑤ 0.24

11 [24024-0049]

다음은 A(g)와 B(g)가 반응하여 C(g)를 생성하는 반응의 화학 반응식이다.

$$2A(g) + B(g) \longrightarrow 2C(g)$$

표는 반응물의 질량을 달리하여 반응을 완결시켰을 때 반응물의 질량에 따른 생성물의 질량을 나타낸 것이다.

반응물의 질량(g)	A(g)	4	4	8	12
	B(g)	4	8	12	y
생성물의 질량(g)	C(g)	4.5	x	13.5	13.5

이에 대한 설명으로 옳은 것만을 〈보기〉에서 있는 대로 고른 것은?

보 기

ㄱ. $x=9$이다.

ㄴ. 분자량비는 A : B = 1 : 9이다.

ㄷ. $y=8$이다.

① ㄱ   ② ㄷ   ③ ㄱ, ㄴ   ④ ㄴ, ㄷ   ⑤ ㄱ, ㄴ, ㄷ

12 [24024-0050]

다음은 A(g)와 B(g)가 반응하여 C(g)를 생성하는 반응의 화학 반응식이다.

$$aA(g) + bB(g) \longrightarrow 2C(g) \quad (a, b는 반응 계수)$$

그림은 A(g) 4 g이 들어 있는 실린더에 B(g)를 넣고 반응을 완결시켰을 때, 넣어 준 B(g)의 질량에 따른 전체 기체의 부피를 나타낸 것이다.

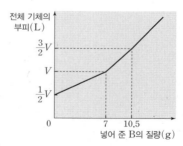

이에 대한 설명으로 옳은 것만을 〈보기〉에서 있는 대로 고른 것은? (단, 실린더 속 기체의 온도와 압력은 일정하다.)

보 기

ㄱ. $b > a$이다.

ㄴ. 분자량비는 A : B : C = 8 : 7 : 11이다.

ㄷ. 넣어 준 B(g)의 질량이 14 g일 때 반응 후 실린더 속 전체 기체의 부피는 $2V$ L이다.

① ㄱ   ② ㄷ   ③ ㄱ, ㄴ   ④ ㄴ, ㄷ   ⑤ ㄱ, ㄴ, ㄷ

[24024-0051]

일정한 온도와 압력에서 기체의 부피는 기체의 양(mol)에 비례한다.

01 다음은 $A(g)$와 $B(g)$가 반응하여 $C(g)$를 생성하는 반응의 화학 반응식이다.

$$A(g) + B(g) \longrightarrow cC(g) \quad (c는 반응 계수)$$

표는 실린더에 $A(g)$와 $B(g)$를 넣고 반응을 완결시킨 실험 Ⅰ과 Ⅱ에 대한 자료이다. 분자량비는 $A : B = 7 : 8$이다.

실험	반응 전		반응 후
	$A(g)$의 질량(g)	$B(g)$의 질량(g)	전체 기체의 부피(L)
Ⅰ	56	32	$3V$
Ⅱ	84	64	$5V$

$c \times \dfrac{\text{C의 분자량}}{\text{B의 분자량}}$ 은? (단, 실린더 속 기체의 온도와 압력은 일정하다.)

① $\dfrac{7}{8}$ ② $\dfrac{15}{16}$ ③ $\dfrac{8}{7}$ ④ $\dfrac{15}{8}$ ⑤ $\dfrac{15}{7}$

[24024-0052]

Ⅰ과 Ⅱ에서 반응 전 전체 기체의 부피는 같지만 질량은 같지 않다.

02 다음은 $A(g)$와 $B(g)$가 반응하여 $C(g)$를 생성하는 반응의 화학 반응식이다.

$$2A(g) + B(g) \longrightarrow 2C(g)$$

표는 실린더에 $A(g)$와 $B(g)$를 넣고 반응을 완결시켰을 때, 반응 전과 후에 대한 자료이다. 분자량비는 $A : B = 2 : 1$이다.

실험	반응 전	반응 후		
	전체 기체의 부피(L)	$A(g)$의 질량(g)	$B(g)$의 질량(g)	$C(g)$의 질량(g)
Ⅰ	V	0	$2x$	y
Ⅱ	V	x	0	$2y$

이에 대한 설명으로 옳은 것만을 〈보기〉에서 있는 대로 고른 것은? (단, 실린더 속 기체의 온도와 압력은 일정하다.)

> **보기**
>
> ㄱ. Ⅰ에서 반응 후 전체 기체의 부피는 $\dfrac{6}{7}V$ L이다.
>
> ㄴ. Ⅱ에서 $\dfrac{\text{반응 전 A의 양(mol)}}{\text{반응 전 B의 양(mol)}} = 3$이다.
>
> ㄷ. 반응 후 전체 기체의 밀도비는 Ⅰ : Ⅱ $= 5 : 8$이다.

① ㄱ   ② ㄴ   ③ ㄱ, ㄷ   ④ ㄴ, ㄷ   ⑤ ㄱ, ㄴ, ㄷ

03 다음은 A(g)와 B(g)가 반응하여 C(g)를 생성하는 반응의 화학 반응식이다.

[24024-0053]

$$aA(g)+bB(g) \longrightarrow 2C(g) \quad (a, b는 반응 계수)$$

표는 실린더에 A(g)와 B(g)를 넣고 반응을 완결시킨 실험 I ~ III에 대한 자료이다. $a>b$이다.

실험	반응 전		반응 후
	A(g)의 양(mol)	B(g)의 양(mol)	C(g)의 양(mol)
I	n	$3m$	$2x$
II	n	m	x
III	m	$2n$	y

이에 대한 설명으로 옳은 것만을 〈보기〉에서 있는 대로 고른 것은?

● 보 기 ●

ㄱ. I과 II에서 반응 후 남아 있는 기체의 종류는 같다.

ㄴ. $x>y$이다.

ㄷ. I ~ III에서 반응 후 남은 반응물을 모두 혼합하여 반응을 완결시키면, 반응 후 B(g)가 남는다.

① ㄱ   ② ㄴ   ③ ㄱ, ㄷ   ④ ㄴ, ㄷ   ⑤ ㄱ, ㄴ, ㄷ

> 반응한 기체의 양(mol)이 2배로 증가하면 생성된 기체의 양(mol)도 2배로 증가한다.

04 다음은 A(g)와 B(g)가 반응하여 C(g)를 생성하는 반응의 화학 반응식이다.

[24024-0054]

$$aA(g)+bB(g) \longrightarrow cC(g) \quad (a\sim c는 반응 계수)$$

표는 실린더에 A(g)와 B(g)를 넣고 반응시켰을 때, 실린더 속 기체에 대한 자료를 반응 시간의 순서와 관계 없이 나타낸 것이다. ●은 B(g)이고 (다)에서는 B(g)만 나타내었으며, t_2에서 반응이 완결되었다.

실린더	(가)	(나)	(다)
단위 부피당 기체의 양(mol) 모형			
반응 시간	t_1	t_2	t_3
전체 기체의 밀도	$10d$	$15d$	$12d$

이에 대한 설명으로 옳은 것만을 〈보기〉에서 있는 대로 고른 것은? (단, 실린더 속 기체의 온도와 압력은 일정하다.)

● 보 기 ●

ㄱ. $t_3>t_1$이다.

ㄴ. $a>b>c$이다.

ㄷ. (다)에서 기체의 몰비는 A : B＝3 : 5이다.

① ㄱ   ② ㄴ   ③ ㄱ, ㄷ   ④ ㄴ, ㄷ   ⑤ ㄱ, ㄴ, ㄷ

> 반응 후 기체의 부피가 감소하는 반응에서 반응 계수에 비례하여 기체의 부피가 감소한다.

[24024–0055]

반응물의 계수의 합이 생성물의 계수의 합보다 크면 반응 후 전체 기체의 부피는 감소한다.

05 다음은 $A(g)$와 $B(g)$가 반응하여 $C(g)$를 생성하는 반응의 화학 반응식과 이와 관련된 실험이다. 분자량비는 $A : B = 2 : 1$이다.

[화학 반응식] ○ $aA(g) + B(g) \longrightarrow 2C(g)$ (a는 반응 계수)

[실험 과정]

(가) $t\,°C$에서 단면적이 같은 실린더 I~III에 그림과 같이 $A(g)$와 $B(g)$를 넣는다.

(나) I, II에서 반응을 완결시킨다.

(다) 꼭지 a, b를 열고 반응을 완결시킨다.

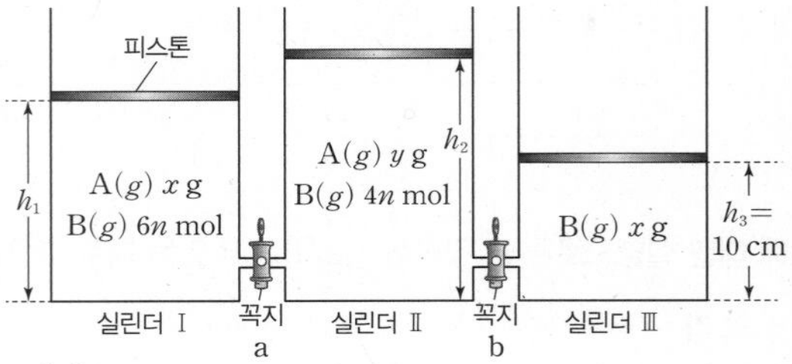

[실험 결과]

○ (가) 과정 후 $h_1 > 10$ cm, $h_2 > 10$ cm이다.

○ (나) 과정 후 $h_1 = h_2 = 10$ cm이고, II에서 $B(g)$는 모두 소모되었다.

○ (다) 과정 후 $h_1 = h_2 = h_3 = 10$ cm이다.

이에 대한 설명으로 옳은 것만을 〈보기〉에서 있는 대로 고른 것은? (단, 실린더 속 기체의 온도와 압력은 일정하고, 연결관의 부피는 무시한다.)

● 보기 ●

ㄱ. $a = 2$이다.　　　　　　　　　　　ㄴ. (가)에서 $h_1 : h_2 = 5 : 6$이다.

ㄷ. (다)에서 반응이 완결되었을 때, 전체 기체에서 $B(g)$와 $C(g)$의 양(mol)은 같다.

① ㄱ　　　② ㄴ　　　③ ㄱ, ㄷ　　　④ ㄴ, ㄷ　　　⑤ ㄱ, ㄴ, ㄷ

[24024–0056]

I에서가 II에서보다 생성물의 양(mol)이 3배이므로 반응한 기체의 양(mol)도 3배이다.

06 다음은 $A(g)$와 $B(g)$가 반응하여 $C(g)$를 생성하는 반응의 화학 반응식이다.

$$2A(g) + B(g) \longrightarrow cC(g) \quad (c\text{는 반응 계수})$$

표는 강철 용기에 $A(g)$와 $B(g)$를 넣고 반응을 완결시킨 실험 I과 II에 대한 자료이다.

실험	반응 전		반응 후	
	$A(g)$의 질량(g)	$B(g)$의 질량(g)	남아 있는 반응물의 질량(상댓값)	생성물의 양(mol)
I	w_1	w_1	9	$3N$
II	$7w_2$	$2w_2$	7	N

이에 대한 설명으로 옳은 것만을 〈보기〉에서 있는 대로 고른 것은? (단, 온도와 압력은 일정하다.)

● 보기 ●

ㄱ. I에서 반응 후 남은 반응물은 $B(g)$이다.

ㄴ. 반응 전 $A(g)$의 질량비는 I : II $= 3 : 2$이다.

ㄷ. 분자량비는 A : B $= 7 : 8$이다.

① ㄱ　　　② ㄴ　　　③ ㄱ, ㄷ　　　④ ㄴ, ㄷ　　　⑤ ㄱ, ㄴ, ㄷ

07 다음은 A(g)와 B(g)가 반응하여 C(g)를 생성하는 반응의 화학 반응식이다.

[24024-0057]

$$A(g) + bB(g) \longrightarrow 2C(g) \quad (b\text{는 반응 계수})$$

그림 (가)는 실린더에 A(g) N mol이 들어 있는 것을, (나)는 (가)의 실린더에 B(g)를 넣고 반응을 완결시켰을 때, 넣어 준 B(g)의 양(mol)에 따른 전체 기체의 밀도를 일부만 나타낸 것이다. $b > 1$이고, $\dfrac{\text{A의 분자량}}{\text{B의 분자량}} = 2$이다.

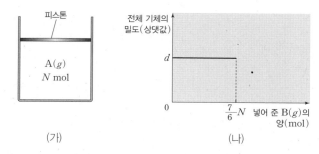

(가)　　　　　(나)

이에 대한 설명으로 옳은 것만을 〈보기〉에서 있는 대로 고른 것은? (단, 실린더 속 기체의 온도와 압력은 일정하다.)

┌─ 보기 ─────────────────────────
ㄱ. $b = 2$이다.
ㄴ. 넣어 준 B(g)의 양이 $1.5N$ mol일 때 실린더에 들어 있는 기체의 종류는 1가지이다.
ㄷ. 넣어 준 B(g)의 양이 $3N$ mol일 때 전체 기체의 밀도는 d보다 작다.
└──────────────────────────────

① ㄱ　　　② ㄴ　　　③ ㄱ, ㄷ　　　④ ㄴ, ㄷ　　　⑤ ㄱ, ㄴ, ㄷ

[24024-0058]

08 다음은 A(g)와 B(g)가 반응하여 C(g)를 생성하는 반응의 화학 반응식과 이와 관련된 실험이다.

┌──
[화학 반응식]　○ $aA(g) + 3B(g) \longrightarrow cC(g)$　(a, c는 반응 계수)

[실험 과정]
(가) 그림과 같이 실린더 Ⅰ과 Ⅱ에 A(g)와 B(g)를 넣는다.
(나) Ⅰ과 Ⅱ에서 각각 반응을 완결시킨다.
(다) 꼭지를 열고 반응을 완결시킨다.

　　　　피스톤
　　실린더 Ⅰ: A(g) w g, B(g) $9N$ mol, $17V$ L
　　꼭지
　　실린더 Ⅱ: A(g) w g, B(g) $2w$ g, $23V$ L

[실험 결과]
○ (나) 과정 후 실린더에 들어 있는 C(g)의 몰비는 Ⅰ : Ⅱ = 3 : 4이다.
○ (다) 과정 후 Ⅰ과 Ⅱ에는 C(g)만 존재하고, Ⅰ과 Ⅱ에 들어 있는 기체의 부피의 합은 $32V$ L이다.
└──

$\dfrac{a}{c} \times \dfrac{\text{A의 분자량}}{\text{C의 분자량}}$ 은? (단, 실린더 속 기체의 온도와 압력은 일정하고, 연결관의 부피는 무시한다.)

① $\dfrac{5}{26}$　　　② $\dfrac{5}{13}$　　　③ $\dfrac{15}{26}$　　　④ $\dfrac{10}{13}$　　　⑤ $\dfrac{25}{26}$

전체 기체의 질량과 부피가 같이 증가하면 밀도가 일정할 수 있다.

반응 후 반응물이 남지 않으면 반응 전 반응물의 몰비는 반응 계수비와 같다.

퍼센트(%) 농도는
$\dfrac{용질의 \ 질량}{용액의 \ 질량} \times 100$이다.

[24024-0059]

09 표는 $X(aq)$ (가)와 (나)에 대한 자료이다. X의 화학식량은 40이고, (가)의 밀도는 1.1 g/mL 이다.

$X(aq)$	농도	용질의 질량(g)	용액의 부피(mL)
(가)	$a\%$	x	200
(나)	a M	y	100

$\dfrac{y}{x}$는?

① $\dfrac{10}{11}$ ② $\dfrac{20}{11}$ ③ $\dfrac{25}{13}$ ④ 2 ⑤ $\dfrac{25}{12}$

용액의 일부를 취할 때 용액
속에 들어 있는 용질의 질량은
용액의 부피에 비례한다.

[24024-0060]

10 다음은 $A(aq)$을 만드는 실험이다. A의 화학식량은 40이다.

[실험 과정]
(가) 물 50 g이 들어 있는 비커에 $A(s)$ 0.4 g을 완전히 녹인다.
(나) 200 mL 부피 플라스크에 (가)의 수용액을 모두 넣고 표시선까지 물을 넣는다.
(다) (나)의 $A(aq)$ x mL를 취하여 0.1 M $A(aq)$ 50 mL가 들어 있는 비커에 넣는다.
(라) (다)의 수용액을 200 mL 부피 플라스크에 모두 넣고, 표시선까지 물을 넣는다.
[실험 결과]
○ (라) 과정 후 $A(aq)$의 농도는 0.035 M이다.

x는? (단, 온도는 일정하다.)

① 40 ② 50 ③ 60 ④ 80 ⑤ 100

[24024-0061]

11 다음은 포도당 수용액을 만드는 실험이다.

[실험 방법]

❶ 수용액에 들어 있는 용질의 질량의 $\frac{1}{2}$배를 추가한다. (단, 수용액의 부피는 변하지 않는다.)

❷ 수용액의 부피의 $\frac{1}{2}$배를 취한 후 물을 추가하여 수용액의 부피를 500 mL로 만든다.

❸ 수용액을 증발시켜 부피를 $\frac{9}{10}$배로 만든다. (단, 용질은 증발하지 않는다.)

[실험 과정]

(가) 0.2 M 포도당 수용액을 준비한다.

(나) (가)의 수용액 200 mL를 실험 방법 ❶ → ❷ → ❸의 순서로 하여 수용액을 만든다.

(다) (가)의 수용액 200 mL를 실험 방법 ❷ → ❶ → ❸의 순서로 하여 수용액을 만든다.

(라) (가)의 수용액 200 mL를 실험 방법 ❸ → ❶ → ❷의 순서로 하여 수용액을 만든다.

[실험 결과]

○ 각 과정 후 만들어진 포도당 수용액의 몰 농도

과정 후	(나)	(다)	(라)
포도당 수용액의 몰 농도(M)	x	y	z

$x \sim z$를 비교한 것으로 옳은 것은? (단, 온도는 일정하다.)

① $x = y > z$ ② $x > y > z$ ③ $z > x = y$

④ $x = y = z$ ⑤ $y > x > z$

> 몰 농도(M)는 $\dfrac{\text{용질의 양(mol)}}{\text{용액의 부피(L)}}$ 이다.

[24024-0062]

12 다음은 포도당 수용액 (가)~(라)에 대한 자료이다. (가)에서 수용액의 밀도는 **1.05 g/mL**이다.

(가) $\frac{30}{7}$% 포도당 수용액 105 g

(나) 몰 농도가 0.25 M인 포도당 수용액 100 mL에 포도당 4.5 g과 물을 추가하여 400 mL로 만든 수용액

(다) 포도당 18 g이 녹아 있는 수용액 200 mL

(라) 포도당 0.1 mol이 녹아 있는 수용액 100 mL에 물을 추가하여 150 mL로 만든 수용액

(가)~(라)의 몰 농도(M)를 비교한 것으로 옳은 것은? (단, 온도는 일정하고, 물의 증발은 무시하며, 포도당의 분자량은 **180**이다.)

① (다)>(라)>(가)>(나)   ② (다)>(라)>(나)>(가)   ③ (라)>(다)>(가)>(나)

④ (라)>(다)>(가)=(나)   ⑤ (라)>(다)>(나)>(가)

> 수용액에 물을 추가하면 농도가 감소한다.

04 원자의 구조

○ 톰슨은 음극선이 전자의 흐름이라는 것을 발견하였다.

1. 음극선의 진로에 장애물을 설치하면 그림자가 생기는 것은 음극선이 (   )하기 때문이다.

2. 전기장에서 음극선의 진로가 (+)극 쪽으로 휘는 것은 음극선이 (   )를 띠기 때문이다.

1 원자의 구성 입자

(1) 전자의 발견

① **음극선** : 진공관 안에 전극을 연결하여 높은 전압을 걸어 주면 (−)극에서 (+)극으로 빛의 흐름이 나타나는데, 이를 음극선이라고 한다.

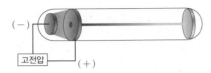

② **음극선 실험** : 1897년 톰슨은 음극선에 대한 몇 가지 실험 결과를 통해 음극선이 질량을 가지며 (−)전하를 띤 입자의 흐름임을 알아내었다. (−)극으로 사용한 금속의 종류에 관계 없이 음극선이 같은 특성을 보이므로 음극선의 구성 입자가 모든 물질의 공통적인 입자라고 생각하였고, 이를 전자라고 하였다.

🧪 **탐구자료 살펴보기** 　**음극선의 성질**

탐구 자료 및 자료 해석

(가) 음극선의 진로에 장애물을 설치하면 그림자가 생긴다.

➡ 음극선이 직진함을 알 수 있다.

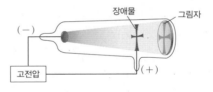

(나) 음극선의 진로에 바람개비를 설치하면 바람개비가 회전한다.

➡ 음극선이 질량을 가진 입자의 흐름임을 알 수 있다.

(다) 전기장에서 음극선의 진로가 (+)극 쪽으로 휜다.

➡ 음극선이 (−)전하를 띤다는 것을 알 수 있다.

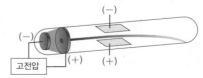

분석 point

음극선은 직진하면서 질량을 갖는 (−)전하를 띠는 입자의 흐름이다.

③ **톰슨의 원자 모형** : 톰슨은 음극선 실험을 통해 원자가 (−)
전하를 띠는 입자인 전자를 포함하고 있음을 확인하였고,
(+)전하가 고르게 분포된 공 속에 (−)전하를 띤 전자가
박혀 있는 원자 모형을 제안하였다.

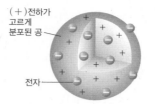

(+)전하가
고르게
분포된 공
전자
톰슨의 원자 모형

개념 체크

○ α 입자 산란 실험에서 대부분의 α 입자는 금박을 그대로 통과하여 직진한다.

○ α 입자를 금박에 충돌시켰을 때 극히 일부의 α 입자가 크게 휘어지거나 튕겨 나오는 이유는 원자 중심에 (+)전하를 띤, 크기가 매우 작고 원자 질량의 대부분을 차지하는 원자핵이 있기 때문이다.

1. 톰슨은 (+)전하가 고르게 분포된 공 속에 (−)전하를 띤 (　　)가 박혀 있는 원자 모형을 제안하였다.

2. 러더퍼드는 α 입자 산란 실험을 통해 (　　)을 발견하였다.

(2) 원자핵의 발견

① **α 입자 산란 실험** : 1911년 러더퍼드는 금박에 (+)전하를 띤 α 입자를 충돌시키는 실험을
한 결과, 대부분의 α 입자는 금박을 그대로 통과하지만 극히 일부의 α 입자가 크게 휘어지거
나 튕겨 나오는 현상을 관찰하게 되었다. 이를 바탕으로 원자의 대부분이 빈 공간이며 원자
의 중심에 원자 질량의 대부분을 차지하면서 크기가 매우 작고 (+)전하를 띤 입자가 있음
을 발견하였고, 이를 원자핵이라고 하였다.

🧪 탐구자료 살펴보기 ▶ α 입자 산란 실험과 원자핵의 발견

실험 과정

금박 주위에 원형 형광 스크린을 장치하고 α 입자를 금박에 충돌시킨다.

크게 휘어진 α 입자 · 그대로 통과한 α 입자 · 튕겨 나온 α 입자 · 금박 · α 입자원 · α 입자 · 형광 스크린 · 원자핵

실험 결과

1. 대부분의 α 입자는 금박을 그대로 통과하여 직진한다.
2. 극히 일부의 α 입자는 경로가 크게 휘어지거나 튕겨 나온다.

분석 point

1. 대부분의 α 입자가 금박을 그대로 통과하므로 금박을 구성하고 있는 원자의 대부분은 빈 공간이다.
2. 극히 일부의 α 입자가 금박에서 크게 휘어지거나 튕겨 나오므로 α 입자를 크게 휘어지게 하거나 튕겨 내는 입자는 크기가 매우 작고, (+)전하를 띠며, 원자 질량의 대부분을 차지한다.
3. 러더퍼드는 이 결과를 해석하여 원자의 중심에 원자 질량의 대부분을 차지하면서 (+)전하를 띤 입자가 모여 있을 것으로 생각하고, 이를 원자핵이라고 하였다.

② **러더퍼드의 원자 모형** : 원자핵을 발견한 러더퍼드는 (+)전하
를 띠는 매우 작은 크기의 원자핵이 원자의 중심에 있고, (−)
전하를 띠는 전자가 원자핵 주위를 돌고 있는 원자 모형을 제안
하였다.

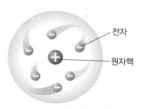

전자 · 원자핵
러더퍼드의 원자 모형

1. (　　)는 양성자와 질량이 거의 같으며 전하를 띠지 않는 입자이다.

2. 양성자와 (　　)는 전하량의 크기는 같고, 부호는 반대이다.

3. $^{13}_{6}$C에서 중성자수는 (　　)이다.

(3) 원자를 구성하는 입자

① **원자의 구조** : 원자는 물질을 구성하는 기본 입자로, 원자의 중심에 (＋)전하를 띠는 원자핵이 있고, 원자핵 주위에 (－)전하를 띠는 전자가 위치한다. 원자핵은 양성자와 중성자로 이루어져 있다.

② **원자를 구성하는 입자의 성질**

구성 입자		질량(g)	상대적 질량	전하량(C)	상대적 전하
원자핵	양성자(p)	1.673×10^{-24}	1	$+1.6 \times 10^{-19}$	$+1$
	중성자(n)	1.675×10^{-24}	1	0	0
전자(e^-)		9.109×10^{-28}	$\dfrac{1}{1836}$	-1.6×10^{-19}	-1

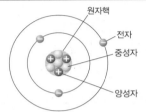

- **양성자(p)** : 중성자와 함께 원자핵을 구성하는 입자로, (＋)전하를 띠고 있으며 원소에 따라 그 수가 다르다. 같은 원소의 원자는 양성자수가 같으며, 원자를 구성하는 양성자수가 그 원소의 원자 번호이다.
- **중성자(n)** : 양성자와 질량이 거의 같으며 전하를 띠지 않는 입자로 양성자와 함께 원자핵을 구성한다. 같은 원소의 원자라도 중성자수는 다를 수 있다.
- **전자(e^-)** : 양성자와 전하량의 크기는 같고 부호는 반대인 (－)전하를 띠는 입자로, 질량은 양성자 질량의 $\dfrac{1}{1836}$배 정도이다.
- 양성자와 전자는 전하량의 크기는 같지만 전하의 부호가 서로 반대이며, 원자에서 양성자수와 전자 수는 같으므로 원자는 전기적으로 중성이다.

(4) 원자의 표시

① **원자 번호** : 원자의 종류는 원자핵 속 양성자수에 따라 달라지므로 원자 번호는 양성자수로 정하며, 원소 기호의 왼쪽 아래에 표시한다. 전기적으로 중성인 원자는 양성자수와 전자 수가 같다.

$$원자 번호=양성자수=원자의 전자 수$$

② **질량수** : 원자핵을 구성하는 양성자수와 중성자수를 합한 수를 질량수라고 한다. 질량수는 원소 기호의 왼쪽 위에 표시한다.

$$질량수=양성자수+중성자수$$

2 동위 원소

(1) 동위 원소

양성자수가 같아 원자 번호는 같으나 중성자수가 달라 질량수가 다른 원소로, 질량수가 클수록 더 무겁다. 동위 원소는 화학적 성질은 거의 같으나, 질량이 다르므로 물리적 성질은 다르다.

예 수소(H)의 동위 원소

동위 원소	수소($^1_1$H)	중수소($^2_1$H)	삼중수소($^3_1$H)
양성자수	1	1	1
중성자수	0	1	2
전자 수	1	1	1
질량수	1	2	3
원자 모형			

과학 돋보기 **수소와 산소의 동위 원소로 이루어진 다양한 물 분자**

수소의 동위 원소가 ^{1}H, ^{2}H, ^{3}H의 3가지, 산소의 동위 원소가 ^{16}O, ^{17}O, ^{18}O의 3가지로 존재할 경우, 이로부터 생성되는 물(H_2O) 분자의 종류는 모두 18가지이다. 또한 물 분자에서 원자들의 질량수의 합은 18, 19, 20, 21, 22, 23, 24로 질량수의 합이 다른 물(H_2O) 분자의 종류는 모두 7가지이다. 질량수의 합이 18인 보통의 얼음($^1H_2^{16}O(s)$)은 물($^1H_2^{16}O(l)$)에 뜨지만 질량수의 합이 20인 중수소(^{2}H)로 이루어진 얼음($^2H_2^{16}O(s)$)은 물($^1H_2^{16}O(l)$)보다 밀도가 커서 가라앉는다.

물($^1H_2^{16}O(l)$) / 보통의 얼음($^1H_2^{16}O(s)$) / 중수소로 이루어진 얼음($^2H_2^{16}O(s)$)

H$_2$O을 구성하는 원자들의 질량수의 합

H_2O	^{16}O	^{17}O	^{18}O
^{1}H, ^{1}H	18	19	20
^{1}H, ^{2}H	19	20	21
^{1}H, ^{3}H	20	21	22
^{2}H, ^{2}H	20	21	22
^{2}H, ^{3}H	21	22	23
^{3}H, ^{3}H	22	23	24

과학 돋보기 **원자의 표시**

원자 번호는 원소마다 고유하므로 원자 번호는 생략하고 원소 기호에 질량수만 써서 원자를 표시하기도 하는데, 예를 들어 탄소의 동위 원소 중 $^{12}_6$C는 ^{12}C로, $^{13}_6$C는 ^{13}C로 나타낼 수 있다. 원자를 표시하는 또 다른 방법에는 ^{12}C를 탄소-12로 나타내는 것과 같이 '원소 이름-질량수'로 표시하는 방법도 있다.

개념 체크

○ 동위 원소는 양성자수가 같아 원자 번호는 같으나 중성자수가 달라 질량수가 다른 원소이다.

○ 동위 원소는 화학적 성질은 거의 같으나 물리적 성질은 다르다.

1. $^3_1$H 원자는 양성자수가 ( ), 중성자수가 ( ), 전자 수가 ( )이다.

2. 동위 원소는 (   )가 같고, (   )가 다르다.

정답

1. 1, 2, 1
2. 양성자수, 중성자수(질량수)

개념 체크

○ **평균 원자량**
자연계에 존재하는 동위 원소의 존재 비율을 고려하여 평균값으로 나타낸 원자량이다.

1. (　　　)은 자연계에 존재하는 동위 원소의 존재 비율을 고려하여 평균값으로 나타낸 원자량이다.

2. 자연계에 존재하는 염소(Cl)는 ^{35}Cl, ^{37}Cl 2가지이며, 각각의 원자량은 35.0, 37.0이다. Cl의 평균 원자량이 35.5인 것으로 보아 자연계 존재 비율은 (　　　)가 (　　　)보다 크다.

(2) 평균 원자량

① **평균 원자량** : 자연계에 존재하는 동위 원소의 존재 비율을 고려하여 평균값으로 나타낸 원자량이다.

② **평균 원자량을 구하는 방법** : 자연계에 존재하는 모든 동위 원소의 (동위 원소의 원자량×동위 원소의 존재 비율)의 합으로 계산한다.

　　예 탄소(C)의 평균 원자량 구하기 : 원자량이 12인 ^{12}C의 자연 존재 비율은 98.93%이고, 원자량이 13.003인 ^{13}C의 자연 존재 비율은 1.07%이다.

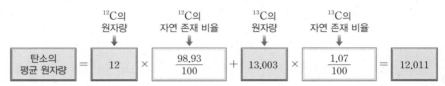

$$\text{탄소의 평균 원자량} = 12 \times \frac{98.93}{100} + 13.003 \times \frac{1.07}{100} = 12.011$$

🔬 **과학 돋보기**　**질량수와 원자량**

질량수는 원자핵을 구성하는 양성자수와 중성자수를 합한 수이고, 동위 원소를 구별하기 위해 사용한다. 원자의 질량은 대부분 원자핵이 차지하므로 원자의 질량수는 원자의 상대적 질량을 대략적으로 알려준다. ^{12}C와 ^{13}C는 양성자수가 같으나 중성자수가 달라 질량수가 다른 동위 원소로 질량수가 큰 ^{13}C가 질량수가 작은 ^{12}C보다 원자의 질량이 크다. 그러나 질량수와 원자량이 반드시 같은 것은 아니다. 양성자와 중성자 등과 같은 입자가 결합하여 원자를 형성할 때 에너지가 방출되면서 질량이 감소하므로 단순히 질량수만으로 각 동위 원소의 원자량을 알 수가 없다.

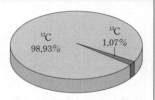

탄소의 동위 원소 존재 비율(%)

• ^{13}C의 원자량 : 질량수와 원자량은 유사한 값을 갖지만 같은 것은 아니다. ^{13}C의 원자량은 13.003이다.

🧪 **탐구자료 살펴보기**　**붕소의 평균 원자량 구하기**

탐구 자료

표는 자연계에 존재하는 붕소(B)의 원자량과 존재 비율을 나타낸 것이다.

동위 원소	원자량	존재 비율(%)
^{10}B	10.0	19.9
^{11}B	11.0	80.1

자료 해석

1. ^{10}B의 존재 비율인 19.9%와 ^{11}B의 존재 비율인 80.1%의 합이 100%이므로 자연계에 존재하는 B의 동위 원소는 ^{10}B와 ^{11}B 2가지이다.

2. B의 평균 원자량은 다음과 같이 구할 수 있다.
　B의 평균 원자량=(^{10}B의 원자량)×(^{10}B의 존재 비율)+(^{11}B의 원자량)×(^{11}B의 존재 비율)
　　　　　　　　$= 10.0 \times \dfrac{19.9}{100} + 11.0 \times \dfrac{80.1}{100} ≒ 10.8$

3. B의 평균 원자량은 존재 비율이 작은 ^{10}B의 원자량인 10.0보다 존재 비율이 큰 ^{11}B의 원자량인 11.0에 더 가까운 값이다.

분석 point

자연계에 존재하는 동위 원소의 원자량과 존재 비율을 이용하여 평균 원자량을 구할 수 있다.

정답

1. 평균 원자량
2. ^{35}Cl, ^{37}Cl

01 그림은 원자 또는 이온 (가)와 (나)를 모형으로 나타낸 것이다. (가)와 (나) 중 하나는 이온이고, ⚪과 ●은 양성자와 중성자를 순서 없이 나타낸 것이다.

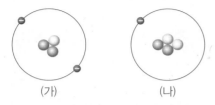

(가)   (나)

이에 대한 설명으로 옳은 것만을 〈보기〉에서 있는 대로 고른 것은?

보기
ㄱ. ●은 양성자이다.
ㄴ. 원자 번호는 (가)와 (나)가 같다.
ㄷ. (나)의 질량수는 4이다.

① ㄴ   ② ㄷ   ③ ㄱ, ㄴ
④ ㄱ, ㄷ   ⑤ ㄱ, ㄴ, ㄷ

02 표는 원자 X~Z에 대한 자료이다.

원자	X	Y	Z
질량수	14	12	13
전자 수	7	6	6

이에 대한 설명으로 옳은 것만을 〈보기〉에서 있는 대로 고른 것은? (단, X~Z는 임의의 원소 기호이다.)

보기
ㄱ. X는 Y의 동위 원소이다.
ㄴ. 중성자수는 X와 Z가 같다.
ㄷ. $\dfrac{중성자수}{양성자수}$ 의 비는 X : Y = 1 : 1이다.

① ㄱ   ② ㄴ   ③ ㄱ, ㄷ
④ ㄴ, ㄷ   ⑤ ㄱ, ㄴ, ㄷ

03 표는 원자 번호가 11 이하인 원소의 이온 (가)~(다)에 대한 자료이다. (가)~(다)는 전자 수가 같고, ㉠은 양성자수 또는 질량수 중 하나이다.

이온	$\dfrac{중성자수}{전자 수}$	$\dfrac{㉠}{중성자수}$
(가)	1	$\dfrac{9}{10}$
(나)	$\dfrac{6}{5}$	$\dfrac{11}{12}$
(다)	$\dfrac{4}{5}$	1

이에 대한 설명으로 옳은 것만을 〈보기〉에서 있는 대로 고른 것은?

보기
ㄱ. ㉠은 양성자수이다.
ㄴ. (가)~(다) 중 음이온은 1가지이다.
ㄷ. (가)~(다) 중 2주기 원소의 이온은 1가지이다.

① ㄱ   ② ㄴ   ③ ㄱ, ㄷ
④ ㄴ, ㄷ   ⑤ ㄱ, ㄴ, ㄷ

04 다음은 자연계에 존재하는 수소(H)와 탄소(C)의 동위 원소이다.

$$^1H \quad ^2H \quad ^{12}C \quad ^{13}C$$

위 동위 원소만으로 구성된 CH_4 분자에 대한 설명으로 옳은 것만을 〈보기〉에서 있는 대로 고른 것은? (단, H와 C의 원자 번호는 각각 1, 6이고, ^1H, ^2H, ^{12}C, ^{13}C의 원자량은 각각 1, 2, 12, 13이다.)

보기
ㄱ. $^{13}C^1H_4$ 1개에 들어 있는 중성자수는 7이다.
ㄴ. 분자 1개에 들어 있는 중성자수가 11인 CH_4을 구성하는 H는 모두 ^2H이다.
ㄷ. 분자 1개의 질량은 $^{13}C^1H_4$이 $^{12}C^2H_4$보다 크다.

① ㄱ   ② ㄷ   ③ ㄱ, ㄴ
④ ㄴ, ㄷ   ⑤ ㄱ, ㄴ, ㄷ

05 표는 자연계에 존재하는 염소(Cl)의 동위 원소에 대한 자료이다. [24024-0067]

동위 원소	$^{35}_{17}Cl$	$^{37}_{17}Cl$
원자량	35	37
존재 비율(%)	75	25

이에 대한 설명으로 옳은 것만을 〈보기〉에서 있는 대로 고른 것은?

• 보기 •
ㄱ. Cl의 평균 원자량은 35.5이다.
ㄴ. $^{35}Cl^{37}Cl$ 1개에 들어 있는 중성자수는 36이다.
ㄷ. 자연계에 존재하는 Cl_2 1 mol에서 $^{35}Cl_2$의 양(mol)이 $^{37}Cl_2$의 양(mol)보다 크다.

① ㄱ　　　　② ㄴ　　　　③ ㄱ, ㄷ
④ ㄴ, ㄷ　　　　⑤ ㄱ, ㄴ, ㄷ

06 그림은 원자의 구성 입자를 발견하게 된 실험 (가)와 이를 통해 제안된 원자 모형 (나)를 나타낸 것이다. [24024-0068]

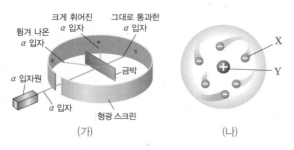

(가)　　　　(나)

이에 대한 설명으로 옳은 것만을 〈보기〉에서 있는 대로 고른 것은?

• 보기 •
ㄱ. (가)를 통해 X가 발견되었다.
ㄴ. (나)에서 원자 질량의 대부분은 Y가 차지한다.
ㄷ. $_6C$에서 X의 수는 6이다.

① ㄱ　　　　② ㄴ　　　　③ ㄷ
④ ㄱ, ㄷ　　　　⑤ ㄴ, ㄷ

07 다음은 원자를 구성하는 입자에 대한 세 학생의 대화이다. [24024-0069]

제시한 내용이 옳은 학생만을 있는 대로 고른 것은?

① A　　　　② B　　　　③ C
④ B, C　　　　⑤ A, B, C

08 다음은 원자 또는 이온에 대한 자료이다. [24024-0070]

○ a : ^3_1H의 중성자수
○ b : $^{19}_9F^-$의 질량수 − 전자 수
○ c : $^{24}_{12}Mg^{2+}$의 전자 수
○ d : 양성자수와 중성자수가 같은 $_{b-a}X$의 질량수
○ e : $_{b+c}Y^+$의 전자 수

이에 대한 설명으로 옳은 것만을 〈보기〉에서 있는 대로 고른 것은? (단, X와 Y는 임의의 원소 기호이다.)

• 보기 •
ㄱ. X의 양성자수는 7이다.
ㄴ. $d=16$이다.
ㄷ. $e=10$이다.

① ㄱ　　　　② ㄴ　　　　③ ㄷ
④ ㄱ, ㄷ　　　　⑤ ㄴ, ㄷ

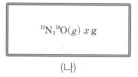

01 그림은 용기 (가)와 (나)에 각각 들어 있는 NO와 N_2O를 나타낸 것이다. $\dfrac{\text{(나)에 들어 있는 중성자수}}{\text{(가)에 들어 있는 중성자수}}$ $=\dfrac{13}{9}$이다.

[24024-0071]

$^{14}N^{16}O(g)\ w\ \text{g}$
(가)

$^{15}N_2^{18}O(g)\ x\ \text{g}$
(나)

x는? (단, N와 O의 원자 번호는 각각 7, 8이고, ^{14}N, ^{15}N, ^{16}O, ^{18}O의 원자량은 각각 14, 15, 16, 18이다.)

① $\dfrac{1}{2}w$　　　② w　　　③ $\dfrac{4}{3}w$　　　④ $\dfrac{9}{4}w$　　　⑤ $\dfrac{7}{3}w$

> 전체 중성자수는 (분자당 중성자수 × 기체의 양(mol))에 비례한다.

02 표는 자연계에 존재하는 원소 X와 Y의 동위 원소에 대한 자료이다.

[24024-0072]

원소	존재 비율(%)	원자량
^{35}X	75	35
^{37}X	25	37
^{79}Y	50	79
^{81}Y	50	81

자연계에 존재하는 분자 XY에 대한 설명으로 옳은 것만을 〈보기〉에서 있는 대로 고른 것은? (단, X와 Y는 임의의 원소 기호이다.)

┌─ 보 기 ●
ㄱ. $\dfrac{^{37}X^{79}Y\ 1\ \text{mol의 질량(g)}}{^{35}X^{81}Y\ 1\ \text{mol의 질량(g)}}=1$이다.

ㄴ. $\dfrac{1\ \text{g의}\ ^{35}X\text{에 들어 있는 양성자수}}{1\ \text{g의}\ ^{37}X\text{에 들어 있는 양성자수}}>1$이다.

ㄷ. XY 1 mol에서 $\dfrac{^{35}X^{79}Y\text{의 양(mol)}}{^{37}X^{81}Y\text{의 양(mol)}}>1$이다.
└──────

① ㄱ　　　② ㄴ　　　③ ㄱ, ㄷ　　　④ ㄴ, ㄷ　　　⑤ ㄱ, ㄴ, ㄷ

> 분자의 존재 비율은 각 구성 동위 원소의 존재 비율을 통해 알 수 있다.

질량수는 양성자수＋중성자 수이다.

[24024–0073]

03 다음은 원자 번호가 20 이하인 원자 X, Y와 산소(O)에 대한 자료이다. 원자 번호는 X > Y이고, ㉠~㉢은 양성자수, 중성자수, 질량수를 순서 없이 나타낸 것이다.

○ $\dfrac{^{18}\text{O의 } ㉢}{^{18}\text{O의 } ㉠} = \dfrac{9}{5}$ ○ $\dfrac{\text{X의 } ㉠}{\text{X의 } ㉡} = \dfrac{10}{9}$

○ $\dfrac{\text{Y의 } ㉢}{^{18}\text{O의 } ㉢} = \dfrac{17}{9}$ ○ $\dfrac{^{18}\text{O의 } ㉢}{\text{Y의 } ㉡} = \dfrac{9}{8}$

이에 대한 설명으로 옳은 것만을 〈보기〉에서 있는 대로 고른 것은? (단, X와 Y는 임의의 원소 기호이고, O의 원자 번호는 8이다.)

● 보기 ●
ㄱ. ㉠은 양성자수이다.
ㄴ. X의 양성자수와 Y의 중성자수는 같다.
ㄷ. X의 질량수는 19이다.

① ㄱ   ② ㄴ   ③ ㄱ, ㄷ   ④ ㄴ, ㄷ   ⑤ ㄱ, ㄴ, ㄷ

원자량은 질량수가 12인 탄소 (C)의 질량에 대한 상대적인 질량이다.

[24024–0074]

04 표는 질량수가 12인 탄소(C)와 자연계에 존재하는 아르곤(Ar)의 3가지 동위 원소에 대한 자료이다.

원소	^{12}C	^{36}Ar	^{38}Ar	^{x}Ar
원자량	12	35.967	37.962	39.962
존재 비율(%)		0.3	0.1	99.6

이에 대한 설명으로 옳은 것만을 〈보기〉에서 있는 대로 고른 것은?

● 보기 ●
ㄱ. $x = 39.962$이다.
ㄴ. ^{38}Ar 원자 1개의 질량은 ^{12}C 원자 1개의 질량의 $\dfrac{37.962}{12}$ 배이다.
ㄷ. Ar의 평균 원자량은 40보다 작다.

① ㄱ   ② ㄷ   ③ ㄱ, ㄴ   ④ ㄴ, ㄷ   ⑤ ㄱ, ㄴ, ㄷ

05 다음은 $t\,°C$, 1 atm에서 실린더 (가)와 (나)에 각각 들어 있는 이산화 탄소(CO_2) 기체에 대한 자료이다.

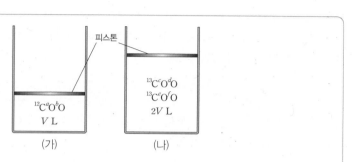

○ $a \sim f$는 17, 18 중 하나이다.
○ (가)와 (나)에 들어 있는 기체의 밀도는 같다.
○ $^{13}C^cO^dO$와 $^{13}C^eO^fO$는 분자 1개의 질량이 서로 다르다.

이에 대한 설명으로 옳은 것만을 〈보기〉에서 있는 대로 고른 것은? (단, C와 O의 원자 번호는 각각 6, 8이고, ^{12}C, ^{13}C, ^{17}O, ^{18}O의 원자량은 각각 12, 13, 17, 18이다.)

━● 보 기 ●━
ㄱ. $a = b$이다.
ㄴ. $^{12}C^aO^bO$와 $^{13}C^cO^dO$의 양(mol)은 같다.
ㄷ. 실린더에 들어 있는 기체의 중성자의 양(mol)은 (나)에서가 (가)에서의 2배이다.

① ㄱ   ② ㄷ   ③ ㄱ, ㄴ   ④ ㄴ, ㄷ   ⑤ ㄱ, ㄴ, ㄷ

질량수는 양성자수＋중성자
수이다.

---

06 표는 원자 번호가 연속인 원자 X∼Z에 대한 자료이다. X∼Z는 원자 번호 순서가 아니고, (가)와 (나)는 질량수와 중성자수를 순서 없이 나타낸 것이다.

원자	X	Y	Z
양성자수	7	b	
(가)	b	a	a
(나)	$c+1$	$c+2$	c

이에 대한 설명으로 옳은 것만을 〈보기〉에서 있는 대로 고른 것은? (단, X∼Z는 임의의 원소 기호이다.)

━● 보 기 ●━
ㄱ. (가)는 중성자수이다.
ㄴ. X∼Z 중 원자 번호는 Z가 가장 크다.
ㄷ. $a+b+c = 28$이다.

① ㄱ   ② ㄴ   ③ ㄱ, ㄷ   ④ ㄴ, ㄷ   ⑤ ㄱ, ㄴ, ㄷ

질량수는 양성자수＋중성자
수이므로 중성자수보다 크다.

(나)에서 생성된 HCl는 $^1H^aCl$와 $^1H^bCl$이다.

[24024-0077]

07 다음은 $H_2(g)$와 $Cl_2(g)$가 반응하여 $HCl(g)$를 생성하는 반응의 화학 반응식이다.

$$H_2(g) + Cl_2(g) \longrightarrow 2HCl(g)$$

표는 실린더 (가)와 (나)에 $H_2(g)$와 $Cl_2(g)$를 넣고 반응을 완결시켰을 때, 반응 전과 후의 실린더 속 기체에 대한 자료이다. 실린더 속 $H_2(g)$를 구성하는 원자는 ^1H이고, ^aCl와 ^bCl는 ^{35}Cl와 ^{37}Cl를 순서 없이 나타낸 것이며, $d_1 > d_2$이다.

실린더	반응 전			반응 후	
	$H_2(g)$의 질량(g)	$Cl_2(g)$의 질량(g)	넣어 준 Cl_2의 종류	생성된 HCl의 종류	기체의 밀도 (g/mL)
(가)	x	y		$^1H^aCl$	d_1
(나)	x	y	$^aCl^bCl$		d_2

이에 대한 설명으로 옳은 것만을 〈보기〉에서 있는 대로 고른 것은? (단, ^1H, ^{35}Cl, ^{37}Cl의 원자량은 각각 1, 35, 37이고, 실린더 속 기체의 온도와 압력은 일정하다.)

● 보기 ●
ㄱ. 반응 전 기체의 밀도는 (가) > (나)이다.
ㄴ. 분자 1개의 질량은 $^1H^aCl$가 $^1H^bCl$보다 크다.
ㄷ. 반응 후 $^1H^aCl$의 양(mol)은 (가)에서가 (나)에서의 2배보다 크다.

① ㄱ   ② ㄷ   ③ ㄱ, ㄴ   ④ ㄴ, ㄷ   ⑤ ㄱ, ㄴ, ㄷ

전체 중성자수는 (분자당 중성자수 × 기체의 양(mol))에 비례한다.

[24024-0078]

08 다음은 실린더 (가)와 (나)에 각각 들어 있는 암모니아(NH_3) 기체에 대한 자료이다.

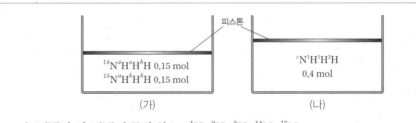

○ 수소(H)와 질소(N)의 동위 원소 : ^1H, ^2H, ^3H, ^{14}N, ^{15}N
○ (가)와 (나)에 들어 있는 기체의 중성자수는 같다.
○ 분자 1개에 들어 있는 중성자수는 $^{14}N^aH^bH^bH$와 $^{15}N^aH^bH^bH$가 같다.

이에 대한 설명으로 옳은 것만을 〈보기〉에서 있는 대로 고른 것은? (단, H와 N의 원자 번호는 각각 1, 7이고, ^1H, ^2H, ^3H, ^{14}N, ^{15}N의 원자량은 각각 1, 2, 3, 14, 15이며, 실린더 속 기체의 온도와 압력은 일정하다.)

● 보기 ●
ㄱ. $a = 2$이다.
ㄴ. (나)에 들어 있는 기체의 중성자의 양은 3.6 mol이다.
ㄷ. 기체의 밀도비는 (가) : (나) = 22 : 19이다.

① ㄱ   ② ㄴ   ③ ㄷ   ④ ㄱ, ㄷ   ⑤ ㄴ, ㄷ

09 표는 4가지 원자 또는 이온에 대한 자료이다. (가)~(다)는 양성자수, 중성자수, 전자 수를 순서 없이 나타낸 것이고, 빗금 친 부분 중 5군데는 10, 3군데는 12이다.

[24024-0079]

원자 또는 이온	(가)	(나)	(다)
^{21}W	11		
$^{23}X^+$		11	
Y^-		9	
Z	12		

이에 대한 설명으로 옳은 것만을 〈보기〉에서 있는 대로 고른 것은? (단, $W\sim Z$는 임의의 원소 기호이다.)

● 보 기 ●

ㄱ. (가)는 양성자수이다.

ㄴ. ^{21}W는 2주기 원소이다.

ㄷ. Z의 질량수는 22이다.

① ㄱ　　　　② ㄴ　　　　③ ㄷ　　　　④ ㄱ, ㄷ　　　　⑤ ㄴ, ㄷ

질량수는 양성자수＋중성자수이고, 이온에서 양성자수와 전자 수는 같지 않다.

10 다음은 원자 (가)~(마)에 대한 자료이다. ⊙과 ⓛ은 양성자수와 중성자수를 순서 없이 나타낸 것이다.

[24024-0080]

[원자 (가)~(마)에 대한 자료]

원자	⊙	ⓛ	존재 비율(%)	질량수	원자량
(가)		$a+3$	60	69	69
(나)	b		40	71	71
(다)	$b+4$		50	79	79
(라)		46	50	80	80
(마)	a	46	50	81	81

○ (라) 원소의 평균 원자량은 79이다.

○ (다)~(마) 중 2가지는 원자 번호가 서로 같다.

이에 대한 설명으로 옳은 것만을 〈보기〉에서 있는 대로 고른 것은?

● 보 기 ●

ㄱ. ⊙은 양성자수이다.

ㄴ. (다)는 (마)의 동위 원소이다.

ㄷ. (가) 원소의 평균 원자량은 70보다 작다.

① ㄱ　　　　② ㄴ　　　　③ ㄱ, ㄷ　　　　④ ㄴ, ㄷ　　　　⑤ ㄱ, ㄴ, ㄷ

평균 원자량은 각 동위 원소의 원자량과 존재 비율을 고려한 평균값이다.

05 현대적 원자 모형과 전자 배치

1 보어의 원자 모형

(1) 수소 원자의 선 스펙트럼

수소 기체를 방전관에 넣고 고전압으로 방전시키면 수소 방전관에서 빛이 방출되는데, 이 빛을 프리즘에 통과시키면 불연속적인 선 스펙트럼이 생긴다. 이는 전자가 에너지를 흡수하여 에너지가 높은 상태로 되었다가 다시 에너지를 방출하면서 에너지가 낮은 상태로 되기 때문이다. 이때 그 차이만큼의 에너지를 빛의 형태로 방출한다.

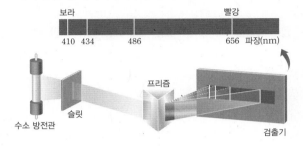

(2) 보어의 원자 모형

① 수소 원자의 불연속적인 선 스펙트럼을 설명하기 위하여 제안된 모형으로, 전자는 원자핵 주위의 일정한 궤도를 따라 원운동하며, 불연속적인 전자의 궤도를 전자 껍질이라고 한다. 전자 껍질의 에너지 준위는 불연속적이며, 핵에 가까운 쪽에서부터 K($n=1$), L($n=2$), M($n=3$), N($n=4$)… 등의 기호를 사용하여 나타낸다. 이때 n은 주 양자수라고 하며, 양의 정수이다.

② 수소 원자에서 전자 껍질의 에너지 준위는 주 양자수 n에 의해서만 결정된다.

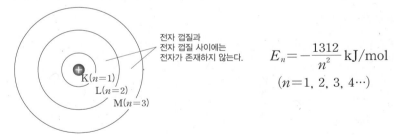

$$E_n = -\frac{1312}{n^2}\,\text{kJ/mol}$$
$$(n = 1, 2, 3, 4\cdots)$$

③ 원자핵에서 멀어질수록 전자 껍질의 에너지 준위는 높아지며, 인접한 두 전자 껍질 사이의 에너지 간격은 좁아진다. 전자가 원자핵에 가장 가까운 전자 껍질에 존재하는 상태, 즉 에너지 준위가 가장 낮아서 안정한 상태를 바닥상태라고 하고, 전자가 에너지 준위가 높은 전자 껍질로 전이되어 불안정한 상태를 들뜬상태라고 한다.

④ 전자는 같은 전자 껍질에서 원운동할 때 에너지를 흡수하거나 방출하지 않는다. 전자가 다른 전자 껍질로 전이될 때 두 전자 껍질의 에너지 차만큼의 에너지를 흡수하거나 방출한다.

⑤ 빛에너지와 파장은 반비례하므로 전자가 전이할 때 방출하는 에너지가 클수록 빛의 파장은 짧고, 에너지가 작을수록 빛의 파장은 길다.

⑥ 전자가 $n=3$, 4, 5, 6인 전자 껍질에서 $n=2$인 전자 껍질로 전이할 때 가시광선의 빛이 방출된다.

2 현대적 원자 모형

(1) 현대적 원자 모형 등장의 배경

① **보어 모형의 한계** : 보어 모형은 전자가 1개인 수소 원자의 선 스펙트럼을 잘 설명할 수 있었으나, 전자가 2개 이상인 다전자 원자의 선 스펙트럼을 설명할 수 없었다.

② 전자는 질량이 매우 작아 정확한 위치와 운동량(속도)을 동시에 측정할 수 없지만, 파동의 성질을 지니므로 전자가 발견될 확률을 파동 함수로 나타낼 수 있다.

(2) 현대적 원자 모형

① **오비탈(궤도 함수)** : 일정한 에너지를 가진 전자가 원자핵 주위에서 발견될 확률을 나타내는 함수이며, 궤도 함수의 모양, 전자의 에너지 상태를 의미하기도 한다.

- 주 양자수(n)와 오비탈의 모양을 의미하는 s, p, d, f 등의 기호를 사용하여 나타낸다.
- 주 양자수에 따른 오비탈의 종류

전자 껍질	K	L		M		
주 양자수(n)	1	2		3		
오비탈의 종류	$1s$	$2s$	$2p$	$3s$	$3p$	$3d$

② **s 오비탈** : 공 모양(구형)으로 모든 전자 껍질에 존재하며, 전자가 발견될 확률이 90%인 공간을 경계면으로 나타내면 다음과 같다.

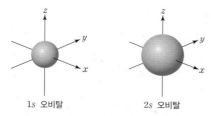

1*s* 오비탈   2*s* 오비탈

- 핵으로부터 거리가 같으면 방향에 관계없이 전자가 발견될 확률이 같다.
- 1*s* 오비탈과 2*s* 오비탈의 모양은 같지만, 같은 원자에서 2*s* 오비탈이 1*s* 오비탈보다 크기가 크다.

③ **p 오비탈** : 아령 모양으로 L 전자 껍질($n=2$)부터 존재한다.

- 방향성이 있어서 핵으로부터의 거리와 방향에 따라 전자가 발견될 확률이 다르다.
- p 오비탈은 3차원 공간의 각 축 방향으로 분포하며, 한 전자 껍질에 에너지 준위가 같은 p_x, p_y, p_z 오비탈이 존재한다.

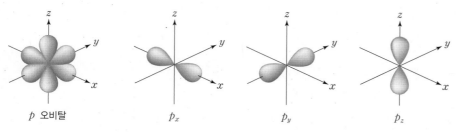

p 오비탈 p_x p_y p_z

④ 오비탈의 표시

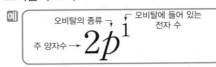

주 양자수는 2이고 오비탈의 종류는 p이며, 이 오비탈에 전자가 1개 존재한다.

⑤ 각 전자 껍질의 오비탈 수

전자 껍질	K	L		M			N			
주 양자수(n)	1	2		3			4			
오비탈의 종류	$1s$	$2s$	$2p$	$3s$	$3p$	$3d$	$4s$	$4p$	$4d$	$4f$
오비탈 수	1	1	3	1	3	5	1	3	5	7
오비탈 총수(n^2)	1	4		9			16			

3 양자수

현대의 원자 모형은 오비탈의 에너지와 크기, 모양 등을 나타내기 위해 양자수라는 개념을 도입하였으며, 주 양자수, 방위(부) 양자수, 자기 양자수, 스핀 자기 양자수가 있다.

(1) 주 양자수(n)

① 오비탈의 에너지와 크기를 결정하는 양자수이다.

② 보어 원자 모형에서 전자 껍질을 나타낸다.

③ $n = 1, 2, 3, 4 \cdots$ 등의 양의 정숫값을 갖는다.

④ 수소 원자에서 주 양자수가 증가할수록 오비탈의 크기와 에너지 준위는 커진다.

주 양자수(n)	1	2	3	4
전자 껍질	K	L	M	N
에너지 준위	K<L<M<N			

(2) 방위(부) 양자수(l)

① 오비탈의 모양을 결정하는 양자수이다.

② 주 양자수가 n일 때 방위(부) 양자수는 $0 \leq l \leq n-1$의 정숫값을 갖는다.

   예 주 양자수가 1일 때 방위(부) 양자수는 0이다.
   주 양자수가 2일 때 방위(부) 양자수는 0, 1이다.
   주 양자수가 3일 때 방위(부) 양자수는 0, 1, 2이다.

③ 주 양자수에 따른 방위(부) 양자수와 오비탈의 종류

주 양자수(n)	1	2		3		
방위(부) 양자수(l)	0	0	1	0	1	2
오비탈의 종류	$1s$	$2s$	$2p$	$3s$	$3p$	$3d$

④ 다전자 원자에서는 주 양자수가 같을 때 방위(부) 양자수가 클수록 오비탈의 에너지 준위가 높다.

(3) 자기 양자수(m_l)

① 오비탈의 공간적인 방향을 결정하는 양자수이다.

② 방위(부) 양자수가 l일 때 자기 양자수는 $-l \leq m_l \leq l$의 정숫값을 갖는다.

에 방위(부) 양자수(l)가 1일 때 자기 양자수(m_l)는 -1, 0, 1이고, 이는 방위(부) 양자수가 1인 오비탈이 3개임을 의미한다.

③ 방위(부) 양자수가 l인 오비탈 수는 $(2l+1)$이고, 각각 방향은 다르지만 에너지 준위는 같다.

④ 양자수에 따른 오비탈의 종류와 수

주 양자수(n)	1	2		3		
방위(부) 양자수(l)	0	0	1	0	1	2
자기 양자수(m_l)	0	0	-1, 0, 1	0	-1, 0, 1	-2, -1, 0, 1, 2
오비탈의 종류	$1s$	$2s$	$2p$	$3s$	$3p$	$3d$
오비탈 수	1	1	3	1	3	5
주 양자수에 따른 오비탈의 총수(n^2)	1	4		9		

(4) 스핀 자기 양자수(m_s)

① 외부에서 자기장을 걸어 주었을 때, 전자의 자기 상태가 서로 반대 방향으로 나누어지는 것과 관련된 양자수이다.

② 스핀 자기 양자수는 $+\frac{1}{2}$, $-\frac{1}{2}$의 2가지가 가능하며 스핀 자기 양자수가 다른 전자는 ↑, ↓와 같이 서로 반대 방향의 화살표를 사용하여 표시한다.

4 오비탈의 에너지 준위

오비탈의 에너지 준위는 전자가 1개인 수소 원자와 전자가 2개 이상인 다전자 원자에서 서로 다르다.

(1) 수소 원자

① 전자가 1개인 수소 원자의 경우 오비탈의 에너지 준위는 오비탈의 종류에 관계없이 주 양자수에 의해서만 결정된다.

② 주 양자수가 커질수록 원자핵에서 전자가 멀어지므로 원자핵과의 인력이 약해져 에너지 준위가 높아진다.

> 수소 원자에서 오비탈의 에너지 준위 : $1s < 2s = 2p < 3s = 3p = 3d < \cdots$

(2) 다전자 원자

전자가 2개 이상인 원자의 경우 오비탈의 에너지 준위는 주 양자수뿐만 아니라 오비탈의 종류에 따라서도 달라진다. 즉, 주 양자수가 같아도 s, p, d, f 순으로 에너지 준위가 높아진다.

> 다전자 원자에서 오비탈의 에너지 준위 : $1s < 2s < 2p < 3s < 3p < 4s < 3d < \cdots$

5 현대적 원자 모형에 따른 전자 배치

(1) 쌓음 원리

전자는 에너지 준위가 낮은 오비탈부터 순서대로 채워진다.

개념 체크

○ 자기 양자수는 오비탈의 공간적인 방향을 결정하는 양자수이다.

○ 스핀 자기 양자수는 외부에서 자기장을 걸어 주었을 때, 전자의 자기 상태가 서로 반대 방향으로 나누어지는 것과 관련된 양자수이다.

○ 전자가 1개인 수소 원자의 경우 오비탈의 에너지 준위는 오비탈의 종류에 관계없이 주 양자수에 의해서만 결정된다.

1. 스핀 자기 양자수는 ( ), ( )의 2가지가 가능하다.

※ ○ 또는 ×

2. 수소 원자에서 $2s$ 오비탈의 에너지 준위는 $1s$ 오비탈보다 높다. ( )

3. 다전자 원자에서 $3s$ 오비탈의 에너지 준위는 $3p$ 오비탈의 에너지 준위보다 높다. ( )

4. 다전자 원자에서 $4s$ 오비탈의 에너지 준위는 $3d$ 오비탈의 에너지 준위보다 높다. ( )

정답

1. $+\frac{1}{2}$, $-\frac{1}{2}$
2. ○
3. ×
4. ×

① 전자가 1개인 수소 원자의 경우 오비탈의 에너지 준위는 오비탈의 종류에 관계없이 주 양자수에 의해서만 결정된다. $1s < 2s = 2p < 3s = 3p = 3d < \cdots$

② 전자가 2개 이상인 다전자 원자의 경우에는 주 양자수뿐만 아니라 오비탈의 종류에 따라서도 에너지 준위가 달라진다. $1s < 2s < 2p < 3s < 3p < 4s < 3d < \cdots$

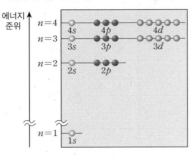

수소 원자에서 오비탈의 에너지 준위

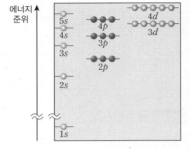

다전자 원자에서 오비탈의 에너지 준위

③ 다전자 원자의 전자 배치 순서

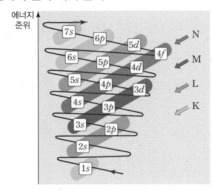

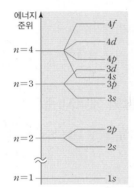

(2) 파울리 배타 원리

1개의 오비탈에는 전자가 최대 2개까지 채워지며, 이 두 전자는 서로 다른 스핀 자기 양자수를 갖는다.

① 1개의 오비탈에는 스핀 자기 양자수가 같은 전자가 존재할 수 없으며, 스핀 자기 양자수가 다른 2개의 전자가 쌍을 이루면서 함께 존재할 수 있다.

② 1개의 오비탈에 3개 이상의 전자가 들어가거나 스핀 자기 양자수가 같은 2개의 전자가 들어가는 것은 파울리 배타 원리에 어긋나는 전자 배치로, 불가능한 전자 배치이다.

예 베릴륨(Be)의 전자 배치

$1s$	$2s$		$1s$	$2s$		$1s$	$2s$	
↑↓	↑↓	바닥상태	↑↑↑	↑	불가능한 전자 배치	↑↓	↑↑	불가능한 전자 배치

Be의 $2s$ 오비탈에 배치된 전자 2개는 주 양자수가 각각 2, 방위(부) 양자수는 각각 0, 자기 양자수는 각각 0으로 같지만, 스핀 자기 양자수는 각각 $+\frac{1}{2}$, $-\frac{1}{2}$로 다르다. 따라서 두 전자의 (주 양자수, 방위(부) 양자수, 자기 양자수, 스핀 자기 양자수)를 나타내면 각각 $(2, 0, 0, +\frac{1}{2})$, $(2, 0, 0, -\frac{1}{2})$이다.

(3) 훈트 규칙

에너지 준위가 같은 오비탈이 여러 개 있을 때 쌍을 이루지 않는 전자(홀전자) 수가 최대가 되도록 전자가 배치된다.

① p 오비탈처럼 에너지 준위가 같은 오비탈이 여러 개 있을 때 각 오비탈에 전자가 먼저 1개씩 배치된 후, 다음 전자가 쌍을 이루면서 배치된다.

② 전자들이 1개의 오비탈에 쌍을 이루어 들어가는 것보다 에너지 준위가 같은 여러 개의 오비탈에 1개씩 들어가는 것이 전자 간의 반발력이 작아서 더 안정하다.

> **예** 탄소(C)의 전자 배치 : $2p$ 오비탈에 있는 전자가 2개이므로 홀전자 수가 2인 (나)가 (가)보다 안정하다. (나)가 안정한 바닥상태의 전자 배치이고, (가)는 (나)보다 불안정한 들뜬상태 전자 배치이다.

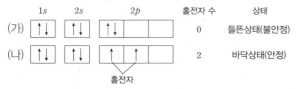

(4) 바닥상태와 들뜬상태

① 바닥상태 전자 배치는 쌓음 원리, 파울리 배타 원리, 훈트 규칙을 모두 만족한다.

② 들뜬상태 전자 배치는 파울리 배타 원리를 반드시 만족해야 하지만 쌓음 원리 또는 훈트 규칙을 만족할 필요는 없다.

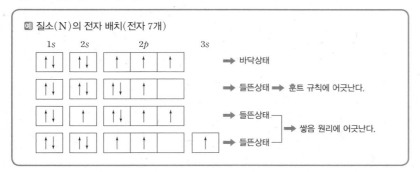

⑥ 전자 껍질에 따른 전자 배치

(1) 전자 껍질과 전자 배치

① 수소 원자에서 전자 껍질의 에너지 준위는 주 양자수(n)가 커질수록 높아진다.

K < L < M < N < …

② 각 전자 껍질에는 최대 $2n^2$개의 전자가 채워질 수 있다. 각 전자 껍질에는 n^2개의 오비탈이 존재하며, 1개의 오비탈에는 최대 2개의 전자가 채워지기 때문이다.

전자 껍질	K($n=1$)	L($n=2$)	M($n=3$)
최대 수용 전자 수($2n^2$)	2	8	18

③ 원자 번호가 1~20인 원자의 바닥상태 전자 배치에서 가장 바깥 전자 껍질의 전자 수는 8을 넘지 못한다. $3p$ 오비탈에 전자가 채워지고 나면, $3d$ 오비탈에 전자가 배치되기 전에 바깥 전자 껍질의 $4s$ 오비탈에 전자가 먼저 배치되기 때문이다.

개념 체크

◉ 바닥상태의 전자 배치는 쌓음 원리, 파울리 배타 원리, 훈트 규칙을 모두 만족한다.

◉ 훈트 규칙에 의하면 p 오비탈처럼 에너지 준위가 같은 오비탈이 여러 개 있을 때는 각 오비탈에 전자가 먼저 1개씩 배치된 후, 다음 전자가 쌍을 이루며 배치된다.

1. 훈트 규칙에 의하면 에너지 준위가 같은 오비탈이 여러 개 있을 때는 (   ) 수가 최대가 되도록 전자가 배치된다.

2. | $1s$ | $2s$ | $2p$ | | | 의 바닥상태 전자 배치를 갖는 원자의 홀전자 수는 (   )이다.

3. | $1s$ | $2s$ | $2p$ | | | 의 전자 배치는 (   ) 규칙에 어긋나므로 들뜬상태이다.

4. 주 양자수가 n인 전자 껍질에는 최대 (   )개의 전자가 채워질 수 있다.

정답
1. 홀전자
2. 2
3. 훈트
4. $2n^2$

원소	전자 배치	가장 바깥 전자 껍질에 있는 전자 수
Ar	$1s^22s^22p^63s^23p^6$	8
K	$1s^22s^22p^63s^23p^64s^1$	1
Ca	$1s^22s^22p^63s^23p^64s^2$	2

(2) 원자가 전자

① 바닥상태의 전자 배치에서 화학 결합에 관여하는 가장 바깥 전자 껍질에 있는 전자로 원소의 화학적 성질을 결정한다.

② 원자가 전자 수가 같은 원소는 화학적 성질이 비슷하다.

원소	전자 배치	원자가 전자 수	원소	전자 배치	원자가 전자 수
Li	K(2)L(1)	1	F	K(2)L(7)	7
Na	K(2)L(8)M(1)	1	Cl	K(2)L(8)M(7)	7

7 이온의 전자 배치

(1) 양이온의 전자 배치

원자가 가장 바깥 전자 껍질의 전자를 모두 잃고 양이온이 되면 전자 배치가 비활성 기체의 전자 배치와 같아진다.

예 나트륨 원자가 전자를 1개 잃어 양이온이 되면 전자 배치가 네온의 전자 배치와 같아진다.

$$\text{Na} : 1s^22s^22p^63s^1 \quad \text{Na}^+ : 1s^22s^22p^6 \quad \text{Ne} : 1s^22s^22p^6$$

- 나트륨(Na) 원자의 전자 배치 :
- 나트륨 이온(Na^+)의 전자 배치 :

(2) 음이온의 전자 배치

원자가 전자를 얻어 가장 바깥 전자 껍질의 전자가 8개인 음이온이 되면 전자 배치가 비활성 기체의 전자 배치와 같아진다.

예 플루오린 원자가 전자를 1개 얻어 음이온이 되면 전자 배치가 네온의 전자 배치와 같아진다.

$$\text{F} : 1s^22s^22p^5 \quad \text{F}^- : 1s^22s^22p^6 \quad \text{Ne} : 1s^22s^22p^6$$

- 플루오린(F) 원자의 전자 배치 :
- 플루오린화 이온(F^-)의 전자 배치 :

개념 체크

◆ 바닥상태의 전자 배치에서 화학 결합에 관여하는 가장 바깥 전자 껍질에 있는 전자를 원자가 전자라고 한다.

◆ 원자가 양이온이 될 때 가장 바깥 전자 껍질에 있는 전자를 잃는다.

◆ 원자가 음이온이 될 때 가장 바깥 전자 껍질에 전자가 채워진다.

1. 원자 번호가 1~20인 원자의 바닥상태 전자 배치에서 가장 바깥 전자 껍질의 전자 수는 (   )을 넘지 못한다.

2. 원자가 (   )를 잃으면 양이온이 된다.

3. 플루오린(F) 원자가 안정한 음이온이 되면 가장 바깥 전자 껍질의 전자 수가 (   )인 네온(Ne)과 전자 배치가 같아진다.

정답

1. 8
2. 전자
3. 8

탐구자료 살펴보기 ▷ 원자의 바닥상태 전자 배치

원자번호	전자껍질	K	L		M			N	전자 배치	홀전자 수
	오비탈	$1s$	$2s$	$2p$	$3s$	$3p$	$3d$	$4s$		
1	H	↑							$1s^1$	1
2	He	↑↓							$1s^2$	0
3	Li	↑↓	↑						$1s^2 2s^1$	1
4	Be	↑↓	↑↓						$1s^2 2s^2$	0
5	B	↑↓	↑↓	↑					$1s^2 2s^2 2p^1$	1
6	C	↑↓	↑↓	↑ ↑					$1s^2 2s^2 2p^2$	2
7	N	↑↓	↑↓	↑ ↑ ↑					$1s^2 2s^2 2p^3$	3
8	O	↑↓	↑↓	↑↓ ↑ ↑					$1s^2 2s^2 2p^4$	2
9	F	↑↓	↑↓	↑↓ ↑↓ ↑					$1s^2 2s^2 2p^5$	1
10	Ne	↑↓	↑↓	↑↓ ↑↓ ↑↓					$1s^2 2s^2 2p^6$	0
11	Na	↑↓	↑↓	↑↓ ↑↓ ↑↓	↑				$1s^2 2s^2 2p^6 3s^1$	1
12	Mg	↑↓	↑↓	↑↓ ↑↓ ↑↓	↑↓				$1s^2 2s^2 2p^6 3s^2$	0
13	Al	↑↓	↑↓	↑↓ ↑↓ ↑↓	↑↓	↑			$1s^2 2s^2 2p^6 3s^2 3p^1$	1
14	Si	↑↓	↑↓	↑↓ ↑↓ ↑↓	↑↓	↑ ↑			$1s^2 2s^2 2p^6 3s^2 3p^2$	2
15	P	↑↓	↑↓	↑↓ ↑↓ ↑↓	↑↓	↑ ↑ ↑			$1s^2 2s^2 2p^6 3s^2 3p^3$	3
16	S	↑↓	↑↓	↑↓ ↑↓ ↑↓	↑↓	↑↓ ↑ ↑			$1s^2 2s^2 2p^6 3s^2 3p^4$	2
17	Cl	↑↓	↑↓	↑↓ ↑↓ ↑↓	↑↓	↑↓ ↑↓ ↑			$1s^2 2s^2 2p^6 3s^2 3p^5$	1
18	Ar	↑↓	↑↓	↑↓ ↑↓ ↑↓	↑↓	↑↓ ↑↓ ↑↓			$1s^2 2s^2 2p^6 3s^2 3p^6$	0
19	K	↑↓	↑↓	↑↓ ↑↓ ↑↓	↑↓	↑↓ ↑↓ ↑↓		↑	$1s^2 2s^2 2p^6 3s^2 3p^6 4s^1$	1
20	Ca	↑↓	↑↓	↑↓ ↑↓ ↑↓	↑↓	↑↓ ↑↓ ↑↓		↑↓	$1s^2 2s^2 2p^6 3s^2 3p^6 4s^2$	0

- 쌓음 원리 : 전자는 에너지 준위가 낮은 오비탈부터 차례대로 채워진다.
- 파울리 배타 원리 : 각 오비탈에 스핀 자기 양자수가 다른 2개의 전자가 쌍을 이루며 채워질 수 있다.
- 훈트 규칙 : 에너지 준위가 같은 오비탈에 전자가 채워질 때 홀전자 수가 최대가 되도록 전자가 배치된다.
- 바닥상태는 전자 배치 원리와 규칙을 모두 만족하도록 전자가 채워진, 에너지가 가장 낮은 안정한 상태이다.
- 들뜬상태는 쌓음 원리 또는 훈트 규칙을 만족하지 않는 상태로 바닥상태보다 불안정한 상태이다.
- 파울리 배타 원리를 만족하지 않는 전자 배치는 불가능한 전자 배치이다.

개념 체크

◉ 바닥상태는 전자 배치 원리와 규칙을 모두 만족하는 가장 안정한 상태이다.

◉ 들뜬상태는 쌓음 원리 또는 훈트 규칙을 만족하지 않는 불안정한 상태이다.

1. 나트륨(Na) 원자의 바닥상태 전자 배치는 ( )이다.

2. 황(S) 원자는 바닥상태에서 홀전자 수가 ( )이다.

3. 바닥상태의 탄소(C), 질소(N), 산소(O) 원자 중 홀전자 수가 가장 큰 것은 ( )이다.

정답
1. $1s^2 2s^2 2p^6 3s^1$
2. 2
3. 질소(N)

01

[24024-0081]

다음은 수소 원자의 오비탈에 대한 세 학생의 대화이다.

학생 A: 2p 오비탈과 3p 오비탈의 방위(부) 양자수는 같아.

학생 B: 주 양자수가 같을 때 방위(부) 양자수가 클수록 오비탈의 에너지 준위가 커.

학생 C: 1s 오비탈과 2s 오비탈의 자기 양자수는 같아.

제시한 내용이 옳은 학생만을 있는 대로 고른 것은?

① A   ② B   ③ A, C

④ B, C   ⑤ A, B, C

02

[24024-0082]

다음은 수소 원자의 오비탈 (가)~(다)에 대한 자료이다. n은 주 양자수이고, l은 방위(부) 양자수이며, m_l은 자기 양자수이다.

○ (가)~(다)는 $2p_x$, $3s$, $3p_y$를 순서 없이 나타낸 것이다.
○ 에너지 준위는 (나)>(가)이다.
○ l는 (나)>(다)이다.

이에 대한 설명으로 옳은 것만을 〈보기〉에서 있는 대로 고른 것은?

● 보기 ●
ㄱ. (나)의 $n=3$이다.
ㄴ. (다)의 모양은 구형이다.
ㄷ. $n+l$는 (가)와 (다)가 같다.

① ㄱ   ② ㄷ   ③ ㄱ, ㄴ

④ ㄴ, ㄷ   ⑤ ㄱ, ㄴ, ㄷ

03

[24024-0083]

그림은 학생 A가 그린 3가지 원자의 전자 배치 (가)~(다)를 나타낸 것이다.

	1s	2s	2p		
(가) $_5$B	↑↓	↑	↑		↑
(나) $_6$C	↑↓	↑↓	↑		↑
(다) $_7$N	↑↓	↑↑↓	↑		↑

(가)~(다)에 대한 설명으로 옳은 것만을 〈보기〉에서 있는 대로 고른 것은?

● 보기 ●
ㄱ. (가)는 쌓음 원리를 만족한다.
ㄴ. (나)는 훈트 규칙을 만족한다.
ㄷ. 파울리 배타 원리를 만족하는 전자 배치는 2가지이다.

① ㄱ   ② ㄴ   ③ ㄱ, ㄷ

④ ㄴ, ㄷ   ⑤ ㄱ, ㄴ, ㄷ

04

[24024-0084]

표는 2주기 바닥상태 원자 X에서 서로 다른 전자 ㉠과 ㉡이 들어 있는 오비탈에 대한 자료이다. n은 주 양자수이고, l은 방위(부) 양자수이며, m_l은 자기 양자수이다.

오비탈	n	l	m_l
㉠이 들어 있는 오비탈	2	1	0
㉡이 들어 있는 오비탈	2	1	0

X에 대한 설명으로 옳은 것만을 〈보기〉에서 있는 대로 고른 것은? (단, X는 임의의 원소 기호이다.)

● 보기 ●
ㄱ. $l=0$인 오비탈에 들어 있는 전자 수는 4이다.
ㄴ. 홀전자 수는 3이다.
ㄷ. 원자 번호는 7보다 크다.

① ㄱ   ② ㄴ   ③ ㄱ, ㄷ

④ ㄴ, ㄷ   ⑤ ㄱ, ㄴ, ㄷ

05 그림은 수소 원자에서 주 양자수(n)가 3 이하인 오비탈 (가)~(다)를 나타낸 것이다. 에너지 준위는 (가)와 (다)가 같고, 오비탈의 크기는 (나)>(가)이며, l은 방위(부) 양자수이다.

[24024-0085]

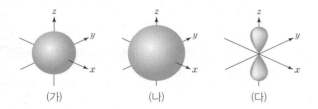

(가)　　　　(나)　　　　(다)

이에 대한 설명으로 옳은 것만을 〈보기〉에서 있는 대로 고른 것은?

● 보기 ●
ㄱ. (가)의 $n=1$이다.
ㄴ. 에너지 준위는 (다)>(나)이다.
ㄷ. $n+l$는 (나)와 (다)가 같다.

① ㄱ　　　　② ㄷ　　　　③ ㄱ, ㄴ
④ ㄴ, ㄷ　　　　⑤ ㄱ, ㄴ, ㄷ

06 다음은 바닥상태 원자 X에 대한 자료이다. n은 주 양자수이고, l은 방위(부) 양자수이며, m_l은 자기 양자수이다.

[24024-0086]

○ $n+l+m_l=3$인 오비탈에 들어 있는 전자 수는 3이다.

이에 대한 설명으로 옳은 것만을 〈보기〉에서 있는 대로 고른 것은? (단, X는 임의의 원소 기호이다.)

● 보기 ●
ㄱ. X는 Na이다.
ㄴ. $n+l=3$인 오비탈 중 전자가 2개 들어 있는 오비탈 수는 3이다.
ㄷ. $l+m_l=1$인 오비탈에 들어 있는 전자 수는 2이다.

① ㄱ　　　　② ㄴ　　　　③ ㄱ, ㄷ
④ ㄴ, ㄷ　　　　⑤ ㄱ, ㄴ, ㄷ

07 다음은 이온 X^{m+}과 Y^{n-}에 대한 자료이다. m과 n은 자연수이다.

[24024-0087]

○ X^{m+}과 Y^{n-}의 전자 배치는 $1s^2 2s^2 2p^6$이다.
○ $m+n=3$이다.

바닥상태 원자 X와 Y에 대한 설명으로 옳은 것만을 〈보기〉에서 있는 대로 고른 것은? (단, X와 Y는 임의의 원소 기호이다.)

● 보기 ●
ㄱ. X는 2주기 원소이다.
ㄴ. 전자가 들어 있는 p 오비탈 수는 X와 Y가 같다.
ㄷ. X와 Y의 홀전자 수 차는 1이다.

① ㄱ　　　　② ㄷ　　　　③ ㄱ, ㄴ
④ ㄴ, ㄷ　　　　⑤ ㄱ, ㄴ, ㄷ

08 그림은 오비탈 (가)~(다)의 주 양자수(n)와 방위(부) 양자수(l)를 나타낸 것이다. (가)~(다)는 각각 바닥상태의 칼륨(K) 원자에서 전자가 들어 있는 오비탈 중 하나이다.

[24024-0088]

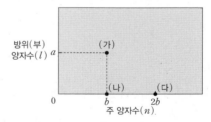

이에 대한 설명으로 옳은 것만을 〈보기〉에서 있는 대로 고른 것은?

● 보기 ●
ㄱ. (다)의 $n=2$이다.
ㄴ. $a+b=3$이다.
ㄷ. 에너지 준위는 (다)>(가)=(나)이다.

① ㄱ　　　　② ㄴ　　　　③ ㄱ, ㄷ
④ ㄴ, ㄷ　　　　⑤ ㄱ, ㄴ, ㄷ

09 [24024-0089]
다음은 바닥상태 원자 X, Na과 이온 Y^{m+}의 전자 배치이다. n은 주 양자수이고, l은 방위(부) 양자수이다.

> ○ X : $1s^2 2s^2 2p^m$
> ○ Na : $1s^2 2s^2 2p^6 3s^{m-1}$
> ○ Y^{m+} : $1s^2 2s^2 2p^6$

이에 대한 설명으로 옳은 것만을 〈보기〉에서 있는 대로 고른 것은? (단, X와 Y는 임의의 원소 기호이다.)

● 보기 ●
ㄱ. $m=2$이다.
ㄴ. 바닥상태에서 홀전자 수는 X>Y이다.
ㄷ. 전자가 1개 들어 있는 오비탈의 $n+l$는 X와 Na이 같다.

① ㄱ
② ㄴ
③ ㄱ, ㄷ
④ ㄴ, ㄷ
⑤ ㄱ, ㄴ, ㄷ

10 [24024-0090]
다음은 2주기 바닥상태 원자 W~Z에 대한 자료이다.

> ○ 홀전자 수 : W>X>Y>Z
> ○ 전자가 2개 들어 있는 오비탈 수 : Z>Y>X>W

전자가 들어 있는 오비탈 수를 비교한 것으로 옳은 것은? (단, W~Z는 임의의 원소 기호이다.)

① Z>X=Y>W
② Y=Z>W=X
③ Y=Z>X>W
④ X=Y=Z>W
⑤ W=X=Y=Z

11 [24024-0091]
표는 바닥상태 원자 X~Z에 대한 자료이다. n은 주 양자수이고, l은 방위(부) 양자수이다.

원자	X	Y	Z
$n+l=3$인 오비탈에 들어 있는 전자 수	a	6	c
$n+l=4$인 오비탈에 들어 있는 전자 수	1	b	7

이에 대한 설명으로 옳은 것만을 〈보기〉에서 있는 대로 고른 것은? (단, X~Z는 임의의 원소 기호이다.)

● 보기 ●
ㄱ. X는 13족 원소이다.
ㄴ. Y는 2주기 원소이다.
ㄷ. $a+b+c=16$이다.

① ㄱ
② ㄷ
③ ㄱ, ㄴ
④ ㄴ, ㄷ
⑤ ㄱ, ㄴ, ㄷ

12 [24024-0092]
다음은 ㉠과 ㉡에 대한 설명과 2주기 바닥상태 원자 X~Z에 대한 자료이다.

> ○ ㉠과 ㉡은 각각 s 오비탈에 들어 있는 전자 수와 p 오비탈에 들어 있는 전자 수이다.
> ○ $\dfrac{㉡}{㉠}$의 비는 X : Y : Z=1 : 2 : 3이다.
> ○ Z에서 $\dfrac{㉡}{㉠}>1$이다.

X~Z의 홀전자 수의 합은? (단, X~Z는 임의의 원소 기호이다.)

① 2
② 3
③ 4
④ 5
⑤ 6

01 그림은 이온 X^{2+}과 Y^{2-}의 바닥상태 전자 배치에서 공통된 부분 중 일부를 나타낸 것이다. 원자 X와 Y의 원자 번호는 20 이하이고, X^{2+}과 Y^{2-}은 옥텟 규칙을 만족한다.

X^{2+}과 Y^{2-}은 Ar의 전자 배치 $1s^2 2s^2 2p^6 3s^2 3p^6$를 갖는다.

$$3s$$
$$\boxed{\uparrow\downarrow}$$

바닥상태 원자 X와 Y에 대한 설명으로 옳은 것만을 〈보기〉에서 있는 대로 고른 것은? (단, X와 Y는 임의의 원소 기호이다.)

● 보기 ●
ㄱ. X는 4주기 원소이다.
ㄴ. 홀전자 수는 X가 Y보다 2만큼 크다.
ㄷ. 전자가 2개 들어 있는 오비탈 수는 X가 Y보다 2만큼 크다.

① ㄱ   ② ㄴ   ③ ㄱ, ㄷ   ④ ㄴ, ㄷ   ⑤ ㄱ, ㄴ, ㄷ

02 표는 2, 3주기 바닥상태 원자 X~Z에 대한 자료이다. 전자가 들어 있는 오비탈 수는 X > Z이고, n은 주 양자수이며, l은 방위(부) 양자수이다.

오비탈의 $n+l$는 $3p > 3s = 2p > 2s$이고, 오비탈의 $n-l$는 $3s > 3p = 2s > 2p = 1s$이다.

원자	X	Y	Z
전자가 들어 있는 오비탈 중 $n+l$가 가장 큰 오비탈에 들어 있는 전자 수	1	1	
전자가 들어 있는 오비탈 중 $n-l$가 가장 큰 오비탈에 들어 있는 전자 수		1	1

X~Z에 대한 설명으로 옳은 것만을 〈보기〉에서 있는 대로 고른 것은? (단, X~Z는 임의의 원소 기호이다.)

● 보기 ●
ㄱ. Z는 Li이다.
ㄴ. $l=1$인 오비탈에 전자가 들어 있는 원자는 2가지이다.
ㄷ. X와 Y의 홀전자 수는 모두 1이다.

① ㄱ   ② ㄷ   ③ ㄱ, ㄴ   ④ ㄴ, ㄷ   ⑤ ㄱ, ㄴ, ㄷ

[24024-0095]

03 다음은 ⊙과 ⓒ에 대한 설명과 원자 번호가 연속인 바닥상태 원자 X~Z에 대한 자료이다. X~Z의 원자 번호는 20 이하이고, 원자 번호는 X < Y < Z이다.

> ○ ⊙과 ⓒ은 각각 s 오비탈에 들어 있는 전자 수와 p 오비탈에 들어 있는 전자 수이다.
> ○ Z에서 ⓒ－⊙＝2이다.
> ○ 홀전자 수는 Y > X이다.

이에 대한 설명으로 옳은 것만을 〈보기〉에서 있는 대로 고른 것은? (단, X~Z는 임의의 원소 기호이다.)

> **보 기**
> ㄱ. X~Z는 모두 3주기 원소이다.
> ㄴ. Z의 홀전자 수는 0이다.
> ㄷ. Y의 ⓒ－⊙＝1이다.

① ㄱ   ② ㄴ   ③ ㄱ, ㄷ   ④ ㄴ, ㄷ   ⑤ ㄱ, ㄴ, ㄷ

p 오비탈에 들어 있는 전자 수에서 s 오비탈에 들어 있는 전자 수를 뺀 값이 2인 원자는 Ne과 Si이다.

[24024-0096]

04 표는 바닥상태 원자 X~Z에 대한 자료이다. 홀전자 수는 X < Y＝Z이다.

원자	X	Y	Z
전자가 2개 들어 있는 s 오비탈 수	2	1	2
전자가 2개 들어 있는 p 오비탈 수	3	0	2

X~Z에 대한 설명으로 옳은 것만을 〈보기〉에서 있는 대로 고른 것은? (단, X~Z는 임의의 원소 기호이다.)

> **보 기**
> ㄱ. 2주기 원소는 2가지이다.
> ㄴ. 원자가 전자 수는 Z > Y이다.
> ㄷ. 전자가 1개 들어 있는 오비탈 수는 Z가 X보다 1만큼 크다.

① ㄱ   ② ㄷ   ③ ㄱ, ㄴ   ④ ㄴ, ㄷ   ⑤ ㄱ, ㄴ, ㄷ

X는 전자가 2개 들어 있는 s 오비탈 수가 2이고, 전자가 2개 들어 있는 p 오비탈 수가 3인 원자이므로 Ne 또는 Na이다.

05 다음은 원자 번호가 20 이하인 바닥상태 원자 $X \sim Z$에 대한 자료이다. n은 주 양자수이고, l은 방위(부) 양자수이다.

[24024-0097]

> ○ $X \sim Z$는 1족 또는 17족 원소이다.
> ○ 전자가 1개 들어 있는 오비탈의 $n+l$는 $X = Y < Z$이다.
> ○ X와 Z에서 전자가 들어 있는 오비탈 수의 차는 3이다.

이에 대한 설명으로 옳은 것만을 〈보기〉에서 있는 대로 고른 것은? (단, $X \sim Z$는 임의의 원소 기호이다.)

● 보기 ●

> ㄱ. Z에서 전자가 1개 들어 있는 오비탈의 $n+l = 3$이다.
> ㄴ. X와 Z는 모두 3주기 원소이다.
> ㄷ. Y와 Z는 원자가 전자 수가 같다.

① ㄱ   ② ㄴ   ③ ㄱ, ㄷ   ④ ㄴ, ㄷ   ⑤ ㄱ, ㄴ, ㄷ

전자가 1개 들어 있는 오비탈의 $n+l$가 $X = Y < Z$이므로 X와 Y는 각각 F과 Na 중 하나이고, Z는 Cl와 K 중 하나이다.

06 표는 바닥상태 원자 $X \sim Z$에 대한 자료이다. ㉠과 ㉡은 s와 p 오비탈을 순서 없이 나타낸 것이다.

[24024-0098]

원자	오비탈의 종류	오비탈의 수
X	전자가 1개 들어 있는 ㉠	1
	전자가 2개 들어 있는 ㉠	2
Y	전자가 1개 들어 있는 ㉡	2
	전자가 2개 들어 있는 ㉡	1
Z	전자가 1개 들어 있는 ㉠	0
	전자가 2개 들어 있는 ㉠	1

$X \sim Z$에 대한 설명으로 옳은 것만을 〈보기〉에서 있는 대로 고른 것은? (단, $X \sim Z$는 임의의 원소 기호이다.)

● 보기 ●

> ㄱ. 홀전자 수는 $Y > X > Z$이다.
> ㄴ. 2주기 원소는 1가지이다.
> ㄷ. $X \sim Z$의 원자 번호의 합은 19이다.

① ㄱ   ② ㄴ   ③ ㄷ   ④ ㄱ, ㄴ   ⑤ ㄴ, ㄷ

Y에서 전자가 1개 들어 있는 s 오비탈 수가 2일 수 없으므로 ㉡은 p 오비탈이다.

[24024-0099]

07 다음은 2, 3주기 바닥상태 원자 X~Z에 대한 자료이다.

○ X~Z의 홀전자 수는 모두 1이다.
○ 원자 번호는 X가 Y보다 2만큼 크고 Z가 X보다 크다.
○ 원자가 전자 수는 Z가 X보다 2만큼 크다.

X~Z에 대한 설명으로 옳은 것만을 〈보기〉에서 있는 대로 고른 것은? (단, X~Z는 임의의 원소 기호이다.)

● 보기 ●

ㄱ. 2주기 원소는 2가지이다.
ㄴ. Y와 Z의 원자가 전자 수 차는 4이다.
ㄷ. 전자가 1개 들어 있는 오비탈의 주 양자수와 방위(부) 양자수의 합은 X와 Y가 같다.

① ㄱ   ② ㄴ   ③ ㄱ, ㄷ   ④ ㄴ, ㄷ   ⑤ ㄱ, ㄴ, ㄷ

> 홀전자 수가 1인 X~Z는 각각 1족, 13족, 17족 원소인 Li, B, F, Na, Al, Cl 중 하나이다.

[24024-0100]

08 다음은 2, 3주기 바닥상태 원자 W~Z에 대한 자료이다. W~Z는 18족 원소가 아니다.

○ 원자가 전자 수는 W>X>Y>Z이다.
○ 원자가 전자가 들어 있는 오비탈의 주 양자수는 W=Z>X=Y이다.
○ 홀전자 수는 Y>X>W>Z이다.

W~Z에 대한 설명으로 옳은 것만을 〈보기〉에서 있는 대로 고른 것은? (단, W~Z는 임의의 원소 기호이다.)

● 보기 ●

ㄱ. 원자 번호는 W가 가장 크다.
ㄴ. 원자가 전자 수는 W가 Y보다 2만큼 크다.
ㄷ. 전자가 들어 있는 p 오비탈 수는 X와 Z가 같다.

① ㄱ   ② ㄴ   ③ ㄱ, ㄷ   ④ ㄴ, ㄷ   ⑤ ㄱ, ㄴ, ㄷ

> 홀전자 수는 Y>X>W>Z이므로 Y, X, W, Z의 홀전자 수는 각각 3, 2, 1, 0이다.

09 다음은 주기율표의 일부와 바닥상태 원자 W∼Z의 오비탈에 대한 자료이다. n은 주 양자수이고, l은 방위(부) 양자수이다.

[24024-0101]

○ 주기율표의 일부

주기＼족	1	2	13	14	15	16	17	18
1	(가)							
2					(나)			
3					(다)			
4	(라)							

○ (가)∼(라)는 W∼Z가 속하는 영역을 순서 없이 나타낸 것이다.

○ 홀전자가 들어 있는 오비탈의 l는 X＞Z이다.

○ 홀전자가 들어 있는 오비탈의 $n+l$의 차를 W와 X에서 a, W와 Y에서 b, Y와 Z에서 c, X와 Z에서 d라고 할 때, $a＞b＞c＞d$이다.

이에 대한 설명으로 옳은 것만을 〈보기〉에서 있는 대로 고른 것은? (단, W∼Z는 임의의 원소 기호이다.)

● 보기 ●

ㄱ. 원자가 전자가 들어 있는 오비탈의 주 양자수는 Y＞X이다.

ㄴ. 홀전자가 들어 있는 오비탈의 l는 X＞W이다.

ㄷ. W와 Z에서 홀전자가 들어 있는 오비탈의 $n+l$의 차는 2이다.

① ㄱ   ② ㄴ   ③ ㄱ, ㄷ   ④ ㄴ, ㄷ   ⑤ ㄱ, ㄴ, ㄷ

(가)∼(라)에 해당하는 바닥상태 원자의 전자 배치에서 홀전자가 들어 있는 오비탈의 가능한 $n+l$는 각각 1, 3, 4, 4이다.

---

10 다음은 2, 3주기 바닥상태 원자 X∼Z에 대한 자료이다. n은 주 양자수이고, l은 방위(부) 양자수이다.

[24024-0102]

○ 원자 번호는 Z가 Y보다 8만큼 크다.

○ 전자가 1개 들어 있는 오비탈의 $n-l$는 Z＞Y＞X이다.

○ 원자가 전자 수는 X가 Z보다 2만큼 크다.

이에 대한 설명으로 옳은 것만을 〈보기〉에서 있는 대로 고른 것은? (단, X∼Z는 임의의 원소 기호이다.)

● 보기 ●

ㄱ. Y에서 전자가 1개 들어 있는 오비탈의 $n-l=2$이다.

ㄴ. X는 3주기 원소이다.

ㄷ. Z는 Na이다.

① ㄱ   ② ㄴ   ③ ㄱ, ㄷ   ④ ㄴ, ㄷ   ⑤ ㄱ, ㄴ, ㄷ

2, 3주기 원자에서 전자가 1개 들어 있는 오비탈의 $n-l$는 1, 2, 3이 가능하다.

[24024-0103]

11 다음은 원자 번호가 20 이하인 바닥상태 원자 X와 Y에 대한 자료이다. n은 주 양자수이고, l은 방위(부) 양자수이다.

○ s와 p 오비탈에 들어 있는 전자 수비(⊙과 ⓒ은 s 또는 p 오비탈)

X   Y

○ 전자가 들어 있는 오비탈의 $n-l$ 중 가장 큰 값은 Y > X이다.

이에 대한 설명으로 옳은 것만을 〈보기〉에서 있는 대로 고른 것은? (단, X와 Y는 임의의 원소 기호이다.)

• 보기 •
ㄱ. ⊙은 s 오비탈이다.
ㄴ. Y는 3주기 원소이다.
ㄷ. p 오비탈에 들어 있는 전자 수는 X와 Y가 같다.

① ㄱ   ② ㄴ   ③ ㄷ   ④ ㄱ, ㄴ   ⑤ ㄴ, ㄷ

> ⊙이 s 오비탈, ⓒ이 p 오비탈이라면 Y에서 오비탈에 들어 있는 전자 수비가 s 오비탈 : p 오비탈＝3 : 2인 원자는 없다.

[24024-0104]

12 다음은 ⊙과 ⓒ에 대한 설명과 원자 번호가 18 이하인 바닥상태 원자 X와 Y에 대한 자료이다. 원자 번호는 Y가 X보다 1만큼 크고, n은 주 양자수이며, l은 방위(부) 양자수이다.

○ ⊙은 X에서 전자가 들어 있고 $n+l$가 가장 큰 오비탈 중 하나이다.
○ ⓒ은 Y에서 전자가 들어 있고 $n+l$가 가장 큰 오비탈 중 하나이다.
○ $n-l$는 ⊙이 ⓒ보다 2만큼 크다.

이에 대한 설명으로 옳은 것만을 〈보기〉에서 있는 대로 고른 것은? (단, X와 Y는 임의의 원소 기호이다.)

• 보기 •
ㄱ. X와 Y 중 2주기 원소는 1가지이다.
ㄴ. X의 ⊙에 들어 있는 전자 수는 1이다.
ㄷ. ⓒ의 $n-l=1$이다.

① ㄱ   ② ㄴ   ③ ㄱ, ㄷ   ④ ㄴ, ㄷ   ⑤ ㄱ, ㄴ, ㄷ

> $1s$, $2s$, $2p$, $3s$, $3p$ 오비탈의 $n-l$는 각각 1, 2, 1, 3, 2이다.

06 원소의 주기적 성질

1 원소의 분류와 주기율

(1) 주기율

① **주기율** : 원소를 원자 번호 순으로 배열할 때, 성질이 비슷한 원소가 주기적으로 나타나는 것을 주기율이라고 한다.

② **주기율이 나타나는 원인** : 원소의 화학적 성질을 결정하는 원자가 전자 수가 주기적으로 변하기 때문에 주기율이 나타난다.

주기＼족	1	2	13	14	15	16	17	18
1	H							He
2	Li	Be	B	C	N	O	F	Ne
3	Na	Mg	Al	Si	P	S	Cl	Ar
원자가 전자 수	1	2	3	4	5	6	7	0

(2) 주기율의 발견 과정

① **라부아지에(1789년)** : 당시에 더 이상 분해할 수 없는 33종의 물질을 기체, 비금속, 금속, 화합물의 네 그룹으로 분류하였다.

② **되베라이너(1816년)** : 화학적 성질이 비슷하고 물리적 성질은 규칙적으로 변하는 세 원소가 있다는 것을 알고, 성질이 비슷한 원소를 3개씩 묶어 세 쌍 원소라고 하였다.

③ **뉴랜즈(1865년)** : 원소를 원자량 순으로 나열하면 8번째마다 화학적 성질이 비슷한 원소가 나타나는 규칙성을 발견하고, 옥타브설을 발표하였다.

④ **멘델레예프(1869년)**
- 당시까지 발견된 63종의 원소를 화학적 성질에 기준을 두어 원자량 순서로 배열하여 주기율표를 만들었는데, 이것이 최초의 주기율표이다.
- 당시까지 발견되지 않은 원소의 자리는 빈칸으로 두고, 주기율표 상의 위치로부터 새로운 원소의 존재 가능성과 성질을 예측하였다.
- 원자량 순서로 배열하였을 때 주기성이 맞지 않는 부분이 있다.
  ➡ Ar(원자량 39.9)과 K(원자량 39.1)

⑤ **모즐리(1913년)**
- X선 연구를 통해 원소에서 원자핵의 양성자수를 결정하는 방법을 알아내어 원자의 양성자 수를 원자 번호로 정하였다.
- 원소의 주기적 성질이 양성자수(원자 번호)와 관련이 있다는 것을 발견하였고, 원소들을 원자 번호 순서대로 배열하여 현재 사용하고 있는 것과 비슷한 주기율표를 완성하였다.

② 주기율표

(1) 주기율표

원소들을 원자 번호 순으로 배열하여 화학적 성질이 비슷한 원소가 같은 세로줄에 오도록 배열한 표이다.

① 주기

• 주기율표의 가로줄로, 1~7주기가 있다.

• 같은 주기 원소는 바닥상태에서 전자가 들어 있는 전자 껍질 수가 같다. 이때 주기는 전자가 들어 있는 전자 껍질 수와 같다.

주기	원소	원소의 가짓수	전자 껍질	전자 껍질 수
1	H ~ He	2	K	1
2	Li ~ Ne	8	K L	2
3	Na ~ Ar	8	K L M	3
4	K ~ Kr	18	K L M N	4
5	Rb ~ Xe	18	K L M N O	5
6	Cs ~ Rn	32	K L M N O P	6
7	Fr ~ Og	32	K L M N O P Q	7

② 족

• 주기율표의 세로줄로, 1~18족이 있다.

• 같은 족 원소는 원자가 전자 수가 같아 화학적 성질이 비슷하다(단, 수소는 1족에 위치하고 있지만 비금속 원소로, 1족에 속해 있는 나머지 금속 원소들과는 화학적 성질이 다르다).

• 1~2족, 13~17족의 경우 원자가 전자 수는 족의 끝자리 수와 같다.

족	1	2		13	14	15	16	17	18
원자가 전자 수	1	2		3	4	5	6	7	0

(2) 주기율표에서 원소의 분류

주기＼족	1	2	3~12	13	14	15	16	17	18
1	H								He
2	Li	Be		B	C	N	O	F	Ne
3	Na	Mg		Al	Si	P	S	Cl	Ar
4	K	Ca		Ga	Ge	As	Se	Br	Kr
5	Rb	Sr		In	Sn	Sb	Te	I	Xe
6	Cs	Ba		Tl	Pb	Bi	Po	At	Rn
7	Fr	Ra		Nh	Fl	Mc	Lv	Ts	Og

▢ 금속　▢ 준금속　▢ 비금속

※ 1 atm, 25℃에서의 상태 : H, N, O, F, Cl 및 18족 원소는 기체이며, Br, Hg은 액체이고, 나머지는 고체로 존재한다.

① 금속 원소

• 전자를 잃고 양이온이 되기 쉽다. $M \longrightarrow M^{n+} + ne^-$

• 열전도성, 전기 전도성이 크다.

② 비금속 원소
- 전자를 얻어 음이온이 되기 쉽다(18족 원소 제외). $X + ne^- \longrightarrow X^{n-}$
- 열전도성, 전기 전도성이 매우 작다(탄소(흑연)는 예외).

	금속 원소	비금속 원소
열 및 전기 전도성	크다	매우 작다 (흑연은 예외)
이온의 형성	양이온이 되기 쉽다	음이온이 되기 쉽다 (18족 원소 제외)
실온(25℃)에서의 상태	대부분 고체 (수은(Hg)은 액체)	대부분 기체, 고체 (브로민(Br_2)은 액체)

③ 준금속 원소
- 금속보다는 전기 전도성이 작고, 비금속보다는 전기 전도성이 커서 금속과 비금속의 구분이 명확하지 않은 원소이다.
  예 붕소(B), 규소(Si), 저마늄(Ge), 비소(As) 등
- 규소와 저마늄은 반도체 칩과 태양 전지를 만드는 데 이용된다.

과학 돋보기 — 원자가 전자의 전자 배치와 주기율

족 \\ 주기	1	2	13	14	15	16	17	18
1	$1s^1$							$1s^2$
2	$2s^1$	$2s^2$	$2s^22p^1$	$2s^22p^2$	$2s^22p^3$	$2s^22p^4$	$2s^22p^5$	$2s^22p^6$
3	$3s^1$	$3s^2$	$3s^23p^1$	$3s^23p^2$	$3s^23p^3$	$3s^23p^4$	$3s^23p^5$	$3s^23p^6$
4	$4s^1$	$4s^2$	$4s^24p^1$	$4s^24p^2$	$4s^24p^3$	$4s^24p^4$	$4s^24p^5$	$4s^24p^6$
가장 바깥 전자 껍질의 전자 배치	ns^1	ns^2	ns^2np^1	ns^2np^2	ns^2np^3	ns^2np^4	ns^2np^5	ns^2np^6
원자가 전자 수	1	2	3	4	5	6	7	0

- 원자가 전자 수가 주기적으로 반복되어 나타나기 때문에 원소의 화학적 성질이 주기적으로 반복된다.
- 주기를 통해 전자가 들어 있는 가장 바깥 전자 껍질의 주 양자수를 알 수 있다.
- 원자가 전자 수는 족의 끝자리 수와 같다(단, 18족은 제외).
  ➡ 주기율표에서 위치를 통해 전자 배치를 알 수 있다.
  예 3주기 17족 원소인 Cl는 3주기이므로 가장 바깥 전자 껍질의 주 양자수가 3이고, 17족이므로 원자가 전자 수가 7이다. 따라서 가장 바깥 전자 껍질의 전자 배치가 $3s^23p^5$이므로 Cl의 바닥상태 전자 배치는 $1s^22s^22p^63s^23p^5$이다.

3 원소의 주기적 성질

(1) 유효 핵전하

① 유효 핵전하 : 전자에 작용하는 실질적인 핵전하
- 수소 원자는 전자가 1개밖에 없으므로 전자 사이의 반발력은 없고, 원자핵과 전자 사이의 인력만 존재한다. 따라서 수소 원자에서 전자에 작용하는 유효 핵전하는 양성자수에 의한 핵전하와 같은 1+이다.

개념 체크

○ 전자가 2개 이상인 다전자 원자에서 한 전자에 작용하는 유효 핵전하는 다른 전자의 가려막기 효과 때문에 양성자수에 의한 핵전하보다 작다.

○ 같은 전자 껍질에 있는 전자의 가려막기 효과는 안쪽 전자 껍질에 있는 전자의 가려막기 효과보다 작다.

※ ○ 또는 ×

1. 전자가 2개 이상인 다전자 원자에서 전자에 작용하는 유효 핵전하는 양성자수에 의한 핵전하와 같다.
( )

2. 가려막기 효과는 전자 사이의 ( )으로 인해 원자핵과 전자 사이의 실질적인 인력이 약해지는 현상이다.

3. 산소(O) 원자에서 원자가 전자에 작용하는 유효 핵전하는 8+보다 (작 / 크)다.

- 전자가 2개 이상인 다전자 원자에서 전자에 작용하는 실질적인 핵전하를 따지려면 원자핵과 전자 사이의 인력뿐만 아니라 전자 사이의 반발력도 고려해야 한다. 한 전자에 작용하는 유효 핵전하는 다른 전자와의 반발력 때문에 양성자수에 의한 핵전하보다 작아진다.

  예 원자 번호가 6인 탄소(C) 원자의 경우 원자가 전자에 작용하는 유효 핵전하는 양성자수에 의한 핵전하인 6+보다 작다.

② 가려막기 효과(가림 효과)
- 다전자 원자에서 전자에 작용하는 유효 핵전하가 양성자수에 의한 핵전하보다 작아지는 것은 다른 전자에 의해 핵이 가려지기 때문이다. 이러한 현상은 자신보다 안쪽 전자 껍질에 있는 전자뿐만 아니라 자신과 같은 전자 껍질에 있는 다른 전자에 의해서도 나타나며, 이를 가려막기 효과라고 한다.
- 가려막기 효과는 전자 사이의 반발력 때문에 원자핵과 전자 사이의 실질적인 인력이 약해지는 현상을 의미한다.
- 같은 전자 껍질에 있는 전자에 의한 가려막기 효과는 안쪽 전자 껍질에 있는 전자에 의한 가려막기 효과보다 작다.

탐구자료 살펴보기   **가려막기 효과**

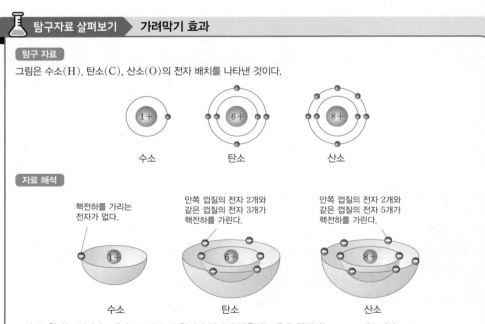

탐구 자료

그림은 수소(H), 탄소(C), 산소(O)의 전자 배치를 나타낸 것이다.

수소   탄소   산소

자료 해석

핵전하를 가리는 전자가 없다.   안쪽 껍질의 전자 2개와 같은 껍질의 전자 3개가 핵전하를 가린다.   안쪽 껍질의 전자 2개와 같은 껍질의 전자 5개가 핵전하를 가린다.

수소   탄소   산소

1. 수소 원자는 전자가 1개이므로 수소의 원자가 전자에 작용하는 유효 핵전하는 1+ 그대로이다.
2. 탄소의 원자가 전자에 작용하는 유효 핵전하는 K 전자 껍질의 전자와 L 전자 껍질의 다른 전자의 가려막기 효과 때문에 6+보다 작다. 마찬가지로 산소의 원자가 전자에 작용하는 유효 핵전하도 8+보다 작다.

분석 point

전자가 1개뿐인 수소에서는 원자가 전자의 유효 핵전하가 양성자수에 의한 핵전하와 같지만, 전자가 2개 이상인 탄소나 산소에서는 원자가 전자의 유효 핵전하가 양성자수에 의한 핵전하보다 작다.

정답
1. ×
2. 반발력
3. 작

③ 같은 주기에서 원자 번호에 따른 원자가 전자가 느끼는 유효 핵전하
- 다전자 원자에서 전자에 작용하는 핵전하는 전자 사이의 반발력에 의해 감소하기 때문에 전자에는 양성자수에 의한 핵전하만큼의 인력이 작용하지 못한다.

- 2주기에서 원자 번호가 1 증가할 때 핵전하(양성자수에 의한 핵전하, 유효 핵전하)의 변화

| 양성자가 1개 많아지므로 양성자수에 의한 핵전하는 1 증가함 | ➡ | 하지만 양성자수 증가에 따른 핵전하의 증가가 전자 수 증가에 따른 가려막기 효과의 증가보다 큼 | ➡ | 원자가 전자가 느끼는 유효 핵전하는 증가함 |
| 전자도 1개 많아지므로 가려막기 효과도 증가함 | ➡ | | | |

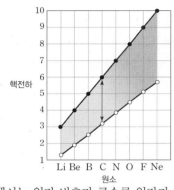

● 양성자수에 의한 핵전하
○ 원자가 전자가 느끼는 유효 핵전하
↕ 탄소에서 가려막기 효과

➡ 가려막기 효과로 인해 양성자수에 의한 핵전하와 유효 핵전하의 차이가 생긴다.

- 2주기에서는 원자 번호가 클수록 원자가 전자가 느끼는 유효 핵전하가 크다.
- 3주기 이상에서도 2주기와 같은 경향을 보인다.
- 18족 원소에서 다음 주기의 1족 원소로 원자 번호가 증가할 때에는 원자가 전자의 껍질이 바뀌므로 안쪽 전자 껍질 수가 증가한다. 그러므로 안쪽 껍질의 전자 수 증가로 인한 가려막기 효과가 크게 증가하므로 원자가 전자가 느끼는 유효 핵전하가 감소한다.

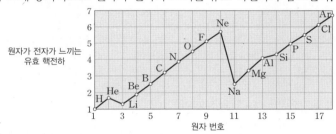

④ 같은 족에서 원자 번호에 따른 원자가 전자가 느끼는 유효 핵전하 : 같은 족에서 원자 번호가 클수록 원자가 전자가 느끼는 유효 핵전하는 증가한다. 이는 양성자수의 증가에 따른 핵전하의 증가가 전자 수 증가에 따른 가려막기 효과의 증가보다 크기 때문이다.

⑤ 전자 수 증가와 감소에 따른 원자가 전자가 느끼는 유효 핵전하

전자 수 증가	전자 수 감소
전자들 사이의 반발력이 커짐 ⇨ 유효 핵전하 감소 예 F이 F^-이 되면 전자 수가 증가하여 전자 사이의 반발력이 커지므로 가장 바깥 전자 껍질의 전자가 느끼는 유효 핵전하가 감소한다.	전자들 사이의 반발력이 작아짐 ⇨ 유효 핵전하 증가 예 Na이 Na^+이 되면 전자 수가 감소하여 전자들 사이의 반발력이 작아지므로 가장 바깥 전자 껍질의 전자가 느끼는 유효 핵전하가 증가한다.

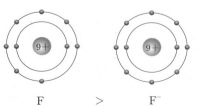

F > F^-

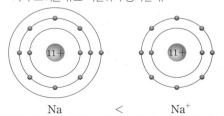

Na < Na^+

개념 체크

◐ 같은 주기에서 원자 번호가 증가할수록 원자가 전자가 느끼는 유효 핵전하가 커진다.

◐ 원자가 음이온이 되면 가장 바깥 전자 껍질의 전자가 느끼는 유효 핵전하가 감소한다.

1. 원자가 전자가 느끼는 유효 핵전하는 산소(O) 원자가 탄소(C) 원자보다 (작 / 크)다.

2. 원자가 전자가 느끼는 유효 핵전하는 나트륨(Na) 원자가 네온(Ne) 원자보다 (작 / 크)다.

3. 원자가 전자가 느끼는 유효 핵전하는 나트륨(Na) 원자가 리튬(Li) 원자보다 (작 / 크)다.

4. 원자가 전자를 잃어 양이온이 되면 가장 바깥 전자 껍질의 전자가 느끼는 유효 핵전하는 (감소 / 증가)한다.

정답
1. 크
2. 작
3. 크
4. 증가

1. 같은 족에서는 원자 번호가 증가할수록 전자 껍질 수가 증가하여 원자 반지름이 (감소 / 증가)한다.

2. 같은 주기에서는 원자 번호가 증가할수록 원자가 전자가 느끼는 유효 핵전하가 증가하여 원자 반지름이 (감소 / 증가)한다.

3. Na은 Li보다 원자 반지름이 (작 / 크)다.

4. Li은 Be보다 원자 반지름이 (작 / 크)다.

(2) 원자 반지름

① 원자 반지름의 측정

- 현대적 원자 모형인 오비탈 모형에서는 핵으로부터 거리가 아무리 멀어지더라도 전자가 발견될 확률이 0이 되지 않기 때문에 원자의 크기를 정확하게 정의하기 어렵다. 따라서 같은 종류의 두 원자가 결합했을 때 그 두 원자의 원자핵 사이의 거리를 측정하고, 그 거리의 절반을 원자 반지름으로 정의한다.
- 나트륨(Na)과 같은 금속의 경우, 원자 반지름은 나트륨 결정에서 가장 가까운 원자핵 사이 거리의 절반으로 정의한다. 수소(H_2), 염소(Cl_2)와 같이 동일한 원자로 구성된 이원자 분자의 형태로 존재하는 비금속 원소의 원자 반지름은 원자핵 사이 거리의 절반으로 정의한다.

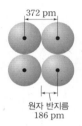

나트륨(금속 원소)　　　수소 분자(비금속 원소)

② 원자 반지름에 영향을 주는 요인

전자 껍질 수	유효 핵전하
같은 족에서는 원자 번호가 증가할수록 전자 껍질 수가 증가하며, 전자 껍질 수가 많아질수록 원자가 전자와 핵 사이의 거리가 멀어지므로 원자 반지름이 커진다. **예** $Li < Na$	같은 주기에서는 원자 번호가 증가할수록 원자가 전자가 느끼는 유효 핵전하가 증가하며, 유효 핵전하가 커질수록 핵과 원자가 전자 사이의 전기적 인력이 증가하므로 원자 반지름이 작아진다. **예** $Li > Be$

③ 원자 반지름의 주기적 변화(18족 원소 제외)

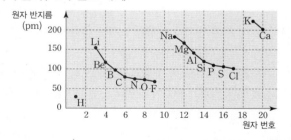

같은 족	같은 주기
원자 번호가 증가할수록 전자 껍질 수가 증가하므로 원자 반지름이 커진다. **예**	원자 번호가 증가할수록 원자가 전자가 느끼는 유효 핵전하가 증가하므로 원자 반지름이 작아진다. **예**
Li < Na < K	Na > Mg > Al

(3) 이온 반지름

양이온 반지름	음이온 반지름
금속 원소의 원자가 비활성 기체와 같은 전자 배치를 갖는 양이온이 되면 전자 껍질 수가 감소하므로 이온 반지름은 원자 반지름보다 작아진다. 예 Na ⟶ Na⁺일 때, M 전자 껍질의 원자가 전자 1개를 잃으며 전자 껍질 수가 감소한다.	비금속 원소의 원자가 비활성 기체와 같은 전자 배치를 갖는 음이온이 되면 전자 수가 증가하여 전자 사이의 반발력이 증가하고, 가려막기 효과가 커져서 유효 핵전하가 감소하므로 이온 반지름이 원자 반지름보다 커진다. 예 Cl ⟶ Cl⁻일 때, M 전자 껍질의 전자 수가 7에서 8로 증가하여 전자 사이의 반발력이 증가하고, 가려막기 효과가 커져서 유효 핵전하가 감소한다.

① 이온 반지름의 비교

같은 족 원소의 이온 반지름	같은 주기 원소의 양이온과 음이온 반지름
원자 번호가 증가할수록 전자 껍질 수가 증가하므로 이온 반지름이 커진다. 예 $Li^+ < Na^+$, $F^- < Cl^-$	양이온은 같은 주기 원소의 음이온보다 전자 껍질이 1개 적기 때문에 반지름이 작다. 예 $Na^+ < Cl^-$

● 원자　○ 양이온　(⚬) 음이온　(단위 : pm)

주기＼족	1	2	13	16	17
2	Li 152 Li⁺ 60	Be 112 Be²⁺ 31	B 87 B³⁺ 20	O 73 O²⁻ 140	F 71 F⁻ 136
3	Na 186 Na⁺ 95	Mg 160 Mg²⁺ 65	Al 143 Al³⁺ 50	S 103 S²⁻ 184	Cl 99 Cl⁻ 181

② 전자 수가 같은 이온(등전자 이온)의 이온 반지름

• 전자 수가 같은 이온의 경우 원자 번호가 클수록 유효 핵전하가 크므로 이온 반지름이 작아진다.

• 전자 수가 같은 양이온과 음이온은 원소의 주기가 다르다. 2주기 비금속 원소의 음이온과 3주기 금속 원소의 양이온은 네온(Ne)과 전자 배치가 같은 이온들이고, 3주기 비금속 원소의 음이온과 4주기 금속 원소의 양이온은 아르곤(Ar)과 전자 배치가 같은 이온들이다.

예 $\underset{\text{2주기 음이온}}{O^{2-} > F^-} > \underset{\text{3주기 양이온}}{Na^+ > Mg^{2+} > Al^{3+}}$ ➡ 전자 배치는 네온(Ne)의 전자 배치($1s^2 2s^2 2p^6$)와 같다.

$\underset{\text{3주기 음이온}}{S^{2-} > Cl^-} > \underset{\text{4주기 양이온}}{K^+ > Ca^{2+}}$ ➡ 전자 배치는 아르곤(Ar)의 전자 배치($1s^2 2s^2 2p^6 3s^2 3p^6$)와 같다.

(4) 이온화 에너지 : 기체 상태의 원자 1 mol에서 전자 1 mol을 떼어 내어 기체 상태의 +1가 양이온 1 mol로 만드는 데 필요한 에너지이다.

$$M(g) + E \longrightarrow M^+(g) + e^- \quad (E : \text{이온화 에너지})$$

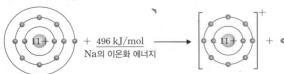

+ 496 kJ/mol
Na의 이온화 에너지

• 이온화 에너지가 작을수록 전자를 떼어 내기가 쉬워지므로 양이온이 되기 쉽다.

---

① 이온화 에너지의 주기적 변화

같은 족	같은 주기
원자 번호가 증가할수록 전자 껍질 수가 증가하여 핵과 원자가 전자 사이의 거리가 멀어 전기적 인력이 작아지므로 이온화 에너지가 감소한다.	원자 번호가 증가할수록 원자가 전자가 느끼는 유효 핵전하가 증가하여, 핵과 원자가 전자 사이의 전기적 인력이 커지므로 이온화 에너지가 대체로 증가한다. 1족 원소의 이온화 에너지가 가장 작고, 18족 원소의 이온화 에너지가 가장 크다.

- 2, 3주기에서 2족에서 13족으로 될 때, 15족에서 16족으로 될 때는 이온화 에너지가 감소한다.
- 2주기 원소의 이온화 에너지는 $Li < B < Be < C < O < N < F < Ne$이다.
- 3주기 원소의 이온화 에너지는 $Na < Al < Mg < Si < S < P < Cl < Ar$이다.

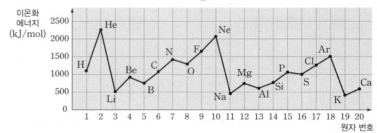

② **순차 이온화 에너지** : 기체 상태의 원자 1 mol에서 전자를 1 mol씩 차례대로 떼어 내는 데 필요한 단계별 에너지이다.

$$M(g) + E_1 \longrightarrow M^+(g) + e^- \ (E_1 : 제1 이온화 에너지)$$
$$M^+(g) + E_2 \longrightarrow M^{2+}(g) + e^- \ (E_2 : 제2 이온화 에너지)$$
$$M^{2+}(g) + E_3 \longrightarrow M^{3+}(g) + e^- \ (E_3 : 제3 이온화 에너지)$$
$$\vdots$$

- 전자를 떼어 낼수록 이온의 전자 수가 감소한다. 전자 수가 감소할수록 전자 사이의 반발력이 감소하고 가려막기 효과가 감소하므로 유효 핵전하가 증가하여 다음 전자를 떼어 내기 어려워지므로 순차 이온화 에너지는 차수가 커질수록 증가한다.

  ➡ $E_1 < E_2 < E_3 < E_4 < \cdots$

- 순차 이온화 에너지 변화와 원자가 전자 수 결정 : 원자가 전자를 모두 떼어 낸 후, 그 다음 전자를 떼어 낼 때는 안쪽 전자 껍질에서 전자가 떨어지게 되어 순차 이온화 에너지가 급격히 증가하게 된다. 따라서 순차 이온화 에너지가 급격히 증가하기 직전까지 떼어 낸 전자 수는 원자가 전자 수와 같다.

원자	전자 배치			순차 이온화 에너지(kJ/mol)				원자가 전자 수
	K	L	M	E_1	E_2	E_3	E_4	
Na	2	8	1	496	4562	6912	9543	1
Mg	2	8	2	738	1451	7733	10540	2
Al	2	8	3	578	1817	2745	11577	3

- Na의 경우 순차 이온화 에너지가 $E_1 \ll E_2 < E_3$이므로 원자가 전자 수가 1이며, Mg의 경우 순차 이온화 에너지가 $E_1 < E_2 \ll E_3$이므로 원자가 전자 수가 2이다.
- Al의 비활성 기체와 같은 전자 배치를 갖는 이온은 Al^{3+}이며, Al으로부터 Al^{3+}을 생성하기 위한 최소 에너지는 Al의 원자가 전자를 모두 떼어 내는 데 필요한 순차 이온화 에너지의 합($E_1 + E_2 + E_3$)이다.

01 [24024-0105] 다음은 탄산수소 나트륨($NaHCO_3$)의 구성 원소에 대한 세 학생의 대화이다.

2주기 원소는 2가지야. (학생 A)

원자가 전자 수가 1인 원소는 2가지야. (학생 B)

원자 반지름이 가장 큰 원소는 Na이야. (학생 C)

제시한 내용이 옳은 학생만을 있는 대로 고른 것은?

① A   ② C   ③ A, B
④ B, C   ⑤ A, B, C

02 [24024-0106] 다음은 바닥상태 원자 X와 Y에 대한 자료이다.

○ 주기율표의 일부

족 주기	n	$n+1$
m		X
$m+1$	Y	

○ X에서 전자가 2개 들어 있는 p 오비탈 수는 2이다.

이에 대한 설명으로 옳은 것만을 〈보기〉에서 있는 대로 고른 것은? (단, X와 Y는 임의의 원소 기호이다.)

● 보기 ●

ㄱ. X는 F이다.
ㄴ. $m+n=18$이다.
ㄷ. 원자 반지름은 X>Y이다.

① ㄱ   ② ㄷ   ③ ㄱ, ㄴ
④ ㄴ, ㄷ   ⑤ ㄱ, ㄴ, ㄷ

03 [24024-0107] 그림은 주기율표의 일부를 나타낸 것이다.

족 주기	1	17
2	W	X
3	Y	Z

W~Z에 대한 설명으로 옳은 것만을 〈보기〉에서 있는 대로 고른 것은? (단, W~Z는 임의의 원소 기호이다.)

● 보기 ●

ㄱ. 원자 반지름은 Z가 가장 크다.
ㄴ. 원자가 전자가 느끼는 유효 핵전하는 X>W이다.
ㄷ. $\dfrac{제2 이온화 에너지}{제1 이온화 에너지}$ 는 Z>Y이다.

① ㄱ   ② ㄴ   ③ ㄷ
④ ㄱ, ㄴ   ⑤ ㄴ, ㄷ

04 [24024-0108] 다음은 원자 W~Z에 대한 자료이다.

○ 주기율표의 일부

족 주기	1	16	17
2			
3			

○ W~Z는 각각 위의 주기율표에서 빗금 친 부분 중 하나에 해당한다.
○ 원자 반지름은 W>X>Y>Z이다.
○ $\dfrac{제2 이온화 에너지}{제1 이온화 에너지}$ 는 X>Y이다.

이에 대한 설명으로 옳은 것만을 〈보기〉에서 있는 대로 고른 것은? (단, W~Z는 임의의 원소 기호이다.)

● 보기 ●

ㄱ. 원자가 전자가 느끼는 유효 핵전하는 Z>X이다.
ㄴ. 제1 이온화 에너지는 W>Z이다.
ㄷ. $\dfrac{제2 이온화 에너지}{제1 이온화 에너지}$ 는 W>Y이다.

① ㄱ   ② ㄴ   ③ ㄱ, ㄷ
④ ㄴ, ㄷ   ⑤ ㄱ, ㄴ, ㄷ

[24024-0109]

05 다음은 2주기 원자 X~Z에 대한 자료이다. 원자 번호는 X < Y < Z이다.

○ 원자가 전자 수

원자	X	Y	Z
원자가 전자 수	a	$a+2$	$a+4$

○ 제2 이온화 에너지는 X > Y이다.

이에 대한 설명으로 옳은 것만을 〈보기〉에서 있는 대로 고른 것은? (단, X~Z는 임의의 원소 기호이다.)

● 보기 ●
ㄱ. $a=2$이다.
ㄴ. 제1 이온화 에너지는 Z > Y > X이다.
ㄷ. 제2 이온화 에너지는 X > Z이다.

① ㄱ
② ㄷ
③ ㄱ, ㄴ
④ ㄴ, ㄷ
⑤ ㄱ, ㄴ, ㄷ

[24024-0110]

06 표는 2, 3주기 원자 X~Z에 대한 자료이다.

원자	X	Y	Z
원자가 전자 수	2	3	4
제1 이온화 에너지(kJ/mol)	738	801	786

이에 대한 설명으로 옳은 것만을 〈보기〉에서 있는 대로 고른 것은? (단, X~Z는 임의의 원소 기호이다.)

● 보기 ●
ㄱ. X와 Z는 같은 주기 원소이다.
ㄴ. 원자 반지름은 X > Y이다.
ㄷ. 제3 이온화 에너지는 X > Z이다.

① ㄱ
② ㄴ
③ ㄱ, ㄷ
④ ㄴ, ㄷ
⑤ ㄱ, ㄴ, ㄷ

[24024-0111]

07 다음은 원자 W~Z에 대한 자료이다. W~Z는 Li, F, Na, Cl를 순서 없이 나타낸 것이다.

○ 원자 반지름은 W > X > Y이다.
○ 원자가 전자가 들어 있는 오비탈의 주 양자수는 X > W이다.

이에 대한 설명으로 옳은 것만을 〈보기〉에서 있는 대로 고른 것은?

● 보기 ●
ㄱ. Y는 Cl이다.
ㄴ. 원자가 전자가 들어 있는 오비탈의 주 양자수는 X와 Z가 같다.
ㄷ. Ne의 전자 배치를 갖는 이온의 이온 반지름은 Y > Z 이다.

① ㄱ
② ㄷ
③ ㄱ, ㄴ
④ ㄴ, ㄷ
⑤ ㄱ, ㄴ, ㄷ

[24024-0112]

08 다음은 18족을 제외한 2주기 바닥상태 원자 X와 Y에 대한 자료이다.

○ 원자가 전자 수는 Y > X이다.
○ 제1 이온화 에너지는 X > Y이다.
○ 홀전자 수는 X > Y이다.

$\dfrac{\text{X의 원자가 전자 수}}{\text{Y의 원자가 전자 수}}$ 는? (단, X와 Y는 임의의 원소 기호이다.)

① $\dfrac{1}{3}$
② $\dfrac{1}{2}$
③ $\dfrac{2}{3}$
④ $\dfrac{5}{7}$
⑤ $\dfrac{5}{6}$

09 다음은 원자 X~Z에 대한 자료이다. X~Z는 Be, Na, Mg을 순서 없이 나타낸 것이다.

[24024-0113]

> ○ 제1 이온화 에너지(E_1)는 X>Y이다.
> ○ 제2 이온화 에너지(E_2)는 X>Y이다.
> ○ E_2-E_1는 Z>Y이다.

이에 대한 설명으로 옳은 것만을 〈보기〉에서 있는 대로 고른 것은?

> **보기**
> ㄱ. 원자가 전자 수는 X>Z이다.
> ㄴ. 원자 반지름은 X>Y이다.
> ㄷ. 원자가 전자가 느끼는 유효 핵전하는 Z>Y이다.

① ㄱ   ② ㄴ   ③ ㄱ, ㄷ
④ ㄴ, ㄷ   ⑤ ㄱ, ㄴ, ㄷ

11 다음은 4가지 원자를 비교하는 기준 ㉠과 ㉡에 대한 자료이다.

[24024-0115]

> ○ ㉠ : K>Mg>Al>O
> ○ ㉡ : O>Al>Mg>K

㉠과 ㉡으로 가장 적절한 것은?

	㉠	㉡
①	원자가 전자 수	원자 반지름
②	원자가 전자 수	제1 이온화 에너지
③	원자 반지름	원자가 전자 수
④	원자 반지름	제1 이온화 에너지
⑤	제1 이온화 에너지	원자 반지름

10 표는 원자 번호가 연속인 2주기 바닥상태 원자 X~Z의 제1 이온화 에너지(E_1)와 제2 이온화 에너지(E_2)를 나타낸 것이다. 원자 번호는 X<Y<Z이다.

[24024-0114]

원자	X	Y	Z
E_1(kJ/mol)	520	899	800
E_2(kJ/mol)	7297	1757	a

이에 대한 설명으로 옳은 것만을 〈보기〉에서 있는 대로 고른 것은? (단, X~Z는 임의의 원소 기호이다.)

> **보기**
> ㄱ. Y의 원자가 전자 수는 2이다.
> ㄴ. $a>1757$이다.
> ㄷ. 홀전자 수는 X와 Z가 같다.

① ㄱ   ② ㄴ   ③ ㄱ, ㄷ
④ ㄴ, ㄷ   ⑤ ㄱ, ㄴ, ㄷ

12 다음은 2, 3주기 원자 W~Z에 대한 자료이다. 원자 번호는 Z>Y>X>W이다.

[24024-0116]

> ○ 원자 번호
>
> | 원자 | W | X | Y | Z |
> |---|---|---|---|---|
> | 원자 번호 | a | $a+b$ | $a+c$ | $a+6$ |
>
> ○ 제1 이온화 에너지는 W>X>Y>Z이다.

이에 대한 설명으로 옳은 것만을 〈보기〉에서 있는 대로 고른 것은? (단, W~Z는 임의의 원소 기호이다.)

> **보기**
> ㄱ. $a+b+c=13$이다.
> ㄴ. W~Z 중 원자가 전자 수는 X가 가장 크다.
> ㄷ. W~Z 중 원자 반지름은 Y가 가장 크다.

① ㄱ   ② ㄴ   ③ ㄱ, ㄷ
④ ㄴ, ㄷ   ⑤ ㄱ, ㄴ, ㄷ

[24024-0117]

01 그림은 원자 X~Z의 $\dfrac{\text{이온 반지름}}{\text{원자 반지름}}$, 원자 반지름, 제1 이온화 에너지를 나타낸 것이다. X~Z는 O, F, Na을 순서 없이 나타낸 것이고, X~Z의 이온은 모두 Ne의 전자 배치를 갖는다.

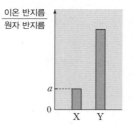
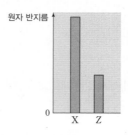
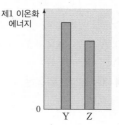

이에 대한 설명으로 옳은 것만을 〈보기〉에서 있는 대로 고른 것은?

──● 보기 ●──
ㄱ. Y는 O이다.
ㄴ. $a<1$이다.
ㄷ. 이온 반지름은 Z>Y>X이다.

① ㄱ　　　　② ㄴ　　　　③ ㄱ, ㄷ　　　　④ ㄴ, ㄷ　　　　⑤ ㄱ, ㄴ, ㄷ

[24024-0118]

02 다음은 원자 번호가 연속인 2주기 바닥상태 원자 W~Z의 제1 이온화 에너지(E_1)와 제2 이온화 에너지(E_2)에 대한 자료이다. 원자 번호는 Z>Y>X>W이다.

○ E_2-E_1는 Y>X이고, Y>Z이다.
○ E_2는 X>W이다.

이에 대한 설명으로 옳은 것만을 〈보기〉에서 있는 대로 고른 것은? (단, W~Z는 임의의 원소 기호이다.)

──● 보기 ●──
ㄱ. 홀전자 수는 Z>Y이다.
ㄴ. E_1는 Y>X이다.
ㄷ. E_2는 Y>Z이다.

① ㄱ　　　　② ㄴ　　　　③ ㄷ　　　　④ ㄱ, ㄴ　　　　⑤ ㄴ, ㄷ

03 표는 He과 원자 번호가 20 이하인 원소 X와 Y에 대한 자료이다. $m > 0$이다.

[24024-0119]

원소	X	He	Y
주기	a	$a-m$	$a+m$
족	b	$b+m$	m

이에 대한 설명으로 옳은 것만을 〈보기〉에서 있는 대로 고른 것은? (단, X와 Y는 임의의 원소 기호이다.)

— ● 보기 ●
ㄱ. $m=2$이다.
ㄴ. $a+b=19$이다.
ㄷ. 원자의 제1 이온화 에너지는 X > Y이다.

① ㄱ 　②ㄴ 　③ㄱ, ㄷ 　④ ㄴ, ㄷ 　⑤ ㄱ, ㄴ, ㄷ

He, X, Y의 주기를 비교하면 $1 = a-m < a < a+m \le 4$이므로 $a=2$, $m=1$이다.

04 다음은 2, 3주기 원자 A~F에 대한 자료이다.

[24024-0120]

○ 원자가 전자 수

원자	A	B	C	D	E	F
원자가 전자 수	a	a	$a+1$	$a+1$	$a+2$	$a+2$

○ 제1 이온화 에너지는 D가 가장 크고, B가 가장 작다.
○ 제2 이온화 에너지는 C > B이고, E > F이다.

이에 대한 설명으로 옳은 것만을 〈보기〉에서 있는 대로 고른 것은? (단, A~F는 임의의 원소 기호이다.)

— ● 보기 ●
ㄱ. $a=1$이다.
ㄴ. A~F 중 원자 반지름은 E가 가장 작다.
ㄷ. 제2 이온화 에너지는 C > E이다.

① ㄱ 　②ㄴ 　③ㄱ, ㄷ 　④ ㄴ, ㄷ 　⑤ ㄱ, ㄴ, ㄷ

제1 이온화 에너지는 D가 가장 크므로 D는 2주기 2족 원소인 Be이거나 2주기 15족 원소인 N이다.

원자 반지름과 등전자 이온의 이온 반지름의 크기 순서가 다르면 서로 다른 주기의 원소이다.

[24024-0121]

05 다음은 18족이 아닌 2, 3주기 원자 X~Z에 대한 자료이다. X~Z의 이온은 모두 Ne의 전자 배치를 갖는다.

○ 원자 반지름은 Z>X>Y이다.
○ 이온 반지름은 Y>Z>X이다.

X~Z에 대한 설명으로 옳은 것만을 〈보기〉에서 있는 대로 고른 것은? (단, X~Z는 임의의 원소 기호이다.)

● 보 기 ●
ㄱ. 2주기 원소는 1가지이다.
ㄴ. X의 $\dfrac{\text{이온 반지름}}{\text{원자 반지름}}>1$이다.
ㄷ. 원자가 전자 수는 Z>X이다.

① ㄱ ② ㄷ ③ ㄱ, ㄴ ④ ㄴ, ㄷ ⑤ ㄱ, ㄴ, ㄷ

Y는 X에 비해 원자 번호가 2만큼 크고 제1 이온화 에너지가 작으므로 W와 X는 2주기 원소이고, Y와 Z는 3주기 원소이다.

[24024-0122]

06 표는 원자 W~Z에 대한 자료이다. W~Z의 원자 번호는 각각 3~18 중 하나이다.

원자	W	X	Y	Z
원자 번호	a	$a+1$	$a+3$	$a+4$
제1 이온화 에너지(kJ/mol)	1314	1680	496	738

이에 대한 설명으로 옳은 것만을 〈보기〉에서 있는 대로 고른 것은? (단, W~Z는 임의의 원소 기호이다.)

● 보 기 ●
ㄱ. W~Z 중 3주기 원소는 2가지이다.
ㄴ. $a=9$이다.
ㄷ. 제2 이온화 에너지는 X>W이다.

① ㄱ ② ㄴ ③ ㄱ, ㄷ ④ ㄴ, ㄷ ⑤ ㄱ, ㄴ, ㄷ

07 다음은 원자 번호가 20 이하인 원자 X~Z에 대한 자료이다.

[24024-0123]

○ 전자 수

원자	X	Y	Z
전자 수	a	$a+b$	$a+16$

○ 원자가 전자 수는 Z>X=Y이다.
○ 원자가 전자가 들어 있는 오비탈의 주 양자수는 Y와 Z가 같다.

이에 대한 설명으로 옳은 것만을 〈보기〉에서 있는 대로 고른 것은? (단, X~Z는 임의의 원소 기호이다.)

● 보 기 ●

ㄱ. $b=10$이다.
ㄴ. 제1 이온화 에너지는 Y>X이다.
ㄷ. X~Z 중 원자 반지름은 Y가 가장 크다.

① ㄱ   ② ㄴ   ③ ㄱ, ㄷ   ④ ㄴ, ㄷ   ⑤ ㄱ, ㄴ, ㄷ

> $a+16\leq20$에서 a는 1~4 중 하나이므로 X는 H, He, Li, Be 중 하나이다.

08 그림 (가)와 (나)는 각각 원자 W~Z의 $\dfrac{\text{제1 이온화 에너지}}{\text{원자 반지름}}$와 $\dfrac{\text{원자 반지름}}{\text{원자 번호}}$을 나타낸 것이다.

[24024-0124]

W~Z는 N, O, Mg, Al을 순서 없이 나타낸 것이다.

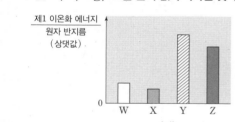
(가)

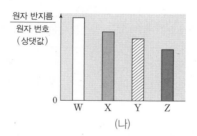
(나)

> $\dfrac{\text{제1 이온화 에너지}}{\text{원자 반지름}}$는 N와 O가 Mg과 Al보다 크므로 (가)에서 W와 X는 각각 Mg과 Al 중 하나이고, Y와 Z는 각각 N와 O 중 하나이다.

W~Z의 $\dfrac{\text{제1 이온화 에너지}}{\text{원자 번호}}$를 나타낸 것으로 가장 적절한 것은?

①
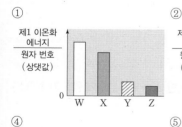

②
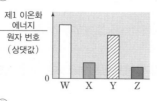

③
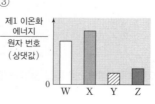

④

⑤
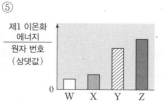

[24024−0125]

09 그림은 원자 번호가 연속인 원자 X~Z의 정보를 카드에 나타낸 것이다. X~Z의 원자 번호는 각각 12~20 중 하나이고, X~Z는 원자 번호 순서가 아니다.

바닥상태 원자의 홀전자 수가 0 또는 1인 원소는 1족, 2족, 13족, 17족, 18족 원소이고, X~Z의 원자 번호는 연속이며, 각각 12~20 중 하나이므로 X~Z는 각각 Cl, Ar, K 중 하나이다.

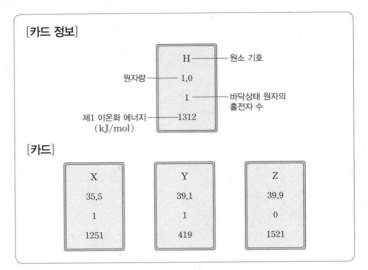

이에 대한 설명으로 옳은 것만을 〈보기〉에서 있는 대로 고른 것은? (단, X~Z는 임의의 원소 기호이다.)

보기

ㄱ. 원자 번호는 Z>Y이다.
ㄴ. 원자 반지름은 Y>X이다.
ㄷ. 1 g에 들어 있는 양성자수는 Y>Z이다.

① ㄱ   ② ㄴ   ③ ㄱ, ㄷ   ④ ㄴ, ㄷ   ⑤ ㄱ, ㄴ, ㄷ

[24024−0126]

10 다음은 원자 번호가 연속인 2주기 바닥상태 원자 X~Z에 대한 자료이다.

전자가 2개 들어 있는 오비탈 수가 모두 같은 X~Z는 각각 C, B, Be이거나 각각 N, C, B이다.

○ 전자가 2개 들어 있는 오비탈 수는 모두 같다.
○ $\dfrac{제2 이온화 에너지}{제1 이온화 에너지}$ 는 Y가 가장 크다.
○ 원자가 전자가 느끼는 유효 핵전하는 X>Y>Z이다.

이에 대한 설명으로 옳은 것만을 〈보기〉에서 있는 대로 고른 것은? (단, X~Z는 임의의 원소 기호이다.)

보기

ㄱ. 원자 반지름은 Z>X이다.
ㄴ. 홀전자 수는 X>Y이다.
ㄷ. 제3 이온화 에너지는 Z>Y이다.

① ㄱ   ② ㄴ   ③ ㄱ, ㄷ   ④ ㄴ, ㄷ   ⑤ ㄱ, ㄴ, ㄷ

11 다음은 바닥상태 원자 $W \sim Z$에 대한 자료이다. $W \sim Z$는 O, F, Na, Mg을 순서 없이 나타낸
것이다. W와 X의 이온은 모두 Ne의 전자 배치를 갖는다.

[24024-0127]

> ○ W는 $\dfrac{\text{이온 반지름}}{\text{원자 반지름}} < 1$이다.
>
> ○ 이온 반지름은 $W > X$이다.
>
> ○ 원자가 전자가 느끼는 유효 핵전하는 $Z > Y$이다.

이에 대한 설명으로 옳은 것만을 〈보기〉에서 있는 대로 고른 것은?

> ● 보기 ●
> ㄱ. W는 3주기 원소이다.
> ㄴ. 원자가 전자 수는 $Y > Z$이다.
> ㄷ. 홀전자 수는 X와 Z가 같다.

① ㄱ ② ㄴ ③ ㄷ ④ ㄱ, ㄴ ⑤ ㄴ, ㄷ

12 다음은 원자 번호가 20 이하인 바닥상태 원자 $W \sim Z$에 대한 자료이다.

[24024-0128]

> ○ 원자 번호
>
> | 원자 | W | X | Y | Z |
> |------|-----|-----|-----|-----|
> | 원자 번호 | $a-3$ | a | $a+3$ | $a+6$ |
>
> ○ 홀전자 수는 $W > Z > Y$이다.

$W \sim Z$에 대한 설명으로 옳은 것만을 〈보기〉에서 있는 대로 고른 것은? (단, $W \sim Z$는 임의의 원소 기호
이다.)

> ● 보기 ●
> ㄱ. 3주기 원소는 2가지이다.
> ㄴ. 원자 반지름은 $Y > W$이다.
> ㄷ. 제1 이온화 에너지는 $W > Z$이다.

① ㄱ ② ㄴ ③ ㄱ, ㄷ ④ ㄴ, ㄷ ⑤ ㄱ, ㄴ, ㄷ

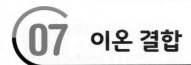

07 이온 결합

개념 체크

○ **이온 결합 물질**
서로 다른 전하를 띤 이온들이 정전기적 인력에 의해 결합하여 생성되는 화합물이다.

○ **이온 결합과 전자**
이온 결합이 형성될 때 전자가 관여한다.

1. 염화 나트륨(NaCl) 용융액에 전류를 흘려주면 (   )은 (−)극으로 이동하고, (   )은 (＋)극으로 이동한다.

2. 용융 상태의 이온 결합 물질이 전기 분해가 되는 것으로 보아 이온 결합이 형성될 때 (   )가 관여한다는 것을 알 수 있다.

※ ○ 또는 ×.

3. 이온 결합 물질은 고체 상태에서 전류가 흐른다.
(   )

4. 염화 나트륨(NaCl) 용융액에서는 이온이 자유롭게 움직일 수 있다. (   )

1 화학 결합의 전기적 성질

(1) 이온 결합의 전기적 성질

① **이온 결합 물질** : 염화 나트륨($NaCl$), 플루오린화 칼륨(KF)과 같이 이온으로 구성된 물질은 서로 다른 전하를 띤 이온들이 정전기적 인력에 의해 단단히 결합을 하고 있어 상온에서 대부분 고체 상태이다.

② **전기 전도성** : 이온 결합 물질은 고체 상태에서 이온들이 단단히 결합하고 있어서 자유롭게 이동하지 못하므로 전류가 흐르지 않지만, 액체 상태나 수용액 상태에서는 이온들이 자유롭게 움직일 수 있으므로 전압을 걸어 주면 양이온은 (−)극으로, 음이온은 (＋)극으로 이동하여 전류가 흐른다.

예 염화 나트륨($NaCl$)

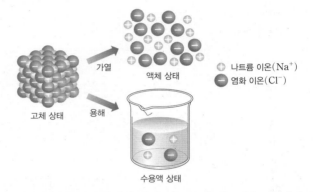

○ 나트륨 이온(Na^+)
● 염화 이온(Cl^-)

액체 상태

고체 상태 수용액 상태

③ **이온 결합과 전자** : 이온 결합 물질의 용융액에 전류를 흘려주었을 때 성분 원소로 분해되는 것으로 보아 이온 결합이 형성될 때 전자가 관여한다는 것을 알 수 있다.

🔍 **과학 돋보기** | **염화 나트륨($NaCl$) 용융액의 전기 분해**

• 고체 염화 나트륨을 가열하면 801℃에서 녹아 용융액이 얻어진다.
• 염화 나트륨 용융액에 전류를 흘려주면 전기 분해가 일어나서 (＋)극에서는 염소 기체, (−)극에서는 금속 나트륨이 생성된다.
• (＋)극 : 음이온인 Cl^-이 (＋)극으로 이동하여 염소 기체(Cl_2)가 생성된다.
• (−)극 : 양이온인 Na^+이 (−)극으로 이동하여 금속 나트륨(Na)이 생성된다.

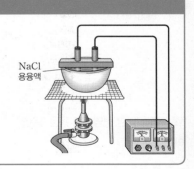

NaCl 용융액

---

(2) 공유 결합의 전기적 성질

① **공유 결합 물질** : 물(H_2O), 이산화 탄소(CO_2), 설탕($C_{12}H_{22}O_{11}$)과 같이 비금속 원소로 구성된 화합물이나 흑연(C), 다이아몬드(C)와 같이 1가지 비금속 원소로 이루어진 순물질은 원자 사이에 전자쌍을 공유하는 공유 결합으로 형성된다.

정답

1. Na^+(나트륨 이온), Cl^-(염화 이온)
2. 전자
3. ×
4. ○

② **전기 전도성** : 공유 결합 물질에는 자유롭게 이동할 수 있는 이온이나 전자가 없으므로 고체 상태나 액체 상태에서 전기 전도성이 없다(단, 흑연(C)은 예외).

③ **물의 전기 분해** : 물에 황산 나트륨(Na_2SO_4)과 같은 전해질을 소량 넣고 전기 분해하면 (−)극에서는 수소 기체, (+)극에서는 산소 기체가 발생한다.

④ **공유 결합과 전자** : 공유 결합 물질인 물에 전류를 흘려주면 성분 원소로 분해되는 것으로 보아 공유 결합이 형성될 때 전자가 관여한다는 것을 알 수 있다.

🧪 탐구자료 살펴보기 ▶ 물(H_2O)의 전기 분해

실험 과정

(가) 비커에 물을 넣고, 황산 나트륨(Na_2SO_4)을 소량 녹인다.

(나) 그림과 같이 과정 (가)의 수용액으로 가득 채운 2개의 시험관을 전극이 고정된 비커 속에 거꾸로 세우고, 전류를 흘려주어 발생하는 기체를 모은다.

전원 장치

물＋황산 나트륨

실험 결과

(−)극에서는 수소 기체, (+)극에서는 산소 기체가 2 : 1의 부피비로 생성된다.

· (−)극 : 물이 전자를 얻어 수소(H_2) 기체가 발생한다.
· (+)극 : 물이 전자를 잃어 산소(O_2) 기체가 발생한다.
· 전체 반응 : $2H_2O(l) \longrightarrow 2H_2(g) + O_2(g)$

분석 point

1. 순수한 물은 전류가 거의 흐르지 않기 때문에 황산 나트륨과 같은 전해질을 소량 넣어 전류가 잘 흐르게 한다.
2. 물을 전기 분해하면 (−)극에서는 수소 기체가 발생하고, (+)극에서는 산소 기체가 발생한다.
3. 물에 전류를 흘려주면 수소와 산소의 2가지 성분 물질로 분해되는 것으로 보아 공유 결합에 의해 물이 생성될 때 전자가 관여함을 알 수 있다.

🧪 탐구자료 살펴보기 ▶ 염화 나트륨(NaCl)과 설탕($C_{12}H_{22}O_{11}$)의 전기 전도성

실험 과정

(가) 고체 상태와 액체 상태의 염화 나트륨에 각각 전극을 연결하여 전류가 흐르는지 확인한다.

(나) 설탕에 대해서도 과정 (가)를 반복한다.

실험 결과

물질	고체 상태	액체 상태
염화 나트륨(NaCl)	×	○
설탕($C_{12}H_{22}O_{11}$)	×	×

(○ : 전류가 흐름, × : 전류가 흐르지 않음)

분석 point

1. 염화 나트륨은 고체 상태에서는 전류가 흐르지 않지만 액체 상태에서는 전류가 흐른다. 고체 상태에서는 양이온과 음이온이 강하게 결합하고 있어서 이동할 수 없지만, 액체 상태에서는 양이온과 음이온이 자유롭게 이동하여 전하를 운반할 수 있기 때문이다.
2. 설탕에는 자유롭게 이동할 수 있는 이온이나 전자가 없기 때문에 고체 상태와 액체 상태에서 모두 전류가 흐르지 않는다.

---

1. 원자들이 18족 원소인 비활성 기체와 같이 가장 바깥 전자 껍질에 8개의 전자를 채워 안정한 전자 배치를 가지려는 경향을 (　　) 규칙이라고 한다.

2. 원자가 전자를 잃으면 (　　)이온이 되고, 전자를 얻으면 (　　)이온이 된다.

(3) 화학 결합과 옥텟 규칙

① **비활성 기체의 전자 배치** : 18족 원소인 비활성 기체는 바닥상태에서 가장 바깥 전자 껍질에 8개의 전자가 배치되어 있다(단, He은 2개).

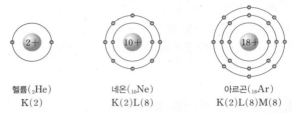

헬륨($_2He$)　　　　네온($_{10}Ne$)　　　　아르곤($_{18}Ar$)
K(2)　　　　　K(2)L(8)　　　K(2)L(8)M(8)

② **옥텟 규칙** : 18족 원소 이외의 원자들이 전자를 잃거나 얻어서 또는 전자를 공유함으로써 비활성 기체와 같이 가장 바깥 전자 껍질에 8개의 전자를 채워 안정한 전자 배치를 가지려는 경향을 뜻한다.

③ 18족 원소 이외의 원자들은 화학 결합을 통해 18족 원소와 같은 전자 배치를 이루려고 한다. 따라서 옥텟 규칙은 이온의 형성이나 공유 결합의 형성을 이해하는 데 매우 유용하다.

2 이온 결합

(1) 양이온의 형성 : 원자가 전자를 잃어 양이온이 된다.

예 **나트륨 이온(Na^+)** : 11개의 전자를 갖는 나트륨 원자가 가장 바깥 전자 껍질의 전자 1개를 잃어서 형성되므로 10개의 전자를 가지며, 비활성 기체인 네온(Ne)과 같은 전자 배치를 갖는다.

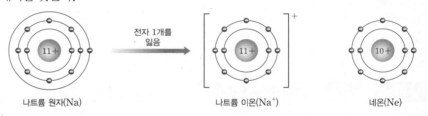

나트륨 원자(Na)　　　　　나트륨 이온(Na^+)　　　　　네온(Ne)

나트륨 이온(Na^+)의 형성과 전자 배치

(2) 음이온의 형성 : 원자가 전자를 얻어 음이온이 된다.

예 **염화 이온(Cl^-)** : 17개의 전자를 갖는 염소 원자가 가장 바깥 전자 껍질에 전자 1개를 얻어서 형성되므로 18개의 전자를 가지며, 비활성 기체인 아르곤(Ar)과 같은 전자 배치를 갖는다.

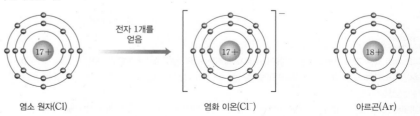

염소 원자(Cl)　　　　　염화 이온(Cl^-)　　　　　아르곤(Ar)

염화 이온(Cl^-)의 형성과 전자 배치

(3) 이온 결합의 형성

① **이온 결합** : 양이온과 음이온 사이의 정전기적 인력에 의해 형성되는 결합이다.

② **이온 결합의 형성** : 이온 결합은 주로 양이온이 되기 쉬운 금속 원소와 음이온이 되기 쉬운 비금속 원소 사이에 형성된다.

예 **염화 나트륨의 생성** : 나트륨과 염소가 반응할 때 형성되는 나트륨 이온과 염화 이온이 정전기적 인력에 의해 결합하여 생성된다.

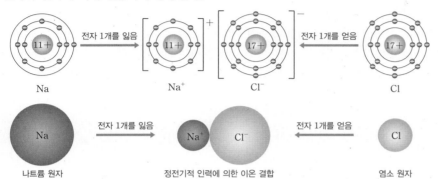

(4) 이온 사이의 거리에 따른 에너지 : 양이온과 음이온 사이의 거리가 가까워질수록 두 이온 사이에 작용하는 정전기적 인력은 증가하고 에너지가 낮아져 안정한 상태가 되지만, 두 이온이 계속 접근하여 거리가 너무 가까워지면 이온 사이의 반발력이 커지므로 에너지가 높아져 불안정한 상태가 된다. 따라서 양이온과 음이온은 인력과 반발력이 균형을 이루어 에너지가 가장 낮은 거리에서 이온 결합을 형성한다.

탐구자료 살펴보기 ▶ 이온 사이의 거리에 따른 에너지

탐구 자료

에너지

반발력에 의한 에너지의 변화

이온 사이의 거리에 따른 에너지 변화

인력에 의한 에너지의 변화

r_0 | 이온 사이의 거리(r)

(r_0 : 이온 사이의 인력과 반발력이 균형을 이루어 에너지가 가장 낮은 거리)

(a) 이온 사이의 거리(r) > r_0

인력이 우세

(b) 이온 사이의 거리(r) = r_0

안정한 상태

➕ 양이온
➖ 음이온

(c) 이온 사이의 거리(r) < r_0

반발력이 우세

분석 point

1. (a) : 멀리 떨어져 있던 양이온과 음이온이 서로 가까워지면 두 이온 사이에 작용하는 정전기적 인력에 의해 에너지가 낮아지고, 안정해진다.

2. (b) : 양이온과 음이온 사이의 인력과 반발력이 균형을 이루어 에너지가 가장 낮은 거리(r_0)에서 이온 결합이 형성된다.

3. (c) : 양이온과 음이온 사이가 너무 가까워지면 전자와 전자 사이, 원자핵과 원자핵 사이의 반발력이 너무 커져 에너지가 높아지므로 불안정해진다.

개념 체크

○ 이온 결합
양이온과 음이온 사이의 정전기적 인력에 의해 형성되는 결합이다.

1. ( ) 결합은 양이온과 음이온 사이의 정전기적 인력에 의해 형성되는 결합이다.

2. 이온 결합은 주로 양이온이 되기 쉬운 ( ) 원소와 음이온이 되기 쉬운 ( ) 원소 사이에 형성된다.

※ ○ 또는 ×

3. 칼륨 원자(K)가 전자 1개를 잃으면 K^+이 된다.
( )

4. 산소 원자(O)가 전자 2개를 얻으면 O^{2-}이 된다.
( )

정답
1. 이온
2. 금속, 비금속
3. ○
4. ○

(5) 이온 결합 물질의 화학식과 이름

① **이온의 이름과 이온식**
- 간단한 양이온은 원소 이름 뒤에 '~ 이온'을 붙여서 부른다. 구리처럼 두 종류 이상의 이온이 존재하면 로마 숫자를 이용하여 구별한다.
   예 Na^+ : 나트륨 이온, Cu^+ : 구리(I) 이온, Cu^{2+} : 구리(II) 이온
- 간단한 음이온은 원소 이름 뒤에 '~화 이온'을 붙여서 부른다. 원래 원소 이름에 '~소'가 있는 경우 '소'를 생략한다.
   예 I^- : 아이오딘화 이온, Cl^- : 염화 이온

② **이온 결합 물질의 화학식** : 양이온의 총 전하량의 크기와 음이온의 총 전하량의 크기가 같아서 화합물이 전기적으로 중성이 되는 이온 수비로 양이온과 음이온이 결합한다.

> 양이온의 총 전하 + 음이온의 총 전하 = 0

A^{n+}과 B^{m-}에 의해 형성되는 화합물의 화학식은 $A_xB_y(x:y=m:n)$이다. 일반적으로 양이온의 원소 기호를 앞에 쓰고, 음이온의 원소 기호를 뒤에 쓴다.

예
- 나트륨 이온(Na^+)과 염화 이온(Cl^-)이 결합하여 생성되는 염화 나트륨은 양이온과 음이온이 1 : 1의 개수비로 결합하므로 화학식은 $NaCl$이다.
- 칼슘 이온(Ca^{2+})과 염화 이온(Cl^-)이 결합하여 생성되는 염화 칼슘은 양이온과 음이온이 1 : 2의 개수비로 결합하므로 화학식은 $CaCl_2$이다.

③ **이온 결합 물질의 명명법** : 음이온의 이름을 먼저 읽고, 양이온의 이름을 나중에 읽되 '이온'은 생략한다.

화학식	화합물의 이름	화학식	화합물의 이름
$NaCl$	염화 나트륨	NaF	플루오린화 나트륨
$MgCl_2$	염화 마그네슘	KI	아이오딘화 칼륨
Na_2CO_3	탄산 나트륨	$AgNO_3$	질산 은
$CaCO_3$	탄산 칼슘	CaO	산화 칼슘
$CuSO_4$	황산 구리(II)	$Mg(OH)_2$	수산화 마그네슘
$Al_2(SO_4)_3$	황산 알루미늄	$BaSO_4$	황산 바륨

④ **이온 결합 물질의 구조** : 이온 결합 물질은 단지 1쌍의 양이온과 음이온만 결합하여 존재하는 것이 아니고, 많은 양이온과 음이온들이 정전기적 인력에 의해 이온 결합을 형성하여 삼차원적으로 서로를 둘러싸며 규칙적으로 배열된 이온 결정으로 존재한다.

(6) 이온 결합 물질의 성질

① **물에 대한 용해성** : 대부분의 이온 결합 물질은 물에 잘 녹는다. 고체 염화 나트륨이 물에 녹으면 나트륨 이온(Na^+)과 염화 이온(Cl^-)이 각각 물 분자에 의해 둘러싸여 안정한 상태로 존재하게 된다.

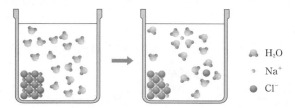

- H_2O
- Na^+
- Cl^-

◐ 이온 결합 물질의 전기 전도성
고체 상태에서는 전류가 흐르지 않지만, 액체 상태와 수용액 상태에서는 전류가 흐른다.

② **결정의 부서짐** : 이온 결합 물질에 힘을 가하면 이온의 층이 밀리면서 두 층의 경계면에서 같은 전하를 띤 이온들 사이의 반발력이 작용하여 쉽게 부서진다.

◐ 이온 결합 물질의 녹는점과 끓는점
이온 사이의 거리가 가까울수록, 이온의 전하량이 클수록 녹는점과 끓는점은 높아진다.

힘 → 반발력

③ **전기 전도성** : 이온 결합 물질은 고체 상태에서는 이온들이 자유롭게 이동할 수 없으므로 전류가 흐르지 않는다. 그러나 액체 상태나 수용액 상태에서는 양이온과 음이온이 자유롭게 이동하여 전하를 운반할 수 있기 때문에 전류가 흐른다.

1. ( ) 물질은 양이온과 음이온 사이에 강한 정전기적 인력이 작용한다.

※ ○ 또는 ×

| Cl^-
Na^+

H_2O

(+)극 (−)극 (+)극 (−)극 (+)극 (−)극
고체 상태 액체 상태 수용액 상태

2. 이온 결합 물질은 고체 상태에서 전류가 흐른다.
( )

3. 녹는점은 NaF이 NaCl보다 높다. ( )

④ **녹는점과 끓는점** : 이온 결합 물질은 양이온과 음이온 사이에 강한 정전기적 인력이 작용하기 때문에 녹는점과 끓는점이 높은 편이다. 이온 사이의 거리가 가까울수록, 이온의 전하량이 클수록 녹는점과 끓는점은 높아진다.

4. 이온 사이의 거리가 비슷한 BaO과 NaCl 중 녹는점이 높은 것은 BaO이다.
( )

탐구자료 살펴보기 **이온 결합 물질에서 이온 사이의 거리, 이온의 전하량과 녹는점**

이온 결합은 양이온과 음이온 사이의 정전기적 인력에 의해 형성되는 결합이고, 정전기적 인력(F)은 다음과 같다.

$$F = k\frac{q_1 q_2}{r^2} \ (k : \text{비례 상수}, \ q_1, q_2 : \text{이온의 전하량}, \ r : \text{이온 사이의 거리})$$

따라서 이온의 전하량이 클수록, 이온 사이의 거리가 가까울수록 이온 사이에 작용하는 정전기적 인력이 증가하여 이온 사이의 결합이 강해진다. 이온 사이의 정전기적 인력이 강할수록 이온 결합 물질의 녹는점이 높다.

탐구 자료

물질	이온 사이의 거리(pm)	녹는점(℃)	물질	이온 사이의 거리(pm)	녹는점(℃)
NaF	231	996	MgO	210	2825
NaCl	276	801	CaO	240	2572
NaBr	291	747	SrO	253	2531
NaI	311	661	BaO	275	1972

분석 point

1. 양이온과 음이온의 전하량의 크기가 같은 경우 이온 사이의 거리가 가까울수록 녹는점은 높아진다.
   예 녹는점 : NaF > NaCl > NaBr > NaI
2. 이온의 전하량이 클수록 녹는점은 높아진다. **예** 녹는점 : BaO > NaCl

정답
1. 이온 결합
2. ×
3. ○
4. ○

[24024-0129]

01 그림은 염화 나트륨(NaCl)에 대한 온라인 수업의 일부를 나타낸 것이다.

선생님: 염화 나트륨(NaCl)에 대해 이야기 해봅시다.

학생 A: 공유 결합 물질입니다.

학생 B: 수용액 상태에서 전류가 잘 흐릅니다.

학생 C: 양이온과 음이온 사이의 정전기적 인력에 의해 생성된 물질입니다.

제시한 내용이 옳은 학생만을 있는 대로 고른 것은?

① A   ② B   ③ C   ④ A, B   ⑤ B, C

[24024-0130]

02 그림은 원자 A와 B의 전자 배치를 모형으로 나타낸 것이다. A와 B의 이온은 Ne의 전자 배치를 갖는다.

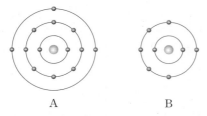

A   B

이에 대한 설명으로 옳은 것만을 〈보기〉에서 있는 대로 고른 것은? (단, A와 B는 임의의 원소 기호이다.)

● 보기 ●
ㄱ. A와 B가 안정한 화합물을 형성할 때 A는 전자를 잃는다.
ㄴ. A와 B는 2 : 3으로 결합하여 안정한 화합물을 형성한다.
ㄷ. 이온 반지름은 B>A이다.

① ㄱ   ② ㄴ   ③ ㄱ, ㄷ   ④ ㄴ, ㄷ   ⑤ ㄱ, ㄴ, ㄷ

[24024-0131]

03 다음은 물(H_2O)의 전기 분해 실험이다.

[실험 과정]
(가) 물이 담긴 비커에 ㉠을 소량 녹인 후 그림과 같이 장치한다.

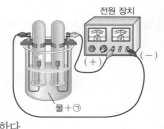

전원 장치

물+㉠

(나) 전류를 흘려준 후 두 시험관에 모인 기체의 부피를 확인한다.

[실험 결과]
○ 각 시험관에 모인 기체 A와 기체 B의 부피를 V_A, V_B라고 할 때 $V_A : V_B = 2 : 1$이다.

이에 대한 설명으로 옳은 것만을 〈보기〉에서 있는 대로 고른 것은?

● 보기 ●
ㄱ. 'Na_2SO_4'은 ㉠으로 적절하다.
ㄴ. A는 O_2이다.
ㄷ. 이 실험으로부터 물 분자를 이루는 화학 결합에 전자가 관여함을 알 수 있다.

① ㄱ   ② ㄴ   ③ ㄱ, ㄷ   ④ ㄴ, ㄷ   ⑤ ㄱ, ㄴ, ㄷ

[24024-0132]

04 표는 3주기 금속 원소 A와 B가 각각 산소와 결합한 화합물 A_xO와 B_yO에 대한 자료이다. A_xO와 B_yO에서 A, B, O의 이온은 Ne의 전자 배치를 갖는다.

화합물	A_xO	B_yO
화합물 1 mol에 들어 있는 이온의 양(mol)	a	$\frac{3}{2}a$

이에 대한 설명으로 옳은 것만을 〈보기〉에서 있는 대로 고른 것은? (단, A와 B는 임의의 원소 기호이다.)

● 보기 ●
ㄱ. A는 알루미늄(Al)이다.
ㄴ. $y=2$이다.
ㄷ. 원자가 전자 수는 B>A이다.

① ㄴ   ② ㄷ   ③ ㄱ, ㄴ   ④ ㄱ, ㄷ   ⑤ ㄴ, ㄷ

05 그림은 $NaCl(s)$을 가열하여 $NaCl(l)$을 얻는 과정을 모형으로 나타낸 것이다.

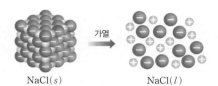

NaCl(s) 가열 NaCl(l)

이에 대한 설명으로 옳은 것만을 〈보기〉에서 있는 대로 고른 것은?

● 보기 ●
ㄱ. 가열 과정에서 이온의 양(mol)이 증가한다.
ㄴ. 전기 전도성은 $NaCl(l) > NaCl(s)$이다.
ㄷ. $NaCl(l)$을 전기 분해하면 (−)극에서 나트륨(Na)이 생성된다.

① ㄱ   ② ㄴ   ③ ㄱ, ㄷ
④ ㄴ, ㄷ   ⑤ ㄱ, ㄴ, ㄷ

[24024-0134]
06 다음은 Li과 A_2가 반응하여 (가)가 생성되는 반응의 화학 반응식과 (가)의 화학 결합 모형이다.

$$2Li(s) + A_2(g) \longrightarrow 2\boxed{\text{(가)}}(s)$$

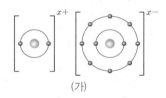

(가)

이에 대한 설명으로 옳은 것만을 〈보기〉에서 있는 대로 고른 것은? (단, A는 임의의 원소 기호이다.)

● 보기 ●
ㄱ. (가)는 이온 결합 물질이다.
ㄴ. $x = 1$이다.
ㄷ. A의 원자가 전자 수는 7이다.

① ㄱ   ② ㄴ   ③ ㄱ, ㄷ
④ ㄴ, ㄷ   ⑤ ㄱ, ㄴ, ㄷ

[24024-0135]
07 그림은 이온 결합 물질 X_2Y를 구성하는 이온 X^+, Y^{a-}의 전자 배치를 각각 모형으로 나타낸 것이다.

X^+ Y^{a-}

이에 대한 설명으로 옳은 것만을 〈보기〉에서 있는 대로 고른 것은? (단, X와 Y는 임의의 원소 기호이다.)

● 보기 ●
ㄱ. $a = 2$이다.
ㄴ. X는 2주기 원소이다.
ㄷ. X_2Y는 액체 상태에서 전기 전도성이 있다.

① ㄴ   ② ㄷ   ③ ㄱ, ㄴ
④ ㄱ, ㄷ   ⑤ ㄴ, ㄷ

[24024-0136]
08 다음은 원소 A~C의 이온 반지름과 원소 A~D로 구성된 이온 결합 물질에 대한 자료이다. A~D는 각각 O, F, Na, Mg 중 하나이고, D는 3주기 원소이며, AC와 DB에서 A~D는 Ne의 전자 배치를 갖는다.

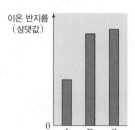

물질	AC	DB
1 atm에서 녹는점(℃)	㉠	996
이온 사이의 거리(pm)	210	231

이에 대한 설명으로 옳은 것만을 〈보기〉에서 있는 대로 고른 것은?

● 보기 ●
ㄱ. A는 Mg이다.
ㄴ. D와 C는 2 : 1로 결합하여 안정한 화합물을 형성한다.
ㄷ. ㉠ > 996이다.

① ㄱ   ② ㄷ   ③ ㄱ, ㄴ
④ ㄴ, ㄷ   ⑤ ㄱ, ㄴ, ㄷ

이온 결합 물질이 형성될 때 금속 원소는 전자를 잃어 양이온이 되고, 비금속 원소는 전자를 얻어 음이온이 된다.

[24024–0137]

01 그림은 화합물 AB_2를 화학 결합 모형으로 나타낸 것이다.

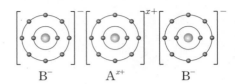

이에 대한 설명으로 옳은 것만을 〈보기〉에서 있는 대로 고른 것은? (단, A와 B는 임의의 원소 기호이다.)

● 보기 ●
ㄱ. $x=2$이다.
ㄴ. A는 금속 원소이다.
ㄷ. 이온 반지름은 $B^- > A^{x+}$이다.

① ㄱ   ② ㄴ   ③ ㄱ, ㄷ   ④ ㄴ, ㄷ   ⑤ ㄱ, ㄴ, ㄷ

이온 결합 물질에서 이온 사이의 거리가 가까울수록, 이온의 전하량이 클수록 녹는점이 높아진다.

[24024–0138]

02 다음은 주기율표의 빗금 친 부분에 해당하는 원소 A~F로 이루어진 이온 결합 물질 AD, AE, BF, CF에 대한 자료이다. A~F의 이온은 Ne 또는 Ar의 전자 배치를 갖는다.

물질	AD	AE	BF	CF
1 atm에서 녹는점(℃)	996	㉠	2572	2825
양이온과 음이온 사이의 거리(pm)	231	276	240	

이에 대한 설명으로 옳은 것만을 〈보기〉에서 있는 대로 고른 것은? (단, A~F는 임의의 원소 기호이다.)

● 보기 ●
ㄱ. B는 4주기 원소이다.
ㄴ. ㉠ > 996이다.
ㄷ. 원자가 전자 수는 A > C이다.

① ㄱ   ② ㄷ   ③ ㄱ, ㄴ   ④ ㄴ, ㄷ   ⑤ ㄱ, ㄴ, ㄷ

[24024-0139]

03 그림은 바닥상태 원자 A와 B를 모형으로 나타낸 것이고, 표는 3주기 금속 원소 M과 A와 B로 이루어진 이온 결합 물질 (가)와 (나)에 대한 자료이다. (가)와 (나)에서 A, B, M은 Ne의 전자 배치를 갖는다.

이온 결합 물질에서 양이온의 총 전하와 음이온의 총 전하의 합은 0이다.

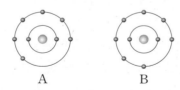

A   B

물질	(가)	(나)
성분 원소	M, A	M, B
물질 1 mol에 들어 있는 음이온의 양(mol)	1	2

이에 대한 설명으로 옳은 것만을 〈보기〉에서 있는 대로 고른 것은? (단, A, B, M은 임의의 원소 기호이다.)

● 보기 ●
ㄱ. (가) 1 mol에 들어 있는 전체 이온의 양은 2 mol이다.
ㄴ. M의 원자가 전자 수는 2이다.
ㄷ. 이온 반지름은 M > A이다.

① ㄱ   ② ㄷ   ③ ㄱ, ㄴ   ④ ㄴ, ㄷ   ⑤ ㄱ, ㄴ, ㄷ

[24024-0140]

04 표는 2, 3주기 원소 A~C로 이루어진 이온 결합 물질 X(l)와 Y(l)에 대한 자료이다. A는 금속 원소이고, X(l)와 Y(l)에서 모든 이온은 Ne의 전자 배치를 갖는다.

금속 원소는 이온 결합을 형성할 때 전자를 잃고 양이온이 된다.

물질	X(l)	Y(l)
구성 원소	A, B	A, C
단위 부피당 이온 모형	● □ □ ● □ ● □ ●	□ ▲ ▲ ▲ □ ▲

이에 대한 설명으로 옳은 것만을 〈보기〉에서 있는 대로 고른 것은? (단, A~C는 임의의 원소 기호이다.)

● 보기 ●
ㄱ. □는 양이온이다.
ㄴ. C는 2주기 원소이다.
ㄷ. B의 이온은 B^{2-}이다.

① ㄱ   ② ㄷ   ③ ㄱ, ㄴ   ④ ㄴ, ㄷ   ⑤ ㄱ, ㄴ, ㄷ

[24024–0141]

A는 원자가 전자 수가 2인
금속 원소이다.

05 그림은 화합물 AB를 화학 결합 모형으로 나타낸 것이다.

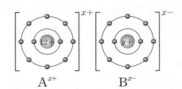

$$A^{x+} \qquad B^{x-}$$

이에 대한 설명으로 옳은 것만을 〈보기〉에서 있는 대로 고른 것은? (단, A와 B는 임의의 원소 기호이다.)

● 보 기 ●

ㄱ. $x+y=10$이다.

ㄴ. A와 B는 같은 주기 원소이다.

ㄷ. $\dfrac{A^{x+}\text{의 이온 반지름}}{A\text{의 원자 반지름}} > \dfrac{B^{x-}\text{의 이온 반지름}}{B\text{의 원자 반지름}}$ 이다.

① ㄱ   ② ㄷ   ③ ㄱ, ㄴ   ④ ㄴ, ㄷ   ⑤ ㄱ, ㄴ, ㄷ

[24024–0142]

이온 결합 물질에서 이온 사
이의 거리는 각 이온의 이온
반지름에 의해 결정된다.

06 표는 화합물 (가)~(다)에 대한 자료이다. (가)~(다)는 NaF, NaCl, KCl을 순서 없이 나타낸 것
이다.

화합물	(가)	(나)	(다)
양이온과 음이온 사이의 거리(pm)	276	㉠	314
1 atm에서 녹는점(°C)	801	996	㉡

이에 대한 설명으로 옳은 것만을 〈보기〉에서 있는 대로 고른 것은?

● 보 기 ●

ㄱ. (가)는 NaCl이다.

ㄴ. ㉠>276이다.

ㄷ. ㉡>801이다.

① ㄱ   ② ㄴ   ③ ㄱ, ㄷ   ④ ㄴ, ㄷ   ⑤ ㄱ, ㄴ, ㄷ

07 표는 원소 A~D로 이루어진 이온 결합 물질 (가)~(다)에 대한 자료이다. A~D는 O, F, Na, Mg을 순서 없이 나타낸 것이며, (가)~(다)에서 A~D의 이온은 Ne의 전자 배치를 갖는다.

[24024-0143]

물질	(가)	(나)	(다)
구성 원소	A, B	A, C	B, D
물질 1 mol에 들어 있는 양이온의 양(mol)	2		
물질 1 mol에 들어 있는 음이온의 총 전하량(상댓값)		2	1

이에 대한 설명으로 옳은 것만을 〈보기〉에서 있는 대로 고른 것은?

● 보기 ●
ㄱ. C는 F이다.
ㄴ. A의 원자가 전자 수는 6이다.
ㄷ. 이온 반지름은 D>B이다.

① ㄱ   ② ㄷ   ③ ㄱ, ㄴ   ④ ㄴ, ㄷ   ⑤ ㄱ, ㄴ, ㄷ

양이온과 음이온이 2 : 1로 결합하여 생성된 이온 결합 물질은 1 mol에 들어 있는 양이온의 양이 2 mol이다.

08 그림은 바닥상태 원자 A~C에서 전자가 들어 있는 s 오비탈 수를, 표는 원소 A~D로 구성된 이온 결합 물질 AB, AD, CD에서 양이온과 음이온 사이의 거리를 나타낸 것이다. A~D는 F, Na, Cl, K을 순서 없이 나타낸 것이고, AB, AD, CD에서 A~D의 이온은 Ne 또는 Ar의 전자 배치를 갖는다.

[24024-0144]

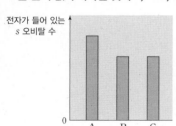

물질	AB	AD	CD
이온 사이의 거리(pm)		x	231

이에 대한 설명으로 옳은 것만을 〈보기〉에서 있는 대로 고른 것은?

● 보기 ●
ㄱ. D는 F이다.
ㄴ. $x>231$이다.
ㄷ. 녹는점은 AD>AB이다.

① ㄱ   ② ㄷ   ③ ㄱ, ㄴ   ④ ㄴ, ㄷ   ⑤ ㄱ, ㄴ, ㄷ

전자가 들어 있는 s 오비탈의 수는 F, Na, Cl, K이 각각 2, 3, 3, 4이다.

08 공유 결합과 결합의 극성

1 공유 결합

(1) 공유 결합

비금속 원소의 원자들이 전자쌍을 서로 공유하면서 형성되는 결합이다.

(2) 공유 결합의 형성

① **수소 분자의 형성** : 수소 원자 2개가 각각 전자를 1개씩 내놓고 이 전자쌍을 두 수소 원자가 서로 공유함으로써 형성된다. 이때 각각의 수소 원자는 헬륨과 같은 전자 배치를 갖는다.

수소 원자(H) + 수소 원자(H) → 수소 분자(H_2) 헬륨(He)

② **물 분자의 형성** : 산소 원자 1개가 수소 원자 2개와 각각 전자쌍을 1개씩 공유하여 형성되며, 산소 원자는 네온과 같은 전자 배치를, 수소 원자는 헬륨과 같은 전자 배치를 갖는다.

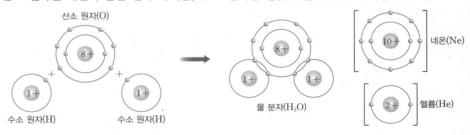

산소 원자(O)

수소 원자(H) 수소 원자(H) 물 분자(H_2O) 네온(Ne) 헬륨(He)

(3) 공유 결합의 형성과 에너지 변화

두 원자 사이의 인력과 반발력이 균형을 이루어 에너지가 가장 낮은 거리에서 공유 결합이 형성된다.

① **공유 결합 길이** : 공유 결합을 하는 두 원자의 핵 사이의 거리이다.

② **공유 결합 반지름** : 동일한 원자가 공유 결합할 때 공유 결합 길이의 $\frac{1}{2}$이다.

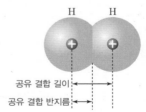

H   H

공유 결합 길이
공유 결합 반지름

(4) 단일 결합과 다중 결합

두 원자가 1개의 전자쌍을 공유하고 있으면 단일 결합, 2개의 전자쌍을 공유하고 있으면 2중 결합, 3개의 전자쌍을 공유하고 있으면 3중 결합이라고 한다. 2중 결합과 3중 결합을 다중 결합이라고 한다.

개념 체크

○ **공유 결합**
비금속 원소의 원자들이 전자쌍을 서로 공유하면서 형성되는 결합이다.

1. 수소 원자 2개가 각각 전자를 1개씩 내놓고 공유 결합할 때 각각의 수소 원자는 (   )과 같은 전자 배치를 갖는다.

2. 물(H_2O) 분자에서 산소 원자는 (   )과 같은 전자 배치를 갖는다.

정답
1. 헬륨(He)
2. 네온(Ne)

① **단일 결합** : 두 원자가 1개의 전자쌍을 공유하는 결합이다.

　　例 수소(H) 원자와 염소(Cl) 원자는 각각 1개의 전자를 내놓아 1개의 전자쌍을 공유하여
　　　염화 수소(HCl) 분자를 형성한다.

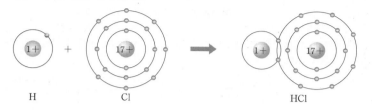

② **2중 결합** : 두 원자가 2개의 전자쌍을 공유하는 결합이다.

　　例 산소(O) 원자 2개는 각각 2개의 전자를 내놓아 2개의 전자쌍을 공유하여 산소(O_2) 분
　　　자를 형성한다.

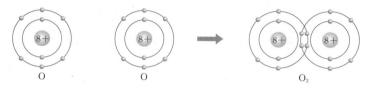

③ **3중 결합** : 두 원자가 3개의 전자쌍을 공유하는 결합이다.

　　例 질소(N) 원자 2개는 각각 3개의 전자를 내놓아 3개의 전자쌍을 공유하여 질소(N_2) 분
　　　자를 형성한다.

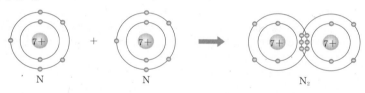

(5) 공유 결합 물질의 성질

① **공유 결합 물질** : 원자들이 공유 결합하여 형성된 물질로 대부분 분자로 이루어져 있다.

　　例 암모니아(NH_3), 이산화 탄소(CO_2), 메테인(CH_4), 포도당($C_6H_{12}O_6$),
　　　설탕($C_{12}H_{22}O_{11}$)

② **녹는점과 끓는점** : 분자로 이루어진 공유 결합 물질은 대부분 녹는점과 끓는점이 낮다.

물질	녹는점(℃)	끓는점(℃)	물질	녹는점(℃)	끓는점(℃)
H_2	−259.1	−252.8	H_2O	0.0	100.0
N_2	−210.0	−195.8	CH_4	−182.5	−161.6
O_2	−218.8	−182.9	HCl	−114.2	−85.1
Cl_2	−101.5	−34.1	NH_3	−77.7	−33.3

③ **전기 전도성** : 공유 결합 물질은 고체 상태와 액체 상태에서 대부분 전기 전도성이 없다. 단,
흑연(C)은 전기 전도성을 갖는다.

○ **분자 결정**
분자들이 분자 간의 힘으로 결합되어 있는 결정이다.

○ **공유 결정**
원자들이 공유 결합하여 그물처럼 연결된 결정이다.

1. 2개 이상의 원자로 이루어진 분자는 (　　) 결합으로 이루어져 있다.

※ ○ 또는 ×

2. 대부분의 공유 결합 물질은 고체 상태와 액체 상태에서 전기 전도성이 있다.
(　　)

정답
1. 공유
2. ×

과학 돋보기 **분자 결정과 공유 결정**

공유 결합 물질에는 분자 결정과 공유 결정이 있다. 분자 결정은 분자 사이에 작용하는 인력에 의해 분자가 규칙적으로 배열하여 생성된 결정이며, 분자 간의 약한 인력에 의해 녹는점과 끓는점이 낮고, 승화성이 있는 물질도 있다.
반면 공유 결정은 원자들이 공유 결합으로 그물처럼 연결되어 생성된 결정이며, 공유 결정의 원자 사이의 인력이 분자 결정의 분자 사이의 인력보다 훨씬 크므로 공유 결정은 분자 결정보다 녹는점과 끓는점이 매우 높고 단단하다. 분자 결정 물질로는 드라이아이스(CO_2), 아이오딘(I_2), 나프탈렌($C_{10}H_8$) 등이 있고, 공유 결정 물질로는 다이아몬드(C), 흑연(C), 석영(SiO_2) 등이 있다.

물질	드라이아이스(CO_2)	다이아몬드(C)	흑연(C)
구조 모형			
결정의 종류	분자 결정	공유 결정	공유 결정

과학 돋보기 **다이아몬드와 흑연**

다이아몬드는 무색 투명하고 강도가 매우 크지만, 흑연은 검은색으로 광택을 약간 띠고 있으며 층과 층 사이의 인력이 약하여 잘 미끄러져 떨어지므로 연하고 부드럽다. 원자가 전자 수가 4인 탄소 원자가 정사면체 꼭짓점에 있는 다른 탄소 원자 4개와 결합하는 다이아몬드는 전기 전도성이 없다. 흑연은 탄소 원자 1개가 다른 탄소 원자 3개와 결합하여 정육각형 모양이 반복되어 있는 판을 이루고 판이 쌓여 층상 구조를 이룬다. 원자가 전자 수가 4인 탄소 원자가 3개의 결합만 하므로 남은 1개의 원자가 전자가 비교적 자유롭게 움직일 수 있어 전기 전도성을 갖는다. 두 물질 모두 화학식은 C이고, 이처럼 1가지 같은 원소로 이루어져 있지만 구조가 달라 성질이 다르다. 다이아몬드는 보석과 공업용 절단기 등에 이용되고, 흑연은 연필심, 윤활유 등에 이용된다.

다이아몬드　　　　　　　　흑연

② 결합의 극성

(1) 공유 결합과 전기 음성도

① **전기 음성도** : 공유 결합한 원자가 공유 전자쌍을 끌어당기는 정도를 상대적인 수치로 나타낸 값이다.

• 폴링이 정한 전기 음성도 척도가 가장 널리 사용되는데 플루오린(F)이 4.0으로 가장 크고, 다른 원소는 이보다 작은 값을 갖는다.

• 18족 원소는 매우 안정하여 다른 원자들과 거의 결합을 하지 않으므로 전기 음성도는 18족 원소를 제외하고 다룬다.

1~3주기 원소의 전기 음성도

② 전기 음성도의 주기적 변화
- 같은 족에서는 원자 번호가 증가할수록 전기 음성도는 대체로 감소하는 경향이 있다. 같은 족에서는 원자 번호가 증가할수록 전자 껍질 수가 많아져 원자핵과 전자 사이의 인력이 감소하므로 공유 전자쌍을 끌어당기는 힘이 약해진다.
- 같은 주기에서는 원자 번호가 증가할수록 전기 음성도는 대체로 증가하는 경향이 있다. 같은 주기에서는 원자 번호가 증가할수록 유효 핵전하가 증가하여 원자핵과 전자 사이의 인력이 강하게 작용하므로 공유 전자쌍을 끌어당기는 힘이 세진다.
③ 전기 음성도가 큰 원자일수록 공유 결합에서 공유 전자쌍을 더 세게 끌어당긴다.
④ 공유 결합을 이룬 두 원자의 전기 음성도 차이가 클수록 전기 음성도가 큰 원자 쪽으로 공유 전자쌍이 더 많이 치우친다.

과학 돋보기 **전기 음성도의 주기성**

- 주기율표 오른쪽 위로 갈수록 전기 음성도는 증가하는 경향이 있다(단, 18족 제외).

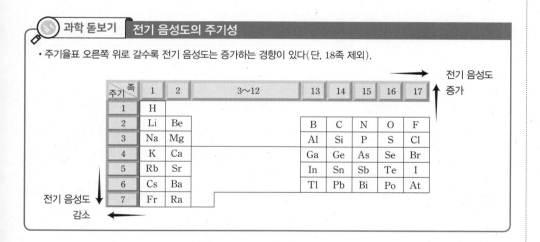

(2) 결합의 극성

① **극성 공유 결합** : 전기 음성도가 다른 두 원자 사이의 공유 결합이며, 전기 음성도가 큰 원자가 공유 전자쌍을 강하게 당겨서 부분적인 음전하(δ^-)를 띠고, 전기 음성도가 작은 원자는 부분적인 양전하(δ^+)를 띤다.
   예 $\overset{\delta^+}{H}-\overset{\delta^-}{Cl}, \overset{\delta^+}{H}-\overset{\delta^-}{F}$

극성 공유 결합

② **무극성 공유 결합** : 같은 원소의 원자 사이의 공유 결합이며, 결합한 두 원자의 전기 음성도가 서로 같으므로 부분적인 전하가 생기지 않는다.
   예 $H-H, Cl-Cl, O=O, N\equiv N$

무극성 공유 결합

◐ **전기 음성도**
공유 결합을 하는 원자가 공유 전자쌍을 끌어당기는 정도를 상대적인 수치로 나타낸 것이다.

◐ **극성 공유 결합**
전기 음성도가 다른 두 원자 사이의 공유 결합이다.

◐ **무극성 공유 결합**
같은 원소의 원자 사이의 공유 결합이다.

1. 같은 주기에서 원자 번호가 ( )할수록, 같은 족에서 원자 번호가 ( )할수록 전기 음성도는 증가하는 경향이 있다.

2. 전기 음성도가 ( ) 원자일수록 공유 결합에서 공유 전자쌍을 더 세게 끌어당긴다.

3. ( ) 공유 결합은 전기 음성도가 다른 두 원자 사이의 공유 결합이다.

4. 공유 결합을 하는 두 원자에서 전기 음성도가 ( ) 원자는 부분적인 음전하(δ^-)를 띤다.

정답
1. 증가, 감소
2. 큰
3. 극성
4. 큰

③ 물(H_2O), 암모니아(NH_3), 이산화 탄소(CO_2)는 서로 다른 두 원소가 결합한 분자이므로 모두 극성 공유 결합으로 이루어져 있다.

④ 과산화 수소(H_2O_2), 에타인(C_2H_2) 등의 분자에는 극성 공유 결합과 무극성 공유 결합이 있다.

과학 돋보기　전기 음성도 차와 화학 결합

결합의 종류	공유 결합		이온 결합
	무극성 공유 결합	극성 공유 결합	
	H:H H_2	δ^+　δ^- H:Cl HCl	Na⁺　Cl⁻ NaCl
전기 음성도 차	0.0	0.9	2.1
	결합을 이룬 두 원자의 전기 음성도 차가 클수록 극성의 크기가 증가하고, 금속 원소와 비금속 원소가 결합하는 것처럼 전기 음성도 차가 매우 커지게 되면 대체로 이온 결합이 형성된다.		

---

(3) 쌍극자와 쌍극자 모멘트

① **쌍극자** : 극성 공유 결합에서 전기 음성도가 큰 원자는 부분적인 음전하(δ^-)를 띠고, 전기 음성도가 작은 원자는 부분적인 양전하(δ^+)를 띠는데, 크기가 같고 부호가 반대인 전하가 일정한 거리를 두고 분리된 것을 쌍극자라고 한다.

② **쌍극자 모멘트(μ)** : 전하량(q)과 두 전하 사이의 거리(r)를 곱한 값을 쌍극자 모멘트(μ)라고 한다.

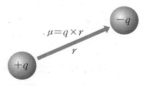

- 쌍극자 모멘트(μ)의 표시 : 전기 음성도가 작은 원자에서 전기 음성도가 큰 원자를 향하도록 십자 화살표(⊢→)를 이용하여 표시한다.

예 염화 수소(HCl) 분자의 쌍극자 모멘트

3 결합의 표현

(1) 루이스 전자점식 : 원소 기호 주위에 원자가 전자를 점으로 표시한 식이다.

(2) 원자의 루이스 전자점식

① 원자의 원자가 전자 수를 구한다.
② 원소 기호의 주위에 원자가 전자를 점으로 표시한다.
③ 원자가 전자 1개당 점 1개씩 원소 기호의 네 방향(위, 아래, 좌, 우)에 돌아가면서 표시하고, 5개째 전자부터 쌍을 이루도록 표시한다.

주기＼족	1	2	13	14	15	16	17
2	Li·	·Be·	·Ḃ·	·Ċ·	·N̈·	·Ö:	·F̈:
3	Na·	·Mg·	·Al·	·Si·	·P̈·	·S̈:	·Cl̈:

2, 3주기 원자의 루이스 전자점식

(3) 분자의 루이스 전자점식

① 공유 전자쌍과 비공유 전자쌍
  • 공유 전자쌍 : 공유 결합하는 두 원자가 공유하고 있는 전자쌍이다.
  • 비공유 전자쌍 : 원자가 전자 중 공유 결합하는 두 원자가 공유하지 않는 전자쌍이다.

② 원소인 분자의 루이스 전자점식

분자식	루이스 전자점식
Cl_2	:Cl̈· + ·Cl̈: → :Cl̈ : Cl̈: 공유 전자쌍 수 : 1 / 비공유 전자쌍 수 : 6
O_2	:Ö· + ·Ö: → :Ö :: Ö: (2중 결합) 공유 전자쌍 수 : 2 / 비공유 전자쌍 수 : 4
N_2	:N̈· + ·N̈: → :N ::: N: (3중 결합) 공유 전자쌍 수 : 3 / 비공유 전자쌍 수 : 2

③ 화합물인 분자의 루이스 전자점식

분자식	H_2O	CH_4	NH_3	CO_2
루이스 전자점식	H:Ö:H	H:C̈:H (위아래 H)	H:N̈:H (아래 H)	:Ö::C::Ö:
공유 전자쌍 수	2	4	3	4
비공유 전자쌍 수	2	0	1	4

개념 체크

◐ 루이스 전자점식
원소 기호 주위에 원자가 전자를 점으로 표시하여 나타낸 식이다.

◐ 공유 전자쌍
공유 결합에 참여하는 두 원자가 공유하고 있는 전자쌍이다.

◐ 비공유 전자쌍
원자가 전자 중 공유 결합에 참여하지 않은 전자쌍이다.

1. 루이스 전자점식은 원소 기호 주위에 (　　)를 점으로 표시하여 나타낸 식이다.

2. H_2O에서 산소 원자(O)에는 (　　)개의 공유 전자쌍과 (　　)개의 비공유 전자쌍이 존재한다.

3. 산소(O_2)에서 공유 전자쌍 수는 (　　)이고, 비공유 전자쌍 수는 (　　)이다.

정답
1. 원자가 전자
2. 2, 2
3. 2, 4

○ **구조식**
공유 전자쌍을 결합선으로 나타낸 식이다.

1. MgO의 루이스 전자점식을 그리시오.

※ ○ 또는 ×

2. N_2에는 3중 결합이 있다.
( )

과학 돋보기 **화합물의 루이스 전자점식 그리기**

1. 분자, 이온, 화합물을 구성하는 모든 원자의 원자가 전자 수의 합을 구한다.
2. 중심 원자를 정하고 중심 원자와 주변 원자 사이에 공유 전자쌍을 1개씩 그린다.
3. 옥텟 규칙에 따라 주변 원자에 전자를 배치한다.
4. 중심 원자가 옥텟 규칙을 만족하는지 확인하고, 중심 원자에 남은 전자를 배치한다.
5. 중심 원자의 전자 수가 8개 미만이면 주변 원자의 비공유 전자쌍을 공유 전자쌍으로 바꾸어 옥텟 규칙을 만족하도록 한다.
6. 분자에서 옥텟 규칙을 만족할 수 있는 2주기 원소는 C, N, O, F이다.

(4) 이온과 이온 결합 물질의 루이스 전자점식

① 금속 원자는 원자가 전자를 모두 잃어 비활성 기체와 같은 전자 배치를 갖는 양이온이 되고, 비금속 원자는 가장 바깥 전자 껍질에 전자를 얻어 안정한 음이온이 되면서 비활성 기체와 같은 전자 배치를 갖게 된다.

$$Na\cdot \longrightarrow Na^+ + e^- \qquad \cdot\ddot{\underset{..}{Cl}}: + e^- \longrightarrow \left[:\ddot{\underset{..}{Cl}}:\right]^-$$

② 양이온과 음이온이 결합하여 이온 결합 물질이 형성된다.

예 염화 나트륨($NaCl$)의 루이스 전자점식

$$NaCl \implies [Na]^+ \left[:\ddot{\underset{..}{Cl}}:\right]^-$$

과학 돋보기 **다원자 이온의 루이스 전자점식**

$$\left[:\ddot{\underset{..}{O}}:H\right]^- \qquad \left[\begin{matrix} H:\ddot{O}:H \\ \ddot{H} \end{matrix}\right]^+ \qquad \left[\begin{matrix} H \\ H:\underset{..}{N}:H \\ H \end{matrix}\right]^+$$

수산화 이온(OH^-)   하이드로늄 이온(H_3O^+)   암모늄 이온(NH_4^+)

양이온은 양전하 1개당 전자점을 1개 제거하고, 음이온은 음전하 1개당 전자점을 1개 더해야 한다. 예를 들어 OH^-의 경우 산소(O)의 원자가 전자 수 6, 수소(H)의 원자가 전자 수가 1인데 −1가 음이온이므로 전자점을 하나 추가하여 총 8개의 전자점을 표시해 준다. H_3O^+의 경우 산소(O) 원자 1개와 수소(H) 원자 3개로 이루어져 있으므로 원자가 전자 수의 합은 9이나, +1가 양이온이므로 전자점을 하나 제거하여 총 8개의 전자점을 표시해 준다.

(5) 구조식 : 공유 결합하는 분자의 전자 배치를 간단하고 편리하게 나타내기 위하여 공유 전자쌍을 결합선(−)으로 나타낸 식이다. 구조식에서 비공유 전자쌍은 생략하기도 한다.

루이스 전자점식	$:\ddot{\underset{..}{F}}:\ddot{\underset{..}{F}}:$	$:\ddot{O}::\ddot{O}:$	$:N:::N:$	$H:\ddot{\underset{..}{O}}:H$	$:\ddot{O}::C::\ddot{O}:$
구조식	단일 결합 $F-F$	2중 결합 $O=O$	3중 결합 $N≡N$	$H-O-H$	$O=C=O$

예 아세트산(CH_3COOH)과 에탄올(C_2H_5OH)의 구조식

```
     H O                    H  H
     | ||                   |  |
  H—C—C—O—H             H—C—C—O—H
     |                      |  |
     H                      H  H
   아세트산                  에탄올
```

4 금속 결합의 형성

(1) 금속 결합 : 금속 양이온과 자유 전자 사이의 정전기적 인력에 의해 형성된다.

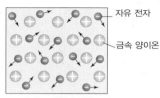

금속 결합 모형

① **자유 전자** : 금속 원자가 내놓은 원자가 전자로, 금속 양이온 사이를 자유롭게 움직이면서 금속 양이온을 결합시키는 역할을 하는 전자이다.

② **금속 결정** : 금속 결합을 하여 금속 원자가 규칙적으로 배열된 고체이다.

(2) 금속의 특성 : 금속 결합을 이루는 금속의 특성이 나타나는 것은 자유 전자 때문이다.

① **전기 전도성** : 금속은 자유 전자가 자유롭게 움직일 수 있으므로 고체와 액체 상태에서 전기 전도성이 있다. 금속에 전압을 걸어 주면 자유 전자는 (−)극에서 (+)극 쪽으로 이동한다.

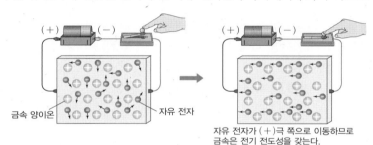

자유 전자가 (+)극 쪽으로 이동하므로 금속은 전기 전도성을 갖는다.

② **열전도성** : 금속을 가열하면 자유 전자가 에너지를 얻게 되고, 에너지를 얻은 자유 전자가 인접한 자유 전자와 금속 양이온에 열에너지를 전달하므로 금속은 열전도성이 매우 크다.

③ **뽑힘성(연성)과 펴짐성(전성)** : 외부의 힘에 의해 금속이 변형되어도 자유 전자가 이동하여 금속 결합을 유지할 수 있으므로 금속은 뽑힘성(연성)과 펴짐성(전성)이 크다.

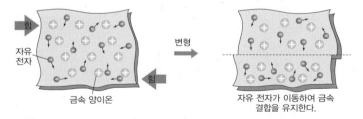

자유 전자가 이동하여 금속 결합을 유지한다.

④ **녹는점과 끓는점** : 금속은 자유 전자와 금속 양이온 사이의 강한 정전기적 인력에 의해 녹는점과 끓는점이 높다. 따라서 대부분의 금속은 상온에서 고체 상태로 존재하고 단단하다.

금속	녹는점(℃)	금속	녹는점(℃)
Fe	1538	Li	180.5
Cu	1085	Na	98
Ca	842	K	63.5
Al	660	Hg	−39

개념 체크

◉ 금속 결합
금속 양이온과 자유 전자 사이의 정전기적 인력에 의해 형성된 결합이다.

◉ 금속 결정
금속 원자가 규칙적으로 배열된 고체이다.

1. 금속 결합에서 (　　)는 금속 양이온 사이를 자유롭게 움직인다.

2. 금속은 외부 힘에 의해 변형되어도 자유 전자가 이동하여 금속 결합을 유지할 수 있어 (　　)과 (　　)이 크다.

※ ○ 또는 ×

3. 금속은 액체 상태에서 전기 전도성이 있다.
(　　)

4. 금속을 가열하면 열에너지를 잘 전달하므로 금속은 열전도성이 크다.
(　　)

정답
1. 자유 전자
2. 뽑힘성(연성), 펴짐성(전성)
3. ○
4. ○

개념 체크

○ **화학 결합의 세기**
일반적으로 녹는점이 높은 물질일수록 화학 결합의 세기가 강하다.

※ ○ 또는 ×

1. 이온 결합 물질은 양이온과 음이온 사이의 강한 정전기적 인력에 의해 결합되어 있다. ( )

2. 금속 결합 물질은 ( )와 ( ) 사이의 강한 정전기적 인력에 의해 녹는점과 끓는점이 대체로 높다.

5 화학 결합의 상대적 세기

화학 결합의 세기가 강할수록 그 결합을 끊는 데 상대적으로 많은 에너지가 필요하므로 더 높은 온도에서 상태 변화가 일어난다. 따라서 일반적으로 녹는점이 높은 물질일수록 그 물질을 이루고 있는 화학 결합의 세기가 강하다.

(1) 이온 결합 물질

이온 결합 물질은 양이온과 음이온 사이의 강한 정전기적 인력에 의해 결합되어 있으므로 녹는점과 끓는점이 높다.

예 $NaCl$의 녹는점 : $801℃$, $NaCl$의 끓는점 : $1465℃$

(2) 금속 결합 물질

금속 결합 물질은 자유 전자와 금속 양이온 사이의 강한 정전기적 인력에 의해 녹는점과 끓는점이 높다.

예 Cu의 녹는점 : $1085℃$, Fe의 녹는점 : $1535℃$

(3) 공유 결합 물질

공유 결합 물질은 분자 사이의 인력이 약한 편이므로 대체로 이온 결합 물질보다 녹는점과 끓는점이 낮다. 그러나 흑연, 다이아몬드와 같이 공유 결정을 이루는 물질의 경우 녹는점과 끓는점이 매우 높다.

예 H_2의 녹는점 : $-259℃$, 흑연의 녹는점 : $4000℃$ 이상

탐구자료 살펴보기 | **결합의 종류에 따른 물질의 성질 비교**

탐구 자료

성질＼물질		이온 결합 물질		공유 결합 물질			금속 결합 물질	
		NaCl	KF	H_2	CH_4	H_2O	Cu	Fe
녹는점(℃)		801	858	−259	−182	0	1085	1538
끓는점(℃)		1465	1502	−253	−162	100	2595	2750
전기 전도성	고체	없음	없음	없음	없음	없음	있음	있음
	액체	있음	있음	없음	없음	없음	있음	있음

분석 point

1. 이온 결합 물질($NaCl$, KF)은 양이온과 음이온 사이의 강한 정전기적 인력에 의해 결합되어 있으므로 녹는점과 끓는점이 높아서 상온에서 고체 상태로 존재하고, 금속 결합 물질(Cu, Fe) 역시 금속 결합이 강하므로 상온에서 고체 상태로 존재한다. 공유 결합 물질(H_2, CH_4)은 분자 사이의 인력이 약한 편이므로 녹는점과 끓는점이 낮아 대체로 상온에서 기체 상태로 존재하지만, H_2O과 같이 액체 상태로 존재하는 물질도 있고, 공유 결정(흑연, 다이아몬드)은 원자 사이의 결합력이 매우 강하여 상온에서 고체 상태로 존재한다.

2. 이온 결합 물질은 고체 상태에서는 전기 전도성이 없지만 액체 상태에서는 이온이 자유롭게 이동할 수 있으므로 전기 전도성이 있다. 흑연과 같은 예외를 제외하고 공유 결합 물질은 고체와 액체 상태에서 자유롭게 이동할 수 있는 이온이나 전자가 없으므로 전기 전도성이 없다. 한편 금속 결합 물질은 고체 상태에서도 자유롭게 이동할 수 있는 자유 전자가 존재하므로 고체 상태와 액체 상태에서 전기 전도성이 있다.

정답
1. ○
2. 자유 전자, 금속 양이온

01 그림은 3가지 분자를 모형으로 나타낸 것이다. [24024-0145]

  O O

세 분자의 공통점으로 옳은 것만을 〈보기〉에서 있는 대로 고른 것은?

> ● 보기 ●
> ㄱ. 비공유 전자쌍이 있다.
> ㄴ. 공유 전자쌍 수는 1이다.
> ㄷ. 무극성 공유 결합이 있다.

① ㄴ   ② ㄷ   ③ ㄱ, ㄴ
④ ㄱ, ㄷ   ⑤ ㄴ, ㄷ

03 그림은 분자 (가)와 (나)의 구조식을 나타낸 것이다. (가)와 (나)에서 모든 원자는 옥텟 규칙을 만족하고, A는 2주기 원소이며, 원자가 전자 수는 A와 B가 같다. [24024-0147]

$$A-O-A \qquad B-O-B$$
$$\text{(가)} \qquad\qquad \text{(나)}$$

이에 대한 설명으로 옳은 것만을 〈보기〉에서 있는 대로 고른 것은? (단, A와 B는 임의의 원소 기호이다.)

> ● 보기 ●
> ㄱ. 원자가 전자 수는 $A > O$이다.
> ㄴ. 전기 음성도는 $A > O$이다.
> ㄷ. 바닥상태의 원자에서 전자가 들어 있는 전자 껍질 수는 $A > B$이다.

① ㄱ   ② ㄷ   ③ ㄱ, ㄴ
④ ㄴ, ㄷ   ⑤ ㄱ, ㄴ, ㄷ

02 그림은 X_2Y의 화학 결합 모형을 나타낸 것이다. [24024-0146]

이에 대한 설명으로 옳은 것만을 〈보기〉에서 있는 대로 고른 것은? (단, X와 Y는 임의의 원소 기호이다.)

> ● 보기 ●
> ㄱ. Y의 원자가 전자 수는 8이다.
> ㄴ. X_2Y에는 2중 결합이 있다.
> ㄷ. X_2Y에서 X는 He의 전자 배치를 갖는다.

① ㄴ   ② ㄷ   ③ ㄱ, ㄴ
④ ㄱ, ㄷ   ⑤ ㄴ, ㄷ

04 표는 2주기 원소 A와 B로 구성된 분자 A_2, B_2에 대한 자료이다. A_2, B_2에서 모든 원자는 옥텟 규칙을 만족한다. [24024-0148]

분자	A_2	B_2
공유 전자쌍 수	1	2

이에 대한 설명으로 옳은 것만을 〈보기〉에서 있는 대로 고른 것은? (단, A와 B는 임의의 원소 기호이다.)

> ● 보기 ●
> ㄱ. A는 17족 원소이다.
> ㄴ. 전기 음성도는 $B > A$이다.
> ㄷ. 비공유 전자쌍 수의 비는 $A_2 : B_2 = 2 : 3$이다.

① ㄱ   ② ㄴ   ③ ㄱ, ㄷ
④ ㄴ, ㄷ   ⑤ ㄱ, ㄴ, ㄷ

05 [24024–0149]

다음은 (가)~(다)에 대한 자료이다. (가)~(다)는 $Na(s)$, $NaCl(s)$, $NaCl(l)$을 순서 없이 나타낸 것이다.

○ 1 mol에 들어 있는 전자 수는 (가)>(나)이다.
○ 전기 전도성은 (다)>(가)이다.

이에 대한 설명으로 옳은 것만을 〈보기〉에서 있는 대로 고른 것은?

● 보기 ●
ㄱ. (다)는 $NaCl(s)$이다.
ㄴ. 전기 전도성은 (나)>(가)이다.
ㄷ. (나)는 전성(펴짐성)이 있다.

① ㄱ   ② ㄴ   ③ ㄱ, ㄷ
④ ㄴ, ㄷ   ⑤ ㄱ, ㄴ, ㄷ

06 [24024–0150]

다음은 A와 B_2가 반응하여 (가)가 생성되는 반응의 화학 반응식과 (가)의 화학 결합 모형이다.

$$A(s)+B_2(g) \longrightarrow \boxed{(가)}(g)$$

(가)

이에 대한 설명으로 옳은 것만을 〈보기〉에서 있는 대로 고른 것은? (단, A와 B는 임의의 원소 기호이다.)

● 보기 ●
ㄱ. A의 원자가 전자 수는 4이다.
ㄴ. B_2의 공유 전자쌍 수는 2이다.
ㄷ. (가)에서 A는 부분적인 양전하(δ^+)를 띤다.

① ㄱ   ② ㄴ   ③ ㄱ, ㄷ
④ ㄴ, ㄷ   ⑤ ㄱ, ㄴ, ㄷ

07 [24024–0151]

그림은 3주기 원소 X와 Y로 이루어진 화합물 XY의 루이스 전자점식을 나타낸 것이다.

$$[X]^+ \ [:\overset{..}{\underset{..}{Y}}:]^-$$

이에 대한 설명으로 옳은 것만을 〈보기〉에서 있는 대로 고른 것은? (단, X와 Y는 임의의 원소 기호이다.)

● 보기 ●
ㄱ. XY는 이온 결합 물질이다.
ㄴ. X는 금속 원소이다.
ㄷ. 이온 반지름은 $X^+>Y^-$이다.

① ㄴ   ② ㄷ   ③ ㄱ, ㄴ
④ ㄱ, ㄷ   ⑤ ㄴ, ㄷ

08 [24024–0152]

그림은 분자 (가)와 (나)의 구조식을 나타낸 것이다. X는 2주기 원소이고 (가)와 (나)에서 X는 옥텟 규칙을 만족한다.

$$X-Be-X \qquad \overset{\displaystyle X}{\underset{}{X-\overset{\displaystyle |}{B}-X}}$$

(가)   (나)

이에 대한 설명으로 옳은 것만을 〈보기〉에서 있는 대로 고른 것은? (단, X는 임의의 원소 기호이다.)

● 보기 ●
ㄱ. 원자 반지름은 X>Be이다.
ㄴ. $\dfrac{비공유\ 전자쌍\ 수}{공유\ 전자쌍\ 수}$ 는 (가)와 (나)가 같다.
ㄷ. (나)에서 X는 부분적인 음전하(δ^-)를 띤다.

① ㄴ   ② ㄷ   ③ ㄱ, ㄴ
④ ㄱ, ㄷ   ⑤ ㄴ, ㄷ

09 다음은 금속 결합에 대한 설명이다.

[24024-0153]

> 금속 결합은 ⑦ 과/와 ⓒ 사이의 정전기적 인력에 의해 형성된다. ⓒ 의 자유로운 움직임으로 인해 금속은 고체와 액체 상태에서 전기 전도성이 있다.

다음 중 ⑦과 ⓒ으로 가장 적절한 것은?

	⑦	ⓒ
①	양성자	음이온
②	음이온	양성자
③	자유 전자	금속 양이온
④	금속 양이온	자유 전자
⑤	금속 양이온	음이온

10 다음은 2주기 원소 $A \sim C$로 구성된 분자 A_2, B_2, C_2에 대한 자료이다. $A_2 \sim C_2$에서 $A \sim C$는 옥텟 규칙을 만족한다.

[24024-0154]

> ○ A_2에는 3중 결합이 있다.
> ○ 비공유 전자쌍 수는 $B_2 > C_2$이다.

이에 대한 설명으로 옳은 것만을 〈보기〉에서 있는 대로 고른 것은? (단, $A \sim C$는 임의의 원소 기호이다.)

> ● 보기 ●
> ㄱ. 원자가 전자 수는 $A > B$이다.
> ㄴ. 전기 음성도는 $B > C$이다.
> ㄷ. 비공유 전자쌍 수의 비는 $A_2 : C_2 = 2 : 1$이다.

① ㄴ ② ㄷ ③ ㄱ, ㄴ
④ ㄱ, ㄷ ⑤ ㄴ, ㄷ

11 그림은 요소($CO(NH_2)_2$) 분자의 구조식을 나타낸 것이다.

[24024-0155]

$$\begin{array}{ccc} H & O & H \\ | & || & | \\ H-N- & C & -N-H \end{array}$$

$CO(NH_2)_2$에서 $\dfrac{공유\ 전자쌍\ 수}{비공유\ 전자쌍\ 수}$ 는?

① 1 ② 1.5 ③ 2
④ 2.5 ⑤ 3

12 그림은 2주기 원자 $X \sim Z$의 루이스 전자점식을 나타낸 것이고, 표는 $X \sim Z$로 이루어진 분자 (가)와 (나)에 대한 자료이다. (가)와 (나)에서 $X \sim Z$는 옥텟 규칙을 만족한다.

[24024-0156]

$$\cdot \dot{X} \cdot \qquad :\dot{Y} \cdot \qquad :\dot{Z} \cdot$$

분자	(가)	(나)
분자식	XY_a	XZ_b

이에 대한 설명으로 옳은 것만을 〈보기〉에서 있는 대로 고른 것은? (단, $X \sim Z$는 임의의 원소 기호이다.)

> ● 보기 ●
> ㄱ. $a > b$이다.
> ㄴ. (가)에는 다중 결합이 존재한다.
> ㄷ. 공유 전자쌍 수는 (가) > (나)이다.

① ㄴ ② ㄷ ③ ㄱ, ㄴ
④ ㄱ, ㄷ ⑤ ㄴ, ㄷ

화학 결합 모형에서 X_3Y^+은 H_3O^+이고, YZ_2는 OF_2이다.

01 그림은 X_3Y^+과 YZ_2의 화학 결합 모형을 나타낸 것이다.

[24024-0157]

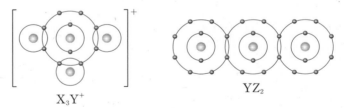

X_3Y^+ YZ_2

이에 대한 설명으로 옳은 것만을 〈보기〉에서 있는 대로 고른 것은? (단, $X \sim Z$는 임의의 원소 기호이다.)

● 보기 ●

ㄱ. Y의 원자가 전자 수는 5이다.
ㄴ. YZ_2에서 Y는 부분적인 음전하(δ^-)를 띤다.
ㄷ. 공유 전자쌍 수의 비는 X_3Y^+ : $YZ_2 = 3 : 2$이다.

① ㄱ   ② ㄷ   ③ ㄱ, ㄴ   ④ ㄱ, ㄷ   ⑤ ㄴ, ㄷ

HF는 1개의 공유 전자쌍과 3개의 비공유 전자쌍을 가진 분자이다.

02 표는 수소(H)와 2주기 원소 $X \sim Z$로 이루어진 분자 (가)~(다)에 대한 자료이다. 각 분자에서 $X \sim Z$는 옥텟 규칙을 만족한다.

[24024-0158]

분자	(가)	(나)	(다)
구성 원소	X, H	Y, H	Z, H
공유 전자쌍 수	1	a	$a-1$
비공유 전자쌍 수	a	1	b

이에 대한 설명으로 옳은 것만을 〈보기〉에서 있는 대로 고른 것은? (단, $X \sim Z$는 임의의 원소 기호이다.)

● 보기 ●

ㄱ. Y는 산소(O)이다.
ㄴ. $b = 2$이다.
ㄷ. 원자가 전자 수는 Z > Y이다.

① ㄱ   ② ㄷ   ③ ㄱ, ㄴ   ④ ㄴ, ㄷ   ⑤ ㄱ, ㄴ, ㄷ

[24024–0159]

03 그림은 주기율표의 일부를 나타낸 것이다.

족\주기	1	2	13	14	15	16	17	18
1	W							
2						X		
3		Y					Z	

이에 대한 설명으로 옳은 것만을 〈보기〉에서 있는 대로 고른 것은? (단, $W \sim Z$는 임의의 원소 기호이다.)

● 보기 ●
ㄱ. WZ에서 W는 양이온이다.
ㄴ. YX에서 구성 원소는 모두 옥텟 규칙을 만족한다.
ㄷ. 화학 결합의 종류는 WZ와 YX가 같다.

① ㄱ ② ㄴ ③ ㄱ, ㄷ ④ ㄴ, ㄷ ⑤ ㄱ, ㄴ, ㄷ

WZ는 공유 결합 물질인 HCl, YX는 이온 결합 물질인 MgO이다.

[24024–0160]

04 다음은 2주기 원소 $X \sim Z$를 포함한 분자 (가)~(다)의 구조식과, (가)~(다)를 기준에 따라 분류한 것이다. 구조식에 비공유 전자쌍과 다중 결합은 나타내지 않았고, (가)~(다)에서 $X \sim Z$는 옥텟 규칙을 만족한다.

$$X - X \qquad H - Y - X \qquad \begin{matrix} & H & Z \\ & | & | \\ H - & Y - Y & - H \\ & | & \\ & H & \end{matrix}$$

(가)   (나)   (다)

분류 기준	예	아니요
㉠	(나), (다)	(가)

이에 대한 설명으로 옳은 것만을 〈보기〉에서 있는 대로 고른 것은? (단, $X \sim Z$는 임의의 원소 기호이다.)

● 보기 ●
ㄱ. '극성 공유 결합이 존재하는가?'는 ㉠으로 적절하다.
ㄴ. (가)~(다) 중 3중 결합이 있는 분자는 2가지이다.
ㄷ. 비공유 전자쌍 수의 비는 (나) : (다)=1 : 3이다.

① ㄱ ② ㄷ ③ ㄱ, ㄴ ④ ㄱ, ㄷ ⑤ ㄴ, ㄷ

2주기 원소 중 4개의 전자쌍을 공유함으로써 옥텟 규칙을 만족하는 원소는 탄소(C)이다.

[24024-0161]

X~Z는 각각 N, O, F이다. 분자에서 옥텟 규칙을 만족하기 위해서 N, O, F은 각각 3, 2, 1개의 전자쌍을 공유해야 한다.

05 그림은 2주기 원자 X~Z의 루이스 전자점식을 나타낸 것이고, 표는 분자 (가)와 (나)에 대한 자료이다. a는 4 이하이며, (가)와 (나)에서 모든 원자는 옥텟 규칙을 만족한다.

$$\cdot \overset{\cdot\cdot}{\underset{\cdot\cdot}{X}} \cdot \qquad : \overset{\cdot\cdot}{Y} \cdot \qquad : \overset{\cdot\cdot}{\underset{\cdot\cdot}{Z}} \cdot$$

분자	(가)	(나)
구성 원소	X, Z	Y, Z
분자당 원자 수	a	a
분자당 Z 원자 수	b	b

이에 대한 설명으로 옳은 것만을 〈보기〉에서 있는 대로 고른 것은? (단, X~Z는 임의의 원소 기호이다.)

● 보기 ●
ㄱ. $a+b=6$이다.
ㄴ. (가)에는 무극성 공유 결합이 존재한다.
ㄷ. 비공유 전자쌍 수의 비는 (가) : (나)=4 : 5이다.

① ㄱ　　　② ㄴ　　　③ ㄱ, ㄷ　　　④ ㄴ, ㄷ　　　⑤ ㄱ, ㄴ, ㄷ

[24024-0162]

OF_2에서 F은 부분적인 음전하(δ^-)를 띤다.

06 그림은 2주기 원소 X~Z로 이루어진 분자 (가)와 (나)의 구조식과 부분 전하의 일부를 나타낸 것이다. 구조식에 다중 결합과 비공유 전자쌍은 나타내지 않았고, (가)와 (나)에서 모든 원자는 옥텟 규칙을 만족한다.

$$X - \overset{\delta^+}{Y} - \overset{\delta^-}{Z} \qquad X - \overset{\delta^+}{Z} - \overset{\delta^-}{X}$$
$$\text{(가)} \qquad\qquad \text{(나)}$$

이에 대한 설명으로 옳은 것만을 〈보기〉에서 있는 대로 고른 것은? (단, X~Z는 임의의 원소 기호이다.)

● 보기 ●
ㄱ. 전기 음성도는 X > Y이다.
ㄴ. Z의 원자가 전자 수는 4이다.
ㄷ. 비공유 전자쌍 수의 비는 (가) : (나)=3 : 4이다.

① ㄱ　　　② ㄷ　　　③ ㄱ, ㄴ　　　④ ㄱ, ㄷ　　　⑤ ㄴ, ㄷ

[24024–0163]

07 표는 C, N, F으로 이루어진 분자 (가)와 (나)에 대한 자료이다. (가)와 (나)에서 모든 원자는 옥텟 규칙을 만족한다.

분자	(가)	(나)
분자식	C_2F_x	N_2F_x
$\dfrac{\text{비공유 전자쌍 수}}{\text{공유 전자쌍 수}}$	2	y

(가)는 C_2F_2, C_2F_4, C_2F_6 중 하나이고, (나)는 N_2F_2, N_2F_4 중 하나이다.

이에 대한 설명으로 옳은 것만을 〈보기〉에서 있는 대로 고른 것은?

┌─● 보기 ●─────────────────────────────┐
ㄱ. $x = 4$이다.

ㄴ. $y = \dfrac{12}{5}$이다.

ㄷ. (나)에는 무극성 공유 결합이 존재한다.
└────────────────────────────────────┘

① ㄱ　　　② ㄴ　　　③ ㄱ, ㄷ　　　④ ㄴ, ㄷ　　　⑤ ㄱ, ㄴ, ㄷ

[24024–0164]

08 그림은 WXY와 YZ_3를 화학 결합 모형으로 나타낸 것이다.

화학 결합 모형에서 XY^-의 X와 Y는 각각 C, N이다.

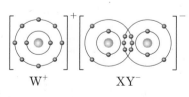

W^+　　　　　XY^-

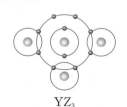

YZ_3

이에 대한 설명으로 옳은 것만을 〈보기〉에서 있는 대로 고른 것은? (단, W~Z는 임의의 원소 기호이다.)

┌─● 보기 ●─────────────────────────────┐
ㄱ. $W(l)$는 전기 전도성이 있다.

ㄴ. 원자가 전자 수는 X와 Y가 같다.

ㄷ. 전기 음성도는 X > W이다.
└────────────────────────────────────┘

① ㄱ　　　② ㄷ　　　③ ㄱ, ㄴ　　　④ ㄱ, ㄷ　　　⑤ ㄴ, ㄷ

무극성 공유 결합은 같은 원소의 원자 사이의 공유 결합이다.

[24024-0165]

09 다음은 3가지 반응의 화학 반응식이다.

○ $2 \boxed{\text{⊙}} + \boxed{\text{ⓒ}} \longrightarrow 2NaCl$

○ $2 \boxed{\text{⊙}} + 2H_2O \longrightarrow 2 \boxed{\text{ⓒ}} + H_2$

○ $H_2 + \boxed{\text{ⓒ}} \longrightarrow 2HCl$

⊙~ⓒ에 대한 설명으로 옳은 것만을 〈보기〉에서 있는 대로 고른 것은?

● 보기 ●

ㄱ. 액체 상태에서 전기 전도성이 있는 것은 2가지이다.

ㄴ. 무극성 공유 결합이 있는 것은 1가지이다.

ㄷ. ⓒ의 $\dfrac{\text{비공유 전자쌍 수}}{\text{공유 전자쌍 수}} = 3$이다.

① ㄱ
② ㄷ
③ ㄱ, ㄴ
④ ㄴ, ㄷ
⑤ ㄱ, ㄴ, ㄷ

2주기 원소 N, O, F은 각각 이원자 분자로 존재하고 옥텟 규칙을 만족한다.

[24024-0166]

10 표는 2주기 원소 X~Z의 이원자 분자 X_2~Z_2에 대한 자료이다. X_2~Z_2에서 모든 원자는 옥텟 규칙을 만족한다.

분자	X_2	Y_2	Z_2
공유 전자쌍 수	a		b
비공유 전자쌍 수		c	a

이에 대한 설명으로 옳은 것만을 〈보기〉에서 있는 대로 고른 것은? (단, X~Z는 임의의 원소 기호이다.)

● 보기 ●

ㄱ. X는 산소(O)이다.

ㄴ. $b+c=7$이다.

ㄷ. 전기 음성도는 Z>X이다.

① ㄱ
② ㄷ
③ ㄱ, ㄴ
④ ㄱ, ㄷ
⑤ ㄴ, ㄷ

11 그림은 화합물 AB와 B_2를 화학 결합 모형으로 나타낸 것이다.

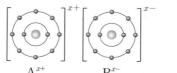
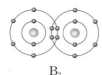

A^{x+} B^{x-} B_2

이에 대한 설명으로 옳은 것만을 〈보기〉에서 있는 대로 고른 것은? (단, A와 B는 임의의 원소 기호이다.)

> B의 원자가 전자 수는 6이고 B는 2개의 전자를 얻어 Ne의 전자 배치를 갖는다.

● 보기 ●

ㄱ. $x=2$이다.
ㄴ. 바닥상태 원자의 홀전자 수는 B>A이다.
ㄷ. AB(l)는 전기 전도성이 있다.

① ㄱ   ② ㄷ   ③ ㄱ, ㄴ   ④ ㄴ, ㄷ   ⑤ ㄱ, ㄴ, ㄷ

12 다음은 분자 (가)~(다)에 대한 자료이다. (가)~(다)는 NH_3, H_2O_2, C_2H_2을 순서 없이 나타낸 것이다.

○ (가)에는 무극성 공유 결합이 존재한다.
○ 공유 전자쌍 수는 (다)>(나)이다.

이에 대한 설명으로 옳은 것만을 〈보기〉에서 있는 대로 고른 것은?

> 분자 H_2O_2, C_2H_2에는 같은 원소의 원자 사이의 공유 결합인 무극성 공유 결합이 존재한다.

● 보기 ●

ㄱ. (가)는 H_2O_2이다.
ㄴ. (다)에는 무극성 공유 결합이 존재한다.
ㄷ. $\dfrac{\text{비공유 전자쌍 수}}{\text{공유 전자쌍 수}}$ 는 (나)>(다)이다.

① ㄱ   ② ㄷ   ③ ㄱ, ㄴ   ④ ㄴ, ㄷ   ⑤ ㄱ, ㄴ, ㄷ

[24024–0169]

13 다음은 C_2F_x, C_2F_y, C_2F_z에 대한 자료이다. C_2F_x, C_2F_y, C_2F_z에서 모든 원자는 옥텟 규칙을 만족한다.

> ○ C_2F_x의 공유 전자쌍 수와 비공유 전자쌍 수의 비율
>
>
>
> ○ 비공유 전자쌍 수는 $C_2F_x > C_2F_z$이다.

이에 대한 설명으로 옳은 것만을 〈보기〉에서 있는 대로 고른 것은?

> ● 보기 ●
> ㄱ. $z=2$이다.
> ㄴ. C_2F_y에는 2중 결합이 존재한다.
> ㄷ. 공유 전자쌍 수는 $C_2F_z > C_2F_y$이다.

① ㄱ   ② ㄷ   ③ ㄱ, ㄴ   ④ ㄴ, ㄷ   ⑤ ㄱ, ㄴ, ㄷ

탄소(C) 2개와 플루오린(F)으로 구성된 탄소 화합물에는 C_2F_2, C_2F_4, C_2F_6이 있다.

[24024–0170]

14 다음은 바닥상태 원자 A와 B의 전자 배치와 분자 (가)와 (나)에 대한 자료이다. (가)와 (나)에서 A와 B는 옥텟 규칙을 만족한다.

> ○ A : $1s^2 2s^2 2p^x$
> ○ B : $1s^2 2s^2 2p^{2x}$

분자	(가)	(나)
구성 원소	H, A	H, B
공유 전자쌍 수	$2a$	a
비공유 전자쌍 수		a

이에 대한 설명으로 옳은 것만을 〈보기〉에서 있는 대로 고른 것은? (단, A와 B는 임의의 원소 기호이다.)

> ● 보기 ●
> ㄱ. $x=2$이다.
> ㄴ. $a=3$이다.
> ㄷ. (가)에는 무극성 공유 결합이 존재한다.

① ㄱ   ② ㄴ   ③ ㄱ, ㄷ   ④ ㄴ, ㄷ   ⑤ ㄱ, ㄴ, ㄷ

$2p$ 오비탈에는 최대 6개의 전자가 들어갈 수 있고, 바닥상태 전자 배치가 $1s^2 2s^2 2p^6$인 Ne은 비활성 기체이다.

09 분자의 구조와 성질

1 분자의 구조

(1) 전자쌍 반발 이론

① 분자 또는 이온에서 중심 원자 주위의 전자쌍들은 모두 음전하를 띠고 있어 서로 반발하여 가능한 멀리 떨어져 있으려고 한다.

② 중심 원자 주위에 있는 전자쌍 수에 따라 전자쌍의 배열이 달라진다.

전자쌍 수	전자쌍의 배열
2	180° — 2개의 전자쌍이 중심 원자를 기준으로 직선형으로 배열될 때 전자쌍 사이의 반발력이 최소가 된다.
3	120° — 3개의 전자쌍이 중심 원자를 기준으로 평면 삼각형으로 배열될 때 전자쌍 사이의 반발력이 최소가 된다.
4	109.5° 109.5° — 4개의 전자쌍이 중심 원자를 기준으로 정사면체형으로 배열될 때 전자쌍 사이의 반발력이 최소가 된다.

탐구자료 살펴보기 ▶ 전자쌍의 수에 따른 전자쌍의 배열

실험 과정

(가) 고무풍선 2개를 같은 크기로 불어 매듭을 지은 후 각 매듭을 함께 묶는다.

(나) 고무풍선 3개와 4개를 각각 같은 크기로 불어 매듭을 지은 후 각 매듭을 함께 묶는다.

실험 결과

고무풍선의 수	2개	3개	4개
고무풍선을 묶은 모습			
모양	직선형	평면 삼각형	정사면체형

분석 point

1. 각 고무풍선의 매듭을 묶어 고무풍선들이 가장 멀리 떨어지도록 배치해 보면, 고무풍선 2개를 묶었을 때는 직선형, 3개를 묶었을 때는 평면 삼각형, 4개를 묶었을 때는 정사면체형의 구조를 나타낸다.

2. 고무풍선의 배열은 분자를 이루는 전자쌍의 배열에 적용할 수 있다. 매듭은 중심 원자로, 고무풍선은 중심 원자 주위의 전자쌍에 비유할 수 있다. 분자에서 중심 원자 주위의 전자쌍들은 모두 음전하를 띠고 있으므로 서로 반발하여 가장 멀리 떨어져 있으려고 한다.

3. 전자쌍의 수가 2일 경우에는 2개의 전자쌍이 중심 원자를 중심으로 180°의 각을 이루면서 직선형으로 배열된다. 전자쌍의 수가 3일 경우에는 3개의 전자쌍이 중심 원자를 중심으로 120°의 각을 이루며 평면 삼각형으로 배열되고, 전자쌍의 수가 4일 경우에는 4개의 전자쌍이 중심 원자를 중심으로 109.5°의 각을 이루며 정사면체형으로 배열된다.

개념 체크

○ 전자쌍 반발 이론

중심 원자 주위의 전자쌍들이 서로 반발하여 가능한 멀리 떨어져 있으려고 하는 것이다.

1. 중심 원자 주위의 전자쌍들이 모두 음전하를 띠고 있으므로 서로 반발하여 가능한 멀리 떨어져 있으려고 하는 것을 (   ) 이론이라고 한다.

2. 중심 원자 주위에 있는 전자쌍의 수에 따라 전자쌍의 배열이 달라지며, 이에 의해 분자의 (   )이/가 결정된다.

3. 중심 원자 주위에 있는 전자쌍 수가 2일 때, 2개의 전자쌍이 (   )으로 배열되면 전자쌍 사이의 반발력이 최소가 된다.

정답

1. 전자쌍 반발
2. 구조(모양)
3. 직선형

개념 체크

○ **전자쌍 사이의 반발력 크기**
중심 원자의 비공유 전자쌍은 중심 원자에만 속해 있어 중심 원자 주위에서 더 큰 공간을 차지하므로 공유 전자쌍보다 전자쌍 사이의 반발력이 크다.

○ **결합각**
중심 원자의 원자핵과 중심 원자와 결합한 두 원자의 원자핵을 선으로 연결하였을 때 생기는 내각이다.

※ ○ 또는 ×

1. 비공유 전자쌍 사이의 반발력은 공유 전자쌍 사이의 반발력보다 크다.
( )

2. 중심 원자에 비공유 전자쌍이 없고, 결합된 원자 수가 3인 분자의 모양은 ( )이다.

※ ○ 또는 ×

3. 결합각은 BCl_3가 BeF_2보다 크다. ( )

4. CH_2O의 중심 원자에는 3개의 전자쌍이 있다.
( )

③ **전자쌍 사이의 반발력 크기** : 중심 원자의 공유 전자쌍은 2개의 원자가 공유하고 있으나, 비공유 전자쌍은 중심 원자에만 속해 있어 중심 원자 주위에서 공유 전자쌍보다 더 큰 공간을 차지한다. 따라서 비공유 전자쌍 사이의 반발력이 공유 전자쌍 사이의 반발력보다 크다.

비공유 전자쌍 사이의 반발력	>	공유 전자쌍−비공유 전자쌍 사이의 반발력	>	공유 전자쌍 사이의 반발력

(2) 결합각

분자나 이온에서 중심 원자의 원자핵과 중심 원자와 결합한 두 원자의 원자핵을 선으로 연결하였을 때 생기는 내각을 결합각이라고 한다.

결합각

(3) 분자의 구조

① **이원자 분자의 경우** : 2개의 원자가 결합하고 있으므로 두 원자핵이 동일한 직선 상에 존재한다.

분자식	H_2	HF	O_2	N_2
루이스 전자점식	H:H	H:F:	Ö::Ö	:N::N:
분자 모형				

② **중심 원자가 공유 전자쌍만 가지는 경우** : 중심 원자에 결합된 원자의 수에 따라 분자의 모양이 달라진다.

• 중심 원자에 2개의 원자가 결합된 경우 : 직선형

분자식	BeF_2	CO_2	HCN
루이스 전자점식	:F:Be:F:	Ö::C::Ö	H:C::N:
분자 모형			
분자 모양	직선형	직선형	직선형

• 중심 원자에 3개의 원자가 결합된 경우 : 평면 삼각형

분자식	BCl_3	CH_2O
루이스 전자점식	:Cl: :Cl:B:Cl:	:O: :: H:C:H
분자 모형		
분자 모양	평면 삼각형	평면 삼각형

정답

1. ○
2. 평면 삼각형
3. ×
4. ×

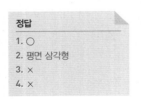

과학 돋보기 — 삼염화 붕소(BCl_3)와 폼알데하이드(CH_2O)의 분자 모양과 결합각

BCl_3	CH_2O

BCl_3에서 B 원자에 비공유 전자쌍이 없고, B−Cl의 결합은 모두 동등하므로 전자쌍 사이의 반발 정도가 같다. 따라서 전자쌍은 평면 삼각형으로 배열하고, 결합각은 120°가 된다.

CH_2O에서 C 원자에 비공유 전자쌍이 없고, 결합된 원자가 3개인데 C=O 2중 결합은 C−H 단일 결합보다 공유 전자쌍 수가 많다. 따라서 C=O 결합과 C−H 결합 사이의 반발력은 C−H 결합과 C−H 결합 사이의 반발력과 같지 않다.

- 중심 원자에 4개의 원자가 결합된 경우 : 정사면체형 또는 사면체형

분자식	결합한 원자가 모두 같은 경우		결합한 원자가 다른 경우
	CH_4	CF_4	CH_3Cl
루이스 전자점식			
분자 모형			
분자 모양	정사면체형	정사면체형	사면체형

- CH_4, CF_4 등과 같이 중심 원자에 비공유 전자쌍이 없고 중심 원자와 결합한 4개의 원자가 모두 같은 경우 분자의 모양은 정사면체형이다.
- CH_3Cl과 같이 중심 원자에 비공유 전자쌍이 없고 중심 원자와 결합한 4개의 원자들이 서로 다른 경우에는 결합한 원자의 크기와 전기 음성도가 달라 결합각이 달라져 분자의 모양은 사면체형이 된다.

③ **중심 원자가 비공유 전자쌍을 가지는 경우** : 중심 원자에 결합된 원자 수와 비공유 전자쌍의 수에 따라 분자의 모양이 달라진다.
  - 중심 원자가 3개의 원자와 결합하고, 중심 원자의 비공유 전자쌍 수가 1일 경우 : 삼각뿔형
  ➡ 4개의 전자쌍은 중심 원자 주위에 사면체 형태로 배열된다. 비공유 전자쌍과 공유 전자쌍 사이의 반발력이 공유 전자쌍 사이의 반발력보다 크므로 결합각은 정사면체일 때보다 작아지고, 분자 모양은 삼각뿔형이 된다.

○ 중심 원자에 비공유 전자쌍이 있는 경우
삼각뿔형 : 중심 원자에 결합된 원자가 3개이고, 중심 원자에 비공유 전자쌍이 1개 있는 경우
굽은 형 : 중심 원자에 결합된 원자가 2개이고, 중심 원자에 비공유 전자쌍이 2개 있는 경우

1. 중심 원자에 비공유 전자쌍이 1개, 결합된 원자가 3개인 분자의 모양은 (　　) 이다.

2. 중심 원자에 비공유 전자쌍이 2개, 결합된 원자가 2개인 분자의 모양은 (　　) 이다.

※ ○ 또는 ×

3. NH_3의 분자 모양은 평면 삼각형이다. (　　)

4. H_2O의 분자 모양은 굽은 형이다. (　　)

5. BCl_3와 NCl_3의 분자 모양은 같다. (　　)

분자식	NH_3	NF_3	PCl_3
루이스 전자점식	H:N:H (H)	:F:N:F: (:F:)	:Cl:P:Cl: (:Cl:)
분자 모형	비공유 전자쌍	비공유 전자쌍	비공유 전자쌍
분자 모양	삼각뿔형	삼각뿔형	삼각뿔형

- 중심 원자가 2개의 원자와 결합하고, 중심 원자의 비공유 전자쌍 수가 2일 경우 : 굽은 형
➡ 4개의 전자쌍은 중심 원자 주위에 사면체 형태로 배열된다. 비공유 전자쌍 사이의 반발력이 크므로 결합각은 더욱 작아지고, 분자 모양은 굽은 형이 된다.

분자식	H_2O	OF_2	H_2S
루이스 전자점식	H:O:H	:F:O:F:	H:S:H
분자 모형	비공유 전자쌍	비공유 전자쌍	비공유 전자쌍
분자 모양	굽은 형	굽은 형	굽은 형

🔍 **과학 돋보기** ┃ **H_3O^+과 NH_4^+의 모양**

H_3O^+과 NH_4^+의 루이스 전자점식, 공유 전자쌍 수, 비공유 전자쌍 수, 모양은 다음과 같다.

이온	H_3O^+	NH_4^+
루이스 전자점식	$\left[\text{H:O:H} \atop \text{H}\right]^+$	$\left[\text{H:N:H} \atop \text{H,H}\right]^+$
공유 전자쌍 수	3	4
비공유 전자쌍 수	1	0
모양	삼각뿔형	정사면체형

(4) 분자 모양의 예측

① 분자의 루이스 전자점식을 그린다.
② 중심 원자에 결합된 원자 수와 비공유 전자쌍 수를 세어 본다.
③ 전자쌍 반발 이론을 이용하여 중심 원자의 전자쌍 배열을 결정한다.
④ 원자의 위치와 결합각을 고려하여 분자 모양을 예측한다.

중심 원자에 결합된 원자 수	중심 원자의 비공유 전자쌍 수	분자 모양
2	0	직선형
3	0	평면 삼각형
4	0	정사면체형 또는 사면체형
3	1	삼각뿔형
2	2	굽은 형

예 암모니아(NH_3)의 분자 모양 예측

① 루이스 전자점식 그리기	② 중심 원자에 결합된 원자 수와 비공유 전자쌍 수 세기
H:N:H H	결합된 원자 수 : 3 비공유 전자쌍 수 : 1
③ 전자쌍 배열 결정	④ 분자 모양 예측
	 비공유 전자쌍 107° 삼각뿔형

🔍 과학 돋보기 | 비공유 전자쌍 수와 분자 모양

• 결합된 원자 수가 같아도 중심 원자에 존재하는 비공유 전자쌍 수에 따라 분자의 모양이 달라진다.

	중심 원자에 2개의 원자가 결합된 경우		중심 원자에 3개의 원자가 결합된 경우	
중심 원자의 비공유 전자쌍 수	0	2	0	1
분자 모형	180° F–Be–F	비공유 전자쌍 O 104.5° H	Cl 120° B Cl Cl	비공유 전자쌍 N 107°
분자 모양	직선형	굽은 형	평면 삼각형	삼각뿔형

• 2주기 원소의 수소 화합물에서 중심 원자에 4개의 전자쌍이 있는 경우, 비공유 전자쌍 사이의 반발력이 공유 전자쌍 사이의 반발력보다 크므로 비공유 전자쌍 수가 많을수록 결합각은 작다.

분자	CH_4	NH_3	H_2O
공유 전자쌍 수	4	3	2
비공유 전자쌍 수	0	1	2
분자 모양	정사면체형	삼각뿔형	굽은 형
결합각	109.5°	107°	104.5°

2 분자의 성질

(1) 무극성 분자

① 무극성 공유 결합이 있는 이원자 분자는 모두 무극성 분자이다.

    예 H_2, Cl_2, O_2 등

② 극성 공유 결합이 있는 분자라도 각 결합의 쌍극자 모멘트 합이 0인 분자 모양이면 분자의 쌍극자 모멘트가 0이므로 무극성 분자이다.

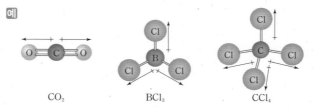

예

CO₂   BCl₃   CCl₄

무극성 분자(분자의 쌍극자 모멘트=0)

(2) **극성 분자** : 극성 공유 결합이 있는 분자 중에서 각 결합의 쌍극자 모멘트 합이 0이 아닌 분자 모양이면 분자의 쌍극자 모멘트가 0이 아니므로 극성 분자이다.

예

HF

HF 분자에서 F 원자 쪽은 부분적인 음전하(δ^-)를 띠고, H 원자 쪽은 부분적인 양전하(δ^+)를 띤다.

H₂O

H_2O 분자에서 O 원자 쪽은 부분적인 음전하(δ^-)를 띠고, H 원자 쪽은 부분적인 양전하(δ^+)를 띤다.

NH₃

NH_3 분자에서 N 원자 쪽은 부분적인 음전하(δ^-)를 띠고, H 원자 쪽은 부분적인 양전하(δ^+)를 띤다.

극성 분자(분자의 쌍극자 모멘트≠0)

과학 돋보기   분자의 모양과 성질

분자식	BeF_2	BCl_3	CH_4	NH_3	H_2O
분자 모형	180° F—Be—F	120° BCl₃	109.5° CH₄	비공유 전자쌍 107° NH₃	비공유 전자쌍 104.5° H₂O
중심 원자의 공유 전자쌍 수	2	3	4	3	2
중심 원자의 비공유 전자쌍 수	0	0	0	1	2
분자 모양	직선형	평면 삼각형	정사면체형	삼각뿔형	굽은 형
결합각	180°	120°	109.5°	107°	104.5°
성질	무극성	무극성	무극성	극성	극성

(3) **분자의 극성 알아내기**

분자	SiH_4	H_2S
① 분자의 루이스 전자점식을 그린다.	H $H:Si:H$ H	$H:\overset{..}{\underset{..}{S}}:H$
② 분자 모양을 파악한다.	정사면체형	굽은 형
③ 결합의 쌍극자 모멘트 합을 구하여 분자의 극성을 알아낸다.	결합의 쌍극자 모멘트 합이 0이므로 무극성 분자이다.	결합의 쌍극자 모멘트 합이 0이 아니므로 극성 분자이다.

(4) 무극성 분자와 극성 분자의 성질

① 용해성

- 극성 분자는 극성 용매에 잘 용해되고, 무극성 분자는 무극성 용매에 잘 용해된다.
- 극성 용매와 무극성 용매는 서로 잘 섞이지 않고 층을 이룬다.
- 예 무극성 물질인 아이오딘(I_2)은 극성 용매인 물(H_2O)에는 잘 용해되지 않지만, 무극성 용매인 헥세인(C_6H_{14})에는 잘 용해된다.

용매	물(H_2O)	헥세인(C_6H_{14})
용매의 성질	극성	무극성
잘 용해되는 물질	극성 분자, 이온 결합 물질 예 HCl, NH_3, $NaCl$, $CuSO_4$ 등	무극성 분자 예 Br_2, I_2, C_6H_6(벤젠) 등

🧪 탐구자료 살펴보기 ▶ 물질의 용해

실험 과정

(가) 4개의 시험관 A~D를 준비하여 A와 B에 각각 물($H_2O(l)$) 5 mL를, C와 D에 각각 헥세인 ($C_6H_{14}(l)$) 5 mL를 넣는다.

(나) 시험관 A와 C에 각각 황산 구리($CuSO_4$) 0.3 g 을, B와 D에 각각 아이오딘(I_2) 0.3 g을 넣고 잘 흔든 다음 용매에 용해되는 정도를 관찰한다.

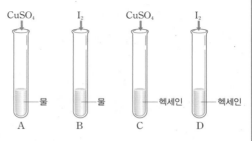

실험 결과

시험관	A	B	C	D
결과	잘 녹음	거의 녹지 않음	거의 녹지 않음	잘 녹음

분석 point

1. 이온 결합 물질인 $CuSO_4$는 극성 용매인 물에 잘 녹는다.
2. 무극성 물질인 I_2은 무극성 용매인 헥세인에 잘 녹는다.

---

② 끓는점

- 극성 물질은 분자에서 부분적인 양전하(δ^+)를 띤 원자와 이웃한 분자의 부분적인 음전하 (δ^-)를 띤 원자 사이에 인력이 존재하므로 분자량이 비슷한 무극성 물질에 비해 분자 사이의 인력이 크다.
- 일반적으로 극성 물질은 분자량이 비슷한 무극성 물질보다 끓는점이 높다.
- 예 CH_4과 H_2O은 분자량이 비슷하지만 끓는점은 극성 물질인 H_2O이 무극성 물질인 CH_4 보다 높다.

물질	성질	분자량	끓는점(℃)
CH_4	무극성	16	-161.5
H_2O	극성	18	100
O_2	무극성	32	-183
HCl	극성	36.5	-85

개념 체크

○ 극성 분자는 극성 용매에 잘 용해되고, 무극성 분자는 무극성 용매에 잘 용해된다.

○ 극성 물질은 일반적으로 분자량이 비슷한 무극성 물질보다 끓는점이 높다.

1. (　　　) 분자는 극성 용매에 잘 용해되고, (　　　) 분자는 무극성 용매에 잘 용해된다.

※ ○ 또는 ×

2. 아이오딘(I_2)은 극성 용매인 물보다 무극성 용매인 헥세인에 잘 용해된다. (　　)

3. 염화 수소(HCl)는 무극성 용매인 헥세인보다 극성 용매인 물에 잘 용해된다. (　　)

4. H_2O은 분자량이 비슷한 CH_4보다 끓는점이 높다. (　　)

정답
1. 극성, 무극성
2. ○
3. ○
4. ○

③ 전기적 성질 : 극성 분자는 분자의 쌍극자 모멘트가 0이 아니므로 전기장에서 기체 상태의 극성 분자는 부분적인 음전하(δ^-)를 띠는 부분이 전기장의 (+)극 쪽으로, 부분적인 양전하(δ^+)를 띠는 부분이 전기장의 (−)극 쪽으로 향하도록 배열된다.

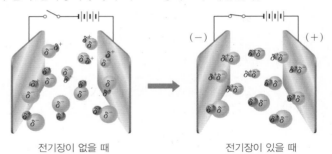

전기장이 없을 때   전기장이 있을 때

🧪 **탐구자료 살펴보기**   **물의 극성 확인**

실험 과정

(가) 뷰렛에 물을 넣은 후 뷰렛 꼭지를 열어 가는 물줄기가 흐르도록 한다.
(나) 그림과 같이 (−)전하를 띠는 대전체를 물줄기에 가까이 가져가 본다.

물

(−)대전체

(다) (−)전하를 띠는 대전체 대신 (+)전하를 띠는 대전체를 물줄기에 가까이 가져가 본다.

실험 결과

과정 (나)와 (다)에서 모두 물줄기가 대전체 쪽으로 휘어졌다.

분석 point

(−)대전체를 가까이 가져가면 물 분자에서 부분적인 양전하(δ^+)를 띠는 H 원자 쪽(방향)이 대전체 쪽으로 끌려가고, (+)대전체를 가까이 가져가면 물 분자에서 부분적인 음전하(δ^-)를 띠는 O 원자 쪽(방향)이 대전체 쪽으로 끌려가므로 대전체의 전하의 종류와 상관없이 물줄기가 대전체 쪽으로 휘어진다.

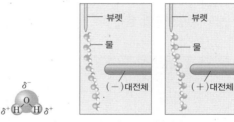

대전체 쪽으로 휘어지는 물줄기

01 다음은 분자의 구조와 관련된 설명이다.

[24024-0171]

○ 분자 내 결합각의 크기는 모두 같다.
○ 중심 원자 주위에 있는 전자쌍 사이에 서로 다른 크기의 반발력이 있다.

위 설명을 모두 만족하는 분자만을 〈보기〉에서 있는 대로 고른 것은?

● 보기 ●
ㄱ. NH_3 ㄴ. BF_3 ㄷ. SiH_4

① ㄱ   ② ㄴ   ③ ㄷ
④ ㄱ, ㄴ   ⑤ ㄴ, ㄷ

02 그림은 분자 (가)~(다)의 구조식을 나타낸 것이다.

[24024-0172]

$$\begin{array}{ccc} H & & Cl \\ | & & | \\ H-N-H & H-O-H & Cl-B-Cl \\ (가) & (나) & (다) \end{array}$$

이에 대한 설명으로 옳은 것만을 〈보기〉에서 있는 대로 고른 것은?

● 보기 ●
ㄱ. (나)의 분자 모양은 직선형이다.
ㄴ. (가)~(다) 중 결합각이 가장 큰 것은 (다)이다.
ㄷ. 분자의 쌍극자 모멘트는 (가)와 (다)가 같다.

① ㄴ   ② ㄷ   ③ ㄱ, ㄴ
④ ㄱ, ㄷ   ⑤ ㄴ, ㄷ

03 다음은 주기율표의 일부와 원소 W~Z로 이루어진 분자 (가)~(라)에 대한 자료이다. (라)의 중심 원자는 Y이다.

[24024-0173]

족 \ 주기	1	2	13	14	15	16	17	18
1	W							
2		X			Y	Z		

분자	(가)	(나)	(다)	(라)
구성 원소	W, Y	X, Z	Y	Y, Z
구성 원자 수	3	3	2	3

(가)~(라)에 대한 설명으로 옳은 것만을 〈보기〉에서 있는 대로 고른 것은? (단, W~Z는 임의의 원소 기호이다.)

● 보기 ●
ㄱ. (나)는 분자의 쌍극자 모멘트가 0이다.
ㄴ. (가)와 (라)의 분자 모양은 모두 굽은 형이다.
ㄷ. 다중 결합이 있는 것은 1가지이다.

① ㄴ   ② ㄷ   ③ ㄱ, ㄴ
④ ㄱ, ㄷ   ⑤ ㄱ, ㄴ, ㄷ

04 표는 분자의 모양을 예측하기 위한 자료이다.

[24024-0174]

분자 모양	중심 원자에 결합된 원자 수	중심 원자의 비공유 전자쌍 수
(가)	2	0
(나)	2	1
(다)	3	1
(라)	4	0

(가)~(라)에 대한 설명으로 옳지 않은 것은?

① 결합각은 (가)가 (나)보다 크다.
② H_2S는 (나)에 해당한다.
③ (다)는 삼각뿔형이다.
④ CH_2Cl_2는 (라)에 해당한다.
⑤ 구성 원자가 모두 동일 평면에 있는 것은 2가지이다.

05 그림은 분자 (가)~(다)의 구조식을 나타낸 것이다. H와 C의 전기 음성도는 각각 2.1과 2.5이다.

[24024-0175]

(가)~(다)에 대한 설명으로 옳은 것만을 〈보기〉에서 있는 대로 고른 것은?

● 보 기 ●
ㄱ. 분자 모양은 모두 사면체형이다.
ㄴ. (다)는 무극성 분자이다.
ㄷ. (가)와 (다)에서 C는 모두 부분적인 음전하(δ^-)를 띤다.

① ㄱ   ② ㄷ   ③ ㄱ, ㄴ
④ ㄴ, ㄷ   ⑤ ㄱ, ㄴ, ㄷ

06 다음은 원자 X~Z로 이루어진 분자에 대한 자료이다. X~Z는 C, O, F을 순서 없이 나타낸 것이다.

[24024-0176]

○ ZX_2의 구성 원자는 모두 옥텟 규칙을 만족한다.
○ Y 원자 1개와 Z 원자 2개로 이루어진 분자는 무극성 분자이다.

이에 대한 설명으로 옳은 것만을 〈보기〉에서 있는 대로 고른 것은?

● 보 기 ●
ㄱ. X~Z 중 전기 음성도가 가장 큰 원소는 X이다.
ㄴ. ZX_2 분자의 쌍극자 모멘트는 0이다.
ㄷ. YZX_2의 분자 모양은 평면 삼각형이다.

① ㄱ   ② ㄴ   ③ ㄱ, ㄴ
④ ㄱ, ㄷ   ⑤ ㄴ, ㄷ

07 다음은 물질 A와 B의 성질을 알아보기 위한 실험이다.

[24024-0177]

[실험 과정]
뷰렛에 액체 A와 B를 각각 넣고 꼭지를 열어 액체 줄기가 가늘게 흐르도록 한 후, (−)전하를 띠는 대전체를 액체 줄기에 가까이 가져가 결과를 관찰한다.

[실험 결과]
A는 대전체 쪽으로 휘어졌고, B는 아무 변화도 없었다.

이에 대한 설명으로 옳은 것만을 〈보기〉에서 있는 대로 고른 것은?

● 보 기 ●
ㄱ. 물질의 극성 유무를 확인하는 실험이다.
ㄴ. A 분자에는 부분적인 양전하(δ^+)를 띠는 부분이 있다.
ㄷ. 기체 상태의 B 분자는 전기장에서 일정한 방향으로 배열한다.

① ㄴ   ② ㄷ   ③ ㄱ, ㄴ
④ ㄱ, ㄷ   ⑤ ㄱ, ㄴ, ㄷ

08 그림은 1, 2주기 비금속 원자 X와 Y의 루이스 전자점식을, 표는 X와 Y로 이루어진 분자 (가)~(다)에 대한 자료이다.

[24024-0178]

$$X \cdot \quad \cdot \overset{\cdot}{\underset{\cdot}{Y}}$$

분자	(가)	(나)	(다)
분자당 X 원자 수	2	4	4
분자당 Y 원자 수	2	2	1

(가)~(다)에 대한 설명으로 옳은 것만을 〈보기〉에서 있는 대로 고른 것은? (단, X와 Y는 임의의 원소 기호이다.)

● 보 기 ●
ㄱ. 다중 결합이 있는 것은 1가지이다.
ㄴ. 분자의 쌍극자 모멘트는 (가)와 (다)가 같다.
ㄷ. Y 원자 주위의 결합각(∠XYY)은 (가)가 (나)보다 크다.

① ㄱ   ② ㄴ   ③ ㄷ
④ ㄱ, ㄴ   ⑤ ㄴ, ㄷ

09 다음은 2주기 중심 원자와 H로 이루어진 분자의 구조를 알아보기 위한 활동이다.

Ⅰ. 포장 끈을 이용하여 원자, 공유 전자쌍, 비공유 전자쌍을 만든다.

Ⅱ. 그림과 같이 전자쌍 사이의 반발이 최소가 되도록 중심 원자 주위에 전자쌍을 위치시킨다.

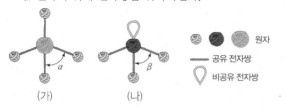

원자
—— 공유 전자쌍
◠ 비공유 전자쌍

(가)   (나)

이에 대한 설명으로 옳은 것만을 〈보기〉에서 있는 대로 고른 것은?

보기

ㄱ. (가)는 CH_4의 구조이다.
ㄴ. 공유 전자쌍 사이의 각은 β가 α보다 크다.
ㄷ. 분자의 쌍극자 모멘트는 (가)와 (나)가 같다.

① ㄱ   ② ㄷ   ③ ㄱ, ㄴ
④ ㄱ, ㄷ   ⑤ ㄴ, ㄷ

10 다음은 분자 (가)~(다)에 대한 자료이다.

○ 2주기 원자 1개와 수소가 결합하여 이루어진다.
○ 중심 원자는 옥텟 규칙을 만족한다.
○ (가)~(다)는 중심 원자의 원자 번호가 각각 6~8이다.

(가)~(다)에 대한 설명으로 옳은 것만을 〈보기〉에서 있는 대로 고른 것은?

보기

ㄱ. (가)~(다) 각 1 mol에 포함된 수소 원자 양의 합은 10 mol이다.
ㄴ. 결합각은 (가)가 (나)보다 크다.
ㄷ. (다)는 분자의 쌍극자 모멘트가 0이 아니다.

① ㄴ   ② ㄷ   ③ ㄱ, ㄴ
④ ㄱ, ㄷ   ⑤ ㄴ, ㄷ

11 다음은 분자의 극성과 용해성에 대한 실험이다. A와 B는 H_2O과 헥세인(C_6H_{14})을 순서 없이 나타낸 것이다.

[실험 과정 및 결과]

(가) 무색의 A(l)가 담긴 시험관에 B(l)를 넣고 섞었더니, A(l)와 B(l)는 섞이지 않고 층을 이루었다.

(나) (가)의 시험관에 황산 구리($CuSO_4$)를 소량 넣고 흔들었더니 B(l)만 푸르게 변했다.

이에 대한 설명으로 옳은 것만을 〈보기〉에서 있는 대로 고른 것은?

보기

ㄱ. 분자의 쌍극자 모멘트는 A와 B가 같다.
ㄴ. A에는 무극성 공유 결합이 있다.
ㄷ. B(g)는 전기장 속에서 일정한 방향으로 배열한다.

① ㄴ   ② ㄷ   ③ ㄱ, ㄴ
④ ㄱ, ㄷ   ⑤ ㄴ, ㄷ

12 다음은 암모니아(NH_3)와 염화 수소(HCl)가 각각 물에 용해되는 반응의 화학 반응식이다.

○ $NH_3 + H_2O \longrightarrow \boxed{\text{㉠}} + OH^-$
○ $HCl + H_2O \longrightarrow \boxed{\text{㉡}} + Cl^-$

이에 대한 설명으로 옳은 것만을 〈보기〉에서 있는 대로 고른 것은?

보기

ㄱ. 결합각은 ㉠ > NH_3이다.
ㄴ. 비공유 전자쌍 수는 OH^-이 ㉡의 3배이다.
ㄷ. ㉡의 모양은 삼각뿔형이다.

① ㄱ   ② ㄷ   ③ ㄱ, ㄴ
④ ㄴ, ㄷ   ⑤ ㄱ, ㄴ, ㄷ

[24024-0183]

2주기 원소이면서 분자에서 모든 원자가 옥텟 규칙을 만족하므로 X와 Y는 각각 C, N, O, F 중 하나이다.

01 다음은 2주기 원소 X와 Y로 이루어진 3가지 분자의 분자식이다. 분자에서 모든 원자는 옥텟 규칙을 만족한다.

$$X_2Y_2 \qquad X_2Y_4 \qquad XY_3$$

3가지 분자에 대한 설명으로 옳은 것만을 〈보기〉에서 있는 대로 고른 것은? (단, X와 Y는 임의의 원소 기호이다.)

● 보기 ●
ㄱ. XY_3에서 X는 부분적인 음전하(δ^-)를 띤다.
ㄴ. 다중 결합이 있는 것은 1가지이다.
ㄷ. X_2Y_4의 구성 원자는 모두 동일 평면에 있다.

① ㄴ   ② ㄷ   ③ ㄱ, ㄴ   ④ ㄱ, ㄷ   ⑤ ㄴ, ㄷ

[24024-0184]

구성 원자가 여러 개인 분자의 구조는 중심 원자가 되는 원자를 중심으로 부분적인 구조를 파악한다.

02 그림은 아세트산(CH_3COOH)의 구조식이다. 구조식에서 다중 결합은 나타내지 않았다.

이에 대한 설명으로 옳은 것만을 〈보기〉에서 있는 대로 고른 것은?

● 보기 ●
ㄱ. (가)의 모든 원자는 동일 평면에 있다.
ㄴ. 결합각은 α가 β보다 크다.
ㄷ. 아세트산 분자에서 공유 전자쌍 수와 비공유 전자쌍 수의 차는 3이다.

① ㄴ   ② ㄷ   ③ ㄱ, ㄴ   ④ ㄱ, ㄷ   ⑤ ㄴ, ㄷ

03 표는 중심 원자가 1개인 분자 (가)~(라)에 대한 자료이다. 분자 내 모든 원자는 2주기 원소이며 옥텟 규칙을 만족한다.

[24024-0185]

분자	(가)	(나)	(다)	(라)
분자의 쌍극자 모멘트	2.17	0	0.23	0
공유 전자쌍 수	4	4	3	4
구성 원자 수	3	3	4	5

(가)~(라)에 대한 설명으로 옳은 것만을 〈보기〉에서 있는 대로 고른 것은?

● 보기 ●

ㄱ. (나)의 구성 원소는 2가지이다.

ㄴ. 다중 결합이 있는 것은 2가지이다.

ㄷ. 중심 원자에 비공유 전자쌍이 있는 것은 1가지이다.

① ㄱ　　　② ㄷ　　　③ ㄱ, ㄴ　　　④ ㄴ, ㄷ　　　⑤ ㄱ, ㄴ, ㄷ

> 분자의 쌍극자 모멘트가 0이면 무극성 분자이고, 0이 아니면 극성 분자이다.

04 표는 2주기 원소 $W \sim Z$로 이루어진 3가지 분자 (가)~(다)에 대한 자료이다.

[24024-0186]

분자	(가)	(나)	(다)
분자식	WZ_2	ZX_2	YX_3
구성 원자의 원자가 전자 수의 합	16	20	24
결합각	α	β	γ

이에 대한 설명으로 옳은 것만을 〈보기〉에서 있는 대로 고른 것은? (단, $W \sim Z$는 임의의 원소 기호이다.)

● 보기 ●

ㄱ. (가)~(다)에서 분자를 구성하는 모든 원자는 옥텟 규칙을 만족한다.

ㄴ. 결합각은 $\alpha > \gamma > \beta$이다.

ㄷ. WZX_2의 분자 모양은 삼각뿔형이다.

① ㄱ　　　② ㄴ　　　③ ㄱ, ㄷ　　　④ ㄴ, ㄷ　　　⑤ ㄱ, ㄴ, ㄷ

> 분자를 구성하는 2주기 원소는 Be, B, C, N, O, F이고, 원자가 전자 수는 각각 2~7이다.

결합의 쌍극자 모멘트 합이 0인
분자의 쌍극자 모멘트는 0이고,
무극성 분자이다.

[24024-0187]

05 다음은 메탄올(CH_3OH)과 관련된 2가지 화학 반응식이다.

(가) $2CH_3OH + \underset{\text{㉠}}{O_2} \longrightarrow 2(\underset{\text{㉡}}{\qquad}) + 2\underset{\text{㉢}}{H_2O}$

(나) $2CH_3OH + 3O_2 \longrightarrow 2(\underset{\text{㉣}}{\qquad}) + 4H_2O$

분자 ㉠~㉣에 대한 설명으로 옳은 것만을 〈보기〉에서 있는 대로 고른 것은?

● 보기 ●

ㄱ. 무극성 공유 결합이 있는 것은 1가지이다.

ㄴ. ㉣은 무극성 분자이다.

ㄷ. 모든 구성 원자가 동일 평면에 있는 것은 3가지이다.

① ㄴ   ② ㄷ   ③ ㄱ, ㄴ   ④ ㄱ, ㄷ   ⑤ ㄱ, ㄴ, ㄷ

화학 결합 모형에서 1개의 공
유 전자쌍은 2개의 원자에서
각각 전자 1개를 내놓고 결합
하므로, 이로부터 결합 전 원
자의 원자가 전자 수를 알 수
있다.

[24024-0188]

06 그림은 분자 (가)~(다)를 화학 결합 모형으로 나타낸 것이다.

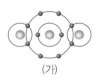 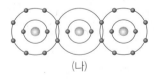 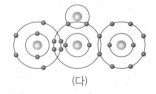

(가)   (나)   (다)

(가)~(다)에 대한 설명으로 옳은 것만을 〈보기〉에서 있는 대로 고른 것은?

● 보기 ●

ㄱ. 가장 큰 결합각이 있는 것은 (가)이다.

ㄴ. (나)에서 중심 원자는 부분적인 양전하(δ^+)를 띤다.

ㄷ. 모든 구성 원자가 동일 평면에 있는 것은 3가지이다.

① ㄱ   ② ㄴ   ③ ㄱ, ㄷ   ④ ㄴ, ㄷ   ⑤ ㄱ, ㄴ, ㄷ

07 다음은 중심 원자가 1개인 분자의 분자 모양에 대한 설명이다.
[24024-0189]

○ 중심 원자에 결합된 ⑤ 수가 같아도 중심 원자의 ⑥ 수에 따라 분자 모양이 달라진다.

중심 원자에 결합된 ⑤ 수	2		3	
중심 원자의 ⑥ 수	0	1 또는 2	0	1
분자 모양	a	b	c	d
분자의 예	ⓒ		$COCl_2$	

이에 대한 설명으로 옳은 것만을 〈보기〉에서 있는 대로 고른 것은?

● 보기 ●
ㄱ. '공유 전자쌍'은 ⑤으로 적절하다.
ㄴ. 'FCN'은 ⓒ으로 적절하다.
ㄷ. a~d 중 입체 구조인 것은 2가지이다.

① ㄱ   ② ㄴ   ③ ㄷ   ④ ㄴ, ㄷ   ⑤ ㄱ, ㄴ, ㄷ

분자의 모양을 결정할 때 다중 결합은 하나의 결합으로 취급한다.

08 다음은 원소 W~Z로 이루어진 3가지 분자의 분자식이다. W~Z는 N, O, S, Cl를 순서 없이 나타낸 것이고, 분자에서 모든 원자는 옥텟 규칙을 만족하며, 전기 음성도는 Y > X이다.
[24024-0190]

WYZ XZ_2 WZ_3

이에 대한 설명으로 옳은 것만을 〈보기〉에서 있는 대로 고른 것은?

● 보기 ●
ㄱ. 중심 원자의 비공유 전자쌍 수는 WYZ가 XZ_2보다 크다.
ㄴ. 모든 구성 원자가 동일 평면에 있는 분자는 2가지이다.
ㄷ. 분자의 쌍극자 모멘트가 0이 아닌 분자는 2가지이다.

① ㄱ   ② ㄴ   ③ ㄱ, ㄷ   ④ ㄴ, ㄷ   ⑤ ㄱ, ㄴ, ㄷ

전기 음성도는 같은 주기에서는 원자 번호가 증가할수록 커지고, 같은 족에서는 원자 번호가 증가할수록 작아진다.

[24024-0191]

전기 음성도는 같은 주기에서 원자 번호가 증가할수록 커지므로 전기 음성도의 크기는 O>C, Cl>P이다.

09 그림은 4가지 분자를 주어진 기준에 따라 분류한 것이다. 전기 음성도는 $S>C>H$이다.

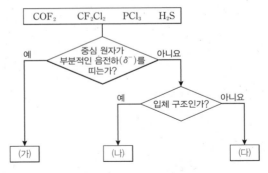

이에 대한 설명으로 옳은 것만을 〈보기〉에서 있는 대로 고른 것은?

----●보 기 ●----
ㄱ. (가)에 해당하는 분자의 모양은 굽은 형이다.
ㄴ. (나)에 해당하는 분자는 2가지이다.
ㄷ. (다)에 해당하는 분자에는 다중 결합이 없다.

① ㄴ   ② ㄷ   ③ ㄱ, ㄴ   ④ ㄱ, ㄷ   ⑤ ㄴ, ㄷ

[24024-0192]

결합각으로부터 분자 모양을 추론할 수 있고, 분자 모양을 결정할 때 공유 전자쌍 수와 비공유 전자쌍 수를 모두 고려한다.

10 그림은 2주기 원소로 이루어진 분자 (가)~(다)의 결합각과 공유 전자쌍 수를 나타낸 것이다. (가)~(다)는 각각 2종류의 원소로 구성되며, 중심 원자는 1개이고, 분자에서 모든 원자는 옥텟 규칙을 만족한다.

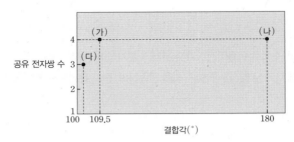

이에 대한 설명으로 옳은 것만을 〈보기〉에서 있는 대로 고른 것은?

----●보 기 ●----
ㄱ. (가)는 입체 구조이다.
ㄴ. (나)에는 다중 결합이 있다.
ㄷ. (다)의 중심 원자에는 비공유 전자쌍이 있다.

① ㄱ   ② ㄴ   ③ ㄱ, ㄷ   ④ ㄴ, ㄷ   ⑤ ㄱ, ㄴ, ㄷ

11 다음은 분자의 구조와 성질에 관한 실험이다.

[24024-0193]

> [가설]
> ○ _____ ⑤ _____
>
> [실험 과정]
> (가) 실험에 사용할 2가지 액체 A, B를 정한다.
> (나) 뷰렛에 A를 넣고 뷰렛 꼭지를 열어 가는 액체 줄기가 흐르도록 한다.
> (다) (나)의 액체 줄기에 (+)로 대전된 대전체를 가까이 가져가 본다.
> (라) B를 이용하여 (나)와 (다)를 반복한다.
>
> [실험 결과 및 결론]
> ○ A는 대전체에 끌렸고 B는 대전체에 끌리지 않았으므로 가설은 옳다.

실험 결과와 결론이 타당할 때, 이에 대한 설명으로 옳은 것만을 〈보기〉에서 있는 대로 고른 것은?

> ● 보기 ●
> ㄱ. (가)의 2가지 액체로 물과 헥세인(C_6H_{14})은 적절하다.
> ㄴ. B 분자에서 부분적인 음전하(δ^-)를 띤 부분이 대전체에 가까이 배열된다.
> ㄷ. '극성 물질과 무극성 물질은 대전체에 끌리는 정도가 다를 것이다.'는 ⑤으로 적절하다.

① ㄱ   ② ㄴ   ③ ㄱ, ㄷ   ④ ㄴ, ㄷ   ⑤ ㄱ, ㄴ, ㄷ

극성 물질은 부분 전하를 띠므로 전하를 띤 물질에 인력이 작용한다.

12 그림은 2주기 원소 W~Z로 이루어진 분자 (가)~(다)의 구조식과 부분 전하의 일부를 나타낸 것이다. 분자의 모든 원자는 옥텟 규칙을 만족하며, 구조식에서 다중 결합은 나타내지 않았다.

[24024-0194]

$$W - \overset{\delta^+}{X} - W \qquad \overset{\delta^-}{W} - Y - \overset{\delta^-}{Z} \qquad \overset{\delta^-}{Y} - X - \overset{\delta^-}{Z}$$
$$\text{(가)} \qquad\qquad \text{(나)} \qquad\qquad \text{(다)}$$

이에 대한 설명으로 옳은 것만을 〈보기〉에서 있는 대로 고른 것은? (단, W~Z는 임의의 원소 기호이다.)

> ● 보기 ●
> ㄱ. W~Z 중 전기 음성도는 W가 가장 크다.
> ㄴ. (가)~(다) 중 3중 결합이 있는 것은 1가지이다.
> ㄷ. (가)~(다) 중 결합각이 가장 작은 것은 (나)이다.

① ㄱ   ② ㄷ   ③ ㄱ, ㄴ   ④ ㄴ, ㄷ   ⑤ ㄱ, ㄴ, ㄷ

2주기이면서 분자 내 모든 원자가 옥텟 규칙을 만족하는 원소는 C, N, O, F이고, 2주기에서 전기 음성도는 원자 번호가 커질수록 증가한다(단, 18족 제외).

10 동적 평형

개념 체크

○ 가역 반응
반응 조건에 따라 정반응과 역반응이 모두 일어날 수 있는 반응이다.

1. (　　　)은 정반응과 역반응이 모두 일어날 수 있는 반응이다.

2. 정반응은 가역 반응의 화학 반응식에서 (오른 / 왼)쪽으로 진행되는 반응이다.

3. 가역 반응의 화학 반응식에서 화살표는 (　　　)로 나타낸다.

4. 푸른색의 염화 코발트(Ⅱ) 종이가 물과 반응해 붉게 되었다가 물을 증발시키면 다시 푸른색이 되는 것은 이 반응이 (　　　) 반응이기 때문이다.

1 가역 반응과 비가역 반응

(1) 정반응과 역반응

① 정반응은 반응물이 생성물로 되는 반응이고, 역반응은 정반응의 생성물이 다시 반응물로 되는 반응이다.

② 정반응과 역반응은 서로 반대 방향으로 진행하는 반응이다.

(2) 가역 반응

① 가역 반응 : 반응 조건(농도, 압력, 온도 등)에 따라 정반응과 역반응이 모두 일어날 수 있는 반응으로, 화학 반응식에서 $\rightleftharpoons$로 나타낸다.

　예　반응물 $\underset{\text{역반응}}{\overset{\text{정반응}}{\rightleftharpoons}}$ 생성물

② 가역 반응의 예
- 물을 냉동실에 넣으면 얼음이 되지만 얼음을 밖에 꺼내 놓으면 다시 녹아 물이 된다.
  ➡ 정반응 : 물의 응고, 역반응 : 얼음의 융해
- 이른 아침 공기 중 수증기가 풀잎에 이슬로 맺히지만 시간이 지나면서 다시 공기 중 수증기로 돌아가 이슬이 없어진다.
  ➡ 정반응 : 수증기의 액화, 역반응 : 물의 기화
- 물에 이산화 탄소가 녹아 있는 탄산음료의 용기 뚜껑을 열어 두면 이산화 탄소가 다시 공기 중으로 빠져나가 탄산음료의 톡 쏘는 맛이 약해진다.
  ➡ 정반응 : 이산화 탄소가 물에 녹는 반응, 역반응 : 이산화 탄소가 탄산음료에서 빠져나오는 반응

🧪 **탐구자료 살펴보기** ▶ **수분 검출 시약 – 염화 코발트(Ⅱ)**

푸른색의 염화 코발트(Ⅱ)($CoCl_2$)는 수분을 흡수하면 붉은색으로 변하는 성질이 있으므로 화학 반응에서 물이 생성되었는지 확인하는 데 자주 이용된다. 간편한 실험을 위해 염화 코발트(Ⅱ) 종이가 주로 사용된다.

실험 과정

(가) 푸른색 염화 코발트(Ⅱ) 종이에 스포이트를 이용해 물방울을 떨어뜨린 후 색깔을 관찰한다.

(나) 물이 떨어졌던 부분에 헤어드라이어의 따뜻한 바람을 이용하여 물을 증발시키고 염화 코발트(Ⅱ) 종이의 색깔을 관찰한다.

실험 결과

1. (가)에서 물에 닿은 부분이 붉은색으로 변했다.
2. (나)에서 물이 증발하면서 다시 푸른색으로 변했다.

분석 point

푸른색 염화 코발트(Ⅱ)($CoCl_2$)가 물을 흡수하면 붉은색의 염화 코발트(Ⅱ) 수화물($CoCl_2 \cdot 6H_2O$)이 되고, 붉은색 염화 코발트(Ⅱ) 수화물($CoCl_2 \cdot 6H_2O$)에서 물을 제거하면 다시 푸른색의 염화 코발트(Ⅱ)($CoCl_2$)가 된다. 이 과정은 다음의 가역 반응으로 설명할 수 있다.

$$\underset{\text{푸른색}}{CoCl_2} + 6H_2O \rightleftharpoons \underset{\text{붉은색}}{CoCl_2 \cdot 6H_2O}$$

정답
1. 가역 반응
2. 오른
3. $\rightleftharpoons$
4. 가역

과학 돋보기 | 석회 동굴과 종유석, 석순

개념 체크

○ 석회 동굴 생성 반응과 종유석, 석순 생성 반응은 가역 반응이다.

※ ○ 또는 ×

1. 탄산 칼슘이 물과 이산화 탄소와 함께 반응하여 탄산수소 칼슘 수용액이 생성되는 반응은 역반응이 일어나지 않는다. (　　)

석회 동굴은 탄산 칼슘($CaCO_3$)이 주성분인 석회암 지대에서 주로 생성된다. 그 이유는 탄산 칼슘이 지하수, 이산화 탄소와 함께 반응하여 물에 잘 녹는 탄산수소 칼슘($Ca(HCO_3)_2$)이 생성되기 때문이다. 그런데 석회 동굴 안에는 동굴 천장에 종유석이 달려 있고 바닥에 석순이 형성되어 있는 것을 종종 볼 수 있는데, 종유석과 석순은 어떻게 생성된 것일까? 그것은 바로 석회 동굴 생성 반응의 역반응에 의해 생성된 것이다.

$$CaCO_3(s)+H_2O(l)+CO_2(g) \underset{\text{종유석, 석순 생성}}{\overset{\text{석회 동굴 생성}}{\rightleftarrows}} Ca(HCO_3)_2(aq)$$

탄산수소 칼슘 수용액에서 이산화 탄소가 빠져나가고 물이 생성되면서 물에 잘 녹지 않는 탄산 칼슘이 생성된 것이다. 탄산수소 칼슘 수용액이 천장에서 떨어지기 전 이 반응이 일어나 탄산 칼슘이 천장에 붙으면 종유석이 되고, 탄산수소 칼슘 수용액이 바닥에 떨어진 후 이 반응이 일어나 탄산 칼슘이 바닥에 쌓이면 석순이 되는 것이다. 따라서 일반적으로 천장의 종유석과 바닥의 석순은 수직 방향으로 일직선 상에서 생성되는 경우가 많다. 석회 동굴 생성 반응과 종유석, 석순 생성 반응은 가역 반응의 대표적인 사례이다.

 과학 돋보기 | 우리 주변의 가역 반응의 예

물의 상태 변화
- 추운 겨울이 지나고 봄이 시작되면 산행 시 낙석에 특히 주의해야 한다. 그 이유는 산속 바위 틈 사이에서 물이 얼어 돌 틈 속에 있다가 다시 얼음이 녹아 물이 되면서 바위가 떨어져 내리는 일이 발생하기 때문이다.
- 냄비에서 물을 끓이면 물이 수증기로 변해 날아간다. 이때 냄비 뚜껑 안쪽 면에 물이 많이 맺혀 있는 것을 볼 수 있다. 그 이유는 수증기가 상대적으로 차가운 온도의 뚜껑을 만나 다시 물이 되기 때문이다.
- 실내에 빨래를 널어 두면 물이 수증기가 되어 날아가므로 빨래가 마르게 된다. 그러나 말랐던 빨래를 비오는 날에 걷지 않으면 공기 중 수증기가 물이 되어 빨래가 다시 눅눅해진다.

용해
- 염전에서는 바닷물을 저장하고 물을 증발시켜 소금을 석출시킨다. 이렇게 얻은 소금은 다시 가정의 주방에서 음식을 만들 때 물에 녹여 사용된다.
- 가정에서 어항에 물고기를 키울 때 여름철 수온이 상승하면 물에 녹아 있던 산소가 공기 중으로 배출되어 용존 산소량이 감소함에 따라 물고기의 호흡이 어려워질 수 있다. 이때 어항용 산소 발생기를 통해 물속에 산소를 공급해 주기도 한다.

생명체 내 반응
- 인체 내 각 조직에서 발생하는 이산화 탄소는 혈액 속에 용해되고 다시 이산화 탄소가 혈액에서 빠져나와 폐를 통해 날숨에 섞여 몸 밖으로 배출된다.

정답

1. ×

(3) 비가역 반응

① **비가역 반응** : 한쪽 방향으로만 진행되는 반응으로, 역반응이 일어나지 않거나 정반응에 비해 무시할 수 있을 만큼 거의 일어나지 않는다.

② 비가역 반응의 예
- 연료의 연소 : 메테인 또는 에탄올을 완전 연소시키면 이산화 탄소와 물이 생성된다.

$$CH_4(g) + 2O_2(g) \longrightarrow CO_2(g) + 2H_2O(l)$$
$$C_2H_5OH(l) + 3O_2(g) \longrightarrow 2CO_2(g) + 3H_2O(l)$$

- 금속과 산의 반응 : 마그네슘 리본을 염산에 넣으면 수소 기체가 발생한다.

$$Mg(s) + 2HCl(aq) \longrightarrow H_2(g) + MgCl_2(aq)$$

- 중화 반응 : 염산에 수산화 나트륨 수용액을 넣으면 중화 반응이 일어난다.

$$HCl(aq) + NaOH(aq) \longrightarrow H_2O(l) + NaCl(aq)$$

2 동적 평형

(1) 동적 평형

① **동적 평형** : 가역 반응에서 반응물과 생성물의 농도가 변하지 않는 경우 겉으로 보기에 반응이 일어나지 않는 것처럼 보이지만 실제로는 정반응과 역반응이 같은 속도로 일어나고 있는 동적 평형 상태이다. 동적 평형 상태에서는 반응물과 생성물의 양이 일정하게 유지된다.

② 동적 평형의 예
- 밀폐된 용기 안에 충분한 시간 동안 물을 담아 두면 물이 증발하는 속도와 수증기가 응축하는 속도가 같은 동적 평형에 도달하고, 물과 수증기의 양은 일정하게 유지된다.

$$H_2O(l) \rightleftharpoons H_2O(g)$$

- 충분한 양의 설탕($C_{12}H_{22}O_{11}$)을 충분한 시간 동안 물에 넣어 두면 설탕이 용해되는 속도와 석출되는 속도가 같은 동적 평형에 도달하게 되고, 수용액에서 설탕의 농도는 일정하게 유지된다.

$$C_{12}H_{22}O_{11}(s) \rightleftharpoons C_{12}H_{22}O_{11}(aq)$$

🧪 **탐구자료 살펴보기** **이산화 질소(NO_2)와 사산화 이질소(N_2O_4) 사이의 동적 평형 실험**

실험 과정

(가) 투명한 밀폐 용기에 적갈색의 이산화 질소(NO_2) 기체를 담아 두고 색 변화를 관찰한다.
(나) 투명한 밀폐 용기에 무색의 사산화 이질소(N_2O_4) 기체를 담아 두고 색 변화를 관찰한다.

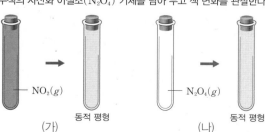

실험 결과

1. (가)에서 점점 적갈색이 옅어지다가 연한 적갈색을 띠게 되고 더 이상 옅어지지 않는 상태에 도달했다.
2. (나)에서 무색에서 점점 적갈색이 진해지다가 연한 적갈색을 띠게 되고 더 이상 진해지지 않는 상태에 도달했다.

동적 평형
(연한 적갈색)

$$2NO_2(g) \underset{\text{(나)}}{\overset{\text{(가)}}{\rightleftharpoons}} N_2O_4(g)$$

적갈색   무색

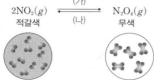

분석 point

1. (가)에서 처음에는 적갈색의 NO_2가 무색의 N_2O_4로 되는 반응이 주로 일어나지만 점점 N_2O_4가 NO_2로 되는 반응도 많이 일어나 정반응과 역반응의 속도가 같은 동적 평형 상태에 도달하게 된다. 동적 평형 상태에 도달한 후에는 NO_2와 N_2O_4의 농도가 일정하게 유지되어, 혼합 기체의 색깔이 더 이상 변하지 않고 일정하게 유지된다.
2. (나)에서 처음에는 무색의 N_2O_4가 적갈색의 NO_2로 되는 반응이 주로 일어나지만 점점 NO_2가 N_2O_4로 되는 반응도 많이 일어나 정반응과 역반응의 속도가 같은 동적 평형 상태에 도달하게 된다. 동적 평형 상태에 도달한 후에는 NO_2와 N_2O_4의 농도가 일정하게 유지되어, 혼합 기체의 색깔이 더 이상 변하지 않고 일정하게 유지된다.

(2) 상평형

① 2가지 이상의 상태가 공존할 때 서로 상태가 변하는 속도가 같아서 겉보기에 상태 변화가 일어나지 않는 것처럼 보이는 동적 평형 상태에 도달하게 되는데, 이를 상평형이라고 한다.
② 액체와 기체 사이의 상평형은 일정한 온도에서 밀폐된 용기에 들어 있는 액체가 액체 표면에서 기체로 되는 증발 속도와 기체가 액체로 되는 응축 속도가 같아져서 변화가 없는 것처럼 보이는 상태이다. 밀폐된 진공 용기에 액체를 넣었을 때 초기에는 증발 속도가 응축 속도보다 크지만 시간이 지나면서 응축 속도가 점점 커져 증발 속도와 같아지는 동적 평형 상태에 도달한다. 동적 평형 상태에서는 기체의 양과 액체의 양이 일정하게 유지된다.

증발 속도 ≫ 응축 속도   증발 속도 > 응축 속도   증발 속도 = 응축 속도
(동적 평형 상태)

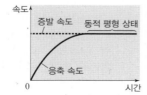

일정한 온도에서 시간에 따른 증발 속도와 응축 속도

③ 고체와 액체 사이의 상평형, 고체와 기체 사이의 상평형도 있다.

　예 얼음과 물 사이의 상평형, 승화성이 있는 아이오딘 고체와 기체 사이의 상평형

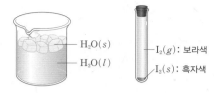

(3) 용해 평형

① 용매 속에 충분한 양의 고체 용질이 충분한 시간 동안 들어 있을 때 용질이 용해되는 속도와 석출되는 속도가 같아서 겉보기에 용해나 석출이 일어나지 않는 것처럼 보이는 동적 평형 상태에 도달하는데, 이를 용해 평형이라고 한다.

② 고체 용질과 액체 용매 사이의 용해 평형은 일정한 온도에서 고체 용질이 액체 용매에 녹을 때 용질이 용매에 녹는 용해 속도와 용매에 녹아 있던 용질이 다시 고체 용질로 되돌아가는 석출 속도가 같아져서 변화가 없는 것처럼 보이는 상태이다. 초기에는 용해 속도가 석출 속도보다 크지만 시간이 지나면서 석출 속도가 점점 커져 용해 속도와 같아지는 동적 평형에 도달한다. 동적 평형 상태에서는 고체 용질의 양과 용액의 농도가 일정하게 유지된다.

• 포화 용액보다 용질이 적게 녹아 있는 용액을 불포화 용액이라고 하고, 용해 평형을 이루고 있는 용액을 포화 용액이라고 한다.

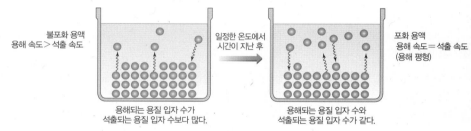

③ 기체가 액체에 녹아 동적 평형 상태에 도달하는 용해 평형도 있다.

　예 밀폐된 용기에 들어 있는 탄산음료 : 이산화 탄소가 음료에 녹는 속도와 음료에서 빠져나오는 속도가 같아 음료 속 이산화 탄소 농도가 일정하게 유지되는 동적 평형 상태이다.

과학 돋보기　　**페루의 계단식 소금밭 계곡, 살리네라스**

페루의 살리네라스 계곡에는 잉카 문명 중 하나인 계단식 소금밭이 있는데 잉카인들은 높은 해발고도의 언덕 비탈에 층층이 만들어진 밭을 만들고 여기에 지하에서 솟아 나오는 진한 농도의 염수를 가두어 소금을 생산하였다. 흐르는 염수에서는 용해 속도가 석출 속도보다 커서 소금의 석출이 일어나지 않는다. 소금밭, 즉 염전의 원리는 가두어진 염수의 물이 증발하면서 소금이 석출되고 소금의 용해 속도와 석출 속도가 같아지는 용해 평형을 이용하는 것이다.

3 물의 자동 이온화

(1) 물의 자동 이온화

① 물은 대부분 분자로 존재하지만 매우 적은 양의 물이 이온화하여 동적 평형 상태를 이룬다.
② 물의 자동 이온화 반응식

$$H_2O(l) + H_2O(l) \rightleftharpoons H_3O^+(aq) + OH^-(aq)$$

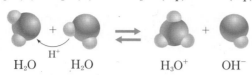

③ 물 분자에서 부분적인 음전하(δ^-)를 띤 산소와 이웃한 물 분자에서 부분적인 양전하(δ^+)를 띤 수소가 서로 접근하여 H^+의 이동이 생기고 결과적으로 H_3O^+과 OH^-이 생성된다.

$$\overset{H^{\delta^+}}{\underset{H}{\overset{\delta^+}{O}}}\!\!\!\overset{\delta^-}{:} + \overset{H^{\delta^+}}{\underset{H}{\overset{\delta^+}{O}}}\!\!\!\overset{\delta^-}{:} \rightleftharpoons \left[H - \overset{|}{\underset{H}{O}} - H \right]^+ + \left[:\ddot{O} - H \right]^-$$

(2) 물의 이온화 상수

① 물의 자동 이온화 반응에서 생성된 H_3O^+과 OH^-의 몰 농도 곱을 물의 이온화 상수(K_w)라고 한다.

$$H_2O(l) + H_2O(l) \rightleftharpoons H_3O^+(aq) + OH^-(aq) \quad K_w = [H_3O^+][OH^-]$$

② 물의 자동 이온화 반응은 가역 반응으로서 정반응 속도와 역반응 속도가 같은 동적 평형 상태를 이루므로 일정한 온도에서 $[H_3O^+]$와 $[OH^-]$는 일정한 값을 갖고, $[H_3O^+]$와 $[OH^-]$의 곱인 물의 이온화 상수(K_w)도 일정한 값을 갖는다.
③ 25℃에서 $K_w = 1 \times 10^{-14}$이고, 순수한 물에서 $[H_3O^+] = [OH^-]$이므로 $[H_3O^+] = [OH^-] = 1 \times 10^{-7}$ M이다.
④ 일정한 온도에서 물의 이온화 상수(K_w)는 용액의 액성에 관계없이 일정한 값을 갖는다.
> 예 25℃에서 $K_w = 1 \times 10^{-14}$이고, $[H_3O^+] = 1 \times 10^{-5}$ M인 수용액의 $[OH^-] = 1 \times 10^{-9}$ M 이다.

4 수소 이온 농도 지수(pH)

(1) pH

① $[H_3O^+]$는 용액의 액성을 설명하기에 유용하지만 그 값이 매우 작아 실제 값을 그대로 사용하기가 불편하다. 이를 개선하기 위해 덴마크 화학자 쇠렌센이 수소 이온 농도 지수(pH)를 제안하였다.
② pH는 $[H_3O^+]$의 상용로그 값에 음의 부호를 붙인 것이다.
$$pH = -\log[H_3O^+]$$
> 예 $[H_3O^+] = 1 \times 10^{-5}$ M ➡ pH = 5.0, $[H_3O^+] = 1 \times 10^{-3}$ M ➡ pH = 3.0
- $[H_3O^+]$가 클수록 pH가 작고, $[H_3O^+]$가 작을수록 pH가 크다.
- $[H_3O^+]$가 10^2배이면 pH가 2만큼 작다.

③ pH와 마찬가지로 pOH는 $[OH^-]$의 상용로그 값에 음의 부호를 붙인 것이다.
$$pOH = -\log[OH^-]$$

개념 체크

● 25℃ 수용액에서 pH가 7.0 보다 작으면 산성, 7.0이면 중성, 7.0보다 크면 염기성이다.

● 25℃에서 순수한 물이나 모든 수용액은 항상 pH와 pOH의 합이 14.0이다.

1. 25℃에서 $[H_3O^+]=1\times 10^{-5}$ M인 수용액에 대해
(1) 액성은 (   )이다.
(2) pH는 (   )이다.
(3) pOH는 (   )이다.

2. 수용액에서 $[H_3O^+]$가 10배 증가하면 pH는 (   ) 만큼 감소한다.

④ 25℃에서 $K_w=[H_3O^+][OH^-]=1\times 10^{-14}$이므로 pH+pOH=14.0이다.
　　예 25℃에서 pH=6.0인 수용액의 pOH=8.0이다.

🔍 **과학 돋보기** 　**깨끗한 빗물의 pH와 산성비의 pH**

건조한 공기에는 기본적으로 이산화 탄소가 약 0.03% 포함되어 있다. 공기와 접하고 있는 물은 이산화 탄소가 용해되기도 하고 다시 공기 중으로 배출되기도 하며 이산화 탄소의 용해 평형에 도달하게 된다.

$$CO_2(g) \rightleftharpoons CO_2(aq)$$

용해된 이산화 탄소는 물과 반응하여 탄산을 생성하게 되므로 깨끗한 물도 약한 산성을 띠게 된다.

$$CO_2(aq)+H_2O(l) \rightleftharpoons H_2CO_3(aq)$$

이산화 탄소의 용해 평형에서 물속 이산화 탄소의 평형 농도는 약 1.2×10^{-5} M가 되고, 이어서 생성되는 탄산에 의해 물의 pH는 약 5.6이 된다. 따라서 깨끗한 빗물도 깨끗한 공기에 들어 있는 이산화 탄소의 용해에 의해 약 5.6의 pH를 갖게 된다.

산성비는 대기 오염 물질이 빗물에 녹아 pH 5.6 미만의 산성을 갖는 비이다. 주로 공장의 매연이나 자동차 배기 가스가 원인 물질로 알려져 있다. 다음은 3년간 A~C 지역에 내린 빗물의 pH에 대한 자료이다.

지역	2014년	2015년	2016년	평균
A	4.7	4.9	4.8	4.8
B	5.4	5.5	5.3	5.4
C	4.9	4.5	5.2	4.9

· 3년간 평균적으로 빗물의 산성이 가장 강한 지역은 A이다.
· 2015년 빗물의 산성 차이가 가장 큰 두 지역인 B와 C의 pH 차는 1.0이다. 이때 빗물의 $[H_3O^+]$는 C가 B의 10배이다.

---

(2) 25℃에서 수용액의 액성과 pH

① 순수한 물이나 모든 수용액은 $[H_3O^+]$와 $[OH^-]$를 곱한 값이 1×10^{-14}으로 일정하므로 pH와 pOH의 합은 14.0이다.

② 순수한 물이나 중성 수용액은 물의 자동 이온화에 의해 $[H_3O^+]$와 $[OH^-]$가 1×10^{-7} M로 같으므로 pH와 pOH는 모두 7.0으로 같다.

③ 산성 수용액은 중성 수용액보다 $[H_3O^+]$가 큰 수용액이다. 따라서 $[H_3O^+]>1\times 10^{-7}$ M이고, $[OH^-]<1\times 10^{-7}$ M이므로 pH<7.0이고, pOH>7.0이다.

④ 염기성 수용액은 중성 수용액보다 $[OH^-]$가 큰 수용액이다. 따라서 $[OH^-]>1\times 10^{-7}$ M이고, $[H_3O^+]<1\times 10^{-7}$ M이므로 pOH<7.0이고, pH>7.0이다.

일정한 온도에서 $[H_3O^+]$와 $[OH^-]$의 관계

수용액의 액성	농도(25℃)	pH 및 pOH(25℃)
산성	$[H_3O^+]>1\times 10^{-7}$ M$>[OH^-]$	pH<7.0, pOH>7.0
중성	$[H_3O^+]=1\times 10^{-7}$ M$=[OH^-]$	pH=7.0, pOH=7.0
염기성	$[H_3O^+]<1\times 10^{-7}$ M$<[OH^-]$	pH>7.0, pOH<7.0

정답

1. (1) 산성 (2) 5.0 (3) 9.0
2. 1

탐구자료 살펴보기 ▶ 그래프로 용액의 액성 분석하기

탐구 자료

- 25°C에서 $[H_3O^+][OH^-] = 1 \times 10^{-14}$이고, $[H_3O^+]$와 $[OH^-]$는 반비례한다.
- 25°C에서 $pH + pOH = 14.0$이다.

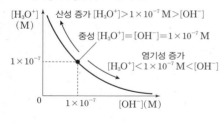

산성 증가 $[H_3O^+] > 1 \times 10^{-7}\,M > [OH^-]$
중성 $[H_3O^+] = [OH^-] = 1 \times 10^{-7}\,M$
염기성 증가 $[H_3O^+] < 1 \times 10^{-7}\,M < [OH^-]$

(가) $[H_3O^+]$와 $[OH^-]$의 관계

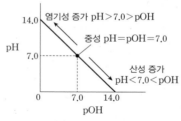

염기성 증가 $pH > 7.0 > pOH$
중성 $pH = pOH = 7.0$
산성 증가 $pH < 7.0 < pOH$

(나) pH와 pOH의 관계

분석 point

- $pH < 7.0$인 산성 용액에서도 OH^-이 존재하고, $pOH < 7.0$인 염기성 용액에서도 H_3O^+이 존재한다.
- (가)의 모든 점에서 $[H_3O^+][OH^-] = 1 \times 10^{-14}$이고, (나)의 모든 점에서 $pH + pOH = 14.0$이다.
- 산성 증가 : $[H_3O^+]$ 증가, $[OH^-]$ 감소, pH 감소, pOH 증가
- 염기성 증가 : $[H_3O^+]$ 감소, $[OH^-]$ 증가, pH 증가, pOH 감소

개념 체크

◉ **산성 증가**
$[H_3O^+]$ 증가, $[OH^-]$ 감소, pH 감소, pOH 증가

◉ **염기성 증가**
$[H_3O^+]$ 감소, $[OH^-]$ 증가, pH 증가, pOH 감소

1. 수용액에서 산성이 증가하면 $[H_3O^+]$는 (　　)한다.

2. 수용액에서 염기성이 증가하면 pOH는 (　　)한다.

(3) 우리 주변 생활 속 물질의 pH

① **pH 측정 방법** : 우리 주변 생활 속 물질의 pH를 간단히 확인하기 위해 pH 시험지나 pH 미터를 이용한다.

pH 시험지

pH 미터

② 25°C에서 1 M HCl(aq)과 NaOH(aq)의 pH : 1 M HCl(aq)은 $[H_3O^+] = 1\,M$이므로 pH는 $0(= -\log 1)$이고, 1 M NaOH(aq)은 $[OH^-] = 1\,M$이므로 pOH는 $0(= -\log 1)$이고, pH는 14.0이다.

③ 25°C에서 우리 몸속의 위액, 우리가 즐겨 먹는 레몬, 토마토, 커피, 우유는 pH가 7.0보다 작아 산성이고, 우리 몸속의 혈액, 생활용품으로 많이 사용하는 베이킹 소다, 비누, 하수구 세척액은 pH가 7.0보다 커서 염기성이다.

$[H_3O^+]$(M)	1	10^{-1}	10^{-2}	10^{-3}	10^{-4}	10^{-5}	10^{-6}	10^{-7}	10^{-8}	10^{-9}	10^{-10}	10^{-11}	10^{-12}	10^{-13}	10^{-14}
pH	0	1.0	2.0	3.0	4.0	5.0	6.0	7.0	8.0	9.0	10.0	11.0	12.0	13.0	14.0
수용액의 액성(25°C)	←──── 산성						중성					염기성 ────→			
pOH	14.0	13.0	12.0	11.0	10.0	9.0	8.0	7.0	6.0	5.0	4.0	3.0	2.0	1.0	0
$[OH^-]$(M)	10^{-14}	10^{-13}	10^{-12}	10^{-11}	10^{-10}	10^{-9}	10^{-8}	10^{-7}	10^{-6}	10^{-5}	10^{-4}	10^{-3}	10^{-2}	10^{-1}	1

위액 / 레몬 / 토마토 / 커피 / 우유 / 증류수 / 혈액 / 베이킹 소다 / 비누 / 하수구 세척액 / 1 M NaOH(aq) / 1 M HCl(aq)

정답

1. 증가
2. 감소

01 다음은 황산 구리($CuSO_4$)를 이용한 실험과, 이에 대한 세 학생의 대화이다.

[24024-0195]

[실험 과정 및 결과]
○ ㉠ 흰색 $CuSO_4(s)$에 물을 떨어뜨렸더니 푸른색 ($CuSO_4 \cdot 5H_2O$)으로 변하였고, 이 고체를 가열하였더니 다시 흰색으로 변하였다.

㉠에서 반응물은 $CuSO_4$와 H_2O 이야.

이 실험에서 일어나는 반응은 가역 반응이야.

푸른색 고체를 가열할 때 H_2O이 생성돼.

학생 A　　학생 B　　학생 C

제시한 내용이 옳은 학생만을 있는 대로 고른 것은?

① B　　　　② C　　　　③ A, B
④ A, C　　　⑤ A, B, C

02 다음은 석회 동굴에 관련된 화학 반응 (가)의 화학 반응식과 이에 대한 설명이다.

[24024-0196]

(가) $Ca(HCO_3)_2(aq) \rightleftharpoons$
$\qquad CaCO_3(s) + H_2O(l) + CO_2(g)$
석회 동굴은 탄산 칼슘이 주성분인 석회암 지대에서 생성된다. ㉠ 탄산 칼슘은 이산화 탄소와 지하수와 함께 반응하여 물에 잘 녹는 탄산수소 칼슘을 생성하고, 탄산수소 칼슘 수용액에서 이산화 탄소가 빠져나가면서 다시 탄산 칼슘이 생성된다.

이에 대한 설명으로 옳은 것만을 〈보기〉에서 있는 대로 고른 것은?

● 보기 ●
ㄱ. ㉠은 (가)에서 역반응에 대한 설명이다.
ㄴ. 석회 동굴이 생성되고 있을 때 (가)는 비가역 반응이다.
ㄷ. (가)가 동적 평형 상태에 있을 때 탄산 칼슘의 석출 속도와 용해 속도는 같다.

① ㄱ　　　　② ㄷ　　　　③ ㄱ, ㄴ
④ ㄱ, ㄷ　　⑤ ㄴ, ㄷ

03 다음은 물에 $CO_2(g)$를 녹여 탄산수($CO_2(aq)$)를 만드는 실험이다.

[24024-0197]

(가) 그림과 같이 탄산수 제조기에 물이 든 병을 꽂고 $CO_2(g)$를 주입한다.
(나) $CO_2(g)$가 충분히 녹으면 (가)의 병을 분리하고 뚜껑을 닫는다.

이에 대한 설명으로 옳은 것만을 〈보기〉에서 있는 대로 고른 것은?

● 보기 ●
ㄱ. (가)에서 $CO_2(g)$를 주입하는 동안 $CO_2(aq) \longrightarrow CO_2(g)$의 반응 속도는 0이다.
ㄴ. (나) 과정 후 병 내부의 수용액에서 $CO_2(g)$가 생성되는 반응은 일어나지 않는다.
ㄷ. 뚜껑을 닫고 충분한 시간이 지난 후, 병 내부에서 $CO_2(g)$와 $CO_2(aq)$의 농도는 일정하게 유지된다.

① ㄱ　　　　② ㄴ　　　　③ ㄷ
④ ㄱ, ㄴ　　⑤ ㄴ, ㄷ

04 그림은 물의 자동 이온화 반응을 모형으로 나타낸 것이다. $25°C$에서 물의 이온화 상수(K_w)는 1×10^{-14}이다.

[24024-0198]

(가)　　(나)

$25°C$에서 이에 대한 설명으로 옳은 것만을 〈보기〉에서 있는 대로 고른 것은?

● 보기 ●
ㄱ. 물 10^{14} L에 들어 있는 (가)의 양은 1 mol이다.
ㄴ. 물 1 L에 0.1 M 염산 10 mL를 넣으면 (나)의 양(mol)은 감소한다.
ㄷ. 0.1 M $NaOH(aq)$에서 $[H_3O^+][OH^-]$는 1×10^{-14}보다 크다.

① ㄱ　　　　② ㄴ　　　　③ ㄷ
④ ㄱ, ㄴ　　⑤ ㄴ, ㄷ

05 그림은 밀폐된 용기에 물을 담은 상태와 용기 내 $H_2O(g)$ 분자 수를 시간에 따라 나타낸 것이다.

[24024-0199]

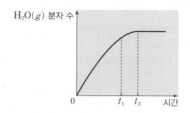

물

$H_2O(g)$ 분자 수

$0 \quad t_1 \quad t_2$ 시간

이에 대한 설명으로 옳은 것만을 〈보기〉에서 있는 대로 고른 것은? (단, 온도는 일정하다.)

보기

ㄱ. t_1에서는 $H_2O(l)$의 증발 속도가 $H_2O(g)$의 응축 속도보다 크다.

ㄴ. t_2 이후에는 $H_2O(l)$과 $H_2O(g)$가 동적 평형 상태를 이루고 있다.

ㄷ. $H_2O(l)$의 양(mol)은 t_1일 때가 t_2일 때보다 크다.

① ㄱ ② ㄷ ③ ㄱ, ㄴ
④ ㄴ, ㄷ ⑤ ㄱ, ㄴ, ㄷ

---

06 그림은 $t\,°C$에서 몇 가지 물질의 pH를 나타낸 것이다.

[24024-0200]

	(가)	레몬즙	토마토즙	물	(나)	하수구 세척액
pH	0	2.0	4.0	7.0	10.0	13.0

이에 대한 설명으로 옳지 <u>않은</u> 것은? (단, 아보가드로수는 6×10^{23}이다.)

① $t\,°C$에서 물의 이온화 상수(K_w)는 1×10^{-14}이다.

② $1\,M\,HCl(aq)$의 pH는 (가)의 pH와 같다.

③ H_3O^+의 몰 농도는 레몬즙이 토마토즙의 2배이다.

④ (나)에 포함된 $\dfrac{OH^-의\ 양(mol)}{H_3O^+의\ 양(mol)} = 10^6$이다.

⑤ 하수구 세척액 $1\,L$에 포함된 OH^-의 수는 6×10^{22}개이다.

---

07 그림은 $25\,°C$에서 물이 들어 있는 삼각 플라스크에 $1\,M$ $HCl(aq)\ 1\,mL$를 넣어 $100\,mL$의 수용액 A를 만드는 것을 나타낸 것이다.

[24024-0201]

$1\,M\,HCl(aq)$

물

이에 대한 설명으로 옳은 것만을 〈보기〉에서 있는 대로 고른 것은? (단, 온도는 일정하고, $25\,°C$에서 물의 이온화 상수(K_w)는 1×10^{-14}이다.)

보기

ㄱ. $1\,M\,HCl(aq)$에서 $[H_3O^+][OH^-]$는 1×10^{-14}보다 크다.

ㄴ. $\dfrac{1\,M\,HCl(aq)의\ pOH}{수용액\ A의\ pH} = 7$이다.

ㄷ. $[OH^-]$는 물이 수용액 A의 10^4배이다.

① ㄱ ② ㄴ ③ ㄷ
④ ㄱ, ㄴ ⑤ ㄴ, ㄷ

---

08 표는 $25\,°C$에서 수용액 (가)~(다)에 대한 자료이다.

[24024-0202]

수용액	부피(mL)	$[H_3O^+](M)$	$pH-pOH$
(가)	200	5×10^{-8}	x
(나)	100		0
(다)	100	0.01	y

이에 대한 설명으로 옳은 것만을 〈보기〉에서 있는 대로 고른 것은? (단, $25\,°C$에서 물의 이온화 상수(K_w)는 1×10^{-14}이다.)

보기

ㄱ. (가)~(다)의 액성은 모두 다르다.

ㄴ. $x+y<0$이다.

ㄷ. H_3O^+의 양(mol)은 (다)가 (가)의 10^5배이다.

① ㄴ ② ㄷ ③ ㄱ, ㄴ
④ ㄱ, ㄷ ⑤ ㄱ, ㄴ, ㄷ

[24024-0203]

평형에 도달한 상태에서는 정반응과 역반응이 같은 속도로 일어난다.

01 그림 (가)와 (나)는 $1 L$의 밀폐된 진공 용기에 각각 $CO_2(s)$와 $H_2O(l)$을 넣은 후, 평형에 도달한 상태를 나타낸 것이다. (가)와 (나)에서 평형에 도달한 시간은 각각 t_1, t_2이다.

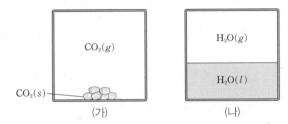

(가)   (나)

이에 대한 설명으로 옳은 것만을 〈보기〉에서 있는 대로 고른 것은? (단, (가)와 (나)의 온도는 각각 일정하게 유지된다.)

┌─ 보기 ●
ㄱ. (가)에서 $CO_2(g) \longrightarrow CO_2(s)$ 반응이 일어난다.
ㄴ. (나)에서 t_2가 될 때까지 $\dfrac{H_2O(l)의\ 증발\ 속도}{H_2O(g)의\ 응축\ 속도}$ 는 증가한다.
ㄷ. (가)에서 $\dfrac{1}{2}t_1$일 때 $CO_2(s)$의 승화 속도는 $CO_2(g)$의 승화 속도보다 크다.
└─

① ㄱ   ② ㄷ   ③ ㄱ, ㄴ   ④ ㄱ, ㄷ   ⑤ ㄴ, ㄷ

[24024-0204]

고체의 감소한 질량은 물에 녹은 양이고, 녹지 않은 상태로 존재하는 고체의 양이 일정할 때 용해 평형 상태에 도달한다.

02 표는 물 $500 g$에 a g의 $NaCl(s)$을 넣은 후 녹지 않고 남아 있는 $NaCl(s)$의 질량을 시간에 따라 나타낸 것이다. $c > 0$이다.

시간	0	t_1	t_2	t_3
$NaCl(s)$의 질량(g)	a	b	c	c

이에 대한 설명으로 옳은 것만을 〈보기〉에서 있는 대로 고른 것은? (단, 물의 증발은 무시하고, 수용액의 온도는 일정하게 유지된다.)

┌─ 보기 ●
ㄱ. 용해 평형 상태에서 물에 녹아 있는 $NaCl$의 질량은 $(a-c)$ g이다.
ㄴ. t_1에서 용해 속도는 석출 속도보다 크다.
ㄷ. t_3에서 $NaCl(s)$을 추가하면 $NaCl(aq)$의 농도가 증가한다.
└─

① ㄱ   ② ㄷ   ③ ㄱ, ㄴ   ④ ㄴ, ㄷ   ⑤ ㄱ, ㄴ, ㄷ

03 그림은 t°C에서 1 L의 용기에 $NO_2(g)$를 넣은 초기 상태 (가)와, 반응이 진행되어 평형에 도달하였을 때 $NO_2(g)$와 $N_2O_4(g)$가 공존하는 평형 상태 (나)를 모형으로 나타낸 것이다.

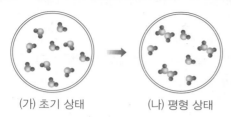

(가) 초기 상태   (나) 평형 상태

이에 대한 설명으로 옳은 것만을 〈보기〉에서 있는 대로 고른 것은? (단, 온도는 일정하다.)

● 보기 ●
ㄱ. (가) → (나) 과정에서 $N_2O_4(g) \longrightarrow 2NO_2(g)$의 반응 속도는 증가한다.
ㄴ. (가)와 (나) 사이에 $\dfrac{[N_2O_4]}{[NO_2]}=1$인 순간이 존재한다.
ㄷ. (나)에서 $\dfrac{\text{단위 시간당 } NO_2(g)\text{로 분해되는 } N_2O_4(g)\text{의 양(mol)}}{\text{단위 시간당 } N_2O_4(g)\text{를 생성하는 } NO_2(g)\text{의 양(mol)}}=1$이다.

① ㄱ   ② ㄷ   ③ ㄱ, ㄴ   ④ ㄱ, ㄷ   ⑤ ㄴ, ㄷ

반응물만 존재할 때 역반응 속도는 0이고, 반응이 진행되어 생성물이 많아질수록 역반응 속도는 증가한다.

04 다음은 25°C에서 이산화 탄소의 용해에 대한 실험이다.

[실험 과정 및 결과]
(가) 컵에 생수 100 mL를 담고 pH를 측정하였더니 9.0이었다.
(나) (가)의 컵에 $CO_2(s)$를 소량 넣었다.
(다) $CO_2(s)$가 모두 승화한 후 수용액의 pH를 측정하였더니 6.0이었다.

이 실험에 대한 설명으로 옳은 것만을 〈보기〉에서 있는 대로 고른 것은? (단, 온도는 일정하고, 25°C에서 물의 이온화 상수(K_w)는 1×10^{-14}이며, $CO_2(g)$의 용해에 의한 수용액의 부피 변화는 무시한다.)

● 보기 ●
ㄱ. 생수에 포함된 H_3O^+의 양(mol)은 OH^-의 양(mol)의 $\dfrac{1}{100}$배이다.
ㄴ. (다)에서 $CO_2(g)$가 생수에 녹을 때 H_3O^+ 0.1 mol이 생성된다.
ㄷ. 이 실험으로 25°C 순수한 물에 $CO_2(g)$가 용해된 빗물의 pH가 7.0보다 작음을 추론할 수 있다.

① ㄴ   ② ㄷ   ③ ㄱ, ㄴ   ④ ㄱ, ㄷ   ⑤ ㄴ, ㄷ

고체 이산화 탄소는 기체로 승화하면서 물에 용해된다. 이산화 탄소(CO_2)가 물에 용해되면 탄산(H_2CO_3)이 생성되므로 수용액은 약한 산성을 띤다.

25°C에서 물의 이온화 상수
$K_w = [H_3O^+][OH^-]$
$= 1 \times 10^{-14}$이므로
pH+pOH=14.0이다.

[24024-0207]

05 표는 25°C에서 HCl(*aq*) (가)와, (가) 10 mL를 각각 희석한 용액 (나)~(라)에 대한 **자료이다.**

수용액	(가)	(나)	(다)	(라)
$\dfrac{\text{pH}}{\text{pOH}}$	0	1	$\dfrac{2}{5}$	$\dfrac{1}{6}$

이에 대한 설명으로 옳은 것만을 〈보기〉에서 있는 대로 고른 것은? (단, 온도는 일정하고, 25°C에서 물의 이온화 상수(K_w)는 1×10^{-14}이다.)

● 보기 ●
ㄱ. (가)의 몰 농도는 0.1 M이다.
ㄴ. 수용액의 부피는 (다)가 (라)의 100배이다.
ㄷ. OH^-의 양(mol)은 (나)가 (다)의 1000배이다.

① ㄴ   ② ㄷ   ③ ㄱ, ㄴ   ④ ㄴ, ㄷ   ⑤ ㄱ, ㄴ, ㄷ

산 또는 염기에 물을 넣을 때 H_3O^+이나 OH^-의 양(mol)은 변하지 않는다.

[24024-0208]

06 그림은 25°C에서 물 (가)와 (다)에 각각 HCl(*aq*)과 NaOH(*aq*)을 첨가하여 수용액 (나)와 (라)를 만드는 것을 나타낸 것이다. (나)의 $[OH^-]$와 (라)의 $[H_3O^+]$는 같다.

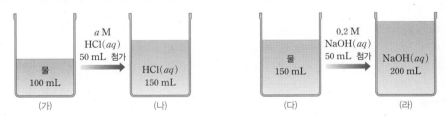

이에 대한 설명으로 옳은 것만을 〈보기〉에서 있는 대로 고른 것은? (단, 온도는 일정하고, 25°C에서 물의 이온화 상수(K_w)는 1×10^{-14}이다.)

● 보기 ●
ㄱ. OH^-의 양(mol)은 (가)와 (다)가 같다.
ㄴ. $a = 0.15$이다.
ㄷ. $[OH^-]$는 (라)가 (다)의 5×10^5배이다.

① ㄴ   ② ㄷ   ③ ㄱ, ㄴ   ④ ㄱ, ㄷ   ⑤ ㄴ, ㄷ

07 표는 25℃에서 수용액 (가)와 (나)에 대한 자료이다. (가)와 (나)는 $NaOH(aq)$과 $HCl(aq)$을 순서 없이 나타낸 것이다.

[24024-0209]

수용액	(가)	(나)
농도(M)	a	$0.2a$
$[H_3O^+](M)$		㉠
$[OH^-](M)$	㉡	5×10^{-12}

$a \times \dfrac{㉡}{㉠} \times ((가)의~pH)$는? (단, 25℃에서 물의 이온화 상수($K_w$)는 1×10^{-14}이다.)

① 0.02　　② 0.3　　③ 0.6　　④ 3.0　　⑤ 5.0

25℃에서 $pH = pOH = 7.0$ 일 때 중성이므로 $[OH^-] < 1 \times 10^{-7}$ M이면 산성이다.

08 그림은 25℃에서 $NaOH(aq)$ (가)와 (나)를 혼합한 후 물을 추가하여 수용액 (다)를 만드는 과정을 나타낸 것이다.

[24024-0210]

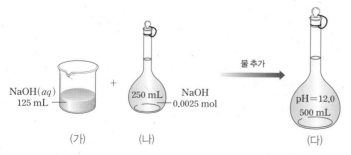

$\dfrac{(나)의~[H_3O^+]}{(가)의~[H_3O^+]} \times \dfrac{(나)의~pH}{(다)의~pOH}$는? (단, 온도는 일정하고, 25℃에서 물의 이온화 상수(K_w)는 1×10^{-14}이다.)

① 2　　② 3　　③ 6　　④ 10　　⑤ 12

25℃에서 pH와 pOH의 합은 14.0이다. pH의 값으로부터 수용액에 존재하는 H_3O^+과 OH^-의 양(mol)을 알 수 있다.

물을 추가하여 희석할 경우 pH가 1.0 증가하면 용질의 양이 일정하므로 수용액의 부피가 10배가 되고, $[H_3O^+]$는 $\dfrac{1}{10}$배가 된다.

[24024-0211]

09 그림은 25℃에서 0.1 M NaOH(aq) x mL에 물을 추가하여 만든 3가지 수용액의 부피와 pH를 나타낸 것이다.

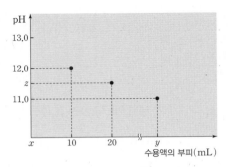

$x+y-z$는? (단, 온도는 일정하고, 25℃에서 물의 이온화 상수(K_w)는 1×10^{-14}이다.)

① $89-\log 2$ ② $89+\log 2$ ③ $88-\log 2$ ④ $88+\log 2$ ⑤ $87-\log 2$

HCl(aq) 1 mL에 물을 추가하여 만들어진 10 mL HCl(aq)의 몰 농도는 $\dfrac{1}{10}$배가 되고 pH는 1.0 증가한다.

[24024-0212]

10 다음은 25℃에서 1 M HCl(aq)을 희석하는 실험이다.

(가) 그림과 같이 홈판에 번호를 쓰고, 1번에 1 M HCl(aq) 10 mL를 넣는다.

(나) 1번 수용액 1 mL를 2번에 넣고 물을 추가하여 10 mL 수용액을 만든다.

(다) (나)와 같은 방법으로 n번 수용액 1 mL를 취한 후 ($n+1$)번에 넣고, 물을 추가하여 10 mL 수용액을 만드는 과정을 반복하여 8번까지 채운다.

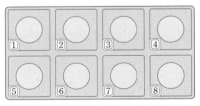

이에 대한 설명으로 옳은 것만을 〈보기〉에서 있는 대로 고른 것은? (단, 온도는 일정하고, 25℃에서 물의 이온화 상수(K_w)는 1×10^{-14}이다.)

─● 보 기 ●─

ㄱ. $\dfrac{[OH^-]}{[H_3O^+]}$ 는 4번 수용액이 5번 수용액의 100배이다.

ㄴ. $n \leq 3$일 때 $\dfrac{|n번\ 수용액의\ pH-(n+4)번\ 수용액의\ pOH|}{|(n+4)번\ 수용액의\ pH-n번\ 수용액의\ pOH|}=1$이다.

ㄷ. 8번 수용액 1 mL에 물을 추가하여 10 mL로 만든 수용액의 pH는 8.0이다.

① ㄴ   ② ㄷ   ③ ㄱ, ㄴ   ④ ㄱ, ㄷ   ⑤ ㄴ, ㄷ

11 산 염기와 중화 반응

1 산과 염기의 정의

(1) 아레니우스 정의

① 아레니우스 정의 : 산과 염기가 물에 녹아서 이온화하는 것을 근거로 한 정의이다.

- 산 : 수용액에서 수소 이온(H^+)을 내놓는 물질

  예 HBr, HF, HNO_3, H_2SO_4 등

  $HCl(aq) \longrightarrow H^+(aq) + Cl^-(aq)$

  $CH_3COOH(aq) \longrightarrow H^+(aq) + CH_3COO^-(aq)$

- 염기 : 수용액에서 수산화 이온(OH^-)을 내놓는 물질

  예 LiOH, KOH, $Ba(OH)_2$ 등

  $NaOH(aq) \longrightarrow Na^+(aq) + OH^-(aq)$

  $Ca(OH)_2(aq) \longrightarrow Ca^{2+}(aq) + 2OH^-(aq)$

② 아레니우스 산 염기 정의의 한계 : H^+을 내놓지 않는 산 또는 OH^-을 내놓지 않는 염기는 설명할 수 없고, 수용액 상태가 아닌 경우에도 적용할 수 없다.

(2) 브뢴스테드 · 로리 정의

① 브뢴스테드 · 로리 정의 : 아레니우스 정의보다 확장된 개념이다.

- 산 : 양성자(H^+)를 주는 물질 ➡ 양성자 주개
- 염기 : 양성자(H^+)를 받는 물질 ➡ 양성자 받개

② HCl 수용액에서 브뢴스테드 · 로리 산과 염기

$$\underset{\text{산}}{HCl} + \underset{\text{염기}}{H_2O} \longrightarrow Cl^- + H_3O^+$$

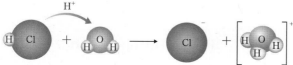

양성자 주개(산)　　양성자 받개(염기)

- HCl는 H_2O에게 양성자(H^+)를 주므로 브뢴스테드 · 로리 산이고, H_2O은 HCl로부터 양성자(H^+)를 받으므로 브뢴스테드 · 로리 염기이다.

③ NH_3 수용액에서 브뢴스테드 · 로리 산과 염기

$$\underset{\text{염기}}{NH_3} + \underset{\text{산}}{H_2O} \longrightarrow NH_4^+ + OH^-$$

양성자 받개(염기)　　양성자 주개(산)

- H_2O은 NH_3에게 양성자(H^+)를 주므로 브뢴스테드 · 로리 산이고, NH_3는 H_2O로부터 양성자(H^+)를 받으므로 브뢴스테드 · 로리 염기이다.

개념 체크

◐ **수소 이온과 양성자**
질량수가 1인 수소 원자(^1H)는 양성자 1개와 전자 1개로 구성되어 있다. 따라서 전자 1개를 잃고 형성되는 수소 이온(H^+)은 양성자를 의미한다.

1. 브뢴스테드 · 로리의 정의에 의하면 산 염기 반응에서 염기는 (　　)를 받는 물질이다.

2. HCl가 H_2O과 반응할 때 HCl는 H_2O에게 양성자(H^+)를 주므로 브뢴스테드 · 로리 (　　)이고, H_2O은 HCl로부터 양성자(H^+)를 받으므로 브뢴스테드 · 로리 (　　)이다.

※ ○ 또는 ×

3. $NH_3(g) + HCl(g) \longrightarrow NH_4Cl(s)$ 반응에서
   (1) HCl는 브뢴스테드 · 로리 산이다. (　　)
   (2) NH_3는 양성자(H^+)를 HCl에게 준다.
   (　　)

정답
1. 양성자(H^+)
2. 산, 염기
3. (1) ○ (2) ×

○ 중화 반응
수용액에서 산과 염기가 반응하여 물이 생성되는 반응이다.

○ 알짜 이온 반응식
화학 반응에서 실제 반응에 참여한 이온으로만 나타낸 반응식이다.

1. 수용액에서 산과 염기가 중화 반응하면 (　　)이 생성된다.

2. $HCl(aq)$과 $NaOH(aq)$의 반응에서
(1) 구경꾼 이온은 (　　)과 (　　)이다.
(2) 알짜 이온 반응식을 쓰시오.

2 중화 반응

(1) 중화 반응

① 중화 반응은 수용액에서 산과 염기가 반응하여 물이 생성되는 반응이다.

② 염화 수소(HCl)와 수산화 나트륨($NaOH$)은 각각의 수용액에서 이온화하여 양이온과 음이온으로 존재하고, 두 수용액을 혼합하면 수소 이온(H^+)과 수산화 이온(OH^-)이 반응하여 물(H_2O)이 된다.

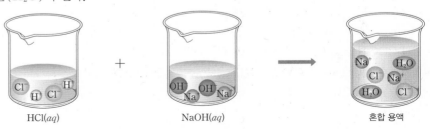

염산과 수산화 나트륨 수용액의 중화 반응

이온화	$HCl(aq) \longrightarrow H^+(aq) + Cl^-(aq)$ $NaOH(aq) \longrightarrow Na^+(aq) + OH^-(aq)$
전체 반응식	$HCl(aq) + NaOH(aq) \longrightarrow H_2O(l) + NaCl(aq)$ $H^+(aq) + Cl^-(aq) + Na^+(aq) + OH^-(aq) \longrightarrow H_2O(l) + Na^+(aq) + Cl^-(aq)$

(2) 중화 반응의 알짜 이온 반응식

① **구경꾼 이온** : 화학 반응에서 반응에 참여하지 않고 반응 후에도 용액에 그대로 남아 있는 이온을 말한다. $HCl(aq)$과 $NaOH(aq)$의 반응에서 Na^+과 Cl^-의 수는 반응 전과 후에 변화가 없으므로 Na^+과 Cl^-은 구경꾼 이온이다.

② **알짜 이온 반응식** : 화학 반응에서 구경꾼 이온을 제외하고 실제 반응에 참여한 이온으로만 나타낸 반응식이다. H^+과 OH^-이 반응하여 물을 생성하는 중화 반응의 알짜 이온 반응식은 다음과 같다.

$$H^+(aq) + OH^-(aq) \longrightarrow H_2O(l)$$

3 중화 반응에서의 양적 관계

(1) 중화 반응에서의 이온 수

① 산과 염기 수용액을 혼합하면 H^+과 OH^-이 1 : 1의 몰비로 반응하여 물이 된다.
$$H^+(aq) + OH^-(aq) \longrightarrow H_2O(l)$$

② 일반적으로 중화 반응의 양적 관계를 다룰 때 물의 자동 이온화는 고려하지 않는다. 산의 H^+과 염기의 OH^-의 양에 비해 물의 자동 이온화에 의한 H^+과 OH^-의 양은 무시할 정도로 적기 때문이다.

③ 산과 염기의 중화 반응에서 산과 염기 수용액에 있는 H^+과 OH^- 중 중화 반응하고 남은 이온의 종류에 의해 혼합 용액의 액성이 결정된다.

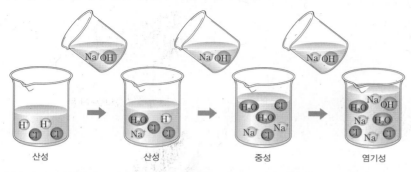

실험 Ⅰ	실험 Ⅱ	실험 Ⅲ
산성	중성	염기성
H⁺ 수 > OH⁻ 수	H⁺ 수 = OH⁻ 수	H⁺ 수 < OH⁻ 수

④ **혼합 용액의 액성** : 일정한 양의 $HCl(aq)$에 $NaOH(aq)$을 조금씩 가할 경우, 넣어 준 $NaOH(aq)$의 양에 따라 혼합 용액의 액성이 달라진다.

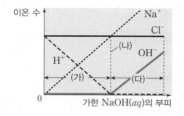

⑤ **중화 반응에서의 이온 수 변화** : 중화 반응은 H^+과 OH^-이 반응하여 물을 생성하는 반응으로 산 수용액에 염기 수용액을 가하거나 염기 수용액에 산 수용액을 가하여 반응시킬 때 이온 수의 변화가 생긴다.

• $HCl(aq)$이 들어 있는 비커에 $NaOH(aq)$을 가하여 반응시킬 때 Na^+과 Cl^-은 구경꾼 이온이므로 비커에 들어 있던 Cl^- 수는 일정하게 유지되지만 가하는 용액에 들어 있는 Na^+ 수는 계속 증가한다.

• (가) 구간은 비커에 들어 있던 H^+이 가해 준 OH^-과 반응하여 H^+ 수가 감소하는 구간으로 반응하여 없어지는 H^+ 수만큼 Na^+이 가해지기 때문에 전체 이온 수는 일정하게 유지된다.

• (나)는 비커에 들어 있던 H^+과 같은 수의 OH^-을 가한 지점으로 모든 H^+과 OH^-이 반응하 여 물이 된 지점이다. 이때 H^+과 같은 수의 OH^-이 가해졌으므로 Cl^- 수와 Na^+ 수는 같다.

• (다) 구간은 H^+이 모두 반응하였고, 계속하여 OH^-이 가해지는 구간으로 더 이상 반응이 일어나지 않으므로 Na^+ 수, OH^- 수, 전체 이온 수는 계속 증가한다.

• 혼합 용액의 액성은 (가) 구간에서 산성, (나)에서 중성, (다) 구간에서 염기성이다.

1. 일정량의 $HCl(aq)$에 $NaOH(aq)$을 가할 때 완전히 중화될 때까지 (　　) 수는 감소하고 (　　) 수는 일정하다.

2. 일정량의 $HCl(aq)$에 $NaOH(aq)$을 가할 때, 중화점에 도달하기 전까지 혼합 용액에 가장 많이 존재하는 이온은 (　　)이다.

※ ○ 또는 ×

3. $HCl(aq)$과 $NaOH(aq)$의 혼합 용액이 염기성일 때 Na^+의 수와 Cl^-의 수가 같다. (　　)

⑥ 중화 반응으로 생성되는 물 분자 수 : $HCl(aq)$이 들어 있는 비커에 $NaOH(aq)$을 가하면 $H^+(aq)+OH^-(aq) \longrightarrow H_2O(l)$의 중화 반응이 일어나므로 물이 생성된다. H^+이 존재하는 동안에는 가하는 $NaOH(aq)$의 부피에 비례하여 생성된 물 분자 수도 증가한다. 이때 중화 반응하는 H^+ 수와 OH^- 수, 생성된 물 분자 수의 비는 1 : 1 : 1이다. 그러나 완전히 중화된 이후에는 $NaOH(aq)$을 더 가하더라도 생성된 물 분자 수의 변화는 없다.

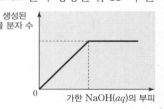

(2) 중화 반응에서의 양적 관계

① H^+과 OH^-의 양적 관계 : H^+과 OH^-은 1 : 1의 몰비로 반응한다.
➡ 반응한 산이 내놓는 H^+의 양(mol)과 반응한 염기가 내놓는 OH^-의 양(mol)은 같다.

② 반응한 산과 염기의 가수, 용액의 몰 농도, 부피의 관계

$$nMV = n'M'V'$$
$$\left(\begin{array}{l} n, n' : \text{산, 염기의 가수} \\ M, M' : \text{산, 염기 수용액의 몰 농도} \\ V, V' : \text{산, 염기 수용액의 부피} \end{array} \right)$$

• 산과 염기의 가수 : 산 또는 염기 1 mol이 최대로 내놓을 수 있는 H^+ 또는 OH^-의 양(mol)에 해당하는 수이다.

산		염기	
1가 산	HCl, CH_3COOH	1가 염기	$NaOH$, KOH
2가 산	H_2SO_4, H_2CO_3	2가 염기	$Ca(OH)_2$, $Ba(OH)_2$
3가 산	H_3PO_4	3가 염기	$Al(OH)_3$

• 반응한 산 또는 염기 수용액의 몰 농도(M)와 부피(L)의 곱은 반응한 산 또는 염기의 양(mol)이다(MV, $M'V'$).

• 반응한 산 또는 염기의 가수, 수용액의 몰 농도(M), 부피(L)의 곱은 반응한 산 또는 염기가 내놓는 H^+ 또는 OH^-의 양(mol)이다(nMV, $n'M'V'$).

• 반응한 산이 내놓는 H^+의 양(mol)과 반응한 염기가 내놓는 OH^-의 양(mol)은 같으므로 $nMV = n'M'V'$이다.

③ 중화 반응에서의 양적 관계($nMV = n'M'V'$)

예 1 M $H_2SO_4(aq)$ 100 mL에 들어 있는 H_2SO_4과 0.5 M $NaOH(aq)$ 400 mL에 들어 있는 $NaOH$이 모두 반응한 경우

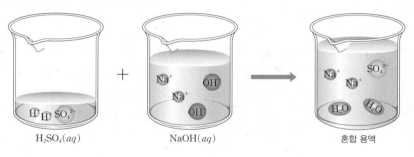

$H_2SO_4(aq)$　　　　　　$NaOH(aq)$　　　　　　혼합 용액

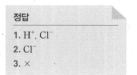

- 화학 반응식 : $H_2SO_4(aq) + 2NaOH(aq) \longrightarrow 2H_2O(l) + Na_2SO_4(aq)$
- 양적 관계 해석

산, 염기 수용액	$H_2SO_4(aq)$	$NaOH(aq)$
산, 염기의 가수(n, n')	2	1
산, 염기 수용액의 몰 농도(M)(M, M')	1	0.5
산, 염기 수용액의 부피(L)(V, V')	0.1	0.4
반응한 산, 염기의 양(mol)$(MV, M'V')$	0.1	0.2
반응한 산, 염기가 내놓는 H^+, OH^-의 양(mol)$(nMV, n'M'V')$	0.2	0.2

➡ 반응한 H_2SO_4이 내놓는 H^+의 양과 반응한 $NaOH$이 내놓는 OH^-의 양은 0.2 mol로 서로 같다.

과학 돋보기 중화 반응에서 이온의 몰 농도(M)

표는 1 M $HCl(aq)$ 10 mL가 들어 있는 비커에 0.5 M $NaOH(aq)$을 가할 때 가한 $NaOH(aq)$의 부피에 따른 혼합 용액에 존재하는 이온의 몰 농도(M)에 대한 자료이다. 중화 반응에서의 양적 관계에 의해 1 M $HCl(aq)$ 10 mL를 완전히 중화시키기 위해 필요한 0.5 M $NaOH(aq)$의 부피는 20 mL이다. (단, 혼합 용액의 부피는 혼합 전 각 용액의 부피의 합과 같고, 물의 자동 이온화는 무시한다.)

가한 $NaOH(aq)$의 부피(mL)	이온의 몰 농도(M)			
	H^+	Cl^-	Na^+	OH^-
0	1	1	0	0
10	$\frac{1}{4}$	$\frac{1}{2}$	$\frac{1}{4}$	0
20	0	$\frac{1}{3}$	$\frac{1}{3}$	0
30	0	$\frac{1}{4}$	$\frac{3}{8}$	$\frac{1}{8}$

(1) 0.5 M $NaOH(aq)$ 10 mL를 넣었을 때

- H^+ : 처음 H^+의 $\frac{1}{2}$배가 중화 반응에 의해 소모되고, 용액의 부피는 2배가 되므로 $\frac{1}{4}\left(=1 \times \frac{1}{2} \times \frac{10}{10+10}\right)$ M이다.

- Cl^- : 용액의 부피는 2배가 되므로 $\frac{1}{2}\left(=1 \times \frac{10}{10+10}\right)$ M이다.

- Na^+ : 용액의 부피는 2배가 되므로 $\frac{1}{4}\left(=0.5 \times \frac{10}{10+10}\right)$ M이다.

(2) 0.5 M $NaOH(aq)$ 20 mL를 넣었을 때

- Cl^- : 용액의 부피는 3배가 되므로 $\frac{1}{3}\left(=1 \times \frac{10}{10+20}\right)$ M이다.

- Na^+ : 용액의 부피는 $\frac{3}{2}$배가 되므로 $\frac{1}{3}\left(=0.5 \times \frac{20}{20+10}\right)$ M이다.

(3) 0.5 M $NaOH(aq)$ 30 mL를 넣었을 때

- Cl^- : 용액의 부피는 4배가 되므로 $\frac{1}{4}\left(=1 \times \frac{10}{10+30}\right)$ M이다.

- Na^+ : 용액의 부피는 $\frac{4}{3}$배가 되므로 $\frac{3}{8}\left(=0.5 \times \frac{30}{30+10}\right)$ M이다.

- OH^- : 처음 OH^-의 $\frac{2}{3}$배가 중화 반응에 의해 소모되고, 용액의 부피는 $\frac{4}{3}$배가 되므로 $\frac{1}{8}\left(=0.5 \times \frac{1}{3} \times \frac{30}{30+10}\right)$ M이다.

개념 체크

● 중화 적정
중화 반응을 이용하여 농도를 모르는 산이나 염기의 농도를 알아내는 실험 방법이다.

1. 중화 적정 실험에서 액체의 부피를 정확히 취하여 옮길 때 사용하는 기구는 ( )이다.

2. 중화 적정 실험에서 가해지는 표준 용액의 부피를 측정할 때 사용하는 실험 기구는 ( )이다.

4 중화 적정

(1) 중화 적정 : 농도를 모르는 산이나 염기의 농도를 중화 반응의 양적 관계($nMV = n'M'V'$)를 이용하여 알아내는 실험 방법이다. 이때 농도를 정확히 알고 있는 염기나 산 수용액이 사용되는데 이를 표준 용액이라고 한다.

① **중화점** : 중화 적정에서 반응한 산의 H^+의 양(mol)과 반응한 염기의 OH^-의 양(mol)이 같아져 산과 염기가 완전히 중화되는 점을 중화점이라고 한다.

② 중화 적정에 사용되는 실험 기구

피펫	뷰렛	삼각 플라스크
액체의 부피를 정확히 취하여 옮길 때 사용한다.	가해지는 표준 용액의 부피를 측정할 때 사용한다.	농도를 알고자 하는 수용액을 담을 때 사용한다.

(2) 중화 적정을 이용한 식초 속 아세트산 함량 구하기 실험 계획

① 중화 반응의 화학 반응식을 작성한다.

$$CH_3COOH(aq) + NaOH(aq) \longrightarrow H_2O(l) + CH_3COONa(aq)$$

② 식초 속 CH_3COOH 함량을 구하기 위해 중화 적정의 양적 관계를 이해한다.
　• $nMV = n'M'V'$의 관계를 이용한다.

$$nMV = n'M'V'$$
n, n' : CH_3COOH과 NaOH의 가수 ➡ 각각 1
M, M' : 식초 속 CH_3COOH과 NaOH 표준 용액의 몰 농도
V, V' : 반응한 식초와 NaOH 표준 용액의 부피

　• 계산된 식초의 몰 농도를 이용하여 식초 속 CH_3COOH의 함량(%)을 계산한다(단, 식초의 밀도를 1 g/mL로 가정한다).

③ 실험 조건을 결정한다.
　• 필요할 경우 임의의 조건으로 간단히 예비 실험을 실시한다.
　• 표준 용액과 지시약의 종류를 결정한다.
　　예 표준 용액 : $NaOH(aq)$, 지시약 : 페놀프탈레인 용액(염기성에서 붉은색)
　• 표준 용액의 농도를 결정한다.
　• 실험 기구 종류 및 크기와 사용할 시약의 양을 결정한다.

정답
1. 피펫
2. 뷰렛

④ 준비물을 확인한다.
- 시약 : 식초, NaOH 표준 용액, 페놀프탈레인 용액, 물 등
- 실험 도구 : 비커, 피펫, 피펫 필러, 삼각 플라스크, 스포이트, 뷰렛, 뷰렛 집게, 스탠드, 깔때기, 실험복, 실험용 장갑, 보안경 등(지시약의 혼합을 위해 유리 막대, 자석 젓개와 자석 교반기 등을 사용할 수 있다.)

⑤ 자세한 실험 과정을 설계한다.

⑥ 실험 중 유의할 점을 확인한다.
- CH_3COOH은 휘발성이 크기 때문에 식초의 뚜껑을 잘 닫아두어야 하고, 실험에 걸리는 시간을 가능한 한 짧게 하여 공기 중으로 날아가는 CH_3COOH의 양을 최소화해야 한다.
- 표준 용액이 식초보다 농도가 너무 크면 정확한 중화점을 찾기가 어렵고, 표준 용액이 식초보다 농도가 너무 작으면 넣어 주어야 할 표준 용액의 양이 너무 커서 실험이 어려워진다.
- 뷰렛에 표준 용액을 넣은 후 일정량을 흘려주어 뷰렛 꼭지의 아랫부분을 표준 용액으로 채운 후에 표준 용액의 처음 부피를 측정해야 한다.

(3) 식초 속 아세트산 함량 구하기 실험 수행

① 피펫으로 식초 3 mL를 취하여 삼각 플라스크에 넣고 물을 넣어 30 mL가 되게 한 후 페놀프탈레인 용액을 2~3방울 떨어뜨린다.

② 깔때기를 이용해 뷰렛에 0.1 M NaOH 표준 용액을 넣고 꼭지를 잠시 열었다가 닫아 표준 용액을 조금 흘려주어 뷰렛 꼭지의 아랫부분을 표준 용액으로 채운다.

③ 뷰렛에 표준 용액을 채운 후 뷰렛의 눈금을 읽는다.

④ 그림과 같이 장치한 후 뷰렛 꼭지를 열어 0.1 M NaOH 표준 용액을 희석된 식초가 든 삼각 플라스크에 조금씩 떨어뜨린다.

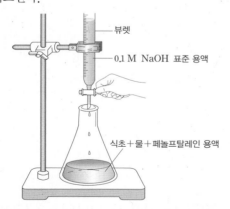

뷰렛

0.1 M NaOH 표준 용액

식초＋물＋페놀프탈레인 용액

⑤ 삼각 플라스크 속 혼합 용액에 붉은색이 나타나면 삼각 플라스크를 흔들어 주면서 표준 용액을 한 방울씩 떨어뜨리고 혼합 용액 전체가 붉은색으로 변하는 순간 꼭지를 잠근 후 뷰렛의 눈금을 읽는다.
➡ 식초를 희석시킨 용액 30 mL를 완전히 중화시키는 데 필요한 0.1 M NaOH 표준 용액의 부피(③과 ⑤에서 읽은 눈금의 차) : 30 mL

개념 체크

○ 식초 속 아세트산 함량 구하기
화학 반응식 :
$CH_3COOH(aq) + NaOH(aq)$
$\rightarrow H_2O(l) + CH_3COONa(aq)$
중화 반응에서의 양적 관계 :
$nMV = n'M'V'$

1. 식초 속 아세트산은 (　　) 가 산이다.

2. 식초 속 아세트산을 NaOH (aq)으로 중화 적정하기 위해 지시약으로 페놀프탈레인 용액을 사용하면 중화점을 지나면서 혼합 용액의 색깔이 무색에서 (　　)으로 변한다.

정답
1. 1
2. 붉은색

개념 체크

○ 식초 속 아세트산의 몰 농도가 a M라고 하면 1 L 수용액에 아세트산이 a mol 들어 있다는 것을 의미한다. 식초의 밀도를 1 g/mL라고 할 때 아세트산 a mol의 질량은 $60a$ g(아세트산의 분자량=60)이므로 아세트산의 함량(%)은 다음과 같다.

$$\frac{60a\ \text{g}}{1000\ \text{g}} \times 100 = 6a(\%)$$

○ 농도와 부피가 같은 1가 산 수용액과 2가 산 수용액에서 중화 반응을 할 수 있는 H^+의 양(mol)은 2가 산 수용액이 1가 산 수용액의 2배이다.

※ ○ 또는 ×

1. 중화 적정에서 뷰렛에 표준 용액을 넣고 꼭지를 잠시 열었다가 닫은 후, 뷰렛의 눈금을 읽어 표준 용액의 처음 부피를 측정해야 한다.　　(　)

2. 중화 적정에서 뷰렛에 들어 있는 표준 용액을 시료가 들어 있는 삼각 플라스크에 조금씩 떨어뜨리면서 색깔의 변화가 처음 나타났다가 사라질 때가 중화점이다.　　(　)

정답

1. ○
2. ×

⑥ 식초를 희석시킨 용액 속 CH_3COOH의 몰 농도를 x M라고 하면, CH_3COOH과 NaOH이 각각 1가 산과 1가 염기이고, 반응한 CH_3COOH이 내놓은 H^+의 양(mol)과 반응한 NaOH이 내놓은 OH^-의 양(mol)이 같으므로 $1 \times x$ M $\times 30$ mL $= 1 \times 0.1$ M $\times 30$ mL이며 $x = 0.1$이다. 삼각 플라스크 속 용액은 식초를 10배 희석시킨 것이므로 식초 3 mL 속 CH_3COOH의 몰 농도는 1 M이고, 식초 1 L에는 CH_3COOH 1 mol이 들어 있다.

⑦ 식초의 밀도를 1 g/mL라고 하면, 식초 1 L의 질량은 1000 g이다. CH_3COOH의 분자량이 60이고 식초 속 CH_3COOH의 몰 농도가 1 M이므로 식초 1000 g(=1 L)에는 CH_3COOH이 60 g(=1 mol) 들어 있다. 따라서 식초 속 CH_3COOH의 함량은 $\frac{60\ \text{g}}{1000\ \text{g}} \times 100 = 6\%$이다.

🧪 탐구자료 살펴보기　　중화 반응을 이용한 탐구 실험

탐구 자료

용기의 라벨이 떨어져 육안으로는 구별되지 않는 두 수용액 0.1 M $HNO_3(aq)$과 0.1 M $H_2SO_4(aq)$을 중화 적정을 이용하여 구별해 보자.

➡ 같은 부피의 두 수용액에서 중화 반응을 할 수 있는 H^+의 양(mol)은 0.1 M $H_2SO_4(aq)$이 0.1 M $HNO_3(aq)$의 2배이다.

분석 point

1. 중화 적정을 이용하는 방법

   0.1 M NaOH 표준 용액으로 $HNO_3(aq)$ 100 mL와 $H_2SO_4(aq)$ 100 mL 각각에 대해 중화 적정 실험을 수행한다.
   ➡ 중화점까지 넣어 주는 NaOH 표준 용액의 부피가 100 mL인 것이 $HNO_3(aq)$이고, 200 mL인 것이 $H_2SO_4(aq)$이다.

2. 중화 반응 후 혼합 용액의 액성을 확인하는 방법

   0.1 M NaOH 표준 용액 150 mL를 $HNO_3(aq)$ 100 mL와 $H_2SO_4(aq)$ 100 mL 각각에 넣어 중화 반응을 완결시킨 후 지시약을 통해 혼합 용액의 액성을 확인한다.
   ➡ 염기성을 띠는 것이 $HNO_3(aq)$이고, 산성을 띠는 것이 $H_2SO_4(aq)$이다.

01 다음은 산 염기 반응의 화학 반응식과, 이에 대한 세 학생의 대화이다. [24024-0213]

$$NH_3(g) + H_2O(l) \longrightarrow NH_4^+(aq) + OH^-(aq)$$

학생 A: NH₃는 H₂O로부터 양성자(H^+)를 받아.

학생 B: NH₃는 아레니우스 산이야.

학생 C: H₂O은 브뢴스테드·로리 산이야.

제시한 내용이 옳은 학생만을 있는 대로 고른 것은?

① A ② B ③ A, C
④ B, C ⑤ A, B, C

02 다음은 산 염기 반응 (가)와 (나)의 화학 반응식이다. [24024-0214]

(가) $HCl(g) + H_2O(l) \longrightarrow H_3O^+(aq) + Cl^-(aq)$

(나) $(CH_3)_3N(g) + H_2O(l) \longrightarrow$
　　　$(CH_3)_3NH^+(aq) + \boxed{\bigcirc}(aq)$

이에 대한 설명으로 옳은 것만을 〈보기〉에서 있는 대로 고른 것은?

보기

ㄱ. (가)에서 HCl는 아레니우스 산이다.

ㄴ. ㉠은 OH^-이다.

ㄷ. (가)와 (나)에서 H_2O은 모두 브뢴스테드·로리 염기이다.

① ㄱ ② ㄷ ③ ㄱ, ㄴ
④ ㄴ, ㄷ ⑤ ㄱ, ㄴ, ㄷ

03 표는 0.2 M HCl(aq), 0.1 M NaOH(aq), 0.4 M NaOH(aq)의 부피를 달리하여 혼합한 용액 (가)와 (나)에 대한 자료이다. [24024-0215]

혼합 용액		(가)	(나)
혼합 전 수용액의 부피(mL)	0.2 M HCl(aq)	10	20
	0.1 M NaOH(aq)	20	0
	0.4 M NaOH(aq)	0	20

이에 대한 설명으로 옳은 것만을 〈보기〉에서 있는 대로 고른 것은? (단, 혼합 용액의 부피는 혼합 전 각 용액의 부피의 합과 같고, 물의 자동 이온화는 무시한다.)

보기

ㄱ. (나)는 염기성이다.

ㄴ. $\dfrac{\text{(나)에 존재하는 모든 이온의 양(mol)}}{\text{(가)에 존재하는 모든 이온의 양(mol)}} = 4$이다.

ㄷ. $\dfrac{\text{(나)에서 } Na^+ \text{의 몰 농도(M)}}{\text{(가)에서 } Na^+ \text{의 몰 농도(M)}} = 3$이다.

① ㄱ ② ㄷ ③ ㄱ, ㄴ
④ ㄴ, ㄷ ⑤ ㄱ, ㄴ, ㄷ

04 표는 0.2 M HCl(aq)과 0.1 M NaOH(aq)의 부피를 달리하여 혼합한 용액 (가)와 (나)에 대한 자료이다. [24024-0216]

혼합 용액		(가)	(나)
혼합 전 수용액의 부피(mL)	0.2 M HCl(aq)	30	V
	0.1 M NaOH(aq)	20	30
혼합 용액에 존재하는 모든 이온의 양(mol)			0.008

이에 대한 설명으로 옳은 것만을 〈보기〉에서 있는 대로 고른 것은? (단, 혼합 용액의 부피는 혼합 전 각 용액의 부피의 합과 같고, 물의 자동 이온화는 무시한다.)

보기

ㄱ. (가)에서 Na^+의 몰 농도는 0.04 M이다.

ㄴ. (나)는 염기성이다.

ㄷ. $V = 20$이다.

① ㄱ ② ㄴ ③ ㄱ, ㄷ
④ ㄴ, ㄷ ⑤ ㄱ, ㄴ, ㄷ

05 [24024-0217]

그림은 부피가 모두 같은 수용액 (가)~(다)에 존재하는 음이온을 모형으로 나타낸 것이다. (가)~(다)는 $0.2\ M\ H_2X(aq)$, $0.1\ M\ YOH(aq)$, $0.1\ M\ Z(OH)_2(aq)$을 순서 없이 나타낸 것이다.

(가)   (나)   (다)

이에 대한 설명으로 옳은 것만을 〈보기〉에서 있는 대로 고른 것은? (단, 물의 자동 이온화는 무시하고, 수용액에서 H_2X는 H^+과 X^{2-}으로, YOH는 Y^+과 OH^-으로, $Z(OH)_2$는 Z^{2+}과 OH^-으로 모두 이온화하며, X^{2-}, Y^+, Z^{2+}은 반응하지 않는다.)

● 보기 ●
ㄱ. (가)는 $0.1\ M\ Z(OH)_2(aq)$이다.
ㄴ. 수용액에 존재하는 양이온의 양(mol)은 (가)가 (나)보다 크다.
ㄷ. (가)~(다)를 모두 혼합한 용액은 염기성이다.

① ㄱ   ② ㄴ   ③ ㄱ, ㄷ   ④ ㄴ, ㄷ   ⑤ ㄱ, ㄴ, ㄷ

06 [24024-0218]

표는 $HCl(aq)$과 $NaOH(aq)$의 부피를 달리하여 혼합한 용액 (가)~(다)에 대한 자료이다. 혼합 용액에 존재하는 이온의 가짓수는 (가)>(나)이다.

혼합 용액		(가)	(나)	(다)
혼합 전 수용액의 부피(mL)	$HCl(aq)$	30	40	50
	$NaOH(aq)$	10	20	30

이에 대한 설명으로 옳은 것만을 〈보기〉에서 있는 대로 고른 것은? (단, 온도는 일정하고, 물의 자동 이온화는 무시한다.)

● 보기 ●
ㄱ. $\dfrac{HCl(aq)의\ 몰\ 농도(M)}{NaOH(aq)의\ 몰\ 농도(M)}=\dfrac{1}{2}$이다.
ㄴ. (가)는 산성이다.
ㄷ. (다)에서 가장 많이 존재하는 이온은 Na^+이다.

① ㄱ   ② ㄷ   ③ ㄱ, ㄴ   ④ ㄴ, ㄷ   ⑤ ㄱ, ㄴ, ㄷ

07 [24024-0219]

다음은 산과 염기에 대한 실험이다.

[실험 과정]
(가) $0.1\ M\ H_2X(aq)$ 200 mL와 $x\ M\ HY(aq)$ 100 mL를 혼합하여 용액 I을 만든다.
(나) $0.1\ M\ H_2X(aq)$ 200 mL와 $0.1\ M\ Z(OH)_2(aq)$ 150 mL를 혼합하여 용액 II를 만든다.

[실험 결과] ○ $\dfrac{II에서\ H^+의\ 몰\ 농도(M)}{I에서\ H^+의\ 몰\ 농도(M)}=\dfrac{1}{7}$이다.

x는? (단, 혼합 용액의 부피는 혼합 전 각 용액의 부피의 합과 같다. 물의 자동 이온화는 무시하고, 수용액에서 H_2X는 H^+과 X^{2-}으로, HY는 H^+과 Y^-으로, $Z(OH)_2$는 Z^{2+}과 OH^-으로 모두 이온화하며, X^{2-}, Y^-, Z^{2+}은 반응하지 않는다.)

① 0.1   ② 0.2   ③ 0.3   ④ 0.4   ⑤ 0.5

08 [24024-0220]

그림은 산 또는 염기 수용액 (가)~(다)의 몰 농도(M)와 부피를 나타낸 것이고, 표는 (가)~(다) 중 각 2가지씩 혼합한 서로 다른 용액 I~III에 대한 자료이다.

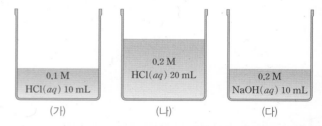

0.1 M
HCl(aq) 10 mL
(가)

0.2 M
HCl(aq) 20 mL
(나)

0.2 M
NaOH(aq) 10 mL
(다)

혼합 용액		혼합 용액의 부피(mL)	혼합 용액에 존재하는 모든 양이온의 몰 농도(M)의 합(상댓값)
I	㉠	30	5
II		30	a
III	(가)+(다)	20	3

이에 대한 설명으로 옳은 것만을 〈보기〉에서 있는 대로 고른 것은? (단, 혼합 용액의 부피는 혼합 전 각 용액의 부피의 합과 같고, 물의 자동 이온화는 무시한다.)

● 보기 ●
ㄱ. ㉠은 '(가)+(나)'이다.
ㄴ. $a=4$이다.
ㄷ. I~III 중 산성인 것은 2가지이다.

① ㄱ   ② ㄷ   ③ ㄱ, ㄴ   ④ ㄴ, ㄷ   ⑤ ㄱ, ㄴ, ㄷ

09 그림은 산 염기 혼합 용액 (가)와 (나)에 존재하는 모든 양이온을 모형으로 나타낸 것이다. $\dfrac{\text{(나)에서 Cl}^-\text{의 몰 농도(M)}}{\text{(가)에서 X}^{2-}\text{의 몰 농도(M)}}=\dfrac{4}{3}$ 이다.

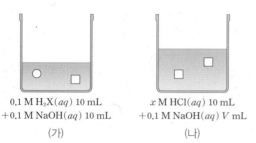

0.1 M H₂X(aq) 10 mL
+0.1 M NaOH(aq) 10 mL
(가)

x M HCl(aq) 10 mL
+0.1 M NaOH(aq) V mL
(나)

$x \times V$는? (단, 혼합 용액의 부피는 혼합 전 각 용액의 부피의 합과 같고, 물의 자동 이온화는 무시하며, 수용액에서 H_2X는 H^+과 X^{2-}으로 모두 이온화한다.)

① 1 ② 2 ③ 3 ④ 4 ⑤ 5

10 다음은 부피가 모두 같은 수용액 (가)~(다)에 대한 자료이다. (가)~(다)는 0.2 M $H_2X(aq)$, 0.1 M $HCl(aq)$, a M $NaOH(aq)$을 순서 없이 나타낸 것이다.

○ 수용액에 존재하는 음이온의 양(mol)은 (가)와 (나)가 같다.
○ (나)와 (다)를 혼합한 용액은 염기성이다.

이에 대한 설명으로 옳은 것만을 〈보기〉에서 있는 대로 고른 것은? (단, 온도는 일정하고, 물의 자동 이온화는 무시하며, 수용액에서 H_2X는 H^+과 X^{2-}으로 모두 이온화한다.)

— 보기 —
ㄱ. (가)는 0.1 M HCl(aq)이다.
ㄴ. $a=0.2$이다.
ㄷ. (가)와 (나)를 혼합한 용액에 존재하는 $\dfrac{\text{모든 음이온의 양(mol)}}{\text{모든 양이온의 양(mol)}}=\dfrac{1}{2}$이다.

① ㄱ ② ㄴ ③ ㄷ ④ ㄱ, ㄴ ⑤ ㄴ, ㄷ

11 다음은 중화 적정 실험이다.

[실험 과정]
(가) x M $CH_3COOH(aq)$ 20 mL가 들어 있는 삼각 플라스크에 페놀프탈레인 용액을 2~3방울 떨어뜨린다.
(나) 0.2 M $NaOH(aq)$을 뷰렛에 넣고 (가)의 삼각 플라스크에 한 방울씩 떨어뜨리면서 수용액 전체가 붉게 변하는 순간 적정을 멈추고, 적정에 사용된 $NaOH(aq)$의 부피를 측정한다.

[실험 결과]
○ 적정에 사용된 $NaOH(aq)$의 부피: V mL
○ 중화점에서 Na^+의 몰 농도: 0.12 M

$x \times V$는? (단, 온도는 25℃로 일정하고, 혼합 용액의 부피는 혼합 전 각 용액의 부피의 합과 같다.)

① 6 ② 9 ③ 12 ④ 15 ⑤ 18

12 그림은 0.1 M $NaOH(aq)$ 40 mL에 $H_2X(aq)$과 $HY(aq)$을 각각 가했을 때, 가한 산 수용액의 부피에 따른 혼합 용액에 존재하는 모든 이온의 양(mol)을 나타낸 것이다. (가)와 (나)는 $H_2X(aq)$과 $HY(aq)$을 순서 없이 나타낸 것이다.

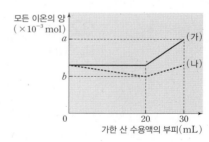

이에 대한 설명으로 옳은 것만을 〈보기〉에서 있는 대로 고른 것은? (단, 온도는 일정하고, 물의 자동 이온화는 무시하며, 수용액에서 H_2X는 H^+과 X^{2-}으로, HY는 H^+과 Y^-으로 모두 이온화한다.)

— 보기 —
ㄱ. (가)는 HY(aq)이다.
ㄴ. $\dfrac{H_2X(aq)\text{의 몰 농도(M)}}{HY(aq)\text{의 몰 농도(M)}}=\dfrac{1}{2}$이다.
ㄷ. $a=2b$이다.

① ㄱ ② ㄷ ③ ㄱ, ㄴ ④ ㄴ, ㄷ ⑤ ㄱ, ㄴ, ㄷ

아레니우스 산은 수용액에서 수소 이온(H^+)을 내놓는 물질이고, 브뢴스테드 · 로리 산은 양성자(H^+)를 주는 물질이다.

[24024-0225]

01 다음은 산 염기 반응 (가)~(다)의 화학 반응식이다.

> (가) $HCOOH(aq) + H_2O(l) \longrightarrow HCOO^-(aq) + H_3O^+(aq)$
> (나) $CO_3^{2-}(aq) + H_2O(l) \longrightarrow HCO_3^-(aq) + OH^-(aq)$
> (다) $CO_3^{2-}(aq) + HSO_4^-(aq) \longrightarrow HCO_3^-(aq) + SO_4^{2-}(aq)$

이에 대한 설명으로 옳은 것만을 〈보기〉에서 있는 대로 고른 것은?

● 보기 ●

ㄱ. (가)에서 HCOOH은 아레니우스 산이다.

ㄴ. (나)에서 H_2O은 브뢴스테드 · 로리 염기이다.

ㄷ. (다)에서 HSO_4^-은 브뢴스테드 · 로리 산이다.

① ㄱ ② ㄴ ③ ㄱ, ㄷ ④ ㄴ, ㄷ ⑤ ㄱ, ㄴ, ㄷ

(가)에 존재하는 OH^-의 양은 0.005 mol이다.

[24024-0226]

02 그림 (가)는 0.1 M $NaOH(aq)$ 50 mL에 존재하는 모든 음이온을, (나)는 (가)에 x M $H_nX(aq)$ 10 mL를 가하여 혼합한 용액에 존재하는 모든 음이온을 모형으로 나타낸 것이다.

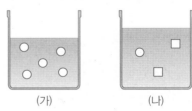

이에 대한 설명으로 옳은 것만을 〈보기〉에서 있는 대로 고른 것은? (단, 물의 자동 이온화는 무시하고, H_nX는 수용액에서 H^+과 X^{n-}으로 모두 이온화하며, Na^+과 X^{n-}은 반응하지 않는다.)

● 보기 ●

ㄱ. $n=3$이다.

ㄴ. $x=0.2$이다.

ㄷ. (나)에 존재하는 모든 이온의 양은 0.008 mol이다.

① ㄱ ② ㄴ ③ ㄷ ④ ㄱ, ㄴ ⑤ ㄴ, ㄷ

03 다음은 중화 반응에 대한 실험이다.

[24024-0227]

[실험 과정]
(가) 0.1 M NaOH(aq) 20 mL와 x M HCl(aq) 10 mL를 혼합한다.
(나) 0.1 M NaOH(aq) 20 mL와 0.2 M HCl(aq) 20 mL를 혼합한다.

[실험 결과]
○ $\dfrac{\text{(가)에서 혼합 용액에 존재하는 모든 이온의 양(mol)}}{\text{(나)에서 혼합 용액에 존재하는 모든 이온의 양(mol)}} = \dfrac{3}{4}$이다.

x는? (단, 물의 자동 이온화는 무시한다.)

① 0.1 　　② 0.15 　　③ 0.2 　　④ 0.25 　　⑤ 0.3

NaOH(aq)과 HCl(aq)의 혼합 용액이 산성이면 혼합 용액에 존재하는 모든 이온의 양(mol)은 혼합 전 HCl(aq)에 존재하는 모든 이온의 양(mol)과 같고, 혼합 용액이 염기성이면 혼합 용액에 존재하는 모든 이온의 양(mol)은 혼합 전 NaOH(aq)에 존재하는 모든 이온의 양(mol)과 같다.

04 다음은 중화 적정 실험이다. **NaOH의 화학식량은 40이다.**

[24024-0228]

[실험 과정]
(가) w g NaOH(s)을 모두 물에 녹여 x M NaOH(aq) 50 mL를 만든다.
(나) (가)에서 만든 NaOH(aq)에 물을 가하여 100 mL로 만든다.
(다) 0.2 M HCl(aq) 50 mL에 페놀프탈레인 용액을 2~3방울 넣고 (나)에서 만든 NaOH(aq)으로 적정하였을 때, 수용액 전체가 붉게 변하는 순간까지 넣어 준 NaOH(aq)의 부피(V_1)를 측정한다.
(라) 0.2 M HCl(aq) 50 mL 대신 y M HCl(aq) 50 mL를 사용해서 과정 (다)를 반복하여 넣어 준 NaOH(aq)의 부피(V_2)를 측정한다.

[실험 결과]
○ V_1 : 40 mL 　　　　　○ V_2 : 30 mL

이에 대한 설명으로 옳은 것만을 〈보기〉에서 있는 대로 고른 것은? (단, 온도는 일정하다.)

(나)에서 NaOH(aq)의 부피가 2배가 되었으므로 (나)에서 만든 NaOH(aq)의 몰 농도는 $\dfrac{1}{2}x$ M이다.

━● 보 기 ●━
ㄱ. $\dfrac{y}{x}=0.3$이다.
ㄴ. $w=0.5$이다.
ㄷ. x M NaOH(aq) 20 mL와 0.2 M HCl(aq) 10 mL, y M HCl(aq) 40 mL를 모두 혼합한 용액은 염기성이다.

① ㄱ 　　② ㄴ 　　③ ㄱ, ㄷ 　　④ ㄴ, ㄷ 　　⑤ ㄱ, ㄴ, ㄷ

[24024-0229]

05 다음은 x M HCl(aq)과 y M NaOH(aq)의 부피를 달리하여 혼합한 용액 (가)와 (나)에 대한 자료이다.

> ○ 혼합 전 각 수용액의 부피
>
> | 혼합 용액 | | (가) | (나) |
> |---|---|---|---|
> | 혼합 전 수용액의 부피(mL) | x M HCl(aq) | 20 | 15 |
> | | y M NaOH(aq) | 30 | 50 |
>
> ○ (가)에 존재하는 이온은 3가지이며, 가장 많이 존재하는 이온은 Cl⁻이다.
>
> ○ $\dfrac{\text{(나)에 존재하는 모든 양이온의 양(mol)}}{\text{(가)에 존재하는 모든 양이온의 양(mol)}} = \dfrac{5}{4}$이다.

이에 대한 설명으로 옳은 것만을 〈보기〉에서 있는 대로 고른 것은? (단, 물의 자동 이온화는 무시한다.)

> ● 보기 ●
>
> ㄱ. (가)는 산성이다.
>
> ㄴ. $\dfrac{y}{x} = \dfrac{1}{2}$이다.
>
> ㄷ. (나)에서 두 번째로 많이 존재하는 이온은 OH⁻이다.

① ㄱ ② ㄷ ③ ㄱ, ㄴ ④ ㄴ, ㄷ ⑤ ㄱ, ㄴ, ㄷ

[24024-0230]

06 표는 x M H₂X(aq) 20 mL에 0.2 M NaOH(aq)을 가할 때, 가한 NaOH(aq)의 부피에 따른 혼합 용액에 존재하는 이온 (가)와 (나)의 몰 농도(M)에 대한 자료이다. (가)와 (나)는 OH⁻과 X²⁻을 순서 없이 나타낸 것이다.

가한 NaOH(aq)의 부피(mL)	30	40
(가)의 몰 농도(M)	a	
(나)의 몰 농도(M)	$3b$	$5b$

이에 대한 설명으로 옳은 것만을 〈보기〉에서 있는 대로 고른 것은? (단, 혼합 용액의 부피는 혼합 전 각 용액의 부피의 합과 같고, 물의 자동 이온화는 무시하며, H₂X는 수용액에서 H⁺과 X²⁻으로 모두 이온화한다.)

> ● 보기 ●
>
> ㄱ. (나)는 OH⁻이다.
>
> ㄴ. $x \times \dfrac{a}{b} = 0.3$이다.
>
> ㄷ. 가한 NaOH(aq)의 부피가 40 mL일 때 혼합 용액에 존재하는
> $\dfrac{\text{모든 음이온의 양(mol)}}{\text{모든 양이온의 양(mol)}} = 1$이다.

① ㄱ ② ㄷ ③ ㄱ, ㄴ ④ ㄴ, ㄷ ⑤ ㄱ, ㄴ, ㄷ

NaOH(aq)과 HCl(aq)의 혼합 용액이 산성이면 혼합 용액에 가장 많이 존재하는 이온은 Cl⁻이고, 혼합 용액이 염기성이면 혼합 용액에 가장 많이 존재하는 이온은 Na⁺이다.

x M H₂X(aq) 20 mL에 존재하는 H⁺의 양은 $0.04x$ mol이고, X²⁻의 양은 $0.02x$ mol이다.

07~08 다음 물음에 답하시오. 혼합 용액의 부피는 혼합 전 각 용액의 부피의 합과 같으며, 물의 자동 이온화는 무시한다.

[24024-0231]

07 그림은 x M HCl(aq) 50 mL에 0.1 M NaOH(aq)을 가할 때, 가한 NaOH(aq)의 부피에 따른 혼합 용액에 존재하는 이온 (가)와 (나)의 몰 농도를 나타낸 것이다. 가한 NaOH(aq)의 부피가 $2V$ mL일 때, (가)와 (나)의 몰 농도는 같고, (가)와 (나)는 H^+과 Na^+을 순서 없이 나타낸 것이다.

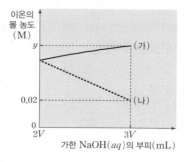

HCl(aq)에 NaOH(aq)을 가할 때 가한 NaOH(aq)의 부피가 증가할수록 혼합 용액에 존재하는 H^+의 몰 농도(M)는 감소한다.

$\dfrac{y}{x}$는?

① 0.2   ② 0.3   ③ 0.6   ④ 0.12   ⑤ 0.15

[24024-0232]

08 x M HCl(aq) 50 mL에 0.1 M NaOH(aq) $5V$ mL를 가했을 때, 혼합 용액에 존재하는 모든 이온의 양(mol)의 비율을 나타낸 것으로 가장 적절한 것은?

x M HCl(aq) 50 mL와 0.1 M NaOH(aq) $5V$ mL를 혼합한 용액은 염기성이다.

① 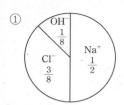   ② 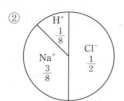   ③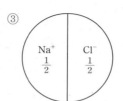

④ 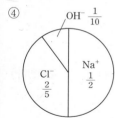   ⑤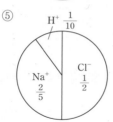

염기성인 (가)에 존재하는 이온은 Na^+, OH^-, Cl^-이다.

[24024-0233]

09 표는 $HCl(aq)$과 $NaOH(aq)$의 부피를 달리하여 혼합한 용액 (가)~(다)에 대한 자료이다.

혼합 용액		(가)	(나)	(다)
혼합 전 수용액의 부피(mL)	$HCl(aq)$	10	20	30
	$NaOH(aq)$	20	20	10
액성		염기성		산성
혼합 용액에 존재하는 $\dfrac{Na^+의\ 양(mol)}{모든\ 이온의\ 양(mol)}$(상댓값)		5	a	1

이에 대한 설명으로 옳은 것만을 〈보기〉에서 있는 대로 고른 것은? (단, 혼합 용액의 부피는 혼합 전 각 용액의 부피의 합과 같고, 물의 자동 이온화는 무시한다.)

─● 보기 ●─
ㄱ. $\dfrac{NaOH(aq)의\ 몰\ 농도(M)}{HCl(aq)의\ 몰\ 농도(M)} = \dfrac{3}{5}$이다.
ㄴ. (나)에서 가장 많이 존재하는 이온은 Na^+이다.
ㄷ. $a = 3$이다.

① ㄱ ② ㄴ ③ ㄱ, ㄷ ④ ㄴ, ㄷ ⑤ ㄱ, ㄴ, ㄷ

0.2 M $HCl(aq)$ 20 mL에 존재하는 H^+의 양(mol)과 x M $NaOH(aq)$ $4V$ mL에 존재하는 OH^-의 양(mol)이 같다.

[24024-0234]

10 표는 x M $NaOH(aq)$, 0.2 M $HCl(aq)$, y M $HCl(aq)$의 부피를 달리하여 혼합한 용액 (가)와 (나)에 대한 자료이다. (가)와 (나)는 모두 중성이다.

혼합 용액		(가)	(나)
혼합 전 수용액의 부피(mL)	x M $NaOH(aq)$	$4V$	$10V$
	0.2 M $HCl(aq)$	20	20
	y M $HCl(aq)$	0	20
혼합 용액에 존재하는 Cl^-의 몰 농도(M)(상댓값)		14	15

$\dfrac{y}{x} \times V$는? (단, 혼합 용액의 부피는 혼합 전 각 용액의 부피의 합과 같고, 물의 자동 이온화는 무시한다.)

① $\dfrac{10}{3}$ ② $\dfrac{20}{3}$ ③ 20 ④ 30 ⑤ 60

11 표는 0.2 M NaOH(aq), x M H$_2$X(aq), 0.4 M HY(aq)의 부피를 달리하여 혼합한 용 [24024-0235]
액 (가)~(다)에 대한 자료이다. (가)와 (나)의 액성은 같다.

혼합 용액		(가)	(나)	(다)
혼합 전 수용액의 부피(mL)	0.2 M NaOH(aq)	50	50	50
	x M H$_2$X(aq)	20	40	20
	0.4 M HY(aq)	0	0	10
혼합 용액에 존재하는 모든 이온의 양(mol)(상댓값)		9	8	

이에 대한 설명으로 옳은 것만을 〈보기〉에서 있는 대로 고른 것은? (단, 혼합 용액의 부피는 혼합 전 각 용
액의 부피의 합과 같다. 물의 자동 이온화는 무시하고, 수용액에서 H$_2$X는 H$^+$과 X^{2-}으로, HY는 H$^+$
과 Y$^-$으로 모두 이온화하며, Na$^+$, X^{2-}, Y$^-$은 반응하지 않는다.)

● 보기 ●
ㄱ. $x=0.1$이다.
ㄴ. (다)는 산성이다.
ㄷ. 혼합 용액에 존재하는 모든 음이온의 몰 농도(M)의 합은 (나)>(다)이다.

① ㄱ   ② ㄴ   ③ ㄱ, ㄷ   ④ ㄴ, ㄷ   ⑤ ㄱ, ㄴ, ㄷ

> 혼합 전 NaOH(aq)의 부피
> 가 같고, H$_2$X(aq)의 부피
> 가 (나)>(가)인데 혼합 용액
> 에 존재하는 모든 이온의 양
> (mol)이 (가)>(나)이므로
> (가)와 (나)는 모두 염기성이다.

12 다음은 중화 반응에 대한 실험이다. [24024-0236]

[실험 과정]
(가) x M H$_2$X(aq) V mL에 0.2 M YOH(aq) 20 mL를 첨가하여 혼합 용액 I을 만든다.
(나) I에 0.1 M Z(OH)$_2$(aq) $2V$ mL를 첨가하여 혼합 용액 II를 만든다.
[실험 결과]
○ 혼합 용액에 존재하는 모든 양이온의 몰비는 I : II=4 : 3이다.
○ II에서 X^{2-}의 몰 농도는 0.1 M이다.

$\dfrac{x}{V}$는? (단, 혼합 용액의 부피는 혼합 전 각 용액의 부피의 합과 같다. 물의 자동 이온화는 무시하고, 수용
액에서 H$_2$X는 H$^+$과 X^{2-}으로, YOH는 Y$^+$과 OH$^-$으로, Z(OH)$_2$는 Z^{2+}과 OH$^-$으로 모두 이온화
하며, X^{2-}, Y$^+$, Z^{2+}은 반응하지 않는다.)

① $\dfrac{1}{50}$ ② $\dfrac{1}{40}$ ③ $\dfrac{1}{30}$ ④ $\dfrac{1}{20}$ ⑤ $\dfrac{1}{10}$

> II에서 X^{2-}의 몰 농도는
> $\dfrac{xV \times 10^{-3}\,\text{mol}}{(20+3V) \times 10^{-3}\,\text{L}}=0.1$ M
> 이다.

12 산화 환원 반응과 화학 반응에서 출입하는 열

개념 체크

○ 산화
산소를 얻는 반응

○ 환원
산소를 잃는 반응

○ 산화 환원의 동시성
산소를 얻는 반응과 산소를 잃는
반응은 동시에 일어난다.

1. 산소를 얻는 반응을 (   ),
산소를 잃는 반응을 (   )
이라고 한다.

2. 산화 구리(CuO)가 탄소
(C)와 반응하여 구리(Cu)
와 이산화 탄소(CO_2)가 생
성되는 반응에서 산화되는
물질은 (   )이고, 환원
되는 물질은 (   )이다.

3. (   )는 물질이 산소와
빠르게 반응하면서 빛과
열을 내는 현상으로, 산화
환원 반응에 속한다.

1 산소와 산화 환원 반응

(1) 산소의 이동에 의한 산화 환원

① **산화** : 산소를 얻는 반응이다.

$$2Cu+O_2 \longrightarrow 2CuO$$

Cu가 산소를 얻음(산화)

② **환원** : 산소를 잃는 반응이다.

$$CuO+H_2 \longrightarrow Cu+H_2O$$

CuO가 산소를 잃음(환원)

③ **산화 환원의 동시성** : 한 물질이 산소를 얻을 때 다른 물질이 그 산소를 잃으므로, 산화와 환원은 항상 동시에 일어난다.

$$CuO+H_2 \longrightarrow Cu+H_2O \qquad 2CuO+C \longrightarrow 2Cu+CO_2$$

탐구자료 살펴보기 **구리의 산화 환원 반응**

실험 과정
(가) 도가니에 구리 가루를 넣고 충분히 가열한 후 식힌다.
(나) (가)의 생성물과 탄소 가루를 섞어 시험관에 넣고 가열하여 생성된 기체를 석회수에 통과시킨다.

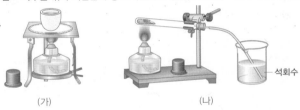

(가)   (나)

실험 결과
1. 과정 (가)에서 구리 가루의 색이 붉은색에서 검은색으로 변하였다.
2. 과정 (나)에서 검은색 가루가 다시 붉게 변하면서 석회수가 뿌옇게 흐려졌다.

분석 point
1. 붉은색 구리가 산소와 결합하여 검은색 산화 구리(Ⅱ)가 된다.
$$2Cu+O_2 \longrightarrow 2CuO \text{ (Cu가 산화된다.)}$$
2. 검은색 산화 구리(Ⅱ)를 탄소 가루와 섞어 가열하면 산화 구리(Ⅱ)는 산소를 잃고 환원되어 붉은색 구리가 된다.
이때 탄소는 산화 구리(Ⅱ)로부터 산소를 얻어 이산화 탄소가 된다.
$$2CuO+C \longrightarrow 2Cu+CO_2 \text{ (CuO가 환원되고 C가 산화된다.)}$$
3. 이산화 탄소는 석회수와 반응하여 흰색 앙금(탄산 칼슘($CaCO_3$))을 생성하므로 석회수가 뿌옇게 흐려진다. 이러
한 성질을 이용하여 석회수는 이산화 탄소의 확인에 사용된다.

(2) 산소의 이동에 의한 여러 가지 산화 환원 반응

① **연소** : 물질이 산소와 빠르게 반응하면서 빛과 열을 내는 현상으로, 산화 환원 반응에 속한다.

정답
1. 산화, 환원
2. 탄소(C), 산화 구리(CuO)
3. 연소

- 숯의 연소 : 숯은 주로 탄소(C)로 이루어진 물질이며, 완전 연소되는 과정에서 탄소가 산소와 결합하여 이산화 탄소가 생성된다.

$$C + O_2 \longrightarrow CO_2$$
$$\underbrace{\qquad\qquad}_{산화}$$

- 천연 가스의 연소 : 천연 가스의 주성분은 메테인(CH_4)으로, 메테인이 완전 연소되면 이산화 탄소와 물이 생성된다. 이때 메테인에 포함된 탄소가 산소와 결합하면서 산화된다.

$$CH_4 + 2O_2 \longrightarrow CO_2 + 2H_2O$$
$$\underbrace{\qquad\qquad}_{산화}$$

② 철의 제련

- 산화 철(Fe_2O_3)이 주성분인 철광석에서 순수한 철(Fe)을 얻는 방법으로, 산화 철(Fe_2O_3)이 철(Fe)로 환원된다.
- 용광로에 철광석과 탄소(C)가 주성분인 코크스를 넣고 뜨거운 공기를 불어넣으면 탄소(C)가 불완전 연소되어 일산화 탄소(CO)가 되고, CO에 의해 Fe_2O_3이 산소를 잃고 환원되어 Fe이 된다.

🔍 **과학 돋보기** **용광로에서의 철의 제련**

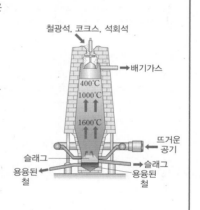

- 용광로에 철광석, 탄소(C)가 주성분인 코크스, 석회석을 넣고 뜨거운 공기를 불어넣는다.
- 탄소(C)가 불완전 연소되어 일산화 탄소(CO)가 된다.

$$2C(s) + O_2(g) \longrightarrow 2CO(g)$$
$$\underbrace{\qquad\qquad}_{산화}$$

- 일산화 탄소에 의해 산화 철(Fe_2O_3)이 산소를 잃고 환원되어 용융 상태의 철(Fe)이 된다.

$$\overbrace{\qquad\qquad}^{산화}$$
$$Fe_2O_3(s) + 3CO(g) \longrightarrow 2Fe(l) + 3CO_2(g)$$
$$\underbrace{\qquad\qquad}_{환원}$$

- 용광로에서 석회석($CaCO_3$)이 열분해되어 생성된 산화 칼슘(CaO)이 철광석에 포함된 불순물인 이산화 규소(SiO_2)와 반응하여 슬래그($CaSiO_3$)가 됨으로써 생성된 철과 분리된다.

② 전자와 산화 환원 반응

(1) 전자의 이동에 의한 산화 환원

① 산화 : 전자를 잃는 반응이다. $Zn \longrightarrow Zn^{2+} + 2e^-$

② 환원 : 전자를 얻는 반응이다. $Cu^{2+} + 2e^- \longrightarrow Cu$

③ 산화 환원의 동시성

- 한 물질이 전자를 잃고 산화될 때 다른 물질이 그 전자를 얻어서 환원되므로, 산화와 환원은 항상 동시에 일어난다.
- 산화되는 물질이 잃은 전자 수와 환원되는 물질이 얻은 전자수는 같다.

개념 체크

○ **산화**
전자를 잃는 반응

○ **환원**
전자를 얻는 반응

○ **산화 환원의 동시성**
전자를 잃는 반응과 전자를 얻는 반응은 동시에 일어난다.

1. 메테인(CH_4)이 연소되는 반응에서 CH_4은 (　　　) 된다.

2. 어떤 물질이 전자를 잃는 반응을 (　　　), 전자를 얻는 반응을 (　　　)이라고 한다.

정답
1. 산화
2. 산화, 환원

개념 체크

○ 금속과 비금속의 반응
금속은 전자를 잃고 산화되어 양이온이 되고, 비금속은 전자를 얻고 환원되어 음이온이 된다.

1. Cu^{2+}이 포함된 수용액에 아연(Zn)을 넣었더니 구리가 석출되었다. 이때 (　　)은 산화되고, (　　)은 환원된다.

2. 나트륨(Na)과 염소(Cl_2)가 반응하여 염화 나트륨(NaCl)이 생성될 때 나트륨은 (　　)되고, 염소는 (　　)된다.

예 Cu와 Ag^+이 반응할 때

산화 반응 : $Cu \longrightarrow Cu^{2+}+2e^-$

환원 반응 : $2Ag^++2e^- \longrightarrow 2Ag$

전체 반응 : $Cu+2Ag^+ \longrightarrow Cu^{2+}+2Ag$

➡ Cu 1 mol이 Cu^{2+}으로 산화될 때 2 mol의 전자를 잃고, Ag^+ 2 mol이 Ag으로 환원될 때 2 mol의 전자를 얻는다.

🧪 탐구자료 살펴보기 ▶ 아연과 황산 구리(Ⅱ) 수용액의 반응

실험 과정

(가) 사포로 문지른 아연(Zn)판을 황산 구리($CuSO_4$) 수용액에 넣는다.
(나) 시간이 지남에 따라 수용액의 색과 아연판 표면에서 일어나는 변화를 관찰한다.

실험 결과

수용액의 푸른색이 점점 옅어졌고, 아연판 표면에 붉은색 금속이 석출되었다.

분석 point

1. 아연은 전자를 잃고 아연 이온으로 산화되어 용액 속에 녹아 들어간다. $Zn \longrightarrow Zn^{2+}+2e^-$ (산화)
2. 구리 이온은 전자를 얻어 구리로 환원되어 석출된다.
   $Cu^{2+}+2e^- \longrightarrow Cu$ (환원)
   Cu^{2+}은 수용액에서 푸른색을 띠므로 수용액의 푸른색은 점점 옅어지고, 붉은색의 구리 금속이 석출된다.
3. Zn이 전자를 잃고 산화될 때 Cu^{2+}이 전자를 얻어서 환원되므로, 산화와 환원은 동시에 일어난다.

   산화 환원 반응식 : $Zn+Cu^{2+} \longrightarrow Zn^{2+}+Cu$

4. 황산 이온(SO_4^{2-})은 구경꾼 이온으로 반응에 참여하지 않고 남아 있다.

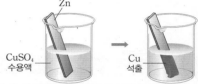

---

(2) 전자의 이동에 의한 여러 가지 산화 환원 반응

① **금속과 비금속의 반응** : 금속은 산화되어 양이온이 되고, 비금속은 환원되어 음이온이 된다.

- **나트륨과 염소의 반응** : 나트륨(Na)을 염소(Cl_2) 기체가 들어 있는 용기에 넣고 반응시키면 불꽃을 내며 격렬히 반응한다. 금속인 나트륨은 전자를 잃고 산화되어 양이온이 되고, 비금속인 염소는 전자를 얻고 환원되어 음이온이 되므로 이온 결합 물질인 염화 나트륨(NaCl)이 생성된다.

  $2Na(s)+Cl_2(g) \longrightarrow 2NaCl(s)$

  산화 반응 : $2Na \longrightarrow 2Na^++2e^-$
  환원 반응 : $Cl_2+2e^- \longrightarrow 2Cl^-$

- **마그네슘과 산소의 반응** : 공기 중에서 마그네슘(Mg) 리본에 불을 붙이면 격렬히 연소된다. 금속인 마그네슘은 전자를 잃고 산화되어 양이온이 되고, 비금속인 산소는 전자를 얻고 환원되어 음이온이 되므로 이온 결합 물질인 산화 마그네슘(MgO)이 생성된다.

  $2Mg(s)+O_2(g) \longrightarrow 2MgO(s)$

  산화 반응 : $2Mg \longrightarrow 2Mg^{2+}+4e^-$
  환원 반응 : $O_2+4e^- \longrightarrow 2O^{2-}$

정답
1. Zn, Cu^{2+}
2. 산화, 환원

② 금속과 금속 이온의 반응
  • 반응성이 작은 금속의 양이온이 들어 있는 수용액에 반응성이 큰 금속을 넣으면, 반응성이 큰 금속은 산화되어 양이온으로 수용액에 녹아 들어가고, 반응성이 작은 금속의 양이온은 환원되어 금속으로 석출된다.
  • 반응성이 큰 금속의 양이온이 들어 있는 수용액에 반응성이 작은 금속을 넣으면 반응이 일어나지 않는다.

> **탐구자료 살펴보기** 　**금속과 금속 이온의 반응**
>
> **실험 과정 및 결과**
> 질산 은($AgNO_3$) 수용액에 구리(Cu)선을 넣은 후 변화를 관찰한다. ➡ 구리선에 은(Ag)이 석출되고, 수용액은 점점 푸르게 변한다.
>
>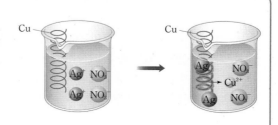
>
> **분석 point**
> 1. Cu는 전자를 잃고 Cu^{2+}으로 산화되어 용액 속에 녹아 들어간다.
> $Cu \longrightarrow Cu^{2+} + 2e^-$ (산화)
> 2. Ag^+은 전자를 얻고 Ag으로 환원되어 석출된다.
> $Ag^+ + e^- \longrightarrow Ag$ (환원)
> 3. Cu가 산화되면서 잃은 전자 수와 Ag^+이 환원되면서 얻은 전자 수가 같으므로, Cu 1 mol이 산화될 때 Ag^+ 2 mol이 환원되고 Cu와 Ag^+의 반응 계수비는 1 : 2이다.
> $Cu + 2Ag^+ \longrightarrow Cu^{2+} + 2Ag$

③ **금속과 산의 반응** : 산 수용액에 수소보다 반응성이 큰 금속을 넣으면 금속은 산화되어 양이온이 되고, H^+이 환원되어 수소 기체가 발생한다.
  • 마그네슘을 묽은 염산에 넣으면 마그네슘 표면에서 수소 기체가 발생한다. 마그네슘은 전자를 잃고 산화되어 양이온이 되고, H^+은 전자를 얻고 환원되어 수소 기체가 발생한다. 단, 수소(H)보다 반응성이 작은 금(Au), 백금(Pt), 은(Ag), 수은(Hg), 구리(Cu)는 수소 이온과 반응하지 않는다.

$$Mg + 2H^+ \longrightarrow Mg^{2+} + H_2$$

산화 반응 : $Mg \longrightarrow Mg^{2+} + 2e^-$
환원 반응 : $2H^+ + 2e^- \longrightarrow H_2$

④ **할로젠과 할로젠화 이온의 반응** : 할로젠 원소의 반응성은 $F_2 > Cl_2 > Br_2 > I_2$으로, 반응성이 작은 할로젠의 음이온이 들어 있는 수용액에 반응성이 큰 할로젠 분자를 넣으면 반응성이 작은 할로젠의 음이온은 산화되어 할로젠 분자가 되고, 반응성이 큰 할로젠 분자는 환원되어 음이온이 되는 산화 환원 반응이 일어난다.
  예 무색의 브로민화 칼륨(KBr) 수용액에 염소(Cl_2)를 넣으면 브로민화 이온(Br^-)은 전자를 잃고 산화되어 적갈색의 브로민(Br_2)이 되고, 염소(Cl_2)는 전자를 얻고 환원되어 염화 이온(Cl^-)이 된다.

$$2Br^- + Cl_2 \longrightarrow Br_2 + 2Cl^-$$

산화 반응 : $2Br^- \longrightarrow Br_2 + 2e^-$
환원 반응 : $Cl_2 + 2e^- \longrightarrow 2Cl^-$

> **개념 체크**
>
> ◉ **금속과 금속 이온의 반응**
> 반응성이 큰 금속은 전자를 잃고 양이온으로 되며, 반응성이 작은 금속의 양이온은 전자를 얻어 금속으로 석출된다.
>
> **1.** 질산 은($AgNO_3$) 수용액에 구리(Cu)를 넣으면 Cu는 전자를 잃어 Cu^{2+}으로 녹아 들어가고, Ag^+은 전자를 얻어 Ag으로 석출된다. 이 반응에서 Cu 1 mol이 산화될 때 석출되는 Ag은 (　) mol이다.
>
> **2.** Mg 1 mol을 충분한 양의 염산에 넣으면 전자 (　) mol이 이동하여 수소 기체 (　) mol이 생성된다.

> **정답**
> 1. 2
> 2. 2, 1

○ 산화수
물질을 구성하는 원자가 산화되거나 환원된 정도를 나타내는 값이다.

○ 산화수 규칙
산화수를 쉽게 구하기 위한 방법이다.
i) 화합물에서 구성 원자의 산화수의 총합은 0이다.
ii) 다원자 이온에서 구성 원자의 산화수의 총합은 그 이온의 전하와 같다.
iii) 대부분의 화합물에서 H의 산화수는 $+1$이고, O의 산화수는 -2이다.

1. NaCl에서 Na의 산화수는 ( )이고, Cl의 산화수는 ( )이다.

2. 공유 결합 물질에서 산화수를 결정할 때 전기 음성도가 ( ) 원자가 공유 전자쌍을 모두 가진다고 가정한다.

3. 화합물을 이루는 구성 원자의 산화수의 총합은 ( )이다.

4. 일원자 이온의 산화수는 그 이온의 ( )와 같다.

3 산화수와 산화 환원

(1) 산화수 : 산화수는 물질을 구성하는 원자가 산화되거나 환원된 정도를 나타내기 위한 값으로, 산소가 관여하거나 전자의 이동이 분명한 반응에서부터 전자가 원자 사이에 공유되어 공유 결합 물질이 생성되는 반응에 이르기까지 여러 가지 산화 환원 반응을 모두 설명하기 위해 산화수를 사용한다.

① **이온 결합 물질에서의 산화수** : 양이온과 음이온이 결합된 이온 결합 물질에서 양이온은 원자가 전자를 잃고, 음이온은 원자가 전자를 얻어 형성된 것으로, 각 이온의 전하가 그 이온의 산화수이다.

> 예 NaCl : Na^+과 Cl^-으로 이루어져 있다. ➡ Na의 산화수 : $+1$, Cl의 산화수 : -1
> MgO : Mg^{2+}과 O^{2-}으로 이루어져 있다. ➡ Mg의 산화수 : $+2$, O의 산화수 : -2

② **공유 결합 물질에서의 산화수** : 전기 음성도가 큰 원자가 공유 전자쌍을 모두 가진다고 가정할 때, 각 구성 원자의 전하가 그 원자의 산화수이다.

물(H_2O)	암모니아(NH_3)
H:O:H 공유 전자쌍을 O가 모두 가진다고 가정한다.	H:N:H / H 공유 전자쌍을 N가 모두 가진다고 가정한다.
• 전기 음성도 : $O>H$ H는 전자 1개를 잃었다고 가정하므로 전하가 $+1$이고, O는 2개의 H로부터 각각 전자 1개씩을 얻었다고 가정하므로 전하가 -2이다. • H의 산화수 : $+1$, O의 산화수 : -2	• 전기 음성도 : $N>H$ H는 전자 1개를 잃었다고 가정하므로 전하가 $+1$이고, N은 3개의 H로부터 각각 전자 1개씩을 얻었다고 가정하므로 전하가 -3이다. • H의 산화수 : $+1$, N의 산화수 : -3

> **과학 돋보기** **이온 결합 물질과 공유 결합 물질에서의 산화수**
>
> 이온 결합 물질은 원자 사이에 전자가 이동하여 형성된 이온들이 정전기적 인력으로 결합하여 이루어진 것으로 이온 결합 물질에서 산화수는 이온의 전하와 같다. 하지만 원자 사이에 전자쌍을 공유하여 형성된 결합으로 이루어진 공유 결합 물질에서는 전자가 어느 한쪽으로 완전히 이동하지 않는다. 공유 결합 물질에서 산화수는 전기 음성도가 큰 원자로 공유 전자쌍이 완전히 이동한다고 가정할 때의 전하로 정의한다. 이처럼 산화수는 모든 물질에서 정의될 수 있으며, 어떤 물질에서 원자가 전자를 얻거나 잃은 정도를 나타내는 가상적인 전하라고 할 수 있다.

(2) 산화수 규칙 : 원자들의 전기 음성도를 토대로 산화수를 구할 수 있는데, 몇몇 원자들은 여러 화합물 내에서 일정한 산화수를 나타낸다. 이를 이용하여 산화수를 쉽게 구하기 위한 방법이 산화수 규칙이다.

> **과학 돋보기** **산화수 규칙**
>
> ① 원소를 이루는 원자의 산화수는 0이다. ➡ Cu, H_2, O_2에서 Cu, H, O의 산화수는 모두 0이다.
> ② 일원자 이온의 산화수는 그 이온의 전하와 같다. ➡ Cu^{2+}에서 Cu의 산화수는 $+2$, Cl^-에서 Cl의 산화수는 -1이다.
> ③ 화합물에서 구성 원자의 산화수의 총합은 0이다.
> ➡ H_2O에서 (H의 산화수)$\times 2+$(O의 산화수)$\times 1=(+1)\times 2+(-2)\times 1=0$이다.
> ④ 다원자 이온에서 구성 원자의 산화수의 총합은 그 이온의 전하와 같다.
> ➡ SO_4^{2-}에서 (S의 산화수)$\times 1+$(O의 산화수)$\times 4=(+6)\times 1+(-2)\times 4=-2$이다.

⑤ 화합물에서 1족 금속 원자의 산화수는 +1, 2족 금속 원자의 산화수는 +2이다.
➡ 화합물에서 1족 금속 원자(Li, Na, K 등)의 산화수는 +1이고, 2족 금속 원자(Be, Mg, Ca 등)의 산화수는 +2이다.

⑥ 화합물에서 F의 산화수는 −1이다.
➡ F은 전기 음성도가 가장 큰 원소이므로 화합물에서 항상 산화수는 −1이다.

⑦ 화합물에서 H의 산화수는 +1이다. 단, 금속의 수소 화합물에서는 −1이다.
➡ H_2O, HCl, CH_4 등에서 H의 산화수는 +1이다. 단, 금속의 수소 화합물에서는 금속이 '+'의 산화수를 가지므로 NaH, MgH_2 등에서 H의 산화수는 −1이다.

⑧ 화합물에서 O의 산화수는 −2이다. 단, 과산화물에서는 −1이며, 플루오린 화합물에서는 +2 또는 +1이다.
➡ H_2O, CO_2 등에서 O의 산화수는 −2이다. 단, H_2O_2에서 H의 산화수가 +1이므로 O의 산화수는 −1, 전기 음성도가 F>O이므로 OF_2, O_2F_2에서 F의 산화수는 −1이고, O의 산화수는 각각 +2, +1이다.

(3) 산화수의 주기성

① 화합물을 형성할 때 화합물을 이루고 있는 각 원자들은 비활성 기체와 같은 전자 배치를 이루려는 경향(옥텟 규칙)이 있다. 산화수는 원자가 전자를 잃거나 얻으려는 성질과 관련되어 있으므로 원자의 전자 배치와 관계있으며 주기성을 나타낸다.

② 어떤 원자에 결합된 상대 원자의 전기 음성도에 따라 그 원자가 전자를 잃거나 얻을 수 있기 때문에 같은 원자라도 화합물에 따라서 여러 가지 산화수를 가질 수 있다.

이산화 탄소(CO_2)	메테인(CH_4)
공유 전자쌍을 O가 모두 가진다고 가정한다. O—C—O $:\ddot{O}::C::\ddot{O}:$	H—C—H 구조, 공유 전자쌍을 C가 모두 가진다고 가정한다. H:C:H

- 전기 음성도 : O>C>H
- CO_2에서 C의 산화수는 +4이고, CH_4에서 C의 산화수는 −4이다.
- 산화수 규칙에 따른 계산 : C의 산화수를 x라고 할 때
  $$CO_2 : x+(-2)\times2=0 \quad x=+4 \qquad CH_4 : x+(+1)\times4=0 \quad x=-4$$

🧪 탐구자료 살펴보기 ▷ 화합물에서 원자의 산화수

탐구 자료

원자 번호가 1~20인 원자들이 화합물에서 가질 수 있는 산화수는 그림과 같다.

자료 해석

1. 화합물에서 1족, 2족 금속 원자의 산화수는 각각 +1, +2이고, F의 산화수는 −1이다.
2. 대부분의 원자들은 결합된 상대 원자에 따라 전자를 잃거나 얻을 수 있기 때문에 같은 원자라도 화합물에 따라서 여러 가지 산화수를 가질 수 있다.
3. 원자가 원자가 전자를 모두 잃을 때 가장 큰 산화수를 가지며, 비금속 원자가 전자를 얻어 비활성 기체와 같은 전자 배치를 가질 때 가장 작은 산화수를 가진다.
   예 N의 가장 큰 산화수는 +5이고, 가장 작은 산화수는 −3이다.

분석 point

원자의 산화수는 원자가 전자 수와 관련되어 일정한 주기성을 나타낸다.

개념 체크

○ 산화수의 주기성
원자의 산화수는 원자가 전자 수와 관련되어 일정한 주기성을 나타낸다.

1. SO_2에서 S의 산화수는 ( )이다.

2. 질소(N)가 가질 수 있는 산화수의 최댓값은 ( )이고, 최솟값은 ( )이다.

3. 화합물에서 F의 산화수는 항상 ( )이다.

※ ○ 또는 ×

4. CO_2와 CH_4에서 C의 산화수는 같다. ( )

정답
1. +4
2. +5, −3
3. −1
4. ×

개념 체크

○ **산화**
산화수가 증가하는 반응

○ **환원**
산화수가 감소하는 반응

○ **산화 환원의 동시성**
한 원자의 산화수가 증가하면 다른 원자의 산화수가 감소하므로, 산화와 환원은 항상 동시에 일어난다.

1. OF_2에서 O의 산화수는 (   )이다.

2. 산화수가 증가하는 반응은 (   ), 산화수가 감소하는 반응은 (   )이다.

> 🔍 **과학 돋보기** **플루오린(F)과 산소(O)의 산화수**
>
> 플루오린(F)은 전기 음성도가 가장 큰 원소로 원자가 전자 수가 7이므로 전자 1개를 얻어 F^-이 되거나, 1개의 단일 결합을 형성하기 때문에 화합물에서 항상 산화수는 −1이다.
> 산소(O)는 전기 음성도가 F 다음으로 큰 원소로, 금속 원소가 O와 결합하면 금속 원소는 전자를 잃고 양이온이 되고, F 이외의 비금속 원소가 O와 공유 결합을 하면 O에 결합된 비금속 원소는 부분적인 양전하를 띠게 되어 이들 화합물에서 O는 음의 산화수를 가진다. O는 F과의 화합물에서만 양의 산화수를 가지는데, OF_2에서 O의 산화수는 +2, O_2F_2에서 O의 산화수는 +1이다.
>
>
> 공유 전자쌍을 전기 음성도가 큰 F이 모두 가진다고 가정한다.

(4) 산화수와 산화 환원

① **산화** : 산화수가 증가하는 반응이다.
➡ 원자가 전자를 잃으면 산화수는 '+'값이 되므로 산화수가 증가하는 것은 전자를 잃는 것과 같아서 산화에 해당한다.

② **환원** : 산화수가 감소하는 반응이다.
➡ 원자가 전자를 얻으면 산화수는 '−'값이 되므로 산화수가 감소하는 것은 전자를 얻는 것과 같아서 환원에 해당한다.

③ **산화 환원의 동시성**
- 산화 환원 반응에서 한 원자의 산화수가 증가하면 다른 원자의 산화수가 감소하므로, 산화와 환원은 항상 동시에 일어난다.
- 산화되는 물질에서 증가한 산화수의 합은 환원되는 물질에서 감소한 산화수의 합과 같다.

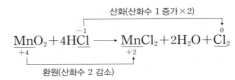

④ **산화 환원 반응 여부의 판단** : 화학 반응 전과 후에 산화수가 변하는 원자가 있으면 산화 환원 반응이고, 산화수가 변하는 원자가 없으면 산화 환원 반응이 아니다.

> 🔍 **과학 돋보기** **산화 환원 정의들 사이의 관계**
>
> - 산화 환원 반응은 처음에는 산소를 얻는 반응과 잃는 반응으로 나타내었는데, 보다 넓은 의미로 전자의 이동으로 나타내게 되었고, 이를 보다 편리하게 구분하기 위해 산화수 개념을 사용하게 되었다.
>
>
>
> - 산소는 전기 음성도가 크기 때문에 어떤 원소가 산소와 결합하면 대부분 산소에게 전자를 잃고 산화수가 증가한다. 따라서 산소를 얻는 것과 전자를 잃는 것, 산화수가 증가하는 것은 같은 의미를 갖는다. 하지만 플루오린(F)은 전기 음성도가 산소보다 크기 때문에 플루오린이 산소와 결합하면 플루오린은 산화수가 감소하며 환원된다.

정답
1. +2
2. 산화, 환원

4 산화 환원 반응식

(1) 산화제와 환원제

① **산화제** : 다른 물질을 산화시키고 자신은 환원되는 물질이다.

② **환원제** : 다른 물질을 환원시키고 자신은 산화되는 물질이다.

$$\underset{+4}{Mn}O_2 + 4H\underset{-1}{Cl} \longrightarrow \underset{+2}{Mn}Cl_2 + 2H_2O + \underset{0}{Cl_2}$$

(산화제 / 환원제 / 환원 / 산화)

(2) 산화제와 환원제의 상대적 세기

같은 물질이라고 해도 어떤 물질과 반응하는가에 따라 산화되기도 하고 환원되기도 한다. 산화 환원 반응에서 전자를 잃거나 얻으려는 경향은 서로 상대적이므로 어떤 반응에서 산화제로 작용하는 물질이 다른 물질과 반응할 때는 환원제로 작용할 수도 있다.

예 이산화 황(SO_2)이 황화 수소(H_2S)와 반응할 때에는 SO_2이 환원되면서 H_2S를 산화시키는 산화제로 작용하고, 이산화 황(SO_2)이 상대적으로 더 강한 산화제인 염소(Cl_2)와 반응할 때에는 SO_2이 산화되면서 Cl_2를 환원시키는 환원제로 작용한다.

$$\underset{+4}{S}O_2(g) + 2H_2\underset{-2}{S}(g) \longrightarrow 2H_2O(l) + 3\underset{0}{S}(s)$$

(산화제 / 산화 / 환원)

$$\underset{+4}{S}O_2(g) + 2H_2O(l) + \underset{0}{Cl_2}(g) \longrightarrow H_2\underset{+6}{S}O_4(aq) + 2H\underset{-1}{Cl}(aq)$$

(환원제 / 산화 / 환원)

(3) 산화 환원 반응식의 완성

산화 환원 반응에서 증가한 산화수의 합과 감소한 산화수의 합은 항상 같으므로 반응물과 생성물의 원자 수와 산화수 변화를 맞추어 화학 반응식을 완성할 수 있다.

예 $Sn^{2+} + MnO_4^- + H^+ \longrightarrow Sn^{4+} + Mn^{2+} + H_2O$의 화학 반응식 완성하기

[1단계] 각 원자의 산화수를 구한다.

$$\underset{+2}{Sn^{2+}} + \underset{+7}{Mn}\underset{-2}{O_4^-} + \underset{+1}{H^+} \longrightarrow \underset{+4}{Sn^{4+}} + \underset{+2}{Mn^{2+}} + \underset{+1\ -2}{H_2O}$$

[2단계] 반응 전후의 산화수 변화를 확인한다.

$$\underset{+2}{Sn^{2+}} + \underset{+7}{Mn}O_4^- + H^+ \longrightarrow \underset{+4}{Sn^{4+}} + \underset{+2}{Mn^{2+}} + H_2O$$

(산화수 2 증가 / 산화수 5 감소)

○ 산화 환원 반응의 양적 관계
완성된 산화 환원 반응식에서 산화제와 환원제의 반응 계수가 각각 a, b라면 반응하는 물질의 반응 몰비는 산화제 : 환원제$=a:b$이다.

1. $Fe_2O_3(s)+3CO(g)$
$\longrightarrow 2Fe(s)+3CO_2(g)$
반응에서 환원제는 (　　)이며, Fe 1 mol이 생성될 때 반응한 환원제의 양은 (　　) mol이다.

2. $3Ag_2S+2Al \longrightarrow 6Ag$ $+Al_2S_3$ 반응에서 Ag_2S 1.5 mol이 환원될 때 Al (　　) mol이 반응하며, 이 때 Ag (　　) mol이 생성된다.

[3단계] 증가한 산화수의 합과 감소한 산화수의 합이 같도록 계수를 맞춘다.

$$\underset{+2}{5Sn^{2+}} + \underset{+7}{2MnO_4^-} +H^+ \longrightarrow \underset{+4}{5Sn^{4+}} + \underset{+2}{2Mn^{2+}} +H_2O$$

산화수 2 증가×5 / 산화수 5 감소×2

[4단계] 산화수의 변화가 없는 원자들의 수가 같도록 계수를 맞추어 산화 환원 반응식을 완성한다.

$$5Sn^{2+}+2MnO_4^-+16H^+ \longrightarrow 5Sn^{4+}+2Mn^{2+}+8H_2O$$

(4) 산화 환원 반응의 양적 관계

화학 반응식에서 계수비는 반응 몰비와 같으므로 산화 환원 반응식을 완성하면 반응하는 산화제와 환원제의 양적 관계를 구할 수 있다.

예 산화 철(Fe_2O_3)과 일산화 탄소(CO)가 반응하여 철(Fe)과 이산화 탄소(CO_2)를 생성하는 반응의 화학 반응식은 $Fe_2O_3(s)+3CO(g) \longrightarrow 2Fe(s)+3CO_2(g)$로, 산화제인 Fe_2O_3과 환원제인 CO가 1 : 3의 몰비로 반응하므로 Fe_2O_3 1 mol이 환원될 때 CO 3 mol이 산화된다.

🧪 **탐구자료 살펴보기** ▶ **황화 은(Ag_2S)과 알루미늄(Al)의 반응**

실험 과정 및 결과

(가) 비커에 소금물을 넣고 바닥에 알루미늄 포일을 깐다.
(나) 검게 녹슨 은 숟가락을 알루미늄 포일에 올려놓고 가열한다.
➡ 은 숟가락의 검은 녹이 사라지고 원래의 은색으로 되돌아왔다.

녹슨 은 숟가락
알루미늄 포일

분석 point

1. 은 숟가락의 검은 녹은 황화 은(Ag_2S)이며, 알루미늄(Al)과 반응하여 은(Ag)으로 환원되므로 Al은 환원제이고 Ag_2S은 산화제이다.

2. 증가한 산화수의 합과 감소한 산화수의 합이 같도록 화학 반응식을 완성하면 다음과 같다.

[1단계] 각 원자의 산화수를 구한다.

$$\underset{+1 \ -2}{Ag_2S} + \underset{0}{Al} \longrightarrow \underset{0}{Ag} + \underset{+3 \ -2}{Al_2S_3}$$

[2단계] 반응 전후의 산화수 변화를 확인한다.

산화수 1 감소

$$\underset{+1}{Ag_2S} + \underset{0}{Al} \longrightarrow \underset{0}{Ag} + \underset{+3}{Al_2S_3}$$

산화수 3 증가

[3단계] 증가한 산화수의 합과 감소한 산화수의 합이 같도록 계수를 맞춘다.

산화수 1 감소×6

$$3Ag_2S + 2Al \longrightarrow 6Ag + Al_2S_3$$

산화수 3 증가×2

3. 완성된 산화 환원 반응식에서 Ag_2S과 Al의 반응 계수가 각각 3과 2이므로 산화제인 Ag_2S과 환원제인 Al은 3 : 2의 몰비로 반응한다.

5 화학 반응에서 출입하는 열

(1) 화학 반응과 열의 출입

화학 반응에서 반응물과 생성물이 가지고 있는 에너지가 다르기 때문에 화학 반응이 일어날 때 열의 출입이 있다.

(2) 발열 반응과 흡열 반응

① 발열 반응

- 화학 반응이 일어날 때 열을 방출하는 반응이다.
- 생성물의 에너지 합이 반응물의 에너지 합보다 작으므로 반응하면서 열을 방출한다.
- 주위로 열을 방출하므로 주위의 온도가 높아진다.

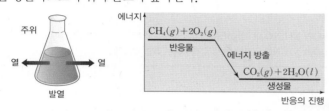

예 메테인(CH_4)이 완전 연소되면 이산화 탄소와 물이 생성되는데, 이 반응은 열을 방출하는 발열 반응이다.

② 흡열 반응

- 화학 반응이 일어날 때 열을 흡수하는 반응이다.
- 생성물의 에너지 합이 반응물의 에너지 합보다 크므로 반응하면서 열을 흡수한다.
- 주위로부터 열을 흡수하므로 주위의 온도가 낮아진다.

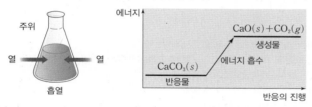

예 탄산 칼슘($CaCO_3$)을 가열하면 분해되어 이산화 탄소가 발생하는데, 이 반응은 열을 흡수하는 흡열 반응이다.

③ 여러 가지 발열 반응과 흡열 반응

발열 반응	• 산 염기 중화 반응이 일어나면 중화열이 방출된다. • 휘발유나 천연 가스 등의 연료가 연소될 때 많은 열을 방출한다. • 손난로 속에서 철가루가 산화되면서 열을 방출하여 따뜻해진다.
흡열 반응	• 베이킹파우더의 주원료인 $NaHCO_3$은 열을 흡수하면 분해되어 CO_2 기체가 발생해 반죽을 부풀게 한다. • 식물이 빛을 받으면 광합성을 하여 포도당을 만드는데, 광합성은 빛에너지를 흡수하는 흡열 반응이다. • 냉각 팩 속 질산 암모늄이 물에 용해될 때 열을 흡수하여 팩이 시원해진다.

○ 물의 응고와 열의 출입
에너지는 $H_2O(l)$이 $H_2O(s)$보다 크므로 $H_2O(l) \longrightarrow H_2O(s)$ 반응이 일어날 때 열을 방출한다.

1. 수산화 바륨 팔수화물과 질산 암모늄의 반응이 일어날 때 주위로부터 열을 (   )한다.

2. 연료가 연소되는 반응은 (   ) 반응이다.

 탐구자료 살펴보기 **화학 반응에서 출입하는 열**

실험 과정

(가) 나무판의 중앙에 물을 조금 떨어뜨리고, 수산화 바륨 팔수화물($Ba(OH)_2 \cdot 8H_2O(s)$)이 담긴 삼각 플라스크를 올려놓는다.

(나) (가)의 삼각 플라스크에 질산 암모늄($NH_4NO_3(s)$)을 넣고 유리 막대로 잘 섞은 다음, 몇 분 뒤 삼각 플라스크를 들어 올린다.

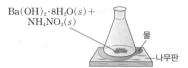

실험 결과

나무판 위의 물이 얼면서 나무판이 삼각 플라스크에 달라붙어 삼각 플라스크를 들어 올릴 때 나무판이 함께 들어 올려졌다.

분석 point

1. $Ba(OH)_2 \cdot 8H_2O$과 NH_4NO_3이 반응하면서 나무판 위의 물로부터 열을 빼앗아 물이 얼게 된다.
2. $Ba(OH)_2 \cdot 8H_2O$과 NH_4NO_3의 반응은 열을 흡수하는 흡열 반응이다.

 탐구자료 살펴보기 **화학 반응에서 출입하는 열의 측정**

[열량과 비열]

어떤 물질이 방출하거나 흡수하는 열량은 그 물질의 비열에 질량과 온도 변화를 곱하여 구할 수 있다.

· 열량 : 물질이 방출하거나 흡수하는 열에너지의 양
· 비열 : 물질 1 g의 온도를 1℃ 높이는 데 필요한 열량으로 단위는 $J/(g \cdot ℃)$이다.

$$열량(Q) = 비열(c) \times 질량(m) \times 온도 변화(\Delta t)$$

[화학 반응에서 열의 출입 측정하기]

실험 과정

(가) 전자저울로 과자의 질량을 측정한 후 증발 접시에 담는다.
(나) 둥근바닥 플라스크에 물 100 mL를 넣고 스탠드에 고정한 후 물의 온도를 측정한다.
(다) 과자에 불을 붙인 후 둥근바닥 플라스크의 물을 가열한다.
(라) 과자를 연소시킨 후 둥근바닥 플라스크 속 물의 최고 온도를 측정한다.
(마) 전자저울로 타고 남은 과자의 질량을 측정한다.

실험 결과

과정	(가)	(나)	(라)	(마)
측정 내용	과자의 처음 질량	물의 처음 온도	물의 최고 온도	과자의 나중 질량
측정값	w_1 g	t_1℃	t_2℃	w_2 g

분석 point

1. 연소된 과자의 질량은 $(w_1 - w_2)$ g이고, 물의 온도 변화는 $(t_2 - t_1)$℃이다.
2. 물의 밀도와 비열을 각각 1 g/mL, $4.2\ J/(g \cdot ℃)$라고 하면 물이 얻은 열량은
   $Q = c_물 \times m_물 \times \Delta t_물 = 4.2\ J/(g \cdot ℃) \times 100\ g \times (t_2 - t_1)℃ = 420(t_2 - t_1)$ J이다.
3. 과자가 연소될 때 방출한 열을 물이 모두 흡수한다고 가정하면 과자 1 g의 연소 과정에서 방출하는 열량은
   $\dfrac{420(t_2 - t_1)}{w_1 - w_2}$ J/g이다.

정답

1. 흡수
2. 발열

(3) 열량계를 이용한 열의 측정

① 화학 반응에서 출입하는 열의 양은 열량계를 사용하여 측정할 수 있다.

② 열량계와 외부 사이에 열의 출입이 없다고 가정하고 열량계 자체가 흡수하는 열을 무시하면 화학 반응에서 발생한 열량은 열량계 속 용액이 얻은 열량과 같다.

> 화학 반응에서 발생한 열량(Q)＝열량계 속 용액이 얻은 열량(Q)

개념 체크

❍ 화학 반응에서 출입하는 열의 양은 열량계를 사용하여 측정할 수 있다.

1. 25℃의 물이 들어 있는 간이 열량계에 25℃의 고체 A를 넣어 녹였더니 용액의 온도가 25℃보다 낮아졌다면 고체 A의 용해 반응은 (   ) 반응이다.

※ ○ 또는 ×

2. 스타이로폼 컵을 이용한 간이 열량계에서 스타이로폼 컵은 열량계 내부와 외부 사이의 열 출입을 막기 위해 사용한다.   (   )

탐구자료 살펴보기 ▶ 열량계를 이용한 열의 측정

실험 과정

[실험 Ⅰ]
(가) 간이 열량계에 물 100 g을 넣고 온도(t_1)를 측정한다.
(나) 열량계에 $CaCl_2(s)$ 5 g을 넣어 녹일 때 최고 온도(t_2)를 측정한다.
[실험 Ⅱ]
(가) 간이 열량계에 물 100 g을 넣고 온도(t_3)를 측정한다.
(나) 열량계에 $NH_4Cl(s)$ 5 g을 넣어 녹일 때 최저 온도(t_4)를 측정한다.

실험 결과

[실험 Ⅰ]		[실험 Ⅱ]	
t_1	t_2	t_3	t_4
25℃	31℃	25℃	21℃

분석 point

실험 Ⅰ에서 용액의 온도가 높아졌으므로 $CaCl_2(s)$의 용해 반응은 발열 반응이고, 실험 Ⅱ에서 용액의 온도가 낮아졌으므로 $NH_4Cl(s)$의 용해 반응은 흡열 반응이다.

정답

1. 흡열
2. ○

01 다음은 산화수에 대한 설명이다.

[24024-0237]

> 공유 결합 물질에서 전자는 어느 한 원자로 완전히 이동하지 않는다. 공유 결합 물질에서 원자의 산화수는 ⓐ 가 작은 원자에서 ⓐ 가 큰 원자로 ⓑ 이 완전히 이동한다고 가정할 때 각 구성 원자의 전하이다.

ⓐ과 ⓑ으로 가장 적절한 것은?

	ⓐ	ⓑ
①	원자 번호	공유 전자쌍
②	원자 번호	비공유 전자쌍
③	전기 음성도	공유 전자쌍
④	전기 음성도	비공유 전자쌍
⑤	원자가 전자 수	공유 전자쌍

02 다음은 Cl가 포함된 물질 (가)~(마)에 대한 자료이다.

[24024-0238]

> ○ 물질의 화학식과 Cl의 산화수
>
> | 물질 | (가) | (나) | (다) | (라) | (마) |
> |---|---|---|---|---|---|
> | 화학식 | ClF | Cl_2 | HCl | $HClO_2$ | $HClO_4$ |
> | Cl의 산화수 | | | | a | b |
>
> ○ (가)~(마) 중 Cl의 산화수가 0보다 큰 것은 x가지이다.

$\dfrac{b}{a} \times x$는?

① -7 ② $-\dfrac{14}{3}$ ③ $\dfrac{14}{3}$

④ 5 ⑤ 7

03 다음은 2가지 산화 환원 반응의 화학 반응식이다.

[24024-0239]

> (가) $N_2 + 3H_2 \longrightarrow 2NH_3$
>
> (나) $3H_2S + 2HNO_3 \longrightarrow 3S + 2\boxed{ⓐ} + 4H_2O$

이에 대한 설명으로 옳은 것만을 〈보기〉에서 있는 대로 고른 것은?

> **보기**
> ㄱ. (가)에서 H_2는 환원제이다.
> ㄴ. ⓐ은 NO이다.
> ㄷ. N의 산화수는 ⓐ에서가 HNO_3에서보다 크다.

① ㄱ ② ㄷ ③ ㄱ, ㄴ
④ ㄴ, ㄷ ⑤ ㄱ, ㄴ, ㄷ

04 다음은 2가지 산화 환원 반응의 화학 반응식이다.

[24024-0240]

> (가) $2NaCl \longrightarrow 2Na + Cl_2$
>
> (나) $2Na + 2H_2O \longrightarrow 2NaOH + H_2$

이에 대한 설명으로 옳은 것만을 〈보기〉에서 있는 대로 고른 것은?

> **보기**
> ㄱ. (가)에서 Cl의 산화수는 1만큼 감소한다.
> ㄴ. (나)에서 Na은 환원제이다.
> ㄷ. (나)에서 H_2 2 mol이 생성될 때 이동한 전자의 양은 2 mol이다.

① ㄱ ② ㄴ ③ ㄷ
④ ㄱ, ㄴ ⑤ ㄴ, ㄷ

05 다음은 XO_2와 관련된 산화 환원 반응의 화학 반응식이다. 전기 음성도는 $O > X > H$이고, 화합물에서 O의 산화수는 -2이다.

[24024-0241]

$$2XO_2 + H_2O \longrightarrow HXO_3 + HXO_2$$

이에 대한 설명으로 옳은 것만을 〈보기〉에서 있는 대로 고른 것은? (단, X는 임의의 원소 기호이다.)

─ 보 기 ─
ㄱ. H_2O은 산화된다.
ㄴ. X의 산화수는 HXO_3에서가 HXO_2에서보다 크다.
ㄷ. 산화수가 1만큼 증가한 X가 존재한다.

① ㄱ   ② ㄴ   ③ ㄷ
④ ㄱ, ㄴ   ⑤ ㄴ, ㄷ

06 다음은 XY와 관련된 산화 환원 반응의 화학 반응식이고, 표는 이 반응에서 원자 $X \sim Z$의 산화수 변화에 대한 자료이다.

[24024-0242]

$$XY + Z_2 \longrightarrow X + Z_2Y$$

원자	X	Y	Z
산화수 변화	2만큼 감소	변화 없음	㉠

이에 대한 설명으로 옳은 것만을 〈보기〉에서 있는 대로 고른 것은? (단, $X \sim Z$는 임의의 원소 기호이다.)

─ 보 기 ─
ㄱ. '2만큼 증가'는 ㉠으로 적절하다.
ㄴ. XY는 산화제이다.
ㄷ. Z_2 1 mol이 반응할 때 이동한 전자의 양은 2 mol이다.

① ㄱ   ② ㄴ   ③ ㄷ
④ ㄱ, ㄴ   ⑤ ㄴ, ㄷ

07 그림은 금속 이온 A^{2+}이 들어 있는 수용액에 충분한 양의 금속 $B(s)$를 넣어 반응을 완결시켰을 때, 반응 전과 후 수용액에 존재하는 양이온을 나타낸 것이다.

[24024-0243]

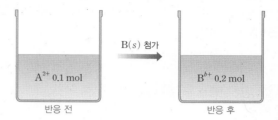

이에 대한 설명으로 옳은 것만을 〈보기〉에서 있는 대로 고른 것은? (단, A와 B는 임의의 원소 기호이고 물과 반응하지 않으며, 음이온은 반응에 참여하지 않는다.)

─ 보 기 ─
ㄱ. A^{2+}은 산화제이다.
ㄴ. 이동한 전자의 양은 0.2 mol이다.
ㄷ. $b = 2$이다.

① ㄱ   ② ㄷ   ③ ㄱ, ㄴ
④ ㄴ, ㄷ   ⑤ ㄱ, ㄴ, ㄷ

08 다음은 금속 $A(s)$와 $HCl(aq)$의 반응에 대한 실험이다.

[24024-0244]

[화학 반응식]
○ $A(s) + 2HCl(aq) \longrightarrow ACl_2(aq) + H_2(g)$

[실험 과정 및 결과]
○ 충분한 양의 $HCl(aq)$이 들어 있는 비커에 $A(s)$ a g을 넣어 반응을 완결시켰을 때, $H_2(g)$ 0.1 mol이 발생하였다.

이에 대한 설명으로 옳은 것만을 〈보기〉에서 있는 대로 고른 것은? (단, A는 임의의 원소 기호이다.)

─ 보 기 ─
ㄱ. A의 산화수는 2만큼 증가한다.
ㄴ. A의 화학식량은 a이다.
ㄷ. 이 반응에서 이동한 전자의 양은 0.2 mol이다.

① ㄱ   ② ㄴ   ③ ㄱ, ㄷ
④ ㄴ, ㄷ   ⑤ ㄱ, ㄴ, ㄷ

09 그림 (가)와 (나)는 금속 이온 A^{a+} $10N$ mol이 들어 있는 수용액에 금속 $B(s)$ $2N$ mol과 금속 $C(s)$ $3N$ mol을 각각 넣어 반응시켰을 때, 반응 전과 후 수용액에 존재하는 양이온을 나타낸 것이다. (가)에서 반응 후 수용액에 존재하는 모든 양이온의 양은 $9N$ mol이다.

[24024-0245]

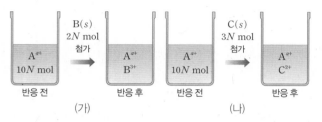

	B(s) 2N mol 첨가			C(s) 3N mol 첨가	
A^{a+} 10N mol	→	A^{a+} B^{3+}	A^{a+} 10N mol	→	A^{a+} C^{2+}
반응 전		반응 후	반응 전		반응 후
	(가)			(나)	

이에 대한 설명으로 옳은 것만을 〈보기〉에서 있는 대로 고른 것은? (단, A~C는 임의의 원소 기호이고 물과 반응하지 않으며, 음이온은 반응에 참여하지 않는다.)

┌─ 보기 ─
ㄱ. $a=2$이다.
ㄴ. 이동한 전자의 양(mol)은 (가)에서와 (나)에서가 같다.
ㄷ. 반응 후 수용액에 존재하는 A^{a+}의 양(mol)은 (가)에서와 (나)에서가 같다.
└─

① ㄱ   ② ㄷ   ③ ㄱ, ㄴ
④ ㄴ, ㄷ   ⑤ ㄱ, ㄴ, ㄷ

10 다음은 열이 출입하는 반응 (가)~(다)에 대한 자료이다.

[24024-0246]

고체 연료 속 C_2H_5OH이 연소한다.
(가)

$HCl(aq)$과 $NaOH(aq)$을 혼합하면 중화 반응이 일어난다.
(나)

냉각 팩 속 NH_4Cl이 물에 용해되면 냉각 팩은 시원해진다.
(다)

(가)~(다) 중 발열 반응만을 있는 대로 고른 것은?

① (가)   ② (다)   ③ (가), (나)
④ (나), (다)   ⑤ (가), (나), (다)

11 다음은 베이킹파우더에 대한 자료이다.

[24024-0247]

┌─
베이킹파우더의 주원료는 탄산수소 나트륨($NaHCO_3$)이다. $NaHCO_3$이 열을 흡수하면 분해되어 ㉠ 기체가 발생하여 빵 반죽을 부풀어오르게 하며, 이 반응의 화학 반응식은 다음과 같다.

$$2NaHCO_3 \longrightarrow Na_2CO_3 + \boxed{㉠} + H_2O$$
└─

이에 대한 설명으로 옳은 것만을 〈보기〉에서 있는 대로 고른 것은?

┌─ 보기 ─
ㄱ. ㉠은 CO_2이다.
ㄴ. $NaHCO_3$이 분해되는 반응은 발열 반응이다.
ㄷ. $NaHCO_3$이 분해되는 반응에서 생성물의 에너지 합은 반응물의 에너지 합보다 크다.
└─

① ㄱ   ② ㄴ   ③ ㄱ, ㄷ   ④ ㄴ, ㄷ   ⑤ ㄱ, ㄴ, ㄷ

12 그림은 열량계를 나타낸 것이고, 표는 $25\,^\circ\mathrm{C}$의 물이 들어 있는 열량계에 $25\,^\circ\mathrm{C}$의 $NH_4NO_3(s)$ 2 g을 넣어 녹일 때 시간에 따른 수용액의 온도에 대한 자료이다.

[24024-0248]

온도계
젓개
물
스타이로폼 컵

시간(s)	0	10	20	30	40
온도(℃)	25	22.0	20.4	19.6	18.2

이에 대한 설명으로 옳은 것만을 〈보기〉에서 있는 대로 고른 것은? (단, 열량계의 외부 온도는 $25\,^\circ\mathrm{C}$로 일정하다.)

┌─ 보기 ─
ㄱ. $NH_4NO_3(s)$이 물에 용해되는 반응은 흡열 반응이다.
ㄴ. $NH_4NO_3(s)$이 물에 용해되면서 얻은 열은 열량계 속 수용액이 잃은 열량과 같다.
ㄷ. $NH_4NO_3(s)$이 물에 용해되면 주위의 온도는 올라간다.
└─

① ㄱ   ② ㄷ   ③ ㄱ, ㄴ   ④ ㄴ, ㄷ   ⑤ ㄱ, ㄴ, ㄷ

01 다음은 N가 포함된 물질 (가)~(다)에 대한 자료이다. (가)~(다)는 NO_2, NH_3, NO_3^-을 순서 없이 나타낸 것이다.

[24024–0249]

> ○ N의 산화수는 (가)에서가 (나)에서보다 크다.
> ○ (다)는 구성 원자의 산화수의 합이 0보다 작다.

이에 대한 설명으로 옳은 것만을 〈보기〉에서 있는 대로 고른 것은?

• 보기 •
ㄱ. (가)는 NO_2이다.
ㄴ. (다)에서 N의 산화수는 $+5$이다.
ㄷ. (가)~(다)는 모두 구성 원자 중 N의 산화수가 가장 크다.

① ㄱ   ② ㄷ   ③ ㄱ, ㄴ   ④ ㄴ, ㄷ   ⑤ ㄱ, ㄴ, ㄷ

NO_2, NH_3, NO_3^- 에서 N의 산화수는 각각 $+4$, -3, $+5$ 이다.

02 다음은 2가지 산화 환원 반응의 화학 반응식이다.

[24024–0250]

> (가) $4Al + 3O_2 \longrightarrow 2Al_2O_3$
> (나) $2Al + Fe_2O_3 \longrightarrow 2Fe + Al_2O_3$

(가)와 (나)의 공통점으로 옳은 것만을 〈보기〉에서 있는 대로 고른 것은?

• 보기 •
ㄱ. Al은 산화된다.
ㄴ. O의 산화수는 변하지 않는다.
ㄷ. Al 1 mol이 반응할 때 이동한 전자의 양은 3 mol이다.

① ㄱ   ② ㄴ   ③ ㄱ, ㄷ   ④ ㄴ, ㄷ   ⑤ ㄱ, ㄴ, ㄷ

(가)와 (나)에서 Al의 산화수는 모두 0에서 $+3$으로 증가한다.

산화수의 변화가 있는 반응이 산화 환원 반응이고, 산화수가 증가하면 산화, 감소하면 환원이다.

[24024-0251]

03 다음은 3가지 반응 (가)~(다)의 화학 반응식과 이를 분류하기 위한 기준 Ⅰ~Ⅲ을 나타낸 것이다.

[화학 반응식]

(가) $2CuO + C \longrightarrow 2Cu + CO_2$

(나) $4Fe(OH)_2 + O_2 + 2H_2O \longrightarrow 4Fe(OH)_3$

(다) $H_2SO_4 + 2NaOH \longrightarrow Na_2SO_4 + 2H_2O$

[분류 기준]

Ⅰ. 산화 환원 반응이 아니다.

Ⅱ. 환원제에 금속 원소가 포함되어 있다.

Ⅲ. 산화수가 4만큼 증가하는 원자가 있다.

(가)~(다)를 Ⅰ~Ⅲ에 따라 분류한 것으로 옳은 것은?

	Ⅰ	Ⅱ	Ⅲ
①	(가)	(나)	(다)
②	(나)	(가)	(다)
③	(나)	(다)	(가)
④	(다)	(가)	(나)
⑤	(다)	(나)	(가)

NH_3와 NO_3^-에서 N의 산화수는 각각 -3, $+5$이다.

[24024-0252]

04 다음은 2가지 산화 환원 반응의 화학 반응식이다.

(가) $4NH_3 + 3O_2 \longrightarrow 2N_2 + 6H_2O$

(나) $aCu_2O + 2NO_3^- + bH^+ \longrightarrow cCu^{2+} + 2NO + dH_2O$ (a~d는 반응 계수)

이에 대한 설명으로 옳은 것만을 〈보기〉에서 있는 대로 고른 것은?

● 보 기 ●

ㄱ. N의 산화수는 (가)에서와 (나)에서 모두 3만큼 증가한다.

ㄴ. $a+b > c+d$이다.

ㄷ. (나)에서 Cu_2O 1 mol이 반응할 때 이동한 전자의 양은 2 mol이다.

① ㄱ   ② ㄴ   ③ ㄷ   ④ ㄱ, ㄴ   ⑤ ㄴ, ㄷ

[24024-0253]

05 다음은 2가지 산화 환원 반응의 화학 반응식이고, 표는 (가)와 (나)에서 생성물의 반응 계수의 합에 대한 자료이다. a~f는 반응 계수이다.

(가) $SO_2 + aH_2S \longrightarrow 2H_2O + bS$
(나) $cHNO_3 + dH_2S \longrightarrow eNO + fS + 4H_2O$

화학 반응식	(가)	(나)
생성물의 반응 계수의 합(상댓값)	1	x

이에 대한 설명으로 옳은 것만을 〈보기〉에서 있는 대로 고른 것은?

● 보기 ●
ㄱ. (가)에서 SO_2은 산화제이다.
ㄴ. $b=d$이다.
ㄷ. $x=\dfrac{9}{5}$이다.

① ㄱ ② ㄷ ③ ㄱ, ㄴ ④ ㄴ, ㄷ ⑤ ㄱ, ㄴ, ㄷ

> SO_2에서 S의 산화수는 $+4$이고, HNO_3에서 N의 산화수는 $+5$이다.

[24024-0254]

06 그림은 금속 이온 A^{2+} $9N$ mol이 들어 있는 수용액에 금속 $B(s)$와 금속 $C(s)$를 각각 넣어 반응을 완결시켰을 때, 넣어 준 금속의 양(mol)에 따른 수용액에 존재하는 모든 양이온의 양(mol)을 나타낸 것이다. B 이온과 C 이온의 산화수는 각각 $+b$, $+c$이다.

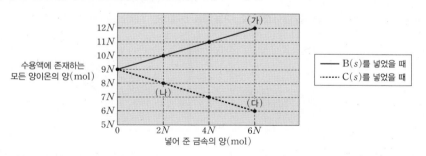

이에 대한 설명으로 옳은 것만을 〈보기〉에서 있는 대로 고른 것은? (단, A~C는 임의의 원소 기호이고 물과 반응하지 않으며, 음이온은 반응에 참여하지 않는다.)

● 보기 ●
ㄱ. $\dfrac{c}{b}=3$이다.
ㄴ. (다)에는 A^{2+}과 C^{c+}이 존재한다.
ㄷ. 수용액에 존재하는 A^{2+}의 양(mol)은 (나)에서가 (가)에서보다 많다.

① ㄱ ② ㄴ ③ ㄱ, ㄷ ④ ㄴ, ㄷ ⑤ ㄱ, ㄴ, ㄷ

> 금속 이온 X^{x+}이 들어 있는 수용액에 금속 $Y(s)$를 넣어 반응을 완결시켰을 때, 수용액에 존재하는 전체 양이온의 양(mol)이 증가하면 산화수는 $X^{x+} > Y$ 이온이고, 감소하면 산화수는 Y 이온$> X^{x+}$이다.

(가)에서 Mn의 산화수는 +2 에서 +7로 증가한다.

[24024-0255]

07 다음은 2가지 산화 환원 반응의 화학 반응식이다. ㉠에서 Mn의 산화수는 +7이고, $a \sim e$는 반응 계수이다.

> (가) $a\mathrm{Mn}^{2+} + 5\mathrm{PbO}_2 + b\mathrm{H}^+ \longrightarrow c\mathrm{MnO}_4^- + 5\mathrm{Pb}^{2+} + d\mathrm{H}_2\mathrm{O}$
>
> (나) $\boxed{㉠} + e\mathrm{Fe}^{2+} + 8\mathrm{H}^+ \longrightarrow \mathrm{Mn}^{2+} + e\mathrm{Fe}^{3+} + 4\mathrm{H}_2\mathrm{O}$

이에 대한 설명으로 옳은 것만을 〈보기〉에서 있는 대로 고른 것은?

> ● 보 기 ●
> ㄱ. (가)에서 Mn의 산화수는 5만큼 증가한다.
> ㄴ. ㉠은 MnO_4^-이다.
> ㄷ. $\dfrac{\text{(가)에서 생성물의 반응 계수의 합}}{\text{(나)에서 생성물의 반응 계수의 합}} < 1$이다.

① ㄱ   ② ㄷ   ③ ㄱ, ㄴ   ④ ㄴ, ㄷ   ⑤ ㄱ, ㄴ, ㄷ

$\mathrm{HCl}(aq)$과 금속이 반응하면 $\mathrm{H}_2(g)$가 발생한다. (가)와 (나)에 모두 H^+이 존재하므로 (가)에서 A^{2+}의 양과 (나)에서 B^{3+}의 양은 모두 0.01 mol 이다.

[24024-0256]

08 그림 (가)와 (나)는 0.1 M $\mathrm{HCl}(aq)$ 500 mL에 금속 $\mathrm{A}(s)$ 0.01 mol과 금속 $\mathrm{B}(s)$ 0.01 mol을 각각 넣어 반응을 완결시켰을 때, 수용액에 존재하는 양이온을 나타낸 것이다.

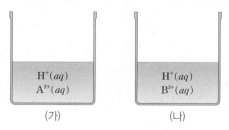

(나)에서가 (가)에서보다 큰 값을 갖는 것만을 〈보기〉에서 있는 대로 고른 것은? (단, A와 B는 임의의 원소 기호이다.)

> ● 보 기 ●
> ㄱ. 이동한 전자의 양(mol)
> ㄴ. 생성된 $\mathrm{H}_2(g)$의 양(mol)
> ㄷ. 수용액에 존재하는 모든 양이온의 양(mol)

① ㄱ   ② ㄷ   ③ ㄱ, ㄴ   ④ ㄴ, ㄷ   ⑤ ㄱ, ㄴ, ㄷ

09 다음은 금속 A~C의 산화 환원 반응 실험이다. C 이온의 산화수는 +2이다.

[24024-0257]

> [실험 과정]
> ○ A^{3+} $2N$ mol과 B^+ $2N$ mol이 들어 있는 수용액에 $C(s)$ $4N$ mol을 넣어 반응을 완결시킨다.
>
> [실험 결과]
> ○ 반응 완결 후 수용액에 존재하는 양이온의 종류는 2가지이고, 모든 양이온의 양은 $3N$ mol이다.

이에 대한 설명으로 옳은 것만을 〈보기〉에서 있는 대로 고른 것은? (단, A~C는 임의의 원소 기호이고 물과 반응하지 않으며, 음이온은 반응에 참여하지 않는다.)

> ● 보기 ●
> ㄱ. 반응 완결 후 수용액에는 B^+이 존재한다.
> ㄴ. 이 반응에서 이동한 전자의 양은 $2N$ mol이다.
> ㄷ. A^{3+}은 산화제이다.

① ㄱ   ② ㄴ   ③ ㄷ   ④ ㄱ, ㄴ   ⑤ ㄴ, ㄷ

A^{3+} $2N$ mol이 모두 반응하기 위해 필요한 전자의 양은 $6N$ mol이고, B^+ $2N$ mol이 모두 반응하기 위해 필요한 전자의 양은 $2N$ mol이다.

10 표는 H^+ x mol이 들어 있는 수용액에 금속 $A(s)$ y mol을 넣어 반응을 완결시킨 수용액 (가)와 금속 이온 B^{b+} x mol이 들어 있는 수용액에 금속 $A(s)$ y mol을 넣어 반응을 완결시킨 수용액 (나)에 대한 자료이다. (가)에서 $H_2(g)$ 0.03 mol이 생성되었다.

[24024-0258]

수용액	(가)	(나)
존재하는 양이온의 종류	H^+, A^{2+}	A^{2+}, B^{b+}
존재하는 모든 양이온의 양(mol)	0.07	0.11

$b \times \dfrac{x}{y}$는? (단, A와 B는 임의의 원소 기호이고 물과 반응하지 않으며, 음이온은 반응에 참여하지 않는다.)

① $\dfrac{1}{10}$ ② $\dfrac{9}{10}$ ③ 1   ④ 9   ⑤ 10

(가)에서 $H_2(g)$ 0.03 mol이 생성되었으므로 반응한 $A(s)$의 양은 0.03 mol이다.

발열 반응은 열을 방출하는
반응이고, 흡열 반응은 열을
흡수하는 반응이다.

[24024-0259]

11 다음은 염화 칼슘($CaCl_2$)과 염화 암모늄(NH_4Cl)이 물에 용해되는 반응과 관련하여 학생 A가 수행한 탐구 활동이다.

[가설] ○ $CaCl_2(s)$과 $NH_4Cl(s)$이 물에 용해되는 반응은 모두 발열 반응이다.
[탐구 과정]
(가) 20℃의 물 100 g이 들어 있는 삼각 플라스크에 20℃의 $CaCl_2(s)$ 1 g을 모두 녹일 때 수용액의 온도 변화를 측정한다.
(나) $CaCl_2(s)$ 1 g 대신 $NH_4Cl(s)$ 1 g을 사용하여 과정 (가)를 반복한다.
[탐구 결과]
○ 수용액의 온도는 (가)에서 20℃보다 높아졌고, (나)에서 20℃보다 낮아졌다.
[결론]
○ ⓐ 이 물에 용해될 때 수용액의 온도 변화로 보아 가설은 옳지 않다.

학생 A의 탐구 과정 및 결과와 결론이 타당할 때, 이에 대한 설명으로 옳은 것만을 〈보기〉에서 있는 대로 고른 것은?

● 보 기 ●
ㄱ. '$NH_4Cl(s)$'은 ⓐ으로 적절하다.
ㄴ. $CaCl_2(s)$이 물에 용해될 때 열을 방출한다.
ㄷ. $NH_4Cl(s)$이 물에 용해될 때 반응물의 에너지 합은 생성물의 에너지 합보다 크다.

① ㄱ   ② ㄷ   ③ ㄱ, ㄴ   ④ ㄴ, ㄷ   ⑤ ㄱ, ㄴ, ㄷ

산 염기 중화 반응에서 중화
열이 방출된다.

[24024-0260]

12 표는 중화 반응 실험 보고서의 일부이다.

실험 과정	(가) 20℃에서 $NaOH(s)$ 0.4 g을 모두 물에 녹여 0.1 M $NaOH(aq)$ 100 mL를 만든다. (나) (가)의 수용액에 20℃ 0.1 M $HCl(aq)$ 100 mL를 넣어 반응시킬 때 혼합 용액의 최고 온도를 측정한다.
주의할 점	○ $NaOH(s)$이 물에 녹는 반응은 ⓐ 이므로 (가)에서 만든 $NaOH(aq)$의 온도가 20℃로 낮아질 때까지 기다렸다가 (나)를 수행한다.
실험 결과	○ 혼합 용액의 최고 온도는 24℃이다.

이에 대한 설명으로 옳은 것만을 〈보기〉에서 있는 대로 고른 것은?

● 보 기 ●
ㄱ. '발열 반응'은 ⓐ으로 적절하다.
ㄴ. $NaOH(aq)$과 $HCl(aq)$이 반응할 때 반응물의 에너지 합은 생성물의 에너지 합보다 크다.
ㄷ. (나)에서 20℃ 0.1 M $HCl(aq)$ 100 mL 대신 20℃ 0.1 M $HCl(aq)$ 200 mL를 넣어 반응시킬 때 혼합 용액의 최고 온도는 24℃보다 높다.

① ㄱ   ② ㄴ   ③ ㄷ   ④ ㄱ, ㄴ   ⑤ ㄴ, ㄷ

고1~2 내신 중점 로드맵

과목	고교 입문	기초	기본	특화	+	단기
국어	고등 예비 과정	내 등급은?	윤혜정의 개념의 나비효과 입문편/워크북 어휘가 독해다! 정승익의 수능 개념 잡는 대박구문 주혜연의 해석공식 논리 구조편	**기본서** 올림포스 올림포스 전국연합 학력평가 기출문제집	**국어 특화** 국어 독해의 원리 | 국어 문법의 원리		단기 특강
영어					**영어 특화** Grammar POWER | Reading POWER Listening POWER | Voca POWER		
수학			**기초** 50일 수학 매쓰 디렉터의 고1 수학 개념 끝장내기	**유형서** 올림포스 유형편	**고급** 올림포스 고난도		
					수학 특화 수학의 왕도		
한국사 사회		**인공지능** 수학과 함께하는 고교 AI 입문 수학과 함께하는 AI 기초		**기본서** 개념완성 개념완성 문항편	고등학생을 위한 多담은 한국사 연표		
과학							

과목	시리즈명	특징	수준	권장 학년
전과목	고등예비과정	예비 고등학생을 위한 과목별 단기 완성	●	예비 고1
	내 등급은?	고1 첫 학력평가 + 반 배치고사 대비 모의고사	●	예비 고1
국/수/영	올림포스	내신과 수능 대비 EBS 대표 국어·수학·영어 기본서	●	고1~2
	올림포스 전국연합학력평가 기출문제집	전국연합학력평가 문제 + 개념 기본서	●	고1~2
	단기 특강	단기간에 끝내는 유형별 문항 연습	●	고1~2
한/사/과	개념완성 & 개념완성 문항편	개념 한 권 + 문항 한 권으로 끝내는 한국사·탐구 기본서	●	고1~2
국어	윤혜정의 개념의 나비효과 입문편/워크북	윤혜정 선생님과 함께 시작하는 국어 공부의 첫걸음	●	예비 고1~고2
	어휘가 독해다!	학평·모평·수능 출제 필수 어휘 학습	●	예비 고1~고2
	국어 독해의 원리	내신과 수능 대비 문학·독서(비문학) 특화서	●	고1~2
	국어 문법의 원리	필수 개념과 필수 문항의 언어(문법) 특화서	●	고1~2
영어	정승익의 수능 개념 잡는 대박구문	정승익 선생님과 CODE로 이해하는 영어 구문	●	예비 고1~고2
	주혜연의 해석공식 논리 구조편	주혜연 선생님과 함께하는 유형별 지문 독해	●	예비 고1~고2
	Grammar POWER	구문 분석 트리로 이해하는 영어 문법 특화서	●	고1~2
	Reading POWER	수준과 학습 목적에 따라 선택하는 영어 독해 특화서	●	고1~2
	Listening POWER	수준별 수능형 영어듣기 모의고사	●	고1~2
	Voca POWER	영어 교육과정 필수 어휘와 어원별 어휘 학습	●	고1~2
수학	50일 수학	50일 만에 완성하는 중학~고교 수학의 맥	●	예비 고1~고2
	매쓰 디렉터의 고1 수학 개념 끝장내기	스타강사 강의, 손글씨 풀이와 함께 고1 수학 개념 정복	●	예비 고1~고1
	올림포스 유형편	유형별 반복 학습을 통해 실력 잡는 수학 유형서	●	고1~2
	올림포스 고난도	1등급을 위한 고난도 유형 집중 연습	●	고1~2
	수학의 왕도	직관적 개념 설명과 세분화된 문항 수록 수학 특화서	●	고1~2
한국사	고등학생을 위한 多담은 한국사 연표	연표로 흐름을 잡는 한국사 학습	●	예비 고1~고2
기타	수학과 함께하는 고교 AI 입문/AI 기초	파이선 프로그래밍, AI 알고리즘에 필요한 수학 개념 학습	●	예비 고1~고2

고2~N수 수능 집중 로드맵

로드맵 단계

수능 입문 → 기출 / 연습 → 연계+연계 보완 → 심화 / 발전 → 모의고사

수능 입문
- 윤혜정의 개념/패턴의 나비효과
- 하루 6개 1등급 영어독해
- 수능 감(感)잡기
- 수능특강 Light

강의노트
- 수능개념

기출 / 연습
- 윤혜정의 기출의 나비효과
- 수능 기출의 미래
- 수능 기출의 미래 미니모의고사
- 수능특강Q 미니모의고사

연계+연계 보완
- 수능연계교재의 VOCA 1800
- 수능연계 기출 Vaccine VOCA 2200

연계
- (감수) 수능특강
- (감수) 수능완성

- 수능특강 사용설명서
- 수능특강 연계 기출
- 수능 영어 간접연계 서치라이트
- 수능완성 사용설명서

심화 / 발전
- 수능연계완성 3주 특강
- 박봄의 사회·문화 표 분석의 패턴

모의고사
- FINAL 실전모의고사
- 만점마무리 봉투모의고사
- 만점마무리 봉투모의고사 시즌2

시리즈 목록

구분	시리즈명	특징	수준	영역
수능 입문	윤혜정의 개념/패턴의 나비효과	윤혜정 선생님과 함께하는 수능 국어 개념/패턴 학습		국어
	하루 6개 1등급 영어독해	매일 꾸준한 기출문제 학습으로 완성하는 1등급 영어 독해		영어
	수능 감(感) 잡기	동일 소재·유형의 내신과 수능 문항 비교로 수능 입문		국/수/영
	수능특강 Light	수능 연계교재 학습 전 연계교재 입문서		영어
	수능개념	EBSi 대표 강사들과 함께하는 수능 개념 다지기		전 영역
기출/연습	윤혜정의 기출의 나비효과	윤혜정 선생님과 함께하는 까다로운 국어 기출 완전 정복		국어
	수능 기출의 미래	올해 수능에 딱 필요한 문제만 선별한 기출문제집		전 영역
	수능 기출의 미래 미니모의고사	부담없는 실전 훈련, 고품질 기출 미니모의고사		국/수/영
	수능특강Q 미니모의고사	매일 15분으로 연습하는 고품격 미니모의고사		전 영역
연계 + 연계 보완	수능특강	최신 수능 경향과 기출 유형을 분석한 종합 개념서		전 영역
	수능특강 사용설명서	수능 연계교재 수능특강의 지문·자료·문항 분석		국/영
	수능특강 연계 기출	수능특강 수록 작품·지문과 연결된 기출문제 학습		국어
	수능완성	유형 분석과 실전모의고사로 단련하는 문항 연습		전 영역
	수능완성 사용설명서	수능 연계교재 수능완성의 국어·영어 지문 분석		국/영
	수능 영어 간접연계 서치라이트	출제 가능성이 높은 핵심만 모아 구성한 간접연계 대비 교재		영어
	수능연계교재의 VOCA 1800	수능특강과 수능완성의 필수 중요 어휘 1800개 수록		영어
	수능연계 기출 Vaccine VOCA 2200	수능-EBS 연계 및 평가원 최다 빈출 어휘 선별 수록		영어
심화/발전	수능연계완성 3주 특강	단기간에 끝내는 수능 1등급 변별 문항 대비서		국/수/영
	박봄의 사회·문화 표 분석의 패턴	박봄 선생님과 사회·문화 표 분석 문항의 패턴 연습		사회탐구
모의고사	FINAL 실전모의고사	EBS 모의고사 중 최다 분량, 최다 과목 모의고사		전 영역
	만점마무리 봉투모의고사	실제 시험지 형태와 OMR 카드로 실전 훈련 모의고사		전 영역
	만점마무리 봉투모의고사 시즌2	수능 완벽대비 최종 봉투모의고사		국/수/영

정답과 해설

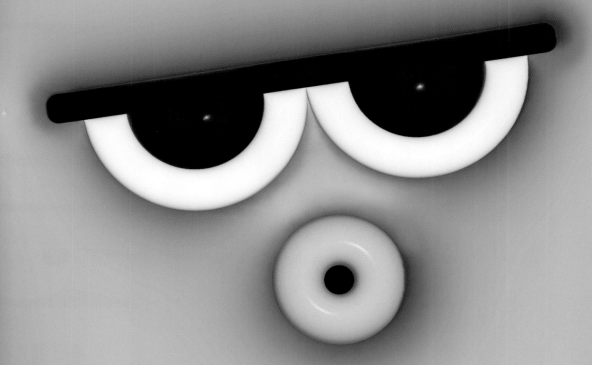

수능특강

과학탐구영역
화학 I

2025학년도 수능 연계교재

본 교재는 대학수학능력시험을 준비하는 데 도움을 드리고자 과학과 교육과정을 토대로 제작된 교재입니다.
학교에서 선생님과 함께 교과서의 기본 개념을 충분히 익힌 후 활용하시면 더 큰 학습 효과를 얻을 수 있습니다.

Venture1st
호서대학교

호서대학교

VENTURE1ST

상상은 현실로
성장은 무한대로

스타트업 투자 빌드업, 아이템 검증 등 창업지원 프로그램 운영
34개 기업 육성, 매출 1,057억원 달성, 160억원 투자 유치까지!
학생들의 꿈을 현실로 이룰 수 있도록 적극 지원하고 있습니다.

수능특강

과학탐구영역 화학 I

정답과 해설

01 우리 생활 속의 화학

본문 10~11쪽

수능 2점 테스트

01 ⑤ 02 ① 03 ⑤ 04 ③ 05 ⑤ 06 ④ 07 ③
08 ②

01 암모니아의 생산

암모니아(NH_3)는 질소(N_2)와 수소(H_2)를 반응시켜 생성할 수 있다.
✗. NH_3는 탄소 화합물이 아니다.
◯. A의 화학식은 NH_3이다.
◯. 암모니아는 질소 비료의 원료로 사용되어 인류의 식량 문제 해결에 기여하였다.

02 천연 섬유와 합성 섬유

◯. 면은 탄소 화합물이다.
✗. 폴리에스터는 석유 등을 원료로 하여 만드는 합성 섬유이다.
✗. 합성 섬유인 폴리에스터는 물을 거의 흡수하지 않으므로 비옷을 만드는 데 사용된다.

03 화학과 주거 문제 개선

화학의 발달로 건축 재료가 바뀌면서 주택, 건물, 도로 등의 대규모 건설이 가능하게 되었다.
Ⓐ. 콘크리트는 시멘트에 물, 모래, 자갈 등을 섞어서 만든다.
Ⓑ. 철근 콘크리트는 콘크리트 속에 철근을 넣어 강도를 높인 것으로 주택, 건물, 도로 등의 건설에 이용된다.
Ⓒ. 플라스틱은 주로 원유에서 분리되는 나프타를 원료로 하여 합성한다.

04 탄소 화합물의 다양성

◯. CH_3OH에서 C 원자는 H 원자 3개, O 원자 1개와 공유 결합한다.
✗. 탄소 화합물은 탄소(C)를 기본 골격으로 수소(H), 산소(O), 질소(N) 등이 공유 결합하여 이루어진 화합물이다. 흑연(C)은 탄소로 이루어진 물질이지만, 탄소 화합물이 아니다.
◯. 메테인이 연소할 때 많은 열이 발생하므로 연료로 사용될 수 있다.

05 탄소 화합물

액화 석유 가스(LPG)의 주성분은 프로페인(C_3H_8)과 뷰테인(C_4H_{10})이고, CH_4, C_3H_8, C_4H_{10} 중 $\dfrac{\text{H 원자 수}}{\text{C 원자 수}}$가 가장 작은 것은 C_4H_{10}이므로 (다)는 뷰테인(C_4H_{10})이다. 따라서 (가)는 프로페인(C_3H_8), (나)는 메테인(CH_4)이다.
◯. (가)는 C_3H_8이다.
◯. CH_4은 액화 천연 가스(LNG)의 주성분이다.
◯. (나)와 (다)는 구성 원소가 모두 탄소(C)와 수소(H)이므로 완전 연소 시 생성물은 이산화 탄소(CO_2)와 물(H_2O)로 가짓수가 2로 같다.

06 탄소 화합물

분자 구조를 통해 (가)는 에탄올(C_2H_5OH), (나)는 아세트산(CH_3COOH), (다)는 아세톤(CH_3COCH_3)이라는 것을 알 수 있다.
✗. 에탄올은 물에 잘 용해된다.
◯. 아세트산 수용액은 산성이다.
◯. $\dfrac{\text{H 원자 수}}{\text{C 원자 수}}$는 (가)가 $\dfrac{6}{2}=3$, (다)가 $\dfrac{6}{3}=2$이다.

07 탄소 화합물의 분류

◯. ㉠과 ㉡은 각각 C_2H_5OH, CH_3COOH 중 하나이다. 이 중 수용액이 산성인 것은 CH_3COOH이므로 ㉠은 CH_3COOH이다.
◯. ㉡은 C_2H_5OH로 손 소독제를 만드는 데 사용된다.
✗. CH_4과 C_2H_5OH의 완전 연소 생성물의 가짓수는 2로 같다.

08 탄소 화합물

✗. 탄화수소는 탄소 화합물 중 탄소(C)와 수소(H)로만 이루어진 화합물이다.
◯. (가)와 (나)의 완전 연소 생성물은 모두 이산화 탄소(CO_2)와 물(H_2O)이다.
✗. (나)에는 3개의 원자와 공유 결합한 탄소 원자가 있다.

수능 3점 테스트 본문 12~16쪽

01 ⑤ **02** ④ **03** ③ **04** ② **05** ③ **06** ① **07** ①
08 ④ **09** ⑤ **10** ③

01 화학의 유용성

ㄱ. 공기 중의 질소를 수소와 반응시켜 만든 암모니아는 비료의 원료로 사용되어 인류의 식량 문제 해결에 기여하였다.
ㄴ. 나일론은 최초의 합성 섬유이다.
ㄷ. 콘크리트는 시멘트에 물, 모래, 자갈 등을 섞어 만든다.

02 탄소 화합물

ㄱ. 구성 원소의 가짓수는 (나)가 (가)보다 크다.
ㄴ. (가)와 (나) 모두 완전 연소될 때 생성되는 물질은 CO_2와 H_2O이다. 따라서 완전 연소될 때 생성물의 가짓수는 (가)와 (나)가 같다.
ㄷ. $\dfrac{\text{H 원자 수}}{\text{C 원자 수}}$는 (가)와 (나)가 모두 $\dfrac{6}{2}=3$으로 같다.

03 실생활 문제 해결에 영향을 준 물질

ㄱ. 플라스틱은 탄소 화합물이다.
ㄴ. 나일론은 합성 섬유로 대량 생산이 가능하다.
ㄷ. 콘크리트 등의 건축 재료의 개발은 주택, 건물 등의 대규모 건설을 가능하게 하여 인류의 주거 문제 해결에 기여하였다.

04 에탄올과 아세트산

에탄올의 발효로 아세트산을 만들 수 있다. (가)는 에탄올, (나)는 아세트산이다.
ㄱ. 에탄올은 물에 잘 녹는다.
ㄴ. 에탄올은 과일이나 곡물의 당을 발효시켜 만들 수 있다.
ㄷ. 아세트산 수용액은 산성이다.

05 탄화수소

ㄱ. 메테인은 액화 천연 가스의 주성분이다.
ㄴ. 3가지 물질 모두 연소할 때 많은 열이 발생하여 연료로 사용된다.
ㄷ. 뷰테인의 완전 연소 생성물의 가짓수는 2로 프로페인과 같다.

06 탄소 화합물

화학 반응에서 반응 전과 후 원자의 종류와 수는 변하지 않으므로 (나)의 화학식은 $C_2H_4O_2$이고, (가)의 화학식은 C_2H_6O이다. (가)와 (나)는 각각 아세트산, 에탄올 중 하나이므로 (가)는 에탄올이고 (나)는 아세트산이다.
ㄱ. (가)와 (나)는 모두 탄소 화합물이다.
ㄴ. 에탄올 수용액은 중성이다.
ㄷ. 에탄올 분자에 포함된 H 원자 수는 6이고, 아세트산 분자에 포함된 H 원자 수는 4이다. 따라서 1 mol이 완전 연소되었을 때 생성되는 H_2O의 양(mol)은 에탄올이 아세트산보다 크다.

07 탄소 화합물

(가)의 구성 원소는 C, H이고 $\dfrac{\text{H 원자 수}}{\text{C 원자 수}}$가 4이므로 (가)는 CH_4이다. 따라서 (나)는 C_3H_8이다. CH_4의 분자당 완전 연소 생성물의 분자 수는 3이므로 $a=3$이다. (라)의 $\dfrac{\text{H 원자 수}}{\text{C 원자 수}}$가 3이므로 (라)는 C_2H_5OH이다. 따라서 (다)는 CH_3COOH이다.
ㄱ. (가)는 CH_4으로 액화 천연 가스(LNG)의 주성분이다.
ㄴ. (라)를 발효시켜 (다)를 만들 수 있다.
ㄷ. C_3H_8의 분자당 완전 연소 생성물의 분자 수는 7이다. 따라서 $b=7$이고, $a+b=10$이다.

08 실생활에 이용되고 있는 물질

물질	CH_4	NH_3	C_2H_5OH	CH_3COOH
완전 연소 생성물	CO_2, H_2O	CO_2 생성 안됨	CO_2, H_2O	CO_2, H_2O
구성 원소의 가짓수	2	2	3	3
분자당 구성 원자 수	5	4	9	8

구성 원소의 가짓수는 CH_4과 NH_3가 2로 같고, C_2H_5OH과 CH_3COOH이 3으로 같다. 구성 원소의 가짓수가 (가)와 (나)가 같으므로 (가)와 (나)는 각각 CH_4, NH_3 또는 C_2H_5OH, CH_3COOH 중 하나이다. (가)와 (나)가 각각 C_2H_5OH, CH_3COOH 중 하나라면, (다)의 연소 생성물이 CO_2, H_2O이어야 하므로 (다)는 CH_4, (라)는 NH_3이다. 그런데 분자당 구성 원자 수가 (다)>(라)이므로 모순이다. 따라서 (가)와 (나)는 각각 CH_4, NH_3 중 하나이고, (가)의 연소 생성물이 CO_2, H_2O이어야 하므로 (가)는 CH_4, (나)는 NH_3이다. 분자당 구성 원자 수가 (라)>(다)이므로 (라)는 C_2H_5OH, (다)는 CH_3COOH이다.

X. 손 소독제를 만드는 데 사용되는 것은 C_2H_5OH이다.

ㄴ. (나)는 NH_3로 질소 비료의 원료이다.

ㄷ. $\dfrac{H \text{ 원자 수}}{\text{전체 원자 수}}$ 는 (라)가 $\dfrac{6}{9}=\dfrac{2}{3}$이고, (다)가 $\dfrac{4}{8}=\dfrac{1}{2}$이다.

09 탄소 화합물

구성 원소의 가짓수는 C_2H_5OH과 CH_3COOH이 3, C_2H_6이 2이다. 따라서 (가)와 (나)는 각각 C_2H_5OH, CH_3COOH 중 하나이다. (가)의 $\dfrac{H \text{ 원자 수}}{C \text{ 원자 수}}$가 3이므로 (가)는 C_2H_5OH이고, (나)는 CH_3COOH, (다)는 C_2H_6이다.

ㄱ. (가)는 C_2H_5OH로 손 소독제를 만드는 데 사용할 수 있다.

ㄴ. (나)는 CH_3COOH으로 CH_3COOH 수용액은 산성이다.

ㄷ. CH_3COOH의 $\dfrac{H \text{ 원자 수}}{C \text{ 원자 수}}$ 는 2이므로 $\dfrac{H \text{ 원자 수}}{C \text{ 원자 수}}$ 는 (다)가 (나)보다 크다.

10 탄소 화합물

CH_4, C_2H_5OH, CH_3COOH 각각 1 mol을 완전 연소시켰을 때 생성되는 CO_2의 양은 각각 1 mol, 2 mol, 2 mol이고, 생성되는 H_2O의 양은 각각 2 mol, 3 mol, 2 mol이다. 따라서 (가)는 C_2H_5OH, (나)는 CH_4, (다)는 CH_3COOH이다.

ㄱ. $a=2$이다.

ㄴ. (나)는 CH_4으로, 액화 천연 가스(LNG)의 주성분이다.

X. (다)는 (가)를 발효시켜 만들 수 있다.

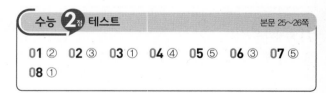

02 화학식량과 몰

01 원자량

원자량은 질량수가 12인 탄소 원자의 원자량을 12로 정하고, 이것을 기준으로 하여 비교한 상대적인 질량이다. Y와 Z의 원자량을 각각 b, c라고 하면, (가)에서 $a=12b$, $b=\dfrac{1}{12}a$이고, (나)에서 $4a=3c$, $c=\dfrac{4}{3}a$이다. XY_2Z의 분자량은 $a+2b+c=a+\dfrac{1}{6}a+\dfrac{4}{3}a=\dfrac{5}{2}a$이다.

02 화학식량과 몰

(가)는 H_2O 1 mol, (나)는 CH_4 0.5 mol, (다)는 NH_3 0.5 mol이다.

ㄱ. (가)는 기체 1 mol이므로 t℃, 1 atm에서 부피는 25 L이다.

ㄴ. (가)와 (나)는 전체 원자의 양이 각각 3 mol, 2.5 mol이다.

X. (가)~(다)는 H 원자의 양이 각각 2 mol, 2 mol, 1.5 mol이다.

03 원자량과 분자량

Cu_2O 1 mol에는 Cu 원자 2 mol과 O 원자 1 mol이 들어 있다. Cu 원자 1 mol의 질량이 y g이므로 $(x-2y)$ g은 O 원자 1 mol의 질량과 같다. H_2O 1 mol에는 H 원자 2 mol과 O 원자 1 mol이 들어 있으므로 H_2O 1 mol의 질량에서 O 원자 1 mol의 질량을 빼면 H 원자 2 mol의 질량과 같다. H 원자 2 mol의 질량은 H_2 1 mol의 질량이므로 H_2의 분자량은 $z-(x-2y)=-x+2y+z$이다.

04 아보가드로 법칙

0℃, 1 atm에서 기체 1 mol의 부피가 22.4 L이므로 (가)~(다)는 각각 2 mol, 1 mol, 0.5 mol이다.

X. (나)에서 B_2의 분자량이 32, (다)에서 AB_2의 분자량이 44이므로 A의 원자량은 12, B의 원자량은 16이다. 따라서 원자량은 B가 A보다 크다.

ㄴ. AB의 분자량은 28이고, (가)는 AB 2 mol이므로 $x=56$이다.

ⓒ. (가)~(다)의 전체 원자의 양은 각각 4 mol, 2 mol, 1.5 mol 이므로 (가)의 전체 원자 수는 (나)와 (다)의 전체 원자 수 합보다 크다.

05 몰과 질량 및 부피

ⓐ. (가)와 (나)는 기체이므로 1 mol의 부피는 같다. 기체의 밀도가 (나)>(가)이므로 1 mol의 질량은 (나)>(가)이다. 따라서 분자량은 CH_4>A이다.

ⓑ. 밀도=$\dfrac{\text{질량}}{\text{부피}}$이므로 부피=$\dfrac{\text{질량}}{\text{밀도}}$이다. 1 mol의 질량은 C_2H_5OH이 H_2O보다 크고, 밀도는 $C_2H_5OH(l)$이 $H_2O(l)$보다 작으므로 1 mol의 부피는 $C_2H_5OH(l)$이 $H_2O(l)$보다 크다. 따라서 $\dfrac{x}{y}$>1이다.

ⓒ. 1 mol의 질량은 CH_4이 C_2H_5OH보다 작으므로 1 g에 들어 있는 분자 수는 CH_4이 C_2H_5OH보다 크다.

06 아보가드로 법칙

분자량은 C_4H_8이 C_2H_4의 2배이다. C_2H_4의 분자량을 M이라고 하면, C_4H_8의 분자량은 $2M$이다. (나)의 부피가 (가)의 부피의 2배이므로 (가)에 기체 n mol이 있다고 하면 (나)에는 기체 $2n$ mol이 들어 있다.

ⓐ. 밀도는 $\dfrac{\text{질량}}{\text{부피}}$이므로 (가)의 밀도는 $\dfrac{M \times n}{V}$(g/L)이고, (나)의 밀도는 $\dfrac{2M \times 2n}{2V}=\dfrac{2M \times n}{V}$(g/L)이다. 따라서 기체의 밀도비는 (가) : (나)=1 : 2이다.

✗. 분자량은 C_4H_8이 C_2H_4의 2배이므로 기체 1 g에 들어 있는 분자 수는 (가)에서가 (나)에서의 2배이다.

ⓒ. 1 mol에 포함된 원자 수는 C_4H_8이 C_2H_4의 2배이고, 1 g에 들어 있는 분자 수는 C_2H_4이 C_4H_8의 2배이므로 기체 1 g에 들어 있는 원자 수는 (가)=(나)이다.

07 아보가드로 법칙

ⓐ. (가)에서 X_2 0.5 mol의 질량이 16 g이므로 X의 원자량은 16이고, (다)에서 YH_4 1 mol의 질량이 16 g이므로 Y의 원자량은 12이다. 따라서 원자량비는 X : Y=4 : 3이다.

ⓑ. 기체의 부피가 (다)에서가 (가)에서의 2배이므로 분자 수도 (다)에서가 (가)에서의 2배이다.

ⓒ. (가)에 들어 있는 전체 원자의 양은 1 mol이므로 1 g에 들어 있는 원자의 양은 $\dfrac{1}{16}$ mol이다. (나)에 들어 있는 전체 원자의 양은 $\dfrac{5}{2}$ mol이므로 1 g에 들어 있는 원자의 양은 $\dfrac{5}{16}$ mol이다. 따라서 1 g에 들어 있는 원자 수는 (나)에서가 (가)에서의 5배이다.

08 몰과 질량 및 부피

(가)~(라)의 부피비가 4 : 4 : 1 : 2이므로 (다)의 양을 n mol이라고 하면 (가)와 (나)는 각각 $4n$ mol, (라)는 $2n$ mol이다.

ⓐ. (나)의 화학식은 ZX_2Y이고, 양은 $4n$ mol이므로 Y 원자의 양은 $4n$ mol이다. (다)의 화학식은 Y_2이고 양은 n mol이므로 Y 원자의 양은 $2n$ mol이다. 따라서 Y 원자 수는 (나)가 (다)의 2배이다.

✗. Y_2 1 mol의 질량이 $\dfrac{4}{n}$ g이므로 Y의 원자량은 $\dfrac{2}{n}$이다. (가)에서 X_2Y 1 mol의 질량이 $\dfrac{9}{4n}$ g이므로 X 원자 2 mol의 질량은 $\dfrac{1}{4n}$ g이고 X의 원자량은 $\dfrac{1}{8n}$이다. (나)에서 ZX_2Y 1 mol의 질량은 $\dfrac{15}{4n}$ g이므로 Z의 원자량은 $\dfrac{3}{2n}$이다. 따라서 X와 Z의 원자량비는 $\dfrac{1}{8n} : \dfrac{3}{2n}=1 : 12$이다.

✗. Z_aX_b 1 mol의 질량이 $\dfrac{4}{2n}$ g이다. 따라서 $\dfrac{3a}{2n}+\dfrac{b}{8n}=\dfrac{4}{2n}$, $12a+b=16$이다. a와 b는 자연수이므로 $a=1$, $b=4$이다. 따라서 $a+b=5$이다.

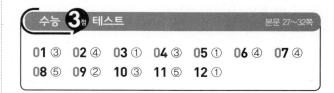

수능 3점 테스트
본문 27~32쪽

01 ③ **02** ④ **03** ① **04** ③ **05** ① **06** ④ **07** ④
08 ⑤ **09** ② **10** ③ **11** ⑤ **12** ①

01 원자량과 분자량

ⓐ. 원자량은 질량수가 12인 탄소(^{12}C)의 원자량을 12로 정하고, 이것을 기준으로 하여 비교한 상대적인 질량이다.

ⓑ. H_2 4 g은 2 mol(=$2N_A$개)이다. H_2의 분자당 구성 원자 수는 2이므로 H_2 4 g에 포함된 총 원자 수는 $4N_A$이다.

✗. H_2O 18 g과 O_2 16 g에 들어 있는 O 원자의 양은 1 mol로 같다.

02 몰과 질량

기체의 밀도비가 (가) : (나) : (다)=1 : 4 : 2이고, 강철 용기의 부피가 모두 같으므로 기체의 질량비는 밀도비와 같다.

✗. (가)에 들어 있는 기체의 질량을 $14w$ g이라고 하면, X 원자 1개의 질량은 w g이다. (나)와 (다)에 들어 있는 기체의 질량은 각각 $56w$ g, $28w$ g이므로 Y 원자 1개의 질량은 $12w$ g, Z 원자 1개의 질량은 $14w$ g이다. 따라서 원자량비는 Y : Z=6 : 7이다.

ⓒ. (나)에 들어 있는 기체 분자 1개의 질량은 $28w$ g이고 (다)에 들어 있는 기체 분자 1개의 질량도 $28w$ g이므로 분자량은 Y_2X_4와 Z_2가 같다.

ⓒ. 용기 속 기체 1 g에 들어 있는 원자 수는 (나)에서가 $\frac{12}{56w}$이고, (다)에서가 $\frac{2}{28w}$이다. 따라서 (나)에서가 (다)에서의 3배이다.

03 분자량과 몰

H_2, C_3H_8, CO_2의 양은 각각 1 mol, 0.5 mol, 2 mol이다. C_3H_8과 CO_2는 분자량이 같으므로 1 g에 들어 있는 전체 분자 수가 같다. 따라서 (나)와 (다)는 각각 C_3H_8, CO_2 중 하나이고 (가)는 H_2이다. 기체의 양(mol)은 (가)가 (나)보다 크므로 (나)는 C_3H_8, (다)는 CO_2이다.

ⓐ. (가)는 H_2이므로 구성 원소의 가짓수는 1이다.

✗. (다)는 2 mol의 CO_2이므로 부피는 48 L이다.

✗. 전체 원자의 양은 (나)가 5.5 mol, (다)가 6 mol이다. 따라서 전체 원자의 양(mol)은 (다)가 (나)보다 크다.

04 화학식량과 몰

(가)의 화학식이 A_2이고 전체 원자 수가 $2N_A$이므로 (가)는 A_2 1 mol이다. 따라서 (가)의 부피는 24 L이고, A의 원자량은 1이다. (나)에서 B_2 2 mol의 질량이 64 g이므로 B의 원자량은 16이다.

ⓐ. 기체의 밀도비는 (가) : (나)$=\frac{2}{24} : \frac{64}{48}=1 : 16$이므로 기체의 밀도는 (나)가 (가)보다 크다. 따라서 $x<y$이다.

✗. (라)의 밀도가 1 g/mL이고 부피가 0.036 L이므로 질량은 36 g이다. A_2B의 분자량이 18이므로 (라)는 A_2B 2 mol이다. 따라서 전체 원자 수는 $6N_A$이고, $a=6$이다.

ⓒ. (다)에서 전체 원자 수가 $6N_A$이므로 (다)는 CB 3 mol이다. 따라서 CB의 화학식량은 79.5이고, B의 원자량이 16이므로 C의 원자량은 63.5이다.

05 분자량과 구성 원자 수

(가)와 (다)의 분자당 구성 원자 수를 각각 a, b라고 하면 (가)와 (다)의 분자량비가 8 : 14이므로 1 g에 들어 있는 전체 원자 수비는 (가) : (다)$=\frac{a}{8} : \frac{b}{14}=35 : 8$이고, $5b=2a$이다. 분자당 구성 원자 수가 5 이하이므로 b는 1 또는 2이다. b가 1인 경우 a가 정수가 아니므로 $b=2$, $a=5$이다.

ⓐ. (가)와 (다)의 분자당 Y 원자 수를 각각 m, n이라고 하면 1 g에 들어 있는 Y 원자 수비가 (가) : (다)$=7 : 4$이므로 $\frac{m}{8} : \frac{n}{14}$ $=7 : 4$이고, $m=n$이다. (다)의 분자당 구성 원자의 수가 2이므로 (다)는 YZ이고 $n=1$이다. 따라서 (가)는 YX_4이다.

✗. (다)의 분자당 구성 원자 수가 2이므로 분자당 구성 원자 수는 (나)가 (다)보다 크다.

✗. X~Z의 원자량을 각각 M_X, M_Y, M_Z라고 두면, 분자량비가 $YX_4 : X_2Z : YZ=8 : 9 : 14$이므로 $M_Y+4M_X=8k$, $2M_X+M_Z=9k$, $M_Y+M_Z=14k$라고 할 수 있다. 이를 연립하여 풀면 $M_Y : M_Z=3 : 4$이다.

06 아보가드로 법칙

✗. A와 B의 분자량을 각각 M_A, M_B라고 하면 (가)와 (나)의 부피비가 4 : 5이므로 $\frac{2w}{M_A}+\frac{w}{M_B} : \frac{w}{M_A}+\frac{2w}{M_B}=4 : 5$이다. 따라서 분자량비는 A : B$=2 : 1$이다.

ⓑ. (가)에서 A의 양(mol)과 B의 양(mol)은 같다.

ⓒ. (나)와 (다)의 부피가 같으므로 (나)와 (다)에 들어 있는 전체 기체의 양(mol)이 같다.

따라서 $\frac{w}{2M_B}+\frac{2w}{M_B}=\frac{xw}{2M_B}+\frac{\frac{3}{2}w}{M_B}$이므로 $x=2$이다.

07 분자량과 분자 수

(가)와 (다)는 1 g에 들어 있는 전체 원자 수가 같다. (가)와 (다)의 분자량은 각각 $(36+a)$, $(48+b)$이므로 $\frac{3+a}{36+a}=\frac{4+b}{48+b}$이고, $a : b=3 : 4$이다. a, b를 각각 $3k$, $4k$라고 하면, (가)는 C_3H_{3k}, (나)는 C_3H_{4k}, (다)는 C_4H_{4k}이다. 1 g에 들어 있는 H 원자 수비는 (나) : (다)$=14 : 11$이므로 $\frac{4k}{36+4k} : \frac{4k}{48+4k}$ $=14 : 11$이고 $k=2$이다. 따라서 $a=6$, $b=8$이므로 $a+b=14$이다.

08 아보가드로 법칙

(가)와 (나)에 들어 있는 기체의 온도와 압력이 같으므로, 기체의 부피는 기체의 양(mol)에 비례한다. (가)와 (나)에 들어 있는 분자 모두 분자당 X 원자 수가 1이다. X 원자 수는 (나)에서가 (가)에서의 2배이므로 혼합 기체의 부피는 (나)에서가 (가)에서의 2배이다. 부피는 (나)가 (가)의 2배이고 XZ_2의 밀도는 (가)에서와 (나)에서가 같으므로 XZ_2의 양(mol)은 (나)에서가 (가)에서의 2배이다. (가)에서 XZ_2, XY_4의 양을 각각 m mol, n mol이라고 하면 (나)에서 XZ_2, XZ의 양은 각각 $2m$ mol, $2n$ mol이다. $\frac{\text{X 원자 수}}{\text{Z 원자 수}}$의 비는 (가) : (나)$=5 : 4$이므로 $\frac{m+n}{2m} : \frac{2m+2n}{4m+2n}$ $=5 : 4$이고, $m=2n$이다.

ⓐ. 혼합 기체의 부피는 (나)에서가 (가)에서의 2배이다.

ⓑ. $m=2n$이므로 (가)에서 기체의 양(mol)은 XZ_2가 XY_4의 2배이다.

ⓒ. (나)에서 기체의 양(mol)은 XZ_2가 XZ보다 크고 분자량도 XZ_2가 XZ보다 크므로 기체의 질량은 XZ_2가 XZ보다 크다. 부피가 같으므로 기체의 밀도는 XZ_2가 XZ보다 크다.

09 원자량과 분자량

Z_2X의 양을 m mol이라고 하면 Z_2X의 전체 원자의 양은 $3m$ mol이다. X_2, YX의 전체 원자의 양이 m mol로 같으므로 X_2와 YX의 양도 각각 $\frac{m}{2}$ mol로 같다. X_2 m mol의 질량을 $16w$ g이라고 하면, YX, Z_2X m mol의 질량은 각각 $14w$ g, $9w$ g이고, 분자량비는 $X_2 : YX : Z_2X = 16 : 14 : 9$이다. 따라서 원자량비는 $X : Y : Z = 16 : 12 : 1$이다.

✗. 원자량비는 $X : Y = 4 : 3$이다.

ⓒ. 1 g에 들어 있는 X 원자 수비는 $X_2 : Z_2X = \frac{2}{16} : \frac{1}{9} = 9 : 8$이므로 1 g에 들어 있는 X 원자의 양(mol)은 X_2가 Z_2X보다 크다.

✗. Y_aZ_b의 양을 n mol이라고 하면 $an + bn = 3m$, $\frac{a+b}{3} = \frac{m}{n}$이고 $\left(\frac{6w}{m} \times an + \frac{w}{2m} \times bn\right) = 7w$, $\frac{12a+b}{14} = \frac{m}{n}$이다. 따라서 $\frac{b}{a} = 2$이다.

10 분자식과 분자량

(가)~(다)는 각각 1 mol, 0.5 mol, 1.5 mol이므로 (가)~(다)의 분자량은 각각 16, 44, 44이다. $\frac{Y 원자 수}{X 원자 수}$의 비가 (가) : (나) $= \frac{b}{a} : \frac{2b}{c} = 3 : 2$이므로 $c = 3a$이다. (나)와 (다)의 분자량이 같으므로 1 g에 들어 있는 전체 원자 수비는 분자 1개에 들어 있는 원자 수비와 같다. 따라서 $3a + 2b : 3 = 11 : 3$이고, $11 = 3a + 2b$이다. a와 b는 자연수이므로 $a=1$일 때 $b=4$ 또는 $a=3$일 때 $b=1$이다. $b>a$이므로 $a=1$, $b=4$이다.

ⓒ. (가)는 XY_4이다.

✗. XY_4의 분자량은 16, X_3Y_8의 분자량은 44이므로 X, Y의 원자량은 각각 12, 1이다. (다)의 분자량이 44이므로 Z의 원자량은 16이다. 따라서 원자량비는 $X : Z = 3 : 4$이다.

ⓒ. 1 g에 들어 있는 전체 원자 수비는 (가) : (나) $= \frac{5}{16} : \frac{11}{44} = 5 : 4$이다. 따라서 1 g에 들어 있는 전체 원자 수는 (가)가 (나)보다 크다.

11 분자량과 몰

Z 원자는 ZY와 ZY_2에만 포함되어 있다. ZY, ZY_2의 양을 각각 x mol, y mol이라고 하면 Ⅰ에 들어 있는 기체에 포함된 Z 원자 수가 (가) 과정 후와 (나) 과정 후가 같으므로 $\frac{x}{2V} = \frac{x+y}{3V}$이고 $x = 2y$이다. (다) 과정 이후 전체 기체의 부피를 kV L라고 하면 각 과정 후 Ⅰ에 들어 있는 기체에 포함된 Z 원자 수비가 (나) : (다) $= 5 : 3$이므로 $\frac{3y}{3V} : \frac{3y}{kV} = 5 : 3$이고 $k = 5$이다.

X_2Y의 양을 z mol이라고 하면, 대기압에서 기체 z mol의 부피가 V L이므로 (다)에서 기체 $5V$ L의 양은 $5z$ mol이다. 따라서 $3y + z = 5z$이므로 $z = \frac{3}{4}y$이다.

ⓒ. ZY는 $2y$ mol, ZY_2와 X_2Y는 각각 y mol, $\frac{3}{4}y$ mol이므로 (가)에서 넣어 준 기체의 양(mol)은 Ⅰ이 Ⅱ와 실린더의 합보다 크다.

ⓒ. (다) 과정 후 전체 기체의 부피가 $5V$ L이고, Ⅰ과 Ⅱ의 부피 합이 $3V$ L이므로 실린더의 부피는 $2V$ L이다.

ⓒ. Ⅰ 속의 기체 1 g에 포함된 Y 원자 수비는 (가) 과정 후 : (나) 과정 후 $= \frac{2y}{112} : \frac{4y(=2y+2y)}{200(=112+88)} = 25 : 28$이다.

12 아보가드로 법칙

(가)에 $C_{2x}H_{2y}(g)$ w g이 첨가될 때 증가한 부피가 V L이고, (나)에 $C_zH_y(g)$ w g이 첨가될 때 증가한 부피가 $2V$ L이므로 같은 질량일 때 몰비(부피비)가 $C_{2x}H_{2y} : C_zH_y = 1 : 2$이고, 분자량비는 $C_{2x}H_{2y} : C_zH_y = 2 : 1$이다. 따라서 $x = z$이다. (가)의 부피가 $7V$ L이므로 $CH_4(g)$의 양을 $7n$ mol이라고 하면 $C_{2x}H_{2y}(g)$의 양은 n mol이다. 기체 1 g에 들어 있는 C 원자 수비는 (가) : (나) $= \frac{7}{2w} : \frac{7+2x}{3w} = 21 : 22$이므로 $x = 2$이다.

$CH_4(g)$ $2w$ g이 $7n$ mol이고, $C_4H_{2y}(g)$ w g이 n mol이므로 $\frac{2w}{16} : \frac{w}{48+2y} = 7 : 1$이고, $y = 4$이다. 따라서 $\frac{x \times z}{y} = \frac{2 \times 2}{4} = 1$이다.

03 화학 반응식과 용액의 농도

수능 2점 테스트   본문 41~43쪽

01 ② 02 ③ 03 ③ 04 ④ 05 ② 06 ⑤ 07 ⑤
08 ① 09 ③ 10 ④ 11 ① 12 ⑤

01 화학 반응식의 계수와 양적 관계

(가)와 (나)의 화학 반응식을 완성하면 다음과 같다.

(가) $2Al(s)+6HCl(aq) \longrightarrow 2AlCl_3(aq)+3H_2(g)$

(나) $Mg(s)+2HCl(aq) \longrightarrow MgCl_2(aq)+H_2(g)$

✗. $a=2$, $b=6$, $c=2$이므로 $b=a+c$가 아니다.

ⓛ. X는 H_2이다.

✗. H_2 2 mol이 생성되었을 때 (가)에서는 $Al(s)$이 $\frac{4}{3}$ mol이 반응하고, (나)에서는 $Mg(s)$이 2 mol이 반응하므로 반응한 금속의 몰비는 $Al(s):Mg(s)=2:3$이다.

02 연소 반응의 양적 관계

프로페인의 연소 반응을 완성하면 다음과 같다.

$C_3H_8+5O_2 \longrightarrow 3CO_2+4H_2O$

ⓗ. $a=5$, $b=3$ 이므로 $a+b=8$이다.

✗. C_3H_8 1 mol이 모두 반응하면 CO_2 3 mol이 생성되고, CO_2의 분자량이 44이므로 생성되는 CO_2의 질량은 132 g이다.

ⓒ. C_3H_8 22 g은 0.5 mol이고 반응하는 O_2의 양은 2.5 mol($=80$ g)이므로 반응을 완결시켰을 때 O_2 10 g이 남는다.

03 화학 반응의 양적 관계

반응 후 B 4 g이 남았으므로 A는 반응에서 모두 소모되었고, 반응한 B의 질량은 1 g이다. 따라서 A 4 g과 B 1 g이 반응하여 C 5 g이 생성되므로 반응 후 용기에는 B 4 g과 C 5 g이 들어 있다. 반응 질량비가 $A:B:C=4:1:5$이고, 반응 몰비가 $A:B:C=2:b:2$이므로 분자량비는 $A:B:C=4:\frac{2}{b}:5$이다. 반응 후 남아 있는 기체의 $\frac{B의 양(mol)}{C의 양(mol)}=\frac{\frac{4}{2}}{\frac{5}{5}}=2$이므로 $b=1$이다. 따라서 $b \times \frac{A의 분자량}{B의 분자량}=1 \times \frac{4}{2}=2$이다.

04 화학 반응의 양적 관계 모형

반응 전 A_2와 B_2의 양(mol)을 각각 $4N$이라고 하면 (가)에 도달하기까지 양적 관계는 다음과 같다.

	$aA_2(g)$	$+$	$bB_2(g)$	$\longrightarrow$	$2X(g)$
반응 전(mol)	$4N$		$4N$		
반응(mol)	$-2N$		$-N$		$+2N$
반응 후(mol)	$2N$		$3N$		$2N$

✗. 기체의 반응 몰비가 $2:1:2$이므로 $a=2$, $b=1$이고 $a+b=3$이다.

ⓛ. (나)에 도달하기까지 $A_2(g)$가 총 $4N$ mol이 반응하므로 생성된 X의 양은 $4N$ mol이다. 따라서 ●●는 4개이다.

ⓒ. (가)에서 용기 속 전체 기체의 양은 $7N$ mol이고, (나)에서 용기 속 기체의 양은 $B_2(g)$가 $2N$ mol, $X(g)$가 $4N$ mol이므로 용기 속 전체 기체의 양은 $6N$ mol이다. 따라서 용기 속 전체 기체의 몰비는 (가):(나)$=7:6$이다.

05 화학 반응의 양적 관계

Ⅰ에서 반응 후 $B(g)$가 남는다면 $A(g)$가 1 mol 반응할 때 $C(g)$가 0.5 mol 생성되는데 Ⅲ에서 $C(g)$가 1 mol 생성되었으므로 반응한 $A(g)$는 2 mol이다. Ⅰ과 Ⅲ에서 반응 후 남아 있는 반응물의 종류는 같으므로 이는 모순이고 Ⅰ에서 반응 후 남아 있는 기체는 $A(g)$이다.

✗. Ⅰ에서 반응 후 남아 있는 기체는 $A(g)$이고 Ⅱ에서는 Ⅰ에서보다 $A(g)$의 양만 증가했으므로 Ⅱ에서 반응 후 남아 있는 기체는 $A(g)$이다.

ⓛ. Ⅱ에서 반응 후 $A(g)$가 남으므로 Ⅰ과 Ⅱ에서 반응한 $B(g)$는 1 mol로 같다. 따라서 Ⅰ에서 생성된 $D(g)$는 1 mol이고, $c:2=0.5:1$이므로 $c=1$이다. Ⅰ에서 반응한 $A(g)$의 양은 $\frac{a}{2}$ mol이므로 반응의 양적 관계는 다음과 같다.

	$aA(g)$	$+$	$2B(g)$	$\longrightarrow$	$C(g)$	$+$	$2D(g)$
반응 전(mol)	1		1				
반응(mol)	$-\frac{a}{2}$		-1		$+0.5$		$+1$
반응 후(mol)	$1-\frac{a}{2}$		0		0.5		1

✗. Ⅲ에서 반응 후 $A(g)$가 남으므로 반응의 양적 관계를 나타내면 다음과 같다.

	$aA(g)$	$+$	$2B(g)$	$\longrightarrow$	$C(g)$	$+$	$2D(g)$
반응 전(mol)	3		2				
반응(mol)	$-a$		-2		$+1$		$+2$
반응 후(mol)	$3-a$		0		1		2

$2 \times \left(1 - \dfrac{a}{2}\right) \neq 3 - a$이므로 반응 후 남아 있는 반응물의 양(mol)

은 Ⅲ에서가 Ⅰ에서의 2배가 아니다.

06 용액의 농도

몰 농도는 용질의 질량을 양(mol)으로 환산하고, 퍼센트 농도는 용액의 부피를 질량으로 환산하여 구할 수 있다.

ㄱ. 용질 x g은 $\dfrac{x}{40}$ mol이고, 용액의 부피는 200 mL이므로 몰

농도는 $\dfrac{\dfrac{x}{40}\,\text{mol}}{0.2\,\text{L}} = \dfrac{x}{8}$ M이다.

ㄴ. 용액의 질량이 $200\,\text{mL} \times 1.1\,\text{g/mL} = 220\,\text{g}$이므로 퍼센트

농도는 $\dfrac{x\,\text{g}}{220\,\text{g}} \times 100 = \dfrac{5x}{11}$ %이다.

ㄷ. 용액의 질량은 220 g이고 용질의 질량이 x g이므로 용액의 질량에서 용질의 질량을 뺀 $(220-x)$ g이 물의 질량이다.

07 화학 반응의 양적 관계

Ⅰ에서 반응 전 A(g)와 B(g)의 질량을 각각 $21w$ g, $8w$ g이라고 하고 반응 후 A(g)와 C(g)의 부피를 각각 $2V$ L라고 하면, 반응 몰비가 A : B : C = 1 : 1 : 2이므로 반응한 A와 B의 부피는 각각 V L이다.

따라서 반응 전 A(g) $21w$ g의 부피는 $3V$ L이고, B(g) $8w$ g의 부피는 V L이다. 반응 전 전체 질량이 $29w$ g이고, 반응 후 남은 A(g)의 질량이 $14w$ g이므로 생성된 C(g)의 질량은 $15w$ g이고 C(g) $15w$ g의 부피는 $2V$ L이다.

ㄱ. 분자량비는 A : B : C $= \dfrac{21}{3} : \dfrac{8}{1} : \dfrac{15}{2} = 14 : 16 : 15$이다.

ㄴ. A(g)와 B(g)의 반응 질량비가 7 : 8이므로 Ⅱ에서는 B(g)가 남는다. 따라서 반응 후 남아 있는 반응물의 종류는 Ⅰ과 Ⅱ에서 다르다.

ㄷ. Ⅱ에서 반응 전 A(g)와 B(g)의 질량을 각각 $7x$ g, $12x$ g이라고 할 때 반응 후 B(g)가 $4x$ g 남고, C(g)가 $15x$ g 생성되므로 $\dfrac{\text{생성물의 질량(g)}}{\text{남아 있는 반응물의 질량(g)}} = \dfrac{15}{4}$이다.

08 퍼센트 농도와 몰 농도

(가)의 밀도가 1.02 g/mL이므로 (가) 100 mL의 질량은 102 g이다.

ㄱ. (가)의 질량이 102 g이므로 포도당의 질량은 $102\,\text{g} \times 0.018$로 1.8 g보다 크다.

ㄴ. (나)에 들어 있는 포도당의 양은 $0.1\,\text{M} \times 0.2\,\text{L} = 0.02\,\text{mol}$이다.

ㄷ. (가)의 농도를 몰 농도로 환산하면 수용액의 부피가 100 mL이고 용질의 양이 0.01 mol보다 크므로 (가)의 몰 농도는 0.1 M

보다 크다. 따라서 (가)와 (나)를 혼합하면 수용액의 농도는 0.1 M 보다 크다.

09 퍼센트 농도와 몰 농도

2% 수산화 나트륨 수용액은 수용액 100 g 중 2 g의 용질을 포함하고 있으므로 수용액의 질량에서 용질의 질량을 뺀 것만큼 용매가 존재한다.

ㄱ. 수용액의 질량이 100 g이면 용질의 질량이 2 g이므로 용매인 물의 질량은 $(100-2)\,\text{g} = 98\,\text{g}$이다. 따라서 $x=98$이다.

ㄴ. 2% 수용액 10 g에는 용질이 0.2 g이 들어 있다. 0.2 g의

NaOH의 양은 $\dfrac{0.2\,\text{g}}{40\,\text{g/mol}} = \dfrac{1}{200}$ mol이므로 몰 농도는

$\dfrac{\dfrac{1}{200}\,\text{mol}}{0.2\,\text{L}} = \dfrac{1}{40}$ M이다.

ㄷ. 밀도가 1 g/mL이므로 (나)에서 만든 수용액의 질량은 200 g

이고 용질의 질량이 0.2 g이므로 퍼센트 농도는 $\dfrac{0.2\,\text{g}}{200\,\text{g}} \times 100 =$

0.1%이다.

10 용액의 혼합

혼합 용액에 들어 있는 용질의 양(mol)은 혼합 전 각 용액에 들어 있는 용질의 양(mol)의 합과 같다. (가)에 들어 있는 포도당의 양은 $0.2\,\text{M} \times 0.05\,\text{L} = 0.01\,\text{mol}$이고, (나)에 들어 있는 포도당의 질량은 $90\,\text{g} \times 0.1 = 9\,\text{g}$이다. 이는 $\dfrac{9\,\text{g}}{180\,\text{g/mol}} = 0.05\,\text{mol}$에 해당한다. 따라서 (다)에는 포도당 0.06 mol이 들어 있으므로 (다)의 몰 농도는 $\dfrac{0.06\,\text{mol}}{0.5\,\text{L}} = 0.12$ M이다.

11 기체 반응의 질량비

반응한 기체의 질량은 생성된 기체의 질량과 같다. A와 B를 각각 4 g씩 반응시킬 때 C 4.5 g이 생성되었고, A 8 g과 B 12 g을 반응시킬 때 C 13.5 g이 생성되었으므로 반응한 기체의 질량은 3배이다. 따라서 반응 질량비는 A : B : C = 1 : 8 : 9이다.

ㄱ. A 4 g과 B 8 g을 반응시키면 A가 1 g, B가 8 g 반응하여 C가 9 g 생성된다.

ㄴ. 반응 질량비가 A : B : C = 1 : 8 : 9이고, 반응 계수비가 A : B : C = 2 : 1 : 2이므로 분자량비는 A : B : C $= \dfrac{1}{2} : \dfrac{8}{1} : \dfrac{9}{2}$ $= 1 : 16 : 9$이다.

ㄷ. C가 13.5 g이 생성되려면 B가 12 g 반응해야 하고 반응 질량비는 A : B = 1 : 8이므로 A는 1.5 g이 반응하고 10.5 g이 남는다. 따라서 $y=12$이다.

12 기체 반응의 양적 관계

그래프에서 $B(g)$ 7 g을 넣었을 때 $A(g)$가 모두 반응하였으므로 양적 관계를 나타내면 다음과 같다.

$$aA(g) + bB(g) \longrightarrow 2C(g)$$

	$aA(g)$	$bB(g)$	$2C(g)$
반응 전(g)	4	7	
반응(g)	-4	-7	$+11$
반응 후(g)	0	0	11

$B(g)$ 7 g을 넣고 반응시켰을 때 $C(g)$만 존재하므로 $C(g)$ 11 g의 부피가 V L이고, $B(g)$의 질량이 10.5 g이 되었을 때 전체 기체의 부피가 $\frac{1}{2}V$ L만큼 증가했으므로 $B(g)$ 3.5 g의 부피가 $\frac{1}{2}V$ L이다. 넣어 준 $B(g)$의 질량이 0일 때 부피가 $\frac{1}{2}V$ L이므로 $A(g)$ 4 g의 부피는 $\frac{1}{2}V$ L이다.

㉠. 반응 부피비는 A : B : C=1 : 2 : 2이므로 $a=1$이고, $b=2$이다.

㉡. 분자량비는 A : B : C=$\frac{4}{1} : \frac{7}{2} : \frac{11}{2}$=8 : 7 : 11이다.

㉢. $B(g)$ 14 g의 부피는 $2V$ L이므로 양적 관계는 다음과 같다.

$$A(g) + 2B(g) \longrightarrow 2C(g)$$

	$A(g)$	$2B(g)$	$2C(g)$
반응 전(L)	$\frac{1}{2}V$	$2V$	
반응(L)	$-\frac{1}{2}V$	$-V$	$+V$
반응 후(L)	0	V	V

따라서 반응 후 전체 기체의 부피는 $2V$ L이다.

01 기체 반응의 양적 관계

분자량비가 A : B=7 : 8이므로 Ⅰ에서 반응 전 기체의 몰비는 $A(g) : B(g)$=8 : 4이고 $A(g)$의 양을 $8n$ mol, $B(g)$의 양을 $4n$ mol이라고 하면, 양적 관계는 다음과 같다.

[실험 Ⅰ]

$$A(g) + B(g) \longrightarrow cC(g)$$

	$A(g)$	$B(g)$	$cC(g)$
반응 전(mol)	$8n$	$4n$	
반응(mol)	$-4n$	$-4n$	$+4cn$
반응 후(mol)	$4n$	0	$4cn$

반응 후 남은 기체의 양(mol)은 $4n+4cn$이고, 같은 논리로 Ⅱ에서 남은 기체의 양(mol)은 $4n+8cn$이다. $4n+4cn$: $4n+8cn$=3 : 5에서 $4cn$에 해당하는 부피는 $2V$이고, $4n$에 해당하는 부피는 V이므로 $c=2$이다. 반응 질량비가 $A(g) : B(g) : C(g)$=28 : 32 : 60이고, 반응 몰비가 $A(g) : B(g) : C(g)$=1 : 1 : 2이므로 분자량비는 B : C=$\frac{32}{1} : \frac{60}{2}$=16 : 15이다.

따라서 $c \times \dfrac{\text{C의 분자량}}{\text{B의 분자량}} = 2 \times \dfrac{15}{16} = \dfrac{15}{8}$이다.

02 기체 반응의 양적 관계

Ⅰ에서의 반응 전 $A(g)$의 양(mol)을 $2n$, $B(g)$의 양(mol)을 m이라고 하면, 생성된 $C(g)$의 양(mol)은 $2n$이고, 양적 관계를 나타내면 다음과 같다.

$$2A(g) + B(g) \longrightarrow 2C(g)$$

	$2A(g)$	$B(g)$	$2C(g)$
반응 전(mol)	$2n$	m	
반응(mol)	$-2n$	$-n$	$+2n$
반응 후(mol)	0	$m-n$	$2n$

생성된 $C(g)$의 질량이 Ⅱ에서가 Ⅰ에서의 2배이므로 반응한 반응물의 양(mol)도 Ⅱ에서가 Ⅰ에서의 2배이다.
따라서 Ⅱ에서 생성된 $C(g)$의 양은 $4n$ mol이다. 반응 전 $B(g)$의 양이 $2n$ mol이고 반응 전 전체 기체의 부피는 Ⅰ과 Ⅱ에서 같으므로 반응 전 $A(g)$의 양은 m mol이다. Ⅱ에서 양적 관계를 나타내면 다음과 같다.

$$2A(g) + B(g) \longrightarrow 2C(g)$$

	$2A(g)$	$B(g)$	$2C(g)$
반응 전(mol)	m	$2n$	
반응(mol)	$-4n$	$-2n$	$+4n$
반응 후(mol)	$m-4n$	0	$4n$

A와 B의 분자량비가 2 : 1이므로 $\frac{x}{2} : \frac{2x}{1} = m-4n : m-n$이고, $m=5n$이다.

㉠. Ⅰ에서 반응 전 전체 기체의 양(mol)이 $7n$일 때 부피는 V L이고, 반응 후 전체 기체의 양(mol)은 $6n$이므로 부피는 $\frac{6}{7}V$ L이다.

✗. Ⅱ에서 $\dfrac{\text{반응 전 A의 양(mol)}}{\text{반응 전 B의 양(mol)}} = \dfrac{5}{2}$이다.

㉢. A의 분자량을 $2a$, B의 분자량을 a라고 하면 Ⅰ에서 전체 기

체의 질량은 $(2n \times 2a) + (5n \times a) = 9na$이고, Ⅱ에서 전체 기체의 질량은 $(5n \times 2a) + (2n \times a) = 12na$이므로 전체 기체의 질량비는 Ⅰ : Ⅱ $= 3 : 4$이고, 반응 후 전체 기체의 부피비는 Ⅰ : Ⅱ $= 6 : 5$이므로 반응 후 전체 기체의 밀도비는 Ⅰ : Ⅱ $= \frac{3}{6} : \frac{4}{5} = 5 : 8$이다.

03 기체 반응의 양적 관계

생성된 $C(g)$의 양(mol)이 Ⅰ에서가 Ⅱ에서의 2배이므로 반응한 반응물의 양(mol)도 2배이다. Ⅰ에서 $B(g)$가 모두 반응했다면 Ⅱ에서 $B(g)$가 $1.5m$ mol 반응해야 하는데 $B(g)$가 m mol 밖에 없으므로 모순이다. 따라서 Ⅰ에서는 $A(g)$가 모두 반응하고, Ⅱ에서는 $B(g)$가 모두 반응한다. Ⅱ에서 $B(g)$가 m mol 반응했으므로 Ⅰ에서 $B(g)$는 $2m$ mol 반응한다. 따라서 반응물의 반응 몰비는 $a : b = n : 2m$이고, $a > b$이므로 $n > 2m$이다.

✗. 반응 후 Ⅰ에서는 $B(g)$가 남고, Ⅱ에서는 $A(g)$가 남는다.

◯. Ⅲ에서 $B(g)$가 모두 반응한다면, $2n > 4m$이므로 반응하는 $B(g)$의 양은 $4m$ mol보다 크다. 반응 몰비가 $A(g) : B(g) = 2n : 4m$이고 반응하는 $A(g)$의 양은 $8m$ mol보다 크므로 가정에 맞지 않는다. 따라서 $A(g)$가 모두 반응한다. Ⅲ에서 $A(g)$가 $\frac{1}{2}n$ mol 반응하고 $\frac{1}{2}n > m$이므로 Ⅲ에서 반응한 $A(g)$의 양 (mol)은 $\frac{1}{2}n$보다 작다. 따라서 $x > y$이다.

◯. 반응 후 남아 있는 반응물의 양은 Ⅰ에서 $B(g)$ m mol, Ⅱ에서 $A(g)$ $\frac{1}{2}n$ mol이고, Ⅲ에서 $B(g)$ $(2n-m)$ mol보다 큰 양이다. 따라서 Ⅰ~Ⅲ을 모두 혼합하여 반응시키면 반응 후 $B(g)$가 남는다.

04 기체 반응의 양적 관계

t_2일 때 전체 기체의 밀도가 가장 크기 때문에 이 반응은 반응이 진행될수록 전체 부피가 감소하고, 밀도가 증가한다.

◯. 밀도는 t_3일 때가 t_1일 때보다 크므로 t_3일 때가 반응이 더 많이 진행되었다. 따라서 $t_3 > t_1$이다.

✗. 반응 전후에 전체 기체의 질량은 변하지 않으므로 기체의 몰비는 (가) : (나) : (다) $= \frac{1}{10} : \frac{1}{15} : \frac{1}{12} = 12 : 8 : 10$이다. (가)에서 전체 기체의 양(mol)을 $12n$이라고 할 때, ●와 □의 수가 같으므로 $A(g)$와 $B(g)$의 양(mol)은 각각 $6n$이다. (나)에서 반응이 완결되었고 ●와 ☆의 양(mol)이 같으므로 $B(g)$와 $C(g)$의 양(mol)은 각각 $4n$이다. (가) → (나)에서의 양적 관계를 나타내면 다음과 같다.

	$aA(g)$	$+$	$bB(g)$	$\longrightarrow$	$cC(g)$
반응 전(mol)	$6n$		$6n$		
반응(mol)	$-6n$		$-2n$		$+4n$
반응 후(mol)	0		$4n$		$4n$

따라서 $a = 3$, $b = 1$, $c = 2$이므로 $a > c > b$이다.

◯. (가) → (나)에서 감소한 부피가 (가) → (다)에서 감소한 부피의 2배이므로 (가) → (다)에서 반응한 기체의 양(mol)은 (가) → (나)의 $\frac{1}{2}$배이다. (가) → (다)에서의 양적 관계를 나타내면 다음과 같다.

	$3A(g)$	$+$	$B(g)$	$\longrightarrow$	$2C(g)$
반응 전(mol)	$6n$		$6n$		
반응(mol)	$-3n$		$-n$		$+2n$
반응 후(mol)	$3n$		$5n$		$2n$

따라서 (다)에서 기체의 몰비는 A : B $= 3 : 5$이다.

05 기체 반응의 양적 관계

A x g을 X mol, y g을 Y mol이라고 하고, (나) 이후 실린더 Ⅱ의 B가 모두 소모되었으므로 (나)에서 실린더 Ⅱ의 양적 관계를 나타내면 다음과 같다.

	$aA(g)$	$+$	$B(g)$	$\longrightarrow$	$2C(g)$
반응 전(mol)	Y		$4n$		
반응(mol)	$-4an$		$-4n$		$+8n$
반응 후(mol)	$Y - 4an$		0		$8n$

(나)에서 반응이 진행된 후 실린더 Ⅰ, Ⅱ의 부피가 감소하므로 이 반응은 반응물의 계수의 합이 생성물의 계수의 합보다 크다. (나) 이후 실린더 Ⅰ~Ⅲ의 부피가 모두 같은데, (다) 이후 부피가 변하지 않으므로 (다) 과정에서 반응이 일어나지 않음을 알 수 있다. 따라서 (나) 이후 실린더 Ⅰ, Ⅱ에는 $A(g)$가 존재하지 않으므로 $Y - 4an = 0$이고, $Y = 4an$이다.

(나)에서 실린더 Ⅰ의 양적 관계를 나타내면 다음과 같다.

	$aA(g)$	$+$	$B(g)$	$\longrightarrow$	$2C(g)$
반응 전(mol)	X		$6n$		
반응(mol)	$-X$		$-\frac{X}{a}$		$+\frac{2X}{a}$
반응 후(mol)	0		$6n - \frac{X}{a}$		$\frac{2X}{a}$

(나) 이후 실린더 Ⅰ과 Ⅱ의 부피가 같으므로 전체 기체의 양(mol)도 같고, $6n - \frac{X}{a} + \frac{2X}{a} = 8n$이므로 $X = 2an$이다.

◯. (나) 이후 실린더 Ⅰ~Ⅲ의 부피가 같으므로 $B(g)$ x g의 양은 $8n$ mol이고, $A(g)$ x g은 $2an$ mol이며, 분자량비가 A : B $= 2 : 1$이므로 $\frac{x}{2an} : \frac{x}{8n} = 2 : 1$이고 $a = 2$이다.

◯. (가)에서 실린더 Ⅰ의 전체 기체의 양은 $10n$ mol이고, 실린더 Ⅱ의 전체 기체의 양은 $12n$ mol이므로 $h_1 : h_2 = 5 : 6$이다.

ⓒ. (다) 이후 전체 기체에서 $B(g)$와 $C(g)$의 양은 $12n$ mol로 같다.

06 기체 반응의 양적 관계

생성물의 몰비가 Ⅰ : Ⅱ=3 : 1이므로 반응한 기체의 질량비도 Ⅰ : Ⅱ=3 : 1이다.

ⅰ) Ⅰ과 Ⅱ에서 반응 후 모두 $A(g)$가 남았다면 $w_1 : 2w_2=$ 3 : 1이고 $6w_2=w_1$이므로 반응 전 Ⅰ의 $A(g)$가 Ⅱ의 $A(g)$보다 작고, 반응한 $A(g)$의 질량은 Ⅰ이 더 크므로 남은 반응물의 질량이 Ⅰ : Ⅱ=9 : 7이 될 수 없다.

ⅱ) Ⅰ과 Ⅱ에서 반응 후 모두 $B(g)$가 남았다면 $w_1 : 7w_2=3 : 1$ 이고 $21w_2=w_1$이므로 남은 반응물의 질량이 Ⅰ : Ⅱ=9 : 7이 될 수 없다.

ⅲ) 반응 후 Ⅰ에서 $A(g)$가, Ⅱ에서 $B(g)$가 남았다고 가정하면 Ⅰ과 Ⅱ에서 양적 관계는 각각 다음과 같다.

[Ⅰ]	$2A(g)$	+	$B(g)$	⟶	$cC(g)$
반응 전(g)	w_1		w_1		
반응(g)	$-21w_2$		$-w_1$		
반응 후(g)	w_1-21w_2		0		

[Ⅱ]	$2A(g)$	+	$B(g)$	⟶	$cC(g)$
반응 전(g)	$7w_2$		$2w_2$		
반응(g)	$-7w_2$		$-\frac{1}{3}w_1$		
반응 후(g)	0		$2w_2-\frac{1}{3}w_1$		

$w_1-21w_2 : 2w_2-\frac{1}{3}w_1=9 : 7$이 될 수 없으므로 모순이다.

ⅳ) 따라서 반응 후 Ⅰ에서 $B(g)$가, Ⅱ에서 $A(g)$가 남고 Ⅰ과 Ⅱ에서 양적 관계는 각각 다음과 같다.

[Ⅰ]	$2A(g)$	+	$B(g)$	⟶	$cC(g)$
반응 전(g)	w_1		w_1		
반응(g)	$-w_1$		$-6w_2$		
반응 후(g)	0		w_1-6w_2		

[Ⅱ]	$2A(g)$	+	$B(g)$	⟶	$cC(g)$
반응 전(g)	$7w_2$		$2w_2$		
반응(g)	$-\frac{1}{3}w_1$		$-2w_2$		
반응 후(g)	$7w_2-\frac{1}{3}w_1$		0		

$w_1-6w_2 : 7w_2-\frac{1}{3}w_1=9 : 7$에서 $\frac{w_1}{w_2}=\frac{21}{2}$이다.

ⓐ. Ⅰ에서 반응 후 남은 반응물은 $B(g)$이다.

ⓑ. $w_1 : w_2=21 : 2$이므로 반응 전 $A(g)$의 질량비는 Ⅰ : Ⅱ= 3 : 2이다.

ⓒ. 반응 질량비는 $A(g) : B(g)=7 : 4$이고, 반응 몰비는 $A(g) : B(g)=2 : 1$이므로 분자량비는 $A : B=\frac{7}{2} : \frac{4}{1}=7 : 8$ 이다.

07 기체 반응의 양적 관계

$b>1$이므로 넣어 준 $B(g)$의 양이 N mol인 지점에서는 $B(g)$가 모두 소모된다. 이 지점의 양적 관계는 다음과 같다.

	$A(g)$	+	$bB(g)$	⟶	$2C(g)$
반응 전(mol)	N		N		
반응(mol)	$-\frac{N}{b}$		$-N$		$+\frac{2N}{b}$
반응 후(mol)	$N-\frac{N}{b}$		0		$\frac{2N}{b}$

ⓐ. $A(g)$와 $B(g)$의 분자량을 각각 $2k$, k라고 하고, 1 mol의 부피를 V L라고 하면, 반응 전 전체 기체의 밀도와 $B(g)$를 N mol 만큼 넣었을 때 전체 기체의 밀도가 같으므로

$\dfrac{N\times 2k}{NV}=\dfrac{N\times 2k+N\times k}{\left(N+\dfrac{N}{b}\right)V}$이고, 이를 정리하면 $b=2$이다.

✗. 넣어 준 $B(g)$의 양이 $2N$ mol일 때 $A(g)$가 모두 소모되므로 $1.5N$ mol일 때 실린더에 들어 있는 기체의 종류는 $A(g)$와 $C(g)$로 2가지이다.

ⓒ. $A(g)$가 모두 소모된 이후부터 넣어 준 $B(g)$의 양에 따른 전체 기체의 밀도가 d보다 감소한다. $B(g)$를 $2N$ mol 넣어 주었을 때 $A(g)$가 모두 소모되므로 $3N$ mol을 넣어 주었을 때는 밀도가 d보다 작다.

08 기체 반응의 양적 관계

(나)에서 생성물의 양(mol)이 다르므로 Ⅰ과 Ⅱ에서 모두 반응한 물질이 $A(g)$일 수는 없고, Ⅰ과 Ⅱ에서 모두 반응한 물질이 $B(g)$라면 생성물의 몰비가 Ⅰ : Ⅱ=3 : 4이므로 $B(g)$ $2w$ g의 양(mol)은 $12N$이 되어야 하는데, 반응 전 전체 기체의 몰비가 Ⅰ : Ⅱ=17 : 23이 되기 위해서는 $A(g)$ w g의 양이 음수가 나오므로 모순이다. 따라서 Ⅰ에서는 $B(g)$가 모두 반응하고 Ⅱ에서는 $A(g)$가 모두 반응하므로 Ⅱ에서 $A(g)$ w g의 양은 $4aN$ mol이다. Ⅰ과 Ⅱ에서 반응 후 남아 있는 반응물의 양(mol)을 각각 x와 y라고 하면 양적 관계는 다음과 같다.

[Ⅰ]	$aA(g)$	+	$3B(g)$	⟶	$cC(g)$
반응 전(mol)	$4aN$		$9N$		
반응(mol)	$-3aN$		$-9N$		$+3cN$
반응 후(mol)	$x(=aN)$		0		$3cN$

[Ⅱ]	$a\mathrm{A}(g)$	$+$	$3\mathrm{B}(g)$	$\longrightarrow$	$c\mathrm{C}(g)$
반응 전(mol)	$4aN$		$12N+y$		
반응(mol)	$-4aN$		$-12N$		$+4cN$
반응 후(mol)	0		y		$4cN$

Ⅱ에서 $\mathrm{A}(g)$ w g의 양(mol)이 $4aN$이고, (다)에서 반응 후 $\mathrm{C}(g)$만 존재하므로 $x:y=a:3$이다. 따라서 $aN:y=a:3$이므로 $y=3N$이고 $\mathrm{B}(g)$ $2w$ g의 양(mol)은 $15N$이다. 반응 전 전체 기체의 부피비가 Ⅰ:Ⅱ=17:23이므로 $(4aN+9N):(4aN+15N)=17:23$에서 $a=2$이다.

(다)에서 꼭지를 열면 남아 있는 $\mathrm{A}(g)$ $2N$ mol과 $\mathrm{B}(g)$ $3N$ mol이 반응하여 $\mathrm{C}(g)$ cN mol이 생성된다. 따라서 생성물의 양(mol)이 $8cN$이고 전체 기체의 부피가 $32V$ L이므로 $c=4$이다.

$\mathrm{A}(g)$ $2N$ mol$\left(=\dfrac{w}{4}\,\mathrm{g}\right)$과 $\mathrm{B}(g)$ $3N$ mol$\left(=\dfrac{2w}{5}\,\mathrm{g}\right)$이 반응하면 $\mathrm{C}(g)$ $4N$ mol$\left(=\dfrac{13}{20}w\,\mathrm{g}\right)$이 생성되므로 분자량비는 $\mathrm{A}(g):\mathrm{C}(g)=\dfrac{5}{2}:\dfrac{13}{4}=10:13$이고 $\dfrac{a}{c}\times\dfrac{\mathrm{A}의\ 분자량}{\mathrm{C}의\ 분자량}=\dfrac{2}{4}\times\dfrac{10}{13}=\dfrac{5}{13}$이다.

09 용액의 농도

(가)에서 수용액의 밀도가 1.1 g/mL이므로 수용액 200 mL의 질량은 220 g이고, 용질의 질량 $x=220\,\mathrm{g}\times\dfrac{a\,\mathrm{g}}{100\,\mathrm{g}}=\dfrac{11}{5}a$ g이다. (나)에서 용질의 양은 a M$\times0.1$ L$=0.1a$ mol이고, 화학식량이 40이므로 용질의 질량 $y=0.1a$ mol$\times40$ g/mol$=4a$ g이다. 따라서 $\dfrac{y}{x}=\dfrac{4a}{\dfrac{11a}{5}}=\dfrac{20}{11}$이다.

10 용액의 혼합과 몰 농도

(나)에서 만들어진 수용액 200 mL에는 용질 A가 0.4 g 녹아 있고, 이 중 x mL에 들어 있는 용질의 질량(g)은 $0.4\times\dfrac{x}{200}$이고, 양(mol)은 $0.4\times\dfrac{x}{200}\times\dfrac{1}{40}$이다. 0.1 M A($aq$) 50 mL에 들어 있는 용질의 양(mol)은 $0.1\times0.05=0.005$이다. 따라서 (라)에서 만들어진 수용액의 몰 농도는

$$\dfrac{\left(0.4\times\dfrac{x}{200}\times\dfrac{1}{40}\right)\mathrm{mol}+0.005\,\mathrm{mol}}{0.2\,\mathrm{L}}=0.035\,\mathrm{M}$$이므로

$x=40$이다.

11 용액의 농도

0.2 M 포도당 수용액 200 mL에는 포도당이 0.04 mol 들어 있다. 과정 (나)~(라)에서 만들어진 수용액에서 용질의 양과 수용액의 부피를 나타내면 다음과 같다.

실험 방법	(나)	
	용질의 양(mol)	수용액의 부피(mL)
❶	0.06	200
❷	0.03	500
❸	0.03	450

실험 방법	(다)	
	용질의 양(mol)	수용액의 부피(mL)
❷	0.02	500
❶	0.03	500
❸	0.03	450

실험 방법	(라)	
	용질의 양(mol)	수용액의 부피(mL)
❸	0.04	180
❶	0.06	180
❷	0.03	500

따라서 (나)~(라) 과정 후 만들어진 수용액에서 용질의 양(mol)은 같고 수용액의 부피가 (라)>(나)=(다)이므로 수용액의 몰 농도(M)는 $x=y>z$이다.

12 용액의 농도

(가) 105 g의 부피는 100 mL, 이에 들어 있는 용질의 질량은 $105\,\mathrm{g}\times\dfrac{30}{7}\times\dfrac{1}{100}=\dfrac{9}{2}$ g, 용질의 양은 $\dfrac{\dfrac{9}{2}\,\mathrm{g}}{180\,\mathrm{g/mol}}=\dfrac{1}{40}$ mol

이다. 따라서 몰 농도는 $\dfrac{\dfrac{1}{40}\,\mathrm{mol}}{0.1\,\mathrm{L}}=0.25$ M이다.

0.25 M 포도당 수용액 100 mL에 들어 있는 용질의 양은 $0.25\,\mathrm{M}\times0.1\,\mathrm{L}=\dfrac{1}{40}$ mol$(=4.5\,\mathrm{g})$이므로

(나)의 몰 농도는 $\dfrac{\dfrac{2}{40}\,\mathrm{mol}}{0.4\,\mathrm{L}}=0.125$ M이다.

(다)의 몰 농도는 $\dfrac{\dfrac{18}{180}\,\mathrm{mol}}{0.2\,\mathrm{L}}=0.5$ M이고 (라)의 몰 농도는

$\dfrac{0.1\,\mathrm{mol}}{0.15\,\mathrm{L}}=\dfrac{2}{3}$ M이다. 따라서 몰 농도(M)는 (라)>(다)>(가)>(나)이다.

01 원자와 이온의 구성 입자

이온은 양성자수와 전자 수가 다르다.

ㄱ. (가)와 (나) 중 하나는 이온이므로 ◯가 양성자라면 (가)와 (나) 모두 이온이므로 조건에 맞지 않는다. 따라서 ●가 양성자이다.

ㄴ. (가)와 (나)는 양성자수가 같으므로 원자 번호가 같다.

ㄷ. (나)는 양성자가 2개, 중성자가 2개이므로 원자 번호가 2이고 질량수가 4이며, 전자가 1개이므로 +1가 양이온이다.

02 질량수와 전자 수

질량수는 양성자수와 중성자수의 합이고 원자에서 양성자수와 전자 수는 같다.

ㄱ. X는 양성자수가 7이고 중성자수가 7이다. Y는 양성자수가 6이고 중성자수가 6이다. X와 Y는 원자 번호가 서로 다르므로 동위 원소가 아니다.

ㄴ. X의 중성자수는 $7(=14-7)$이고 Z의 중성자수도 $7(=13-6)$이므로 X와 Z의 중성자수는 같다.

ㄷ. $\dfrac{중성자수}{양성자수}$의 비는 $X : Y = \dfrac{7}{7} : \dfrac{6}{6} = 1 : 1$이다.

03 이온의 구성 입자

$\dfrac{중성자수}{전자 수} \times \dfrac{\text{⑤}}{중성자수} = \dfrac{\text{⑤}}{전자 수}$이다.

ㄱ. ⑤이 질량수라면 $\dfrac{질량수}{중성자수} > 1$이어야 하고, 이는 모순이므로 ⑤은 질량수가 아니다. 따라서 ⑤은 양성자수이다.

ㄴ. (가)~(다)의 $\dfrac{양성자수}{전자 수}$가 각각 $\dfrac{9}{10}$, $\dfrac{11}{10}$, $\dfrac{8}{10}$이고 전자 수가 모두 같으므로 전자 수는 10이고 양성자수는 각각 9, 11, 8이다. 따라서 음이온은 (가), (다) 2가지이다.

ㄷ. (가)는 F^-, (나)는 Na^+, (다)는 O^{2-}이므로 (가)~(다) 중 2주기 원소의 이온은 (가), (다) 2가지이다.

04 동위 원소와 질량수

^1H, ^2H, ^{12}C, ^{13}C로 구성된 CH_4은 다음과 같다.

분자를 이루는 원자의 수			분자를 이루는 원자의 수		
^{12}C	^1H	^2H	^{13}C	^1H	^2H
1	4	0	1	4	0
1	3	1	1	3	1
1	2	2	1	2	2
1	1	3	1	1	3
1	0	4	1	0	4

ㄱ. 중성자수가 ^{13}C는 7이고, ^1H는 0이므로 $^{13}C^1H_4$ 1개에 들어 있는 중성자수는 7이다.

ㄴ. 분자 1개에 들어 있는 중성자수가 11인 분자는 $^{13}C^2H_4$이다.

ㄷ. $^{12}C^2H_4$을 이루는 원자들의 원자량의 합은 20이고, $^{13}C^1H_4$을 이루는 원자들의 원자량의 합은 17이므로 분자 1개의 질량은 $^{12}C^2H_4$이 $^{13}C^1H_4$보다 크다.

05 동위 원소와 평균 원자량

평균 원자량은 각 동위 원소의 원자량과 존재 비율을 고려하여 계산한다.

ㄱ. Cl의 평균 원자량은 $\dfrac{35 \times 75 + 37 \times 25}{100} = 35.5$이다.

ㄴ. ^{35}Cl의 중성자수는 18이고, ^{37}Cl의 중성자수는 20이므로 $^{35}Cl^{37}Cl$ 1개에 들어 있는 중성자수는 38이다.

ㄷ. 존재 비율이 ^{35}Cl가 ^{37}Cl보다 크므로 자연계에 존재하는 Cl_2 중 $^{35}Cl_2$의 양(mol)이 $^{37}Cl_2$의 양(mol)보다 크다.

06 α 입자 산란 실험

(가)는 α 입자 산란 실험으로 이 실험을 통해 원자핵을 발견하고 (나)의 원자 모형을 제안하게 되었다.

ㄱ. X는 전자로 음극선 실험을 통해 발견되었다.

ㄴ. (나)에서 원자 질량의 대부분은 원자핵 Y가 차지한다.

ㄷ. $_6C$에서 원자핵의 전하량이 +6이므로 전자 수는 6이다.

07 원자의 구성 입자

ㄱ. 원자에서 전자 수와 양성자수가 같고 중성자수는 양성자수와 다를 수 있다.

ㄴ. 질량수는 양성자수와 중성자수의 합이므로 양성자수와 중성자수가 같은 원자는 질량수가 양성자수의 2배이다.

ㄷ. 양성자와 중성자의 질량은 전자의 질량보다 약 2000배 크다.

08 원자와 이온의 구성 입자

^3_1H의 중성자수는 2이므로 a는 2이고, $^{19}_9F^-$의 질량수는 19, 전자

수는 10이므로 b는 9이다. $^{24}_{12}Mg^{2+}$의 전자 수는 10이므로 c는 10이다.

ㄱ. $b-a$는 7이므로 X의 양성자수는 7이다.

ㄴ. $_7N$에서 양성자수와 중성자수가 같으면 질량수는 14이다. 따라서 $d=14$이다.

ㄷ. $b+c=19$이고, Y^+의 전자 수는 18이므로 $e=18$이다.

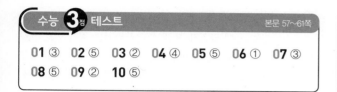

01 동위 원소와 질량수

(가)에서 $^{14}N^{16}O$의 분자량은 30이고, (나)에서 $^{15}N_2^{18}O$의 분자량은 48이므로 용기에 들어 있는 분자 수비는 (가) : (나) $=\dfrac{w}{30}:\dfrac{x}{48}$이다. $^{14}N^{16}O$ 한 분자에 들어 있는 중성자수는 15이고, $^{15}N_2^{18}O$ 한 분자에 들어 있는 중성자수는 26이므로

$$\dfrac{\text{(나)에 들어 있는 중성자수}}{\text{(가)에 들어 있는 중성자수}}=\dfrac{\frac{26x}{48}}{\frac{15w}{30}}=\dfrac{13}{9}$$이고, $x=\dfrac{4}{3}w$이다.

02 동위 원소와 존재 비율

ㄱ. $^{37}X^{79}Y$와 $^{35}X^{81}Y$ 1 mol의 질량은 116 g으로 같다.

ㄴ. ^{37}X는 ^{35}X보다 원자량이 크므로 1 g에 들어 있는 원자의 양(mol)이 더 작다. 따라서 $\dfrac{1\text{ g의 }^{35}X\text{에 들어 있는 양성자수}}{1\text{ g의 }^{37}X\text{에 들어 있는 양성자수}}>1$이다.

ㄷ. ^{35}X의 존재 비율이 ^{37}X보다 크므로 XY 1 mol에서 $\dfrac{^{35}X^{79}Y\text{의 양(mol)}}{^{37}X^{81}Y\text{의 양(mol)}}>1$이다.

03 원자의 구성 입자

^{18}O의 양성자수는 8, 중성자수는 10, 질량수는 18이므로 $\dfrac{^{18}O\text{의 ㉢}}{^{18}O\text{의 ㉠}}=\dfrac{9}{5}$에서 ㉠은 중성자수, ㉢은 질량수임을 알 수 있다. $\dfrac{X\text{의 ㉠}}{X\text{의 ㉡}}=\dfrac{10}{9}$에서 X의 원자 번호는 9 또는 18인데 $\dfrac{^{18}O\text{의 ㉢}}{X\text{의 ㉡}}=\dfrac{17}{9}$, $\dfrac{^{18}O\text{의 ㉢}}{Y\text{의 ㉡}}=\dfrac{9}{8}$에서 Y의 질량수가 34이고, 양성자수가 16이므로 X의 원자 번호는 18이다.

ㄷ. ㉠은 중성자수, ㉡은 양성자수, ㉢은 질량수이다.

ㄷ. X의 양성자수와 Y의 중성자수는 18로 같다.

ㄹ. X의 양성자수는 18, 중성자수는 20이므로 질량수는 38이다.

04 동위 원소와 평균 원자량

원자량은 질량수가 12인 탄소(C) 원자의 질량에 대한 상대적인 질량으로 나타내며, 평균 원자량은 동위 원소의 존재 비율을 고려하여 나타낸다.

ㄱ. 질량수는 양성자수＋중성자수이고, 자연수이므로 x는 39.962가 아니다.

ㄴ. ^{38}Ar의 원자량이 37.962이므로 ^{38}Ar 원자 1개의 질량은 ^{12}C 원자 1개의 질량의 $\dfrac{37.962}{12}$ 배이다.

ㄷ. 자연계에 존재하는 Ar의 동위 원소는 모두 원자량이 40보다 작으므로 평균 원자량은 40보다 작다.

05 동위 원소와 분자량

(가)에 들어 있는 기체가 $^{12}C^{17}O^{17}O$라면 (나)에 들어 있는 기체의 밀도는 항상 (가)에 들어 있는 기체보다 크므로 (가)에 들어 있는 기체는 $^{12}C^{17}O^{17}O$가 아니다. (가)에 들어 있는 기체가 $^{12}C^{17}O^{18}O$라면 (나)에는 $^{13}C^{17}O^{17}O$만 들어 있어야 하는데, (나)에는 두 종류의 분자가 존재하므로 (가)에 들어 있는 기체는 $^{12}C^{17}O^{18}O$가 아니다. 따라서 (가)에 들어 있는 기체는 $^{12}C^{18}O^{18}O$이고 (가)와 (나)에 들어 있는 기체의 밀도가 같기 위해서는 (나)에 $^{13}C^{17}O^{17}O$와 $^{13}C^{18}O^{18}O$가 같은 양(mol)만큼 들어 있어야 한다.

ㄱ. (가)에 들어 있는 기체는 $^{12}C^{18}O^{18}O$이므로 $a=b=18$이다.

ㄴ. (가)의 전체 부피가 V L이고, (나)의 전체 부피는 $2V$ L인데 (나)에서 $^{13}C^cO^dO$와 $^{13}C^eO^fO$의 양(mol)이 같으므로 $^{12}C^aO^bO$와 $^{13}C^cO^dO$의 양(mol)은 같다.

ㄷ. (가)에서 기체의 양(mol)을 N이라고 하면 (가)에 들어 있는 중성자의 양(mol)은 $26N$이고 (나)에 들어 있는 중성자의 양(mol)은 $52N$이므로 실린더에 들어 있는 기체의 중성자의 양(mol)은 (나)에서가 (가)에서의 2배이다.

06 원자의 구성 입자

ⅰ) (가)가 질량수, (나)가 중성자수인 경우

X에서 $b>7$이므로 Y에서 b는 8 또는 9이다. $b=8$이면 X에서 $c=0$이고, Y에서 $a=10$이므로 Z의 양성자수가 10이어야 하는데 원자 번호가 연속이라는 조건에 부합하지 않는다. $b=9$이면 X에서 $c=1$이고 Y에서 $a=12$이므로 Z의 양성자수가 11이므로 조건에 부합하지 않는다.

ⅱ) (가)가 중성자수, (나)가 질량수인 경우

X에서 $7+b=c+1$이고 Y에서 $a+b=c+2$이므로 $a=8$이다. Y의 양성자수(b)로 가능한 값은 5, 6, 8, 9인데 Z의 양성자수를 x라고 하면 $b+a=c+2$와 $x+8=c$에서 $x=b-2$이다. 원자 번호가 연속인 조건을 만족하는 b는 8이고 $x=6$이다.

ㄱ. (가)는 중성자수, (나)는 질량수이다.

✗. 원자 번호는 X가 7, Y가 8, Z가 6이므로 Y가 가장 크다.

✗. $a=8$, $b=8$, $c=14$이므로 $a+b+c=30$이다.

07 동위 원소와 분자량

(가)에서 반응 후 생성된 $HCl(g)$의 종류가 1가지이므로 (가)의 Cl_2는 $^{35}Cl^{35}Cl$ 또는 $^{37}Cl^{37}Cl$이다. (가)와 (나)의 전체 질량은 같고 $d_1 > d_2$이므로 전체 기체의 부피는 (나) > (가)이다. 따라서 Cl_2의 양(mol)은 (나) > (가)이고 (가)의 Cl_2는 (나)의 Cl_2보다 분자 1개의 질량이 커야 하므로 (가)의 Cl_2는 $^{37}Cl^{37}Cl$이고, $a=37$이다.

ㄱ. 화학 반응식에서 반응물의 계수의 합과 생성물의 계수의 합이 같으므로 반응 전후에 기체 부피는 변하지 않고, 질량도 변하지 않으므로 반응 전 (가)의 밀도는 d_1이고, (나)의 밀도는 d_2이다. 따라서 반응 전 기체의 밀도는 (가) > (나)이다.

ㄴ. $a=37$이고, $b=35$이므로 분자 1개의 질량은 $^1H^aCl$가 $^1H^bCl$보다 크다.

✗. (가)의 ^{37}Cl 원자의 수가 (나)의 ^{37}Cl 원자의 수의 2배보다 작으므로 $^1H^{37}Cl$의 양(mol)은 (가)에서가 (나)에서의 2배보다 작거나 같다.

08 동위 원소와 중성자수

(가)와 (나)에 들어 있는 분자 수의 비가 3 : 4이고, (가)와 (나)에 들어 있는 중성자수가 같으므로 (가)와 (나)의 NH_3 분자에 들어 있는 중성자수의 비는 4 : 3이어야 한다. NH_3의 중성자수로 가능한 값은 $^{14}N^1H^1H^1H$의 7부터 $^{15}N^3H^3H^3H$의 14까지이고 중성자수비가 4 : 3이어야 하므로 (가)에 들어 있는 NH_3 분자의 중성자수는 12, (나)에 들어 있는 NH_3 분자의 중성자수는 9이다. 따라서 $c=15$이다. $^{15}N^aH^bH^bH$에서 중성자수가 12가 되는 경우는 $a=1$, $b=3$ 또는 $a=3$, $b=2$인데, $^{14}N^aH^aH^bH$에서 중성자수가 12가 되려면 $a=3$, $b=2$이다.

✗. $a=3$이다.

ㄴ. (나)에 들어 있는 기체의 중성자의 양은 $9 \times 0.4 = 3.6$ mol이다.

ㄷ. (가)에서 $^{14}N^3H^3H^2H$와 $^{15}N^3H^2H^2H$의 분자량은 각각 22이고, (나)에서 $^{15}N^1H^1H^2H$의 분자량은 19이다. 따라서 기체의 질량비는 (가) : (나) $= 22 \times 0.3 : 19 \times 0.4 = 33 : 38$이고, 부피비는 (가) : (나) $= 3 : 4$이므로 밀도비는 (가) : (나) $= 22 : 19$이다.

09 원자와 이온의 구성 입자

(가)가 양성자수이거나 전자 수라면 ^{21}W에서 양성자수와 전자 수가 같아야 하는데 (나) 또는 (다)가 11이어야 하므로 모순이다. 따라서 (가)는 중성자수이다. (가)가 중성자수이고 (나)가 전자 수이면 $^{23}X^+$에서 (가)가 11이어야 하므로 역시 모순이다. 따라서 (가)

는 중성자수, (나)는 양성자수, (다)는 전자 수이다. ^{21}W에서 양성자수는 질량수−중성자수이므로 10(=21−11)이고, 전자 수도 10이다. $^{23}X^+$에서 전자수는 10이고, 중성자수는 12이다. Y^-에서 양성자수가 9이므로 전자 수는 10이다. Z에서 (나)와 (다)가 같아야 하므로 (나)와 (다)는 각각 12이고, Y^-의 (가)는 10이다.

✗. (가)는 중성자수이다.

ㄴ. ^{21}W는 양성자수가 10이므로 ^{21}Ne이고 2주기 원소이다.

✗. Z의 양성자수와 중성자수는 각각 12이므로 질량수는 24이다.

10 동위 원소와 평균 원자량

㉠이 중성자수, ㉡이 양성자수이면 (라)와 (마)는 원자 번호가 같으므로 (라)는 (마)의 동위 원소이고 (라) 원소의 평균 원자량은 80.5가 되어야 하는데, 문제의 조건과 맞지 않으므로 모순이다. 따라서 ㉠은 양성자수이고 ㉡은 중성자수이다.

ㄱ. ㉠은 양성자수이다.

ㄴ. (다)가 (라)의 동위 원소이면 (라) 원소의 평균 원자량이 79.5이고, (라)가 (마)의 동위 원소이면 (라) 원소의 평균 원자량이 80.5이므로 문제의 조건과 맞지 않다. 따라서 (다)는 (마)의 동위 원소이다.

ㄷ. $a=b+4$이고, $a=81-46=35$이므로 $b=31$이다. (가)에서 중성자수는 $a+3=38$이므로 양성자수는 31이다. 따라서 (가)는 (나)의 동위 원소이고 (가) 원소의 평균 원자량은 $69 \times 0.6 + 71 \times 0.4$이므로 70보다 작다.

05 현대적 원자 모형과 전자 배치

01 수소 원자의 오비탈과 양자수

Ⓐ. 주 양자수와 관계없이 모든 p 오비탈의 방위(부) 양자수는 1로 같다.

Ⓧ. 수소 원자에서는 방위(부) 양자수와 관계없이 주 양자수가 같으면 오비탈의 에너지 준위가 같다.

Ⓒ. 주 양자수와 관계없이 s 오비탈의 자기 양자수는 0으로 같다.

02 수소 원자의 오비탈과 양자수

수소 원자에서 오비탈의 에너지 준위는 $2p_x < 3s = 3p_y$인데, 에너지 준위가 (나) > (가)이므로 (가)는 $2p_x$ 오비탈이다. 표는 $2p_x$, $3s$, $3p_y$ 오비탈의 양자수에 대한 자료이다.

오비탈	$2p_x$	$3s$	$3p_y$
n	2	3	3
l	1	0	1
$n+l$	3	3	4

(가)는 $2p_x$ 오비탈이고, l는 (나) > (다)이므로 (나)와 (다)는 각각 $3p_y$, $3s$ 오비탈이다.

Ⓐ. (나)는 $3p_y$ 오비탈이므로 $n=3$이다.

Ⓑ. (다)는 $3s$ 오비탈이므로 모양이 구형이다.

Ⓒ. $2p_x$와 $3s$ 오비탈의 $n+l$는 모두 3으로 같다.

03 원자의 전자 배치

Ⓧ. (가)는 에너지 준위가 더 낮은 $2s$ 오비탈에 전자를 다 채우지 않고 에너지 준위가 더 높은 $2p$ 오비탈에 전자를 채웠으므로 쌓음 원리를 만족하지 않는다.

Ⓑ. (나)는 에너지 준위가 같은 $2p$ 오비탈에 홀전자 수가 최대가 되도록 전자가 배치되었으므로 훈트 규칙을 만족한다.

Ⓒ. $2s$ 오비탈에 스핀 자기 양자수가 같은 2개의 전자가 들어 있는 (다)만 파울리 배타 원리를 위배한 전자 배치이다.

04 다전자 원자의 오비탈과 양자수

㉠과 ㉡이 들어 있는 오비탈은 n, l, m_l가 모두 같으므로 ㉠과 ㉡은 같은 오비탈에 들어 있는 전자이고, 이 오비탈은 $n=2$, $l=1$이므로 3가지 $2p$ 오비탈 중 하나이다.

Ⓐ. 2주기 원자에서 $l=0$인 오비탈은 $1s$와 $2s$ 오비탈이다. X는 $2p$ 오비탈에 전자가 들어 있으므로 $1s$와 $2s$ 오비탈에 각각 2개의 전자가 들어 있다. 따라서 $l=0$인 오비탈에 들어 있는 전자 수는 4이다.

Ⓧ. X는 3가지 $2p$ 오비탈 중 하나에 전자가 2개 들어 있으므로 $2p$ 오비탈의 전자 배치는 다음 중 하나이다.

따라서 가능한 홀전자 수는 0~2이다.

Ⓒ. X의 원자 번호는 8~10 중 하나이므로 7보다 크다.

05 수소 원자의 오비탈과 양자수

모양이 구형인 (가)와 (나)는 s 오비탈이고, 아령 모양인 (다)는 p 오비탈이다. n가 3 이하이므로 (다)는 $2p$ 또는 $3p$ 오비탈이고, 에너지 준위가 (가)와 (다)가 같으므로 (가)는 $2s$ 또는 $3s$ 오비탈이다. 오비탈의 크기가 (나) > (가)이므로 (가)가 $2s$ 오비탈이고, (나)는 $3s$ 오비탈이다. 따라서 (다)는 $2p$ 오비탈이다.

Ⓧ. (가)는 $2s$ 오비탈이므로 $n=2$이다.

Ⓧ. 오비탈의 에너지 준위는 $3s > 2p$이므로 (나) > (다)이다.

Ⓒ. $n+l$는 (나)가 3($=3+0$)이고, (다)가 3($=2+1$)이므로 (나)와 (다)가 같다.

06 다전자 원자의 오비탈과 양자수

X는 $n+l+m_l=3$인 오비탈에 들어 있는 전자 수가 3이므로 $n=2$, $l=1$, $m_l=0$인 1개의 $2p$ 오비탈에 2개, $n=3$, $l=0$, $m_l=0$인 $3s$ 오비탈에 1개의 전자가 들어 있다.

Ⓐ. X의 전자 배치는 $1s^2 2s^2 2p^6 3s^1$이므로 X는 Na이다.

Ⓑ. 전자가 2개 들어 있고, $n+l=3$인 오비탈은 $n=2$, $l=1$인 3개의 $2p$ 오비탈이다.

Ⓒ. $l+m_l=1$인 오비탈은 $l=1$, $m_l=0$인 $2p$ 오비탈이므로 이 오비탈에 들어 있는 전자 수는 2이다.

07 이온의 전자 배치

X의 양이온인 X^{m+}과 Y의 음이온인 Y^{n-}이 Ne의 전자 배치를 가지므로 X는 3주기, Y는 2주기 원소이다. $m+n=3$이므로 X^{m+}과 Y^{n-}은 각각 Na^+과 O^{2-}이거나 Mg^{2+}과 F^-이다.

Ⓧ. X는 3주기 원소이다.

Ⓑ. X와 Y는 각각 Na과 O이거나 Mg과 F인데 두 경우 모두 전자가 들어 있는 p 오비탈 수는 3으로 X와 Y가 같다.

Ⓒ. X와 Y는 각각 Na과 O이거나 Mg과 F인데 두 경우 모두 홀전자 수는 Y가 X보다 1만큼 크다. 따라서 X와 Y의 홀전자 수 차는 1이다.

08 다전자 원자의 오비탈과 양자수

바닥상태의 칼륨(K) 원자의 전자 배치는 $1s^2 2s^2 2p^6 3s^2 3p^6 4s^1$이다. (나)와 (다)는 $l=0$이므로 s 오비탈이다. (가)와 (나)는 n이 같고 l이 다르므로 각각 $2p$, $2s$ 오비탈이거나 $3p$, $3s$ 오비탈이다. 또한 n는 (다)가 (나)의 2배이므로 (나)와 (다)의 n는 각각 2와 4이다. 따라서 (가)~(다)는 각각 $2p$, $2s$, $4s$ 오비탈이다.

✗. (다)는 $4s$ 오비탈이므로 $n=4$이다.

ⓒ. (가)의 $l=1$이므로 $a=1$이고, (나)의 $n=2$이므로 $b=2$이다. 따라서 $a+b=3$이다.

✗. 다전자 원자에서 오비탈의 에너지 준위는 $2s<2p<4s$이므로 (다)>(가)>(나)이다.

09 원자와 이온의 전자 배치와 오비탈의 양자수

Na의 전자 배치는 $1s^2 2s^2 2p^6 3s^1$이므로 $m=2$이다. 따라서 X는 $1s^2 2s^2 2p^2$, Y^{2+}은 $1s^2 2s^2 2p^6$의 전자 배치를 갖는다.

㉠. $m=2$이다.

ⓒ. 홀전자 수는 X와 Y가 각각 2, 0이므로 X>Y이다.

ⓒ. 전자가 1개 들어 있는 오비탈은 X와 Na에서 각각 $2p$, $3s$ 오비탈이므로 $n+l$는 3으로 같다.

10 다전자 원자의 전자 배치

홀전자 수가 W>X>Y>Z이므로 W~Z의 홀전자 수는 각각 3, 2, 1, 0이다. 따라서 W는 N, X는 C 또는 O, Y는 Li 또는 B 또는 F, Z는 Be 또는 Ne이다. 전자가 2개 들어 있는 오비탈 수는 Z>Y>X>W이고, W(N)에서 2이므로 Z, Y, X에서 각각 5, 4, 3이다. 따라서 X는 O, Y는 F, Z는 Ne이다. 전자가 들어 있는 오비탈 수는 N, O, F, Ne이 모두 5이므로 W~Z가 모두 같다.

11 다전자 원자의 오비탈과 양자수

$n+l=3$인 오비탈은 $2p$와 $3s$ 오비탈이고, $n+l=4$인 오비탈은 $3p$와 $4s$ 오비탈이다. X는 $n+l=4$인 오비탈에 들어 있는 전자 수가 1이므로 $3p^1$까지 전자가 채워져 있는 Al이고, Y는 $n+l=3$인 오비탈에 들어 있는 전자 수가 6이므로 $2p^6$까지 전자가 채워져 있는 Ne이며, Z는 $n+l=4$인 오비탈에 들어 있는 전자 수가 7이므로 $3p^6 4s^1$까지 전자가 채워져 있는 K이다.

㉠. X(Al)는 13족 원소이다.

ⓒ. Y(Ne)는 2주기 원소이다.

ⓒ. Al은 $n+l=3$인 오비탈인 $2p$와 $3s$ 오비탈에 각각 6개와 2개의 전자가 들어 있으므로 $a=8$이고, Ne은 $n+l=4$인 오비탈인 $3p$와 $4s$ 오비탈에 전자가 들어 있지 않으므로 $b=0$이며, K은 $n+l=3$인 오비탈인 $2p$와 $3s$ 오비탈에 각각 6개와 2개의 전자가 들어 있으므로 $c=8$이다. 따라서 $a+b+c=16$이다.

12 원자의 전자 배치

2주기 바닥상태 원자에서 s 오비탈에 들어 있는 전자 수(㉠)와 p 오비탈에 들어 있는 전자 수(ⓒ)는 다음과 같다.

원자	Li	Be	B	C	N	O	F	Ne
㉠	3	4	4	4	4	4	4	4
ⓒ	0	0	1	2	3	4	5	6
$\frac{ⓒ}{㉠}$	0	0	$\frac{1}{4}$	$\frac{2}{4}$	$\frac{3}{4}$	$\frac{4}{4}$	$\frac{5}{4}$	$\frac{6}{4}$

$\frac{ⓒ}{㉠}$의 비가 X : Y : Z=1 : 2 : 3인 X~Z는 각각 B, C, N이거나 각각 C, O, Ne이다. $\frac{ⓒ}{㉠}>1$인 원자는 F과 Ne이므로 Z는 Ne이고, X와 Y는 각각 C와 O이다. 따라서 X~Z의 홀전자 수의 합은 $4(=2+2+0)$이다.

수능 ③점 테스트   본문 73~78쪽

01 ①   **02** ④   **03** ③   **04** ④   **05** ④   **06** ④   **07** ④

08 ⑤   **09** ②   **10** ③   **11** ③   **12** ④

01 이온의 전자 배치

X와 Y의 원자 번호는 20 이하이고, X^{2+}과 Y^{2-}의 $3s$ 오비탈에 전자가 2개 들어 있으므로 X^{2+}과 Y^{2-}은 Ar의 전자 배치 $(1s^2 2s^2 2p^6 3s^2 3p^6)$를 갖는다. 따라서 X는 Ca이고, Y는 S이다.

㉠. X는 Ca이므로 4주기 원소이다.

✗. Ca의 전자 배치는 $1s^2 2s^2 2p^6 3s^2 3p^6 4s^2$이고, S의 전자 배치는 $1s^2 2s^2 2p^6 3s^2 3p^4$이다. Ca과 S의 홀전자 수는 각각 0, 2이므로 홀전자 수는 Y(S)가 X(Ca)보다 2만큼 크다.

✗. 전자가 2개 들어 있는 오비탈은 X(Ca)가 Y(S)보다 $3p$ 오비탈 2개와 $4s$ 오비탈 1개가 더 많다. 따라서 전자가 2개 들어 있는 오비탈 수는 X가 Y보다 3만큼 크다.

02 다전자 원자의 오비탈과 양자수

오비탈의 $n+l$는 $3p>3s=2p>2s$이고, 오비탈의 $n-l$는 $3s>3p=2s>2p=1s$이다. 2, 3주기 원자에서 전자가 들어 있는 오비탈 중 $n+l$가 가장 큰 오비탈에 들어 있는 전자 수가 1인 X와 Y는 각각 Al, B, Li 중 하나이다. 또한 전자가 들어 있는 오비탈 중 $n-l$가 가장 큰 오비탈에 들어 있는 전자 수가 1인 Y와 Z는 각각 Na과 Li 중 하나이다. 따라서 Y는 Li, Z는 Na, 전자가 들어 있는 오비탈 수가 X>Z이므로 X는 Al이다.

✕. Z는 Na이다.

©. $l=1$인 오비탈에 전자가 들어 있는 원자는 X와 Z 2가지이다.

©. X(Al)와 Y(Li) 모두 홀전자 수는 1이다.

03 원자의 전자 배치

원자 번호가 20 이하이고, p 오비탈에 들어 있는 전자 수에서 s 오비탈에 들어 있는 전자 수를 뺀 값이 2인 원자는 Ne과 Si이다. 홀전자 수는 O>F이고, Mg<Al이므로 X~Z는 각각 Mg, Al, Si이다.

㉠. X~Z는 각각 Mg, Al, Si이므로 모두 3주기 원소이다.

✕. Z(Si)의 홀전자 수는 2이다.

©. Y(Al)의 경우, p 오비탈에 들어 있는 전자 수에서 s 오비탈에 들어 있는 전자 수를 뺀 값은 $1(=7-6)$이다.

04 원자의 전자 배치

X는 전자가 2개 들어 있는 s 오비탈 수가 2이고, 전자가 2개 들어 있는 p 오비탈 수가 3인 원자이므로 Ne 또는 Na이다. Y는 전자가 2개 들어 있는 s 오비탈 수가 1이고, 전자가 2개 들어 있는 p 오비탈 수가 0인 원자이므로 He 또는 Li이다. Z는 전자가 2개 들어 있는 s 오비탈 수가 2이고, 전자가 2개 들어 있는 p 오비탈 수가 2인 원자이므로 F이다. 홀전자 수는 Ne과 Na은 각각 0과 1이고, He과 Li은 각각 0과 1이며, F은 1인데 X<Y=Z이므로 X~Z는 각각 Ne, Li, F이다.

✕. 2주기 원소는 3가지이다.

©. Li, F의 원자가 전자 수는 각각 1, 7이므로 Z>Y이다.

©. Ne과 F에서 전자가 1개 들어 있는 오비탈 수는 각각 0, 1이므로 Z가 X보다 1만큼 크다.

05 다전자 원자의 오비탈과 양자수

다음은 원자 번호가 20 이하인 1족과 17족 원자의 전자 배치에 대한 자료이다.

원자	H	Li	F	Na	Cl	K
전자가 1개 들어 있는 오비탈의 $n+l$	1	2	3	3	4	4
전자가 들어 있는 오비탈 수	1	2	5	6	9	10

전자가 1개 들어 있는 오비탈의 $n+l$는 X=Y<Z이므로 X와 Y는 각각 F과 Na 중 하나이고, Z는 Cl과 K 중 하나이다. X와 Z에서 전자가 들어 있는 오비탈 수의 차는 3이므로 X는 Na이고, Z는 Cl이다. 따라서 Y는 F이다.

✕. Z(Cl)에서 전자가 1개 들어 있는 오비탈은 $3p$ 오비탈이므로 $n+l=4(=3+1)$이다.

©. X(Na)와 Z(Cl)는 모두 3주기 원소이다.

©. Y(F)와 Z(Cl)는 모두 17족 원소로서 원자가 전자 수가 7로 같다.

06 원자의 전자 배치

Y에서 전자가 1개 들어 있는 s 오비탈 수가 2일 수 없으므로 ©은 p 오비탈이다. 따라서 ㉠은 s 오비탈이다. X에서 전자가 2개 들어 있는 s 오비탈 수는 2이고, 전자가 1개 들어 있는 s 오비탈 수는 1이므로 X는 Na이다. Y에서 전자가 2개 들어 있는 p 오비탈 수는 1이고, 전자가 1개 들어 있는 p 오비탈 수는 2이므로 Y는 O이다. Z에서 전자가 2개 들어 있는 s 오비탈 수는 1이고, 전자가 1개 들어 있는 s 오비탈 수는 0이므로 Z는 He이다.

㉠. 홀전자 수는 Na, O, He이 각각 1, 2, 0이므로 Y(O)>X(Na)>Z(He)이다.

©. X~Z 중 2주기 원소는 Y(O) 1가지이다.

✕. X(Na), Y(O), Z(He)의 원자 번호는 각각 11, 8, 2이므로 원자 번호의 합은 21이다.

07 다전자 원자의 오비탈과 양자수

홀전자 수가 1인 X~Z는 각각 1족, 13족, 17족 원소인 Li, B, F, Na, Al, Cl 중 하나이다.

원자	Li	B	F	Na	Al	Cl
원자 번호	3	5	9	11	13	17
원자가 전자 수	1	3	7	1	3	7

원자 번호가 X가 Y보다 2만큼 크므로 X는 B, Y는 Li이거나 X는 Na, Y는 F이거나, X는 Al, Y는 Na이다. 원자가 전자 수가 X보다 2만큼 큰 Z가 위의 6가지 원자 중에 있어야 하므로 X는 Na, Y는 F, Z는 B 또는 Al이다. 원자 번호가 Z가 X보다 크므로 Z는 Al이다.

✕. 2주기 원소는 F 1가지이다.

©. F과 Al의 원자가 전자 수는 각각 7, 3이므로 Y(F)와 Z(Al)의 원자가 전자 수 차는 4이다.

©. Na과 F에서 전자가 1개 들어 있는 오비탈은 각각 $3s$, $2p$ 오비탈이므로 주 양자수와 방위(부) 양자수의 합은 X(Na)와 Y(F)가 3으로 같다.

08 원자의 전자 배치

원자가 전자가 들어 있는 오비탈의 주 양자수가 W=Z>X=Y이므로 W와 Z는 3주기, X와 Y는 2주기 원소이다.

홀전자 수는 Y>X>W>Z이므로 Y, X, W, Z의 홀전자 수는 각각 3, 2, 1, 0이다. Y는 홀전자 수가 3이므로 15족이고, X는 홀전자 수가 2이므로 14족이거나 16족인데 원자가 전자 수가 X>Y이므로 16족 원소이다. X와 Y는 2주기 원소이므로 각각 O와 N이다. W는 홀전자 수가 1이므로 1족이거나 13족이거나 17족인데 원자가 전자 수가 W>X이므로 17족 원소이다. W는 3주기 원소이므로 Cl이다. Z는 홀전자 수가 0이므로 2족 원소이고 3주기 원소이므로 Mg이다.

ㄱ. 원자 번호는 W(Cl)가 17로 가장 크다.

ㄴ. 원자가 전자 수는 17족인 W(Cl)가 15족인 Y(N)보다 2만큼 크다.

ㄷ. 전자가 들어 있는 p 오비탈 수는 X(O)와 Z(Mg)가 3으로 같다.

09 다전자 원자의 오비탈과 양자수

(가)~(라)에 해당하는 바닥상태 원자의 전자 배치에서 홀전자가 들어 있는 오비탈의 $n+l$는 각각 1, 3, 4, 4이다.

족\주기	1	2	13	14	15	16	17	18
1	(가)							
2					(나)			
3					(다)			
4	(라)							

가능한 $n+l$의 차는 3, 2, 1, 0이므로 $a=3$, $b=2$, $c=1$, $d=0$이다. X와 Z에서 홀전자가 들어 있는 오비탈의 $n+l$의 차가 0이므로 X와 Z는 각각 (다)와 (라) 중 하나에 해당하는 원자이고, 홀전자가 들어 있는 오비탈의 l는 X>Z이므로 X는 (다), Z는 (라)에 해당하는 원자이다. Y와 Z에서 홀전자가 들어 있는 오비탈의 $n+l$의 차가 1이므로 Y는 (나)에 해당하는 원자이다. W와 Y에서 홀전자가 들어 있는 오비탈의 $n+l$의 차가 2이므로 W는 (가)에 해당하는 원자이다.

ㄱ. X는 3주기 원소이고, Y는 2주기 원소이므로 원자가 전자가 들어 있는 오비탈의 주 양자수는 X>Y이다.

ㄴ. W와 X에서 홀전자가 들어 있는 오비탈은 각각 1s, 3p 오비탈이므로 홀전자가 들어 있는 오비탈의 l는 X>W이다.

ㄷ. W와 Z에서 홀전자가 들어 있는 오비탈은 각각 1s, 4s 오비탈이므로 홀전자가 들어 있는 오비탈의 $n+l$의 차는 3이다.

10 다전자 원자의 오비탈과 양자수

원자 번호는 Z가 Y보다 8만큼 크므로 Y는 2주기, Z는 3주기이고, Y와 Z는 같은 족 원소이다. 2, 3주기 원자에서 전자가 1개 들어 있는 오비탈의 $n-l$는 1, 2, 3이 가능한데, Z>Y>X이므로 X~Z에서 각각 1, 2, 3이다. Z에서 전자가 1개 들어 있는 오비탈의 $n-l$가 3이므로 전자가 1개 들어 있는 오비탈은 3s 오비탈이다. 따라서 Z는 Na이고, Y와 Z는 같은 족 원소이므로 Y는 Li이다. X에서 전자가 1개 들어 있는 오비탈의 $n-l$가 1이므로 전자가 1개 들어 있는 오비탈은 2p 오비탈이고, 원자가 전자 수는 X가 Z(Na)보다 2만큼 크므로 X는 B이다.

ㄱ. Y에서 전자가 1개 들어 있는 오비탈은 2s 오비탈이므로 $n-l=2$이다.

ㄴ. X에서 전자가 1개 들어 있는 오비탈은 2p 오비탈이므로 X는 2주기 원소이다.

ㄷ. Z에서 전자가 1개 들어 있는 오비탈은 3s 오비탈이므로 Z는 Na이다.

11 다전자 원자의 오비탈과 양자수

㉠이 s 오비탈, ㉡이 p 오비탈이라면 Y에서 오비탈에 들어 있는 전자 수비가 s 오비탈 : p 오비탈=3 : 2인 원자가 없으므로 ㉠은 p 오비탈, ㉡은 s 오비탈이다. X에서 오비탈에 들어 있는 전자 수비가 s 오비탈 : p 오비탈=1 : 2이므로 X는 Ar이다. Y에서 오비탈에 들어 있는 전자 수비가 s 오비탈 : p 오비탈=2 : 3이므로 Y는 Ne, P, Ca 중 하나이다. 전자가 들어 있는 오비탈의 $n-l$ 중 가장 큰 값은 Ar, Ne, P, Ca이 각각 3, 2, 3, 4인데 Y>X(Ar)이므로 Y는 Ca이다.

ㄱ. ㉠은 p 오비탈이다.

ㄴ. Y는 4주기 원소이다.

ㄷ. p 오비탈에 들어 있는 전자 수는 X(Ar)와 Y(Ca) 모두 12로 같다.

12 다전자 원자의 오비탈과 양자수

원자 번호가 18 이하인 바닥상태 원자에서 전자가 들어 있는 오비탈의 $n-l$는 1s, 2s, 2p, 3s, 3p 오비탈 각각 1, 2, 1, 3, 2이다. $n-l$는 ㉠이 ㉡보다 2만큼 크므로 ㉠은 3s 오비탈이고, ㉡은 1s 또는 2p 오비탈이다. ㉠과 ㉡은 각각 X와 Y에서 전자가 들어 있고 $n+l$가 가장 큰 오비탈이며, 원자 번호는 Y가 X보다 1만큼 크므로 ㉠은 Na의 3s 오비탈이고, ㉡은 Mg의 2p 오비탈이다.

ㄱ. X(Na)와 Y(Mg)는 모두 3주기 원소이다.

ㄴ. $n-l$는 ㉠이 ㉡보다 2만큼 크므로 ㉠은 X(Na)의 3s, ㉡은 Y(Mg)의 2p 오비탈이다. 바닥상태에서 Na의 3s 오비탈에 들어 있는 전자 수는 1이다.

ㄷ. ㉡은 Y(Mg)의 2p 오비탈이므로 ㉡의 $n-l=1$이다.

06 원소의 주기적 성질

수능 2점 테스트　　　　　　본문 87~89쪽

| 01 ⑤ | 02 ③ | 03 ② | 04 ③ | 05 ④ | 06 ⑤ | 07 ④ |
| 08 ⑤ | 09 ① | 10 ⑤ | 11 ③ | 12 ⑤ | | |

01 주기율표와 원소의 주기적 성질

탄산수소 나트륨($NaHCO_3$)의 구성 원소는 Na, H, C, O이다.
ⓐ. 2주기 원소는 C와 O이므로 2가지이다.
ⓑ. Na, H, C, O의 원자가 전자 수는 각각 1, 1, 4, 6이므로 원자가 전자 수가 1인 원소는 2가지이다.
ⓒ. 원자 반지름은 같은 족에서 원자 번호가 증가할수록, 같은 주기에서 원자 번호가 감소할수록 증가하므로 원자 반지름이 가장 큰 원소는 Na이다.

02 주기율표와 원소의 주기적 성질

㉠. X에서 전자가 2개 들어 있는 p 오비탈 수가 2이므로 X는 $1s^22s^22p^5$의 전자 배치를 갖는 F이다.
㉡. X는 2주기 17족 원소이므로 $m=2$, $n=16$이다. 따라서 $m+n=18$이다.
✗. Y는 3주기 16족 원소이므로 S이다. 원자 반지름은 같은 족에서 원자 번호가 증가할수록, 같은 주기에서 원자 번호가 감소할수록 증가하므로 Y(S)>X(F)이다.

03 주기율표와 원소의 주기적 성질

✗. 원자 반지름은 같은 족에서 원자 번호가 증가할수록, 같은 주기에서 원자 번호가 감소할수록 증가하므로 W~Z 중 원자 반지름은 Y가 가장 크다.
㉡. 같은 주기에서 원자가 전자가 느끼는 유효 핵전하는 원자 번호가 증가할수록 증가하므로 X>W이다.
✗. 제1 이온화 에너지는 Z>Y이지만 제2 이온화 에너지는 Y의 경우, Z와 달리 안쪽 전자 껍질에서 전자를 떼어 내야 하므로 Y>Z이다. 따라서 $\frac{제2\ 이온화\ 에너지}{제1\ 이온화\ 에너지}$는 Y>Z이다.

04 주기율표와 원소의 주기적 성질

빗금 친 부분에 해당하는 원소는 Li, F, Na, S이다. 원자 반지름이 W>X>Y>Z이므로 W는 Na, Z는 F이다. 제2 이온화 에너지(E_2)의 경우, Li은 안쪽 전자 껍질에서 전자를 떼어 내야 하

므로 제1 이온화 에너지(E_1)에 비해 E_2가 매우 크다. $\frac{E_2}{E_1}$는 X>Y이므로 X는 Li, Y는 S이다.
㉠. 같은 주기에서 원자가 전자가 느끼는 유효 핵전하는 원자 번호가 증가할수록 증가하므로 Z(F)>X(Li)이다.
✗. 제1 이온화 에너지는 Z(F)>W(Na)이다.
㉢. E_2의 경우, Na은 안쪽 전자 껍질에서 전자를 떼어 내야 하므로 제1 이온화 에너지(E_1)에 비해 제2 이온화 에너지(E_2)가 매우 크다. 따라서 $\frac{제2\ 이온화\ 에너지}{제1\ 이온화\ 에너지}$는 W(Na)>Y(S)이다.

05 순차 이온화 에너지

X~Z는 차례대로 원자 번호가 2씩 증가하는 2주기 원소이다. 원자 번호가 연속이면 원자 번호가 증가해도 제1 이온화 에너지(E_1)가 감소하는 원소가 있지만 원자 번호가 2씩 증가하면 원자 번호가 증가할수록 E_1는 증가한다. 그러나 제2 이온화 에너지(E_2)는 원자 번호가 2 증가하여도 오히려 감소하는 경우가 하나 있다. E_2의 경우, Li은 안쪽 전자 껍질에서 전자를 떼어 내야 하므로 오히려 B보다 E_2가 크다. 따라서 X는 Li, Y는 B, Z는 N이다.
✗. X는 Li이므로 원자가 전자 수(a)는 1이다.
㉡. E_1는 원자 번호가 2씩 증가하면 원자 번호가 증가할수록 증가하므로 Z(N)>Y(B)>X(Li)이다.
㉢. E_2의 경우, Li은 N과 달리 안쪽 전자 껍질에서 전자를 떼어 내야 하므로 X(Li)>Z(N)이다.

06 원소의 주기적 성질

X~Z는 각각 원자가 전자 수가 2, 3, 4이므로 각각 2족, 13족, 14족 원소이다. X와 Y가 같은 주기 원소이면 제1 이온화 에너지는 X>Y이어야 하므로 X와 Y는 서로 다른 주기의 원소이고, 오히려 제1 이온화 에너지가 X<Y이므로 X는 3주기 2족인 Mg이고, Y는 2주기 13족인 B이다. Y와 Z가 같은 주기 원소이면 제1 이온화 에너지는 Z>Y이어야 하므로 Z와 Y는 서로 다른 주기 원소이다. 따라서 Z는 3주기 14족 원소인 Si이다.
㉠. X(Mg)와 Z(Si)는 모두 3주기 원소이므로 같은 주기 원소이다.
㉡. 원자 반지름은 같은 족에서 원자 번호가 증가할수록, 같은 주기에서 원자 번호가 감소할수록 증가하므로 원자 반지름은 X(Mg)>Y(B)이다.
㉢. 제3 이온화 에너지는 Mg의 경우, 안쪽 전자 껍질에서 전자를 떼어 내야 하므로 X(Mg)>Z(Si)이다.

07 양자수와 원소의 주기적 성질

원자 반지름은 같은 족에서 원자 번호가 증가할수록, 같은 주기에

서 원자 번호가 감소할수록 증가하므로 Na>Li>F, Na>Cl>F이다. 원자 반지름은 W>X>Y이므로 W와 X는 F일 수 없고, X와 Y는 Na일 수 없다. 또한 원자가 전자가 들어 있는 오비탈의 주 양자수는 X>W이므로 W는 Li이거나 F이고, X는 Na이거나 Cl이다. 따라서 W는 Li, X는 Cl이다. 원자 반지름은 Na>Li>F인데 W(Li)>Y이므로 Y는 F, Z는 Na이다.

X. Y는 F이다.

ㄴ. 원자가 전자가 들어 있는 오비탈의 주 양자수는 X(Cl)와 Z(Na)가 3으로 같다.

ㄷ. 등전자 이온의 반지름은 원자 번호가 작을수록 크므로 바닥 상태에서 Ne의 전자 배치를 갖는 이온의 이온 반지름은 Y(F)>Z(Na)이다.

08 원소의 주기적 성질

2주기에서 원자가 전자 수는 작은데 제1 이온화 에너지가 큰 경우는 2족(Be)과 13족(B), 15족(N)과 16족(O) 사이에서만 존재하므로 X와 Y는 각각 Be와 B이거나 각각 N와 O이다. 홀전자 수는 X>Y이므로 X는 N, Y는 O이다.

따라서 $\dfrac{\text{X의 원자가 전자 수}}{\text{Y의 원자가 전자 수}} = \dfrac{5}{6}$이다.

09 원소의 주기적 성질

제1 이온화 에너지(E_1)는 Be>Mg>Na이다. E_1가 X>Y이므로 X는 Na일 수 없다. X가 Mg이라면 Y는 Na, Z는 Be인데 제2 이온화 에너지(E_2)는 Y(Na)>X(Mg)이므로 자료에 부합하지 않는다. 따라서 X는 Be이다. E_1는 Mg>Na이고, E_2는 Na>Mg이므로 E_2-E_1는 Na>Mg이다. 따라서 Y는 Mg, Z는 Na이다.

ㄱ. 원자가 전자 수는 Be과 Na이 각각 2와 1이므로 X(Be)>Z(Na)이다.

X. 원자 반지름은 같은 족에서 원자 번호가 증가할수록 증가하므로 Y(Mg)>X(Be)이다.

X. 원자가 전자가 느끼는 유효 핵전하는 같은 주기에서 원자 번호가 증가할수록 증가하므로 Y(Mg)>Z(Na)이다.

10 원소의 주기적 성질

제1 이온화 에너지(E_1)는 Y>Z이다. 같은 주기에서 원자 번호는 작은데 E_1가 큰 경우는 2족(Be)과 13족(B), 15족(N)과 16족(O) 사이에서만 존재한다. 따라서 X~Z는 각각 Li, Be, B이거나 각각 C, N, O이다. 2주기 원소의 제2 이온화 에너지(E_2)는 Li>Ne>O>F>N>B>C>Be이다. X~Z가 각각 C, N, O이면 E_2는 C<N<O이므로 자료에 부합하지 않는다. 따라서 X~Z는 각각 Li, Be, B이다.

ㄱ. Y(Be)는 2족이므로 원자가 전자 수는 2이다.

ㄴ. 2주기에서 E_2는 Z(B)>Y(Be)이므로 a>1757이다.

ㄷ. 홀전자 수는 X(Li)와 Z(B)가 모두 1로 같다.

11 원소의 주기적 성질

제1 이온화 에너지는 같은 족에서 원자 번호가 감소할수록 증가하고, 같은 주기에서 2족>13족이므로 4가지 원자를 제1 이온화 에너지를 기준으로 비교하면 O>Mg>Al>K이다. 원자 반지름은 같은 족에서 원자 번호가 증가할수록, 같은 주기에서 원자 번호가 감소할수록 증가하므로 4가지 원자를 원자 반지름을 기준으로 비교하면 K>Mg>Al>O이다. K, Mg, Al, O의 원자가 전자 수는 각각 1, 2, 3, 6이므로 4가지 원자를 원자가 전자 수를 기준으로 비교하면 O>Al>Mg>K이다. 따라서 ㉠과 ㉡으로 가장 적절한 것은 각각 원자 반지름과 원자가 전자 수이다.

12 원자 번호와 원소의 주기적 성질

제1 이온화 에너지는 W>X이고, Y>Z이다. 같은 주기에서 원자 번호는 작은데 제1 이온화 에너지가 큰 경우는 2족과 13족, 15족과 16족 사이에서만 존재한다. W~Z가 모두 같은 주기라면 W는 2족, Z는 16족이어야 하므로 원자 번호의 차는 4이어야 하는데 이는 원자 번호의 차가 6이라는 조건에 부합하지 않는다. 따라서 W와 X는 각각 2주기 15족인 N와 16족인 O이고, Y와 Z는 각각 3주기 2족인 Mg과 13족인 Al이다. 이때 W와 Z는 원자 번호의 차가 6이라는 조건에 부합한다.

ㄱ. a=7, b=1, c=5이므로 $a+b+c$=13이다.

ㄴ. W(N), X(O), Y(Mg), Z(Al) 중 원자가 전자 수는 X(O)가 6으로 가장 크다.

ㄷ. W(N), X(O), Y(Mg), Z(Al) 중 원자 반지름은 Y(Mg)가 가장 크다.

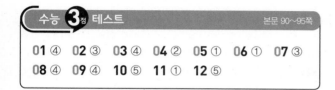

01 ④   02 ③   03 ④   04 ②   05 ①   06 ①   07 ③
08 ④   09 ④   10 ⑤   11 ①   12 ⑤

01 원소의 주기적 성질

원자 반지름은 Na>O>F인데 X>Z이므로 Z는 O이거나 F이다. 제1 이온화 에너지는 F>O>Na인데 Y>Z이므로 Z는 F일 수 없다. 따라서 Z는 O, Y는 F, X는 Na이다.

✗. Y는 F이다.

ⓛ. 반지름은 Na>Na$^+$이므로 X(Na)의 $\dfrac{\text{이온 반지름}}{\text{원자 반지름}}=a<1$이다.

ⓒ. X~Z의 이온은 모두 등전자 이온이므로 원자 번호가 작을수록 이온 반지름이 크다. 따라서 이온 반지름은 Z(O)>Y(F)>X(Na)이다.

02 순차 이온화 에너지

2주기 원소의 제1 이온화 에너지(E_1)는 Ne>F>N>O>C>Be>B>Li이고, 제2 이온화 에너지(E_2)는 Li>Ne>O>F>N>B>C>Be이다.

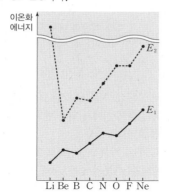

E_2-E_1는 Y>X이고, Y>Z이므로 X에서 Z까지 원자 번호가 1 증가할 때마다 E_2-E_1가 증가했다가 감소하는 2주기 원자 X~Z는 각각 Be, B, C이거나 각각 N, O, F이다. X~Z가 각각 Be, B, C이면 W가 Li인데 E_2는 Li>Be이므로 E_2는 X>W라는 조건에 부합하지 않는다. 따라서 W~Z는 각각 C, N, O, F이다.

✗. 바닥상태 원자의 홀전자 수는 O와 F이 각각 2, 1이므로 Y(O)>Z(F)이다.

✗. E_1는 X(N)>Y(O)이다.

ⓒ. E_2는 Y(O)>Z(F)이다.

03 주기율표와 원소의 주기적 성질

He은 1주기 원소이므로 $a-m=1$이고, 원자 번호가 20 이하인

원소 Y는 1~4주기 원소이므로 $a+m\leq4$이다. He, X, Y의 주기를 비교하면 $1=a-m<a<a+m\leq4$이므로 $a=2$, $m=1$이다. He은 18족 원소이므로 $b+m=18$에서 $b=17$이다. 따라서 $a=2$, $m=1$, $b=17$이므로 X는 2주기 17족 원소인 F이고, Y는 3주기 1족 원소인 Na이다.

✗. $m=1$이다.

ⓛ. $a=2$이고, $b=17$이므로 $a+b=19$이다.

ⓒ. 원자의 제1 이온화 에너지는 X(F)>Y(Na)이다.

04 원소의 주기적 성질

같은 주기에서 원자 번호가 1만큼 큰 원자보다 제1 이온화 에너지(E_1)가 큰 원자는 2족 또는 15족 원자이다. 따라서 E_1가 D가 가장 크므로 D는 2주기 2족 원소인 Be이거나 2주기 15족 원소인 N이다. B의 E_1가 가장 작으므로 B는 3주기 원소이다. D가 Be이라면 C는 Mg, B는 Na인데 제2 이온화 에너지(E_2)는 B(Na)>C(Mg)이므로 자료에 부합하지 않는다. 따라서 D는 N이므로 C는 P, B는 Si, A는 C(탄소)이다. E_2는 E>F이므로 E는 O, F는 S이다.

✗. A(C)와 B(Si)는 14족 원소이므로 원자가 전자 수(a)는 4이다.

ⓛ. 원자 반지름은 같은 족에서 원자 번호가 증가할수록, 같은 주기에서 원자 번호가 감소할수록 증가하므로 A~F 중 원자 반지름은 E(O)가 가장 작다.

✗. E_2는 E(O)>C(P)이다.

05 원자 반지름과 이온 반지름

등전자 이온의 이온 반지름은 원자 번호가 작을수록 크다. 또한 같은 주기에서 원자 반지름도 원자 번호가 작을수록 크다. 따라서 같은 주기에서 원자 반지름의 크기와 등전자 이온의 이온 반지름의 크기는 같은 순서를 갖는다. 즉 원자 반지름과 등전자 이온의 이온 반지름의 크기 순서가 다르면 서로 다른 주기의 원소이다.

원자 반지름은 Z>X>Y이고, 이온 반지름은 Y>Z>X이므로 원자 반지름과 이온 반지름의 크기 순서가 서로 다른 원소는 X와 Y, Y와 Z이다. 따라서 X와 Z는 같은 주기 원소이고, Y는 X, Z와 다른 주기의 원소이다. 또한 등전자 이온의 이온 반지름이 Y>Z>X이므로 원자 번호는 Y<Z<X이다. 따라서 X와 Z는 3주기, Y는 2주기 원소이다.

ⓛ. X~Z 중 2주기 원소는 Y 1가지이다.

✗. Ne의 전자 배치를 갖는 X의 이온은 3주기 원소의 양이온이므로 이온 반지름이 원자 반지름보다 작다.

따라서 X의 $\dfrac{\text{이온 반지름}}{\text{원자 반지름}}<1$이다.

✗. 등전자 이온의 이온 반지름이 Z>X이므로 원자 번호는 X>Z이고, X와 Z는 같은 주기 원소이므로 원자가 전자 수는 X>Z이다.

06 원소의 주기적 성질

Y는 X에 비해 원자 번호가 2만큼 크고 제1 이온화 에너지가 작으므로 W와 X는 2주기 원소이고, Y와 Z는 3주기 원소이다. 따라서 W~Z는 각각 O, F, Na, Mg이거나 각각 F, Ne, Mg, Al이다. W~Z가 각각 F, Ne, Mg, Al이라면 제1 이온화 에너지는 Mg>Al이므로 이는 자료에 부합하지 않는다. 따라서 W~Z는 각각 O, F, Na, Mg이다.

ㄱ. W(O), X(F), Y(Na), Z(Mg) 중 3주기 원소는 2가지이다.

ㄴ. W는 O이므로 $a=8$이다.

ㄷ. 2주기 원소의 제2 이온화 에너지는 Li>Ne>O>F>N>B>C>Be이므로 W(O)>X(F)이다.

07 원소의 주기적 성질

원자 번호가 20 이하이므로 $a+16\leq20$에서 a는 1~4 중 하나이다. 따라서 X는 H, He, Li, Be 중 하나이다. X가 H인 경우 외에는 모두 X와 Z가 같은 족 원소이므로 원자가 전자 수가 X와 Z가 같게 되어 조건에 부합하지 않는다. 따라서 X는 H이므로 Z는 Cl이다. 원자가 전자 수는 X(H)가 Y와 같고, 원자가 전자가 들어 있는 오비탈의 주 양자수는 Y가 Z(Cl)와 같으므로 Y는 Na이다.

ㄱ. $a=1$이고 Y는 Na이므로 $b=10$이다.

ㄴ. 제1 이온화 에너지는 같은 족에서 원자 번호가 감소할수록 증가하므로 X(H)>Y(Na)이다.

ㄷ. 원자 반지름은 같은 족에서 원자 번호가 증가할수록, 같은 주기에서 원자 번호가 감소할수록 증가하므로 X(H), Y(Na), Z(Cl) 중 원자 반지름은 Y(Na)가 가장 크다.

08 원소의 주기적 성질

N, O, Mg, Al의 원자 번호와 원자 반지름, 제1 이온화 에너지의 비교는 다음과 같다.

원자 번호	Al>Mg>O>N
원자 반지름	Mg>Al>N>O
제1 이온화 에너지	N>O>Mg>Al

$\frac{\text{제1 이온화 에너지}}{\text{원자 반지름}}$는 N와 O가 Mg과 Al보다 크므로 (가)에서 W와 X는 각각 Mg과 Al 중 하나이고, Y와 Z는 각각 N와 O 중 하나이다. $\frac{\text{원자 반지름}}{\text{원자 번호}}$은 Mg>Al이고 N>O이므로 (나)에서 W는 Mg, X는 Al, Y는 N, Z는 O이다. 제1 이온화 에너지는 N>O>Mg>Al이고, 원자 번호는 제1 이온화 에너지 크기 순서와 정반대이므로 $\frac{\text{제1 이온화 에너지}}{\text{원자 번호}}$는 Y(N)>Z(O)>W(Mg)>X(Al)이다.

09 원소의 주기적 성질

바닥상태 원자의 홀전자 수가 0 또는 1인 원소는 1족(1), 2족(0), 13족(1), 17족(1), 18족(0) 원소이고, X~Z의 원자 번호는 연속이며, 각각 12~20 중 하나이므로 X~Z는 각각 Cl, Ar, K 중 하나이다. 제1 이온화 에너지는 Ar>Cl>K이므로 X는 Cl, Y는 K, Z는 Ar이다.

ㄱ. Ar, K의 원자 번호는 각각 18, 19이므로 원자 번호는 Y(K)>Z(Ar)이다.

ㄴ. 원자 반지름은 같은 족에서 원자 번호가 증가할수록, 같은 주기에서 원자 번호가 감소할수록 증가하므로 Y(K)>X(Cl)이다.

ㄷ. 1 g에 들어 있는 양성자수의 비는 $_{19}K : _{18}Ar = \frac{1}{39.1}\times19 : \frac{1}{39.9}\times18$이므로 1 g에 들어 있는 양성자수는 Y(K)>Z(Ar)이다.

10 원소의 주기적 성질

2주기에서 원자가 전자가 느끼는 유효 핵전하는 X>Y>Z이고, 전자가 2개 들어 있는 오비탈 수가 모두 같은 X~Z는 각각 C, B, Be이거나 각각 N, C, B이다. X~Z가 각각 N, C, B일 때 제1 이온화 에너지는 Y(C)>Z(B)이고, 제2 이온화 에너지는 Z(B)>Y(C)이므로 $\frac{\text{제2 이온화 에너지}}{\text{제1 이온화 에너지}}$는 Z(B)>Y(C)이다. 이는 $\frac{\text{제2 이온화 에너지}}{\text{제1 이온화 에너지}}$는 Y가 가장 크다는 조건에 부합하지 않는다. 따라서 X는 C, Y는 B, Z는 Be이다.

ㄱ. 원자 반지름은 같은 주기에서 원자 번호가 감소할수록 증가하므로 Z(Be)>X(C)이다.

ㄴ. 홀전자 수는 C, B가 각각 2, 1이므로 X(C)>Y(B)이다.

ㄷ. 제3 이온화 에너지는 Be의 경우, B와 달리 안쪽 전자 껍질에서 전자를 떼어 내야 하므로 Z(Be)>Y(B)이다.

11 원소의 주기적 성질

W의 이온 반지름이 원자 반지름보다 작으므로 W는 Na이거나 Mg이다. X의 이온이 W의 이온보다 이온 반지름이 작으므로 W는 Na, X는 Mg이다. Y와 Z는 각각 O와 F 중 하나인데 원자가 전자가 느끼는 유효 핵전하가 Z>Y이므로 Y는 O, Z는 F이다.

ㄱ. W(Na)는 3주기 원소이다.

ㄴ. 원자가 전자 수는 O와 F이 각각 6, 7이므로 Z(F)>Y(O)이다.

ㄷ. 홀전자 수는 F과 Mg이 각각 1, 0이므로 Z(F)>X(Mg)이다.

12 원자 번호와 원소의 주기적 성질

홀전자 수가 W>Z>Y인데 홀전자 수는 3 이하이므로 W의 홀전자 수는 2 또는 3이다. W의 홀전자 수가 2라면 Z는 1이고, Y는 0이어야 한다. W의 홀전자 수가 2일 경우, W는 14족 또는 16족 원소이다. W가 14족 원소라면 Z는 W보다 원자 번호가 9 크므로 15족이어야 하는데 15족의 홀전자 수는 3이므로 홀전자 수가 W>Z라는 자료에 부합하지 않는다. W가 16족 원소라면 Y는 W보다 원자 번호가 6 크므로 14족이어야 하는데 14족의 홀전자는 2이므로 홀전자 수가 W>Y라는 자료에 부합하지 않는다. 따라서 W의 홀전자 수는 3이다. W의 홀전자 수가 3이므로 W는 2주기 15족 원소인 N이고, X는 Ne, Y는 Al, Z는 S이다.

ㄱ. W(N)와 X(Ne)는 2주기 원소이고, Y(Al)와 Z(S)는 3주기 원소이므로 3주기 원소는 2가지이다.

ㄴ. 원자 반지름은 같은 족에서 원자 번호가 증가할수록, 같은 주기에서 원자 번호가 감소할수록 증가하므로 원자 반지름은 Y(Al)>W(N)이다.

ㄷ. 제1 이온화 에너지는 N>O>S이므로 W(N)>Z(S)이다.

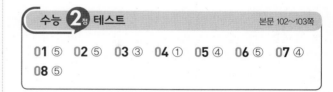

07 이온 결합

수능 2점 테스트 본문 102~103쪽

01 ⑤   02 ⑤   03 ③   04 ①   05 ④   06 ⑤   07 ④
08 ⑤

01 이온 결합 물질의 성질

ㄱ. NaCl은 이온 결합 물질이다.

ㄴ. 이온 결합 물질인 NaCl은 수용액 상태에서 이온들이 자유롭게 움직일 수 있어 전기 전도성이 있다.

ㄷ. NaCl은 Na^+과 Cl^-이 정전기적 인력에 의해 결합하여 생성된 물질이다.

02 전자 배치 모형

A는 알루미늄(Al), B는 산소(O)이다.

ㄱ. 이온 결합을 형성할 때 금속인 Al은 전자를 잃는다.

ㄴ. Ne의 전자 배치를 갖는 Al과 O의 이온은 각각 Al^{3+}, O^{2-}이므로 2 : 3으로 결합하여 안정한 화합물인 Al_2O_3을 형성한다.

ㄷ. 등전자 이온에서 이온의 반지름은 원자 번호가 커질수록 작아지므로 $O^{2-}>Al^{3+}$이다.

03 물의 전기 분해

물(H_2O)을 전기 분해시키면 (−)극에서 수소(H_2) 기체가, (＋)극에서 산소(O_2) 기체가 발생한다. 물의 전기 분해 반응의 화학 반응식은 다음과 같다.

$$2H_2O(l) \longrightarrow 2H_2(g)+O_2(g)$$

따라서 물의 전기 분해 반응에서 생성되는 기체의 부피비는 $H_2 : O_2=2 : 1$이고, 기체 A는 수소(H_2), 기체 B는 산소(O_2)이다.

ㄱ. 순수한 물은 전류가 거의 흐르지 않기 때문에 전기 분해를 위해서는 Na_2SO_4과 같은 전해질을 소량 넣어 주어야 한다.

ㄴ. A는 수소(H_2)이다.

ㄷ. 물 분자를 구성하는 수소(H)와 산소(O)는 전자를 공유하여 결합을 형성한다.

04 이온 결합 물질의 녹는점

3주기 금속 원소 Na, Mg, Al은 각각 산소와 결합하여 Na_2O, MgO, Al_2O_3을 형성한다. 화합물 1 mol에 들어 있는 이온의 양(mol)은 Na_2O과 MgO이 각각 3, 2이므로 $a=2$이고, A_xO는 MgO, B_yO는 Na_2O이다.

✗. A는 Mg이다.
◯. B_yO는 Na_2O이므로 $y=2$이다.
✗. B(Na)와 A(Mg)는 각각 1족과 2족 원소이므로 원자가 전자 수는 A>B이다.

05 이온 결합

✗. $NaCl(s)$이 $NaCl(l)$으로 될 때 Na^+과 Cl^- 사이의 거리가 멀어질 뿐, 이온의 양(mol)은 증가하지 않는다.
◯. $NaCl(s)$에서보다 $NaCl(l)$에서 이온의 이동이 자유로우므로 전기 전도성은 $NaCl(l) > NaCl(s)$이다.
◯. $NaCl(l)$을 전기 분해하면 (−)극에서 금속 나트륨(Na)이, (+)극에서는 염소(Cl_2) 기체가 생성된다.

06 이온 결합 물질의 화학 결합 모형

(가)는 플루오린화 리튬(LiF)이다.
◯. LiF은 금속 리튬(Li)과 비금속 플루오린(F)이 결합하여 형성된 이온 결합 물질이다.
◯. 원자가 전자가 1개인 Li은 이온 결합을 형성할 때 전자 1개를 잃어 Li^+이 되므로 $x=1$이다.
◯. A는 전자 1개를 얻어 Ne의 전자 배치를 갖는 F이므로 원자가 전자 수가 7이다.

07 이온의 전자 배치

◯. X_2Y는 Na^+과 O^{2-}이 2 : 1로 결합하여 생성된 이온 결합 물질 Na_2O이므로 $a=2$이다.
✗. Na은 3주기 원소이다.
◯. 이온 결합 물질인 Na_2O은 액체 상태에서 이온들이 자유롭게 움직일 수 있어 전기 전도성이 있다.

08 이온 결합 물질과 이온 반지름

등전자 이온에서 이온 반지름은 원자 번호가 작을수록 크므로 이온 반지름은 $O^{2-} > F^- > Na^+ > Mg^{2+}$이다. D는 3주기 원소이므로 B는 F, C는 O이고, AC는 MgO, DB는 NaF이다.
◯. A는 Mg이다.
◯. D(Na)와 C(O)는 2 : 1로 결합하여 안정한 화합물인 Na_2O을 형성한다.
◯. 이온 결합 물질의 녹는점은 이온의 전하량이 커질수록, 이온 사이의 거리가 가까울수록 높으므로 AC(MgO)의 녹는점은 DB(NaF)의 녹는점보다 높다. 따라서 ⊙>996이다.

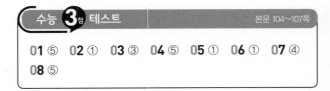
01 이온 결합 물질의 화학 결합 모형

AB_2에서 양이온과 음이온은 각각 A^{2+}과 B^-이다.
◯. AB_2에서 A의 이온은 A^{2+}이므로 $x=2$이다.
◯. A는 전자 2개를 잃어 A^{2+}이 되었으므로 A는 금속 원소인 마그네슘(Mg)이고, B는 전자 1개를 얻어 B^-이 되었으므로 B는 비금속 원소인 플루오린(F)이다.
◯. 등전자 이온에서 이온 반지름은 원자 번호가 작을수록 크므로 이온 반지름은 $B^- > A^{x+}$이다.

02 이온 결합 물질의 녹는점

빗금 친 부분에 해당하는 원소는 O, F, Na, Mg, Cl, Ca이다. AD, AE, BF, CF는 양이온과 음이온이 1 : 1로 결합하여 형성된 이온 결합 물질이므로 AD, AE, BF, CF로 가능한 물질은 NaF, NaCl, MgO, CaO이다. 양이온과 음이온 사이의 거리가 가까울수록, 이온의 전하량이 클수록 이온 결합 물질의 녹는점은 높아진다. BF가 AD에 비해 양이온과 음이온 사이의 거리가 멀지만 녹는점이 높다는 사실을 통해 F는 O, A는 Na임을 알 수 있다. 따라서 AD, AE, BF, CF는 각각 NaF, NaCl, CaO, MgO이다.
◯. B는 4주기 원소인 Ca이다.
✗. AD(NaF)와 AE(NaCl)는 이온의 전하량이 같지만, AE(NaCl)가 AD(NaF)보다 양이온과 음이온 사이의 거리가 멀어 녹는점이 낮다. 따라서 ⊙<996이다.
✗. A(Na)와 C(Mg)는 각각 1족, 2족 원소로 원자가 전자 수는 A(Na) < C(Mg)이다.

03 이온 결합 물질

A는 산소(O), B는 플루오린(F)이다. (가)와 (나) 1 mol에서 각각 O 1 mol, F 2 mol과 결합할 수 있는 3주기 금속 원소는 2족에 속하는 마그네슘(Mg)이므로 (가)는 MgO, (나)는 MgF_2이다.
◯. (가)(MgO) 1 mol에 들어 있는 전체 이온의 양은 2 mol이다.
◯. 2족 원소인 M(Mg)의 원자가 전자 수는 2이다.
✗. 등전자 이온에서 이온 반지름은 원자 번호가 작을수록 크므로 이온 반지름은 M의 이온(Mg^{2+}) < A의 이온(O^{2-})이다.

04 이온 결합 물질의 이온 모형

□는 A의 양이온이고, 양이온과 음이온의 결합비는 X(l)에서 A : B=1 : 1, Y(l)에서 A : C=1 : 2이다.

㉠. 금속 원소인 A는 이온 결합을 형성할 때 전자를 잃고 양이온이 된다.

㉡. 이온 결합을 형성할 때 전자를 얻어 Ne의 전자 배치를 갖는 C는 2주기 비금속 원소이다.

㉢. Y에서 A : C=1 : 2로 결합하므로 A와 C의 이온은 각각 A^{2+}, C^-이고, X에서 A와 B는 1 : 1로 결합하므로 B의 이온은 B^{2-}이다.

05 이온 결합 물질의 화학 결합 모형

A^{x+}은 양성자 12개에 전자 10개를 가진 이온이므로 $x=2$이며 B^{2-}에서 $y=8$이다.

㉠. $x+y=2+8=10$이다.

✗. A는 원자 번호가 12인 3주기 원소 마그네슘(Mg), B는 원자 번호가 8인 2주기 원소 산소(O)이다.

✗. 금속 원소인 Mg은 양이온이 될 때 반지름이 작아지므로 $\dfrac{\text{이온 반지름}}{\text{원자 반지름}}<1$이고, 비금속 원소인 O는 음이온이 될 때 반지름이 커지므로 $\dfrac{\text{이온 반지름}}{\text{원자 반지름}}>1$이다. 따라서 $\dfrac{\text{이온 반지름}}{\text{원자 반지름}}$은 A(Mg)<B(O)이다.

06 이온 결합 물질의 녹는점

이온 사이의 거리는 KCl>NaCl>NaF이고, 녹는점은 NaF>NaCl>KCl이므로 (가)~(다)는 각각 NaCl, NaF, KCl이다.

㉠. (가)는 NaCl이다.

✗. NaCl과 NaF에서 음이온의 반지름은 $Cl^->F^-$이므로 ㉠<276이다.

✗. 녹는점은 NaCl>KCl이므로 ㉡<801이다.

07 이온 결합의 형성

Ne의 전자 배치를 갖는 O, F, Na, Mg의 이온이 만들 수 있는 이온 결합 물질은 Na_2O, NaF, MgO, MgF_2이다. 이 중 화합물 1 mol에 들어 있는 양이온의 양이 2 mol인 물질 (가)는 Na_2O이다. 물질 1 mol에 들어 있는 음이온의 총 전하량이 (나) : (다)=2 : 1이므로 (나)는 MgO, MgF_2 중 하나이고, (다)는 NaF이다. (가)와 (나)는 공통적으로 A를 포함하고 있으므로 A는 O이고, (나)는 MgO이다. 따라서 B~D는 각각 Na, Mg, F이다.

✗. C는 Mg이다.

㉡. 16족 원소인 A의 원자가 전자 수는 6이다.

㉢. 등전자 이온에서의 이온 반지름은 원자 번호가 작을수록 크므로 이온 반지름은 D의 이온(F^-)>B의 이온(Na^+)이다.

08 이온 결합 물질에서 이온 사이의 거리

F, Na, Cl, K의 바닥상태 원자의 전자 배치는 다음과 같다.

F	$1s^22s^22p^5$
Na	$1s^22s^22p^63s^1$
Cl	$1s^22s^22p^63s^23p^5$
K	$1s^22s^22p^63s^23p^64s^1$

전자가 들어 있는 s 오비탈 수는 F, Na, Cl, K이 각각 2, 3, 3, 4이고, CD는 이온 결합 물질이므로 A~D는 각각 K, Cl, Na, F이다.

㉠. D는 F이다.

㉡. AD와 CD는 각각 KF, NaF이고, 이온 반지름은 $K^+>Na^+$이므로 $x>231$이다.

㉢. 이온 결합 물질에서 이온의 전하량이 클수록, 이온 사이의 거리가 짧을수록 녹는점이 높으므로 녹는점은 AD(KF)>AB(KCl)이다.

08 공유 결합과 결합의 극성

01 ② **02** ② **03** ③ **04** ① **05** ④ **06** ⑤ **07** ③
08 ⑤ **09** ④ **10** ① **11** ③ **12** ①

01 공유 결합

H_2, F_2, O_2의 루이스 전자점식은 다음과 같다.

$$H:H \qquad :\overset{..}{\underset{..}{F}}:\overset{..}{\underset{..}{F}}: \qquad :\overset{..}{\underset{..}{O}}::\overset{..}{\underset{..}{O}}:$$

ㄱ. 비공유 전자쌍을 갖는 분자는 O_2, F_2이다.

ㄴ. H_2, F_2, O_2의 공유 전자쌍 수는 각각 1, 1, 2이다.

ㄷ. 3가지 분자 모두 같은 원자 사이의 공유 결합인 무극성 공유 결합을 갖는다.

02 화학 결합 모형

X_2Y는 수소(H) 2개와 산소(O) 1개의 공유 결합을 통해 생성된 H_2O이다.

ㄱ. Y(O)의 원자가 전자 수는 6이다.

ㄴ. H_2O의 루이스 전자점식은 $H:\overset{..}{\underset{..}{O}}:H$이고, H_2O에는 2개의 단일 결합이 존재한다.

ㄷ. H_2O에서 H는 첫 번째 전자 껍질에 2개의 전자를 포함하는 He의 전자 배치를 갖는다.

03 공유 결합과 분자

(가)에서 A는 옥텟 규칙을 만족하고 2주기 원소이므로 플루오린(F)이다.

ㄱ. 17족 원소인 A(F)는 원자가 전자 수가 7, 16족 원소인 O는 원자가 전자 수가 6이다.

ㄴ. 같은 주기에서 원자 번호가 커질수록 전기 음성도는 증가하는 경향을 보이므로 전기 음성도는 A(F)>O이다.

ㄷ. B는 17족이면서 A(F)보다 원자 번호가 큰 원소이므로 바닥 상태의 원자에서 전자가 들어 있는 전자 껍질 수는 B>A이다.

04 무극성 공유 결합과 분자

2주기 원소 1가지로 구성된 이원자 분자 중 옥텟 규칙을 만족하는 분자는 N_2, O_2, F_2이며 루이스 전자점식은 다음과 같다.

$$:N::N: \qquad :\overset{..}{\underset{..}{O}}::\overset{..}{\underset{..}{O}}: \qquad :\overset{..}{\underset{..}{F}}:\overset{..}{\underset{..}{F}}:$$

N_2, O_2, F_2은 각각 공유 전자쌍 수가 3, 2, 1이므로 A_2는 F_2, B_2는 O_2이다.

ㄱ. A(F)는 17족 원소이다.

ㄴ. 같은 주기에서 원자 번호가 커질수록 전기 음성도가 증가하는 경향이 있으므로 전기 음성도는 A(F)>B(O)이다.

ㄷ. 비공유 전자쌍 수는 $A_2(F_2)$가 6, $B_2(O_2)$가 4이므로 비공유 전자쌍 수의 비는 $A_2:B_2=3:2$이다.

05 이온 결합과 금속 결합의 결정 구조

1 mol당 전자 수는 $NaCl(s)=NaCl(l)>Na(s)$이고, 전기 전도성은 $NaCl(l)>NaCl(s)$이므로 (가)는 $NaCl(s)$, (나)는 $Na(s)$, (다)는 $NaCl(l)$이다.

ㄱ. (다)는 $NaCl(l)$이다.

ㄴ. $Na(s)$은 자유 전자의 움직임으로 인해 전기 전도성이 있고, $NaCl(s)$은 이온이 자유롭게 이동하지 못해 전기 전도성이 없으므로 전기 전도성은 (나)($Na(s)$)>(가)($NaCl(s)$)이다.

ㄷ. (나)($Na(s)$)는 금속 결합 물질로 전성(펴짐성)이 있다.

06 공유 결합과 화학 결합 모형

A는 탄소(C), B는 산소(O), (가)는 CO_2이다.

ㄱ. A(C)는 14족 원소로 원자가 전자 수가 4이다.

ㄴ. $B_2(O_2)$의 루이스 전자점식은 $:\overset{..}{\underset{..}{O}}::\overset{..}{\underset{..}{O}}:$이고, 2개의 공유 전자쌍을 갖는다.

ㄷ. 같은 주기에서 원자 번호가 커질수록 전기 음성도가 증가하는 경향이 있으므로 전기 음성도는 O>C이다. 따라서 (가)(CO_2)에서 A(C)는 부분적인 양전하(δ^+)를 띤다.

07 이온 결합 물질의 루이스 전자점식

X는 Na, Y는 Cl이다.

ㄱ. NaCl은 금속인 Na과 비금속인 Cl이 결합하여 만들어진 이온 결합 물질이다.

ㄴ. X(Na)는 이온 결합을 할 때 전자를 잃는 금속 원소이다.

ㄷ. $X^+(Na^+)$은 전자가 들어 있는 전자 껍질이 2개인 Ne과 같은 전자 배치, $Y^-(Cl^-)$은 전자가 들어 있는 전자 껍질이 3개인 Ar과 같은 전자 배치를 가지므로 이온 반지름은 $Y^->X^+$이다.

08 공유 결합과 분자

2주기 원소 중 분자 (가)와 (나)에서 옥텟 규칙을 만족하는 X는 플루오린(F)이다.

ㄱ. 같은 주기에서 원자 번호가 증가할수록 원자 반지름은 작아지므로 원자 반지름은 Be>X(F)이다.

ㄴ. (가)와 (나)의 루이스 전자점식은 다음과 같다.

$$:\overset{..}{\underset{..}{F}}:Be:\overset{..}{\underset{..}{F}}: \qquad \overset{\displaystyle :\overset{..}{\underset{..}{F}}:}{:\overset{..}{\underset{..}{F}}:B:\overset{..}{\underset{..}{F}}:}$$

(가)   (나)

$\dfrac{\text{비공유 전자쌍 수}}{\text{공유 전자쌍 수}}$ 는 (가)와 (나)가 각각 3으로 같다.

ㄷ. 같은 주기에서 원자 번호가 증가할수록 전기 음성도는 증가하므로 (나)에서 X(F)는 부분적인 음전하(δ^-)를 띤다.

09 금속 결합

금속 결합은 금속 양이온(㉠)과 자유 전자(㉡) 사이의 정전기적 인력에 의해 형성된다. 자유 전자(㉡)의 자유로운 움직임으로 인해 금속은 고체와 액체 상태에서 전기 전도성이 있다.

10 공유 결합과 분자

2주기 원소 1가지로 구성된 이원자 분자 중 옥텟 규칙을 만족하는 분자는 N_2, O_2, F_2이며 루이스 전자점식은 다음과 같다.

$$:N::N: \qquad :\ddot{O}::\ddot{O}: \qquad :\ddot{F}:\ddot{F}:$$

3중 결합이 있는 분자는 N_2이고 비공유 전자쌍 수는 $F_2>O_2$이므로 $A_2 \sim C_2$는 각각 N_2, F_2, O_2이다.

ㄱ. 원자가 전자 수는 A(N)와 B(F)가 각각 5, 7이므로 원자가 전자 수는 B(F)>A(N)이다.

ㄴ. 같은 주기에서 원자 번호가 커질수록 전기 음성도가 증가하므로 전기 음성도는 B(F)>C(O)이다.

ㄷ. 비공유 전자쌍 수는 $A_2(N_2)$가 2, $C_2(O_2)$가 4이므로 비공유 전자쌍 수의 비는 $A_2 : C_2 = 1 : 2$이다.

11 공유 결합 물질의 구조식

비공유 전자쌍을 포함한 요소($CO(NH_2)_2$) 분자의 구조식은 다음과 같다.

$$\begin{array}{ccc} & H \;\; :O: \;\; H & \\ & | \qquad \| \qquad | & \\ H- & N-C-N & -H \end{array}$$

$\dfrac{\text{공유 전자쌍 수}}{\text{비공유 전자쌍 수}} = \dfrac{8}{4} = 2$이다.

12 공유 결합과 분자

(가)는 CO_2, (나)는 CF_4이다.

ㄱ. a, b는 각각 2, 4이다.

ㄴ. (가)와 (나)의 루이스 전자점식은 다음과 같다.

$$:\ddot{O}::C::\ddot{O}: \qquad\qquad \begin{array}{c} :\ddot{F}: \\ :\ddot{F}:C:\ddot{F}: \\ :\ddot{F}: \end{array}$$

(가) (나)

(가)에는 2중 결합이 존재한다.

ㄷ. 공유 전자쌍 수는 (가)와 (나) 모두 4이다.

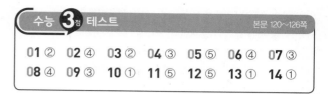

01 ②	02 ④	03 ②	04 ③	05 ⑤	06 ④	07 ③
08 ④	09 ③	10 ①	11 ⑤	12 ⑤	13 ①	14 ①

01 화학 결합 모형

X_3Y^+은 H_3O^+, YZ_2는 OF_2이다.

ㄱ. 16족 원소인 산소(O)의 원자가 전자 수는 6이다.

ㄴ. $YZ_2(OF_2)$에서 Y(O)는 부분적인 양전하(δ^+)를 띤다.

ㄷ. 공유 전자쌍 수의 비는 $X_3Y^+ : YZ_2 = 3 : 2$이다.

02 극성 공유 결합과 분자

2주기 원소 중 수소와 결합하여 1개의 공유 전자쌍을 가지며 옥텟 규칙을 만족하는 원자는 플루오린(F)이다. 따라서 X는 F이고, (가)는 HF이다. HF의 공유 전자쌍 수와 비공유 전자쌍 수는 각각 1, 3이므로 $a=3$이고, (나)는 NH_3, Y는 질소(N), (다)는 H_2O, Z는 산소(O)이다.

ㄱ. Y는 질소(N)이다.

ㄴ. Z(O), H로 구성된 분자 중 공유 전자쌍이 2이며 O가 옥텟 규칙을 만족하는 분자는 H_2O이므로 $b=2$이다.

ㄷ. 산소(O)와 질소(N)의 원자가 전자 수는 각각 6, 5이므로 원자가 전자 수는 Z(O)>Y(N)이다.

03 주기율표와 화학 결합

$W \sim Z$는 각각 수소(H), 산소(O), 마그네슘(Mg), 염소(Cl)이다.

ㄱ. WZ(HCl)는 수소(H)와 염소(Cl)의 공유 결합을 통해 형성된 공유 결합 물질이므로 W(H)는 양이온이 아니다.

ㄴ. YX(MgO)에서 Mg은 Ne의 전자 배치를 가지며 옥텟 규칙을 만족한다.

ㄷ. WZ(HCl), YX(MgO)는 각각 공유 결합, 이온 결합을 통해 형성된 물질이므로 화학 결합의 종류는 다르다.

04 공유 결합 물질과 분자의 구조식

2주기 원소 중 탄소(C)와 산소(O)는 각각 4개, 2개의 전자쌍을 공유함으로써 분자 내에서 옥텟 규칙을 만족한다. (다)를 통해 Y가 C, Z가 O임을, (나)에서 X는 3개의 전자쌍을 공유함으로써 옥텟 규칙을 만족하므로 X는 질소(N)임을 알 수 있다. 따라서 (가)는 N_2, (나)는 HCN, (다)는 CH_3CHO이며, (가)~(다)의 구조식은 다음과 같다.

$$:N\equiv N: \qquad H-C\equiv N: \qquad \begin{array}{c} \qquad\; H \;\; :\ddot{O}: \\ \quad | \qquad \| \\ H-C-C-H \\ \quad | \\ \quad H \end{array}$$

(가) (나) (다)

ㄱ. (나)와 (다)에는 전기 음성도가 서로 다른 원자 사이의 공유 결합인 극성 공유 결합이 존재한다.

ㄴ. 3중 결합이 존재하는 것은 (가), (나) 2가지이다.

✗. 비공유 전자쌍 수의 비는 (나) : (다)=1 : 2이다.

05 루이스 전자점식

$X \sim Z$는 각각 N, O, F이다. Y(O)와 Z(F)로 구성된 분자 중 모든 원자가 옥텟 규칙을 만족하는 원자 수 4 이하의 분자는 OF_2, O_2F_2이고, 두 분자 모두 Z(F) 원자 수가 2이므로 $b=2$이다. X(N)와 Z(F)로 구성된 분자 중 모든 원자가 옥텟 규칙을 만족하는 원자 수 4 이하의 분자는 NF_3, N_2F_2이다. 이 중 분자당 Z(F) 원자 수(b)가 2인 분자는 N_2F_2이므로 $a=4$이며, (나)는 O_2F_2이다.

ㄱ. $a+b=4+2=6$이다.

ㄴ. (가)(N_2F_2)에는 N 원자 사이에 무극성 공유 결합이 존재한다.

ㄷ. (가)(N_2F_2), (나)(O_2F_2)에 존재하는 비공유 전자쌍 수의 비는 8 : 10=4 : 5이다.

06 분자의 구조식과 전기 음성도

같은 주기에서 원자 번호가 커질수록 전기 음성도는 증가하는 경향이 있으므로 (나)는 CO_2 또는 OF_2이다. (나)가 CO_2라면 가능한 (가)의 구조가 존재하지 않으므로 (나)는 OF_2이며, (가)는 FNO이다.

ㄱ. 전기 음성도는 X(F)>Y(N)이다.

✗. Z(O)는 16족 원소로 원자가 전자 수가 6이다.

ㄷ. 비공유 전자쌍 수는 (가)(FNO), (나)(OF_2)가 각각 6, 8이므로 비공유 전자쌍 수비는 (가) : (나)=6 : 8=3 : 4이다.

07 공유 결합과 전자쌍 수

(가)의 가능한 구조는 C_2F_2, C_2F_4, C_2F_6이며, $\dfrac{\text{비공유 전자쌍 수}}{\text{공유 전자쌍 수}}$가 2인 분자는 C_2F_4이므로 (가)는 C_2F_4, (나)는 N_2F_4이다.

ㄱ. $x=4$이다.

✗. N_2F_4의 공유 전자쌍 수와 비공유 전자쌍 수는 각각 5, 14이므로 $y=\dfrac{14}{5}$이다.

ㄷ. (나)(N_2F_4)에는 질소 원자 사이의 결합이 있으므로 무극성 공유 결합이 존재한다.

08 화학 결합 모형

WXY는 NaCN, YZ_3는 NH_3이다.

ㄱ. W(l)는 액체 상태의 금속 나트륨(Na(l))으로 전기 전도성이 있다.

✗. X(C)와 Y(N)의 원자가 전자 수는 각각 4, 5이므로 같지 않다.

ㄷ. 전기 음성도는 같은 주기에서 원자 번호가 커질수록, 같은 족에서 원자 번호가 작아질수록 증가하는 경향이 있으므로 전기 음성도는 X(C)>W(Na)이다.

09 물질의 성질과 분자의 구조식

각 화학 반응식은 다음과 같다.

$2Na+Cl_2 \longrightarrow 2NaCl$

$2Na+2H_2O \longrightarrow 2NaOH+H_2$

$H_2+Cl_2 \longrightarrow 2HCl$

㉠~㉢는 각각 Na, Cl_2, NaOH이다.

ㄱ. 금속 결합 물질인 Na과 이온 결합 물질인 NaOH은 액체 상태에서 전기 전도성이 있다.

ㄴ. 무극성 공유 결합이 있는 물질은 Cl_2 1가지이다.

✗. Cl_2의 $\dfrac{\text{비공유 전자쌍 수}}{\text{공유 전자쌍 수}}=\dfrac{6}{1}=6$이다.

10 공유 결합 화합물과 전자쌍 수

이원자 분자로 분자 내 모든 원자가 옥텟 규칙을 만족하는 분자는 N_2, O_2, F_2이다. 이들의 공유 전자쌍 수와 비공유 전자쌍 수는 다음과 같다.

분자	N_2	O_2	F_2
공유 전자쌍 수	3	2	1
비공유 전자쌍 수	2	4	6

따라서 X_2, Y_2, Z_2는 각각 O_2, F_2, N_2이다.

ㄱ. X는 산소(O)이다.

✗. $b+c=3+6=9$이다.

✗. 같은 주기에서 원자 번호가 커질수록 전기 음성도는 증가하는 경향이 있으므로 전기 음성도는 X(O)>Z(N)이다.

11 화학 결합 모형

B_2를 통해 B가 산소(O)임을 알 수 있고, O는 이온 결합을 형성할 때 전자 2개를 얻어 Ne의 전자 배치를 가지므로 $x=2$이며 AB는 MgO이다.

ㄱ. $x=2$이다.

ㄴ. B(O)와 A(Mg)의 바닥상태 원자의 홀전자 수는 각각 2, 0이다.

ㄷ. 이온 결합 물질인 AB(MgO)는 액체 상태에서 전기 전도성이 있다.

12 무극성 공유 결합과 공유 전자쌍

(가)는 H_2O_2 또는 C_2H_2이며, 공유 전자쌍 수는 NH_3, H_2O_2, C_2H_2이 각각 3, 3, 5이므로 (가)~(다)는 각각 H_2O_2, NH_3, C_2H_2이다.

ㄱ. (가)는 H_2O_2이다.

ㄴ. (다)(C_2H_2)에는 C와 C 사이의 무극성 공유 결합이 존재한다.

ⓒ. $\dfrac{\text{비공유 전자쌍 수}}{\text{공유 전자쌍 수}}$ 는 (나)(NH_3)와 (다)(C_2H_2)가 각각 $\dfrac{1}{3}$, 0이다.

13 공유 결합 물질과 전자쌍

탄소(C) 2개와 플루오린(F)으로 구성된 탄소 화합물에는 C_2F_2, C_2F_4, C_2F_6이 있으며, 이들의 공유 전자쌍 수와 비공유 전자쌍 수는 다음과 같다.

분자	C_2F_2	C_2F_4	C_2F_6
공유 전자쌍 수	5	6	7
비공유 전자쌍 수	6	12	18

따라서 C_2F_x, C_2F_y, C_2F_z는 각각 C_2F_4, C_2F_6, C_2F_2이다.

ⓒ. $z=2$이다.

✗. C_2F_y(C_2F_6)에는 단일 결합만 존재한다.

✗. 공유 전자쌍 수는 C_2F_z(C_2F_2), C_2F_y(C_2F_6)가 각각 5, 7이다.

14 바닥상태 원자의 오비탈 전자 배치

$2p$ 오비탈에는 최대 6개의 전자가 들어갈 수 있고, 바닥상태 전자 배치가 $1s^2 2s^2 2p^6$인 Ne은 비활성 기체이므로 가능한 x는 1 또는 2이다. $x=1$일 때 A와 B는 각각 붕소(B), 탄소(C)이고, $x=2$일 때 A와 B는 각각 탄소(C), 산소(O)이다. 분자에서 A가 옥텟 규칙을 만족해야 하므로 $x=2$이며, A와 B는 각각 탄소(C), 산소(O)이다.

O가 수소와 결합하여 형성할 수 있는 분자 중 공유 전자쌍 수와 비공유 전자쌍 수가 같은 분자는 H_2O이므로 $a=2$이다. C가 수소와 결합하여 형성할 수 있는 분자 중 공유 전자쌍 수가 $2a=4$인 분자는 CH_4이다.

ⓒ. $x=2$이다.

✗. $a=2$이다.

✗. (가)(CH_4)에는 4개의 극성 공유 결합만 존재한다.

---

09 분자의 구조와 성질

수능 2점 테스트   본문 135~137쪽

01 ①   02 ①   03 ⑤   04 ②   05 ③   06 ④   07 ③

08 ⑤   09 ①   10 ⑤   11 ⑤   12 ⑤

01 결합각

결합각은 중심 원자의 원자핵과 중심 원자와 결합한 두 원자의 원자핵을 연결할 때 생기는 내각이다. 그림은 3가지 분자의 루이스 전자점식과 분자 모형을 나타낸 것이다.

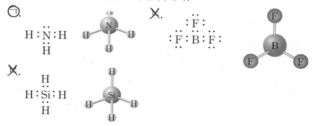

분자 내 결합각의 크기는 모두 같다. 하지만 비공유 전자쌍이 포함된 NH_3는 공유 전자쌍과 비공유 전자쌍 사이의 반발력이 공유 전자쌍 사이의 반발력보다 크므로 중심 원자 주위에 있는 전자쌍 사이에 서로 다른 크기의 반발력이 있다.

02 중심 원자의 비공유 전자쌍 수

(가)는 중심 원자의 공유 전자쌍이 3개이고 비공유 전자쌍이 1개이므로 분자 모양은 삼각뿔형, (나)는 중심 원자의 공유 전자쌍이 2개이고 비공유 전자쌍이 2개이므로 분자 모양은 굽은 형, (다)는 중심 원자의 공유 전자쌍이 3개이고 비공유 전자쌍이 없으므로 분자 모양은 평면 삼각형이다.

그림은 분자 (가)~(다)의 루이스 전자점식과 분자 모형을 나타낸 것이다.

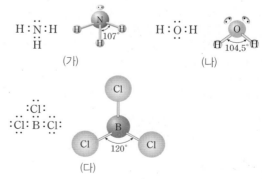

✗. (나)의 분자 모양은 굽은 형이다.

ⓛ. 결합각은 평면 삼각형 구조인 (다)가 120°로 가장 크다.

✗. 분자의 쌍극자 모멘트는 극성 분자인 (가)는 0이 아니고, 무극성 분자인 (다)는 0이다.

03 1, 2주기 원소로 이루어진 분자

W~Z는 각각 H, Be, O, F이고, 표는 분자 (가)~(라)를 나타낸 것이다.

분자	(가)	(나)	(다)	(라)
구성 원소	H, O	Be, F	O	O, F
분자식	H_2O	BeF_2	O_2	OF_2

ⓛ. (나)에서 중심 원자 Be은 2족 원소로 비공유 전자쌍이 없으므로 분자 모양은 직선형이고, 분자의 쌍극자 모멘트는 0이다.

ⓛ. (가)와 (라)는 모두 중심 원자가 산소이고, 중심 원자의 공유 전자쌍 2개, 비공유 전자쌍 2개로 분자 모양은 모두 굽은 형이다.

ⓒ. 산소는 원자가 전자가 6개이므로 산소로 이루어진 분자 (다)에는 다중 결합이 있다. (가), (나), (라)에는 단일 결합만 존재하므로, 다중 결합이 있는 것은 1가지이다.

04 중심 원자에 결합된 원자 수와 분자 모양

분자 모양은 중심 원자에 결합된 공유 전자쌍 수와 비공유 전자쌍 수에 의해 결정된다. 중심 원자에 결합된 원자 수는 공유 전자쌍 수와 관련되며, 단일 결합, 2중 결합, 3중 결합이 가능하다.

	중심 원자에 결합된 원자 수	중심 원자의 비공유 전자쌍 수	분자 모양
(가)	2	0	직선형
(나)	2	1	굽은 형
(다)	3	1	삼각뿔형
(라)	4	0	사면체형

① (가)는 중심 원자에 2개의 원자가 결합되어 있고 중심 원자에 비공유 전자쌍이 없으므로 분자 모양은 직선형이고 결합각은 180°이다. (나)는 중심 원자에 2개의 원자가 결합되어 있고 중심 원자의 비공유 전자쌍 수가 1이므로 분자 모양은 굽은 형이고 결합각은 180°보다 작다.

✗ H_2S는 중심 원자에 결합된 원자가 2개이고 중심 원자의 비공유 전자쌍 수가 2이므로 (나)에 해당하지 않는다.

③ 중심 원자에 3개의 원자가 결합되어 있고 중심 원자의 비공유 전자쌍 수가 1인 (다)의 분자 모양은 삼각뿔형이다.

④ CH_2Cl_2은 중심 원자에 결합한 원자 수가 4이고 중심 원자의 비공유 전자쌍 수가 0이므로 (라)에 해당한다.

⑤ 구성 원자가 모두 동일 평면에 있는 것은 직선형과 굽은 형인 (가)와 (나) 2가지이다.

05 사면체형 분자

ⓛ. C에 4개의 원자가 결합한 (가)~(다)는 모두 사면체형 구조이다.

ⓛ. C에 결합한 원소가 모두 같은 (다)는 무극성 분자이다.

✗. 전기 음성도는 F>C>H이므로 (가)에서 C는 부분적인 음전하(δ^-)를 띠지만, (다)에서 C는 부분적인 양전하(δ^+)를 띤다.

06 2주기 원소로 이루어진 분자

Y 원자 1개와 Z 원자 2개로 이루어진 분자가 무극성이려면 YZ_2의 중심 원자 Y에 비공유 전자쌍이 없고 분자 모양이 직선형이어야 한다. 따라서 YZ_2는 CO_2이고 Y는 탄소(C), Z는 산소(O)이다. Z가 O이므로 구성 원자가 모두 옥텟 규칙을 만족하는 ZX_2는 OF_2이다. 따라서 X~Z는 각각 F, C, O이다.

ⓛ. 전기 음성도가 가장 큰 원소는 F인 X이다.

✗. ZX_2는 OF_2이고 중심 원자인 O 주위에 공유 전자쌍이 2개, 비공유 전자쌍이 2개 있으므로 분자 모양은 굽은 형이다. 따라서 분자의 쌍극자 모멘트는 0이 아니다.

$$:\ddot{F}:\ddot{O}:\ddot{F}:$$

ⓒ. YZX_2는 COF_2이고 중심 원자인 C에 결합된 원자가 3개이고 중심 원자에 비공유 전자쌍이 없으므로 분자 모양은 평면 삼각형이다.

$$:\ddot{O}:$$
$$:\ddot{F}:\!C\!:\ddot{F}:$$

07 극성 분자와 무극성 분자의 성질

액체 줄기가 대전체 쪽으로 휘어진 A는 극성 물질이고, 아무 변화가 없는 B는 무극성 물질이다.

ⓛ. 액체 줄기에 대전체를 가까이 가져가는 실험은 물질의 극성 유무를 확인하는 실험이다.

ⓛ. 극성 물질인 A는 분자의 쌍극자 모멘트가 0이 아니고, 부분적인 양전하(δ^+)를 띠는 부분이 있다.

✗. 전기장에서 일정한 방향으로 배열하는 분자는 극성 분자이다. B는 무극성 분자이므로 전기장에서 일정한 방향으로 배열하지 않는다.

08 탄소와 수소로 이루어진 분자

비금속 원소이고 원자가 전자가 1개인 X는 수소(H)이고, 원자가 전자가 4개인 Y는 탄소(C)이다. 표는 (가)~(다)의 분자식과 구조식이다.

분자	(가)	(나)	(다)
분자식	C_2H_2	C_2H_4	CH_4
구조식	$H-C\equiv C-H$	$\begin{matrix} H-C=C-H \\ \mid\mid \\ HH \end{matrix}$	$\begin{matrix} H \\ \mid \\ H-C-H \\ \mid \\ H \end{matrix}$

✗. (가)에는 3중 결합, (나)에는 2중 결합이 있으므로 다중 결합이 있는 것은 (가)와 (나) 2가지이다.

ㄴ. (가)와 (다)는 모두 무극성 분자이므로 분자의 쌍극자 모멘트는 0으로 같다.

ㄷ. 탄소 원자 주위의 결합각($\angle XYY$)은 (가)는 180°, (나)는 약 120°이므로 (가)가 (나)보다 크다.

09 전자쌍 수에 따른 배열

중심 원자에 4개의 원자가 결합되어 있는 (가)는 사면체형 구조를, 중심 원자에 3개의 원자와 1개의 비공유 전자쌍이 있는 (나)는 삼각뿔형 구조를 나타낸다.

ㄱ. CH_4은 중심 원자 C에 4개의 H 원자가 결합된 모양이므로 (가)에 해당한다.

✗. 비공유 전자쌍과 공유 전자쌍 사이의 반발력이 공유 전자쌍 사이의 반발력보다 크므로 α가 β보다 크다.

✗. (가)는 무극성 분자로 분자의 쌍극자 모멘트는 0이고, (나)는 극성 분자로 분자의 쌍극자 모멘트는 0이 아니다.

10 2주기 원소와 수소가 결합한 분자

원자 번호가 6~8인 중심 원자 1개와 수소로 이루어진 분자 (가)~(다)는 각각 CH_4, NH_3, H_2O이다.

✗. 분자당 수소 원자 수는 (가)~(다)에서 각각 4, 3, 2이므로 (가)~(다) 각 1 mol에 포함된 수소 원자 양의 합은 9 mol이다.

ㄴ. 결합각은 분자 모양이 정사면체형인 (가)가 삼각뿔형인 (나)보다 크다.

ㄷ. (다)의 분자 모양은 굽은 형이므로 분자의 쌍극자 모멘트가 0이 아니다.

11 분자의 극성과 용해

이온으로 이루어진 황산 구리($CuSO_4$)는 극성인 $H_2O(l)$에 잘 녹으므로 B는 H_2O이고, A는 헥세인(C_6H_{14})이다.

✗. 분자의 쌍극자 모멘트는 무극성 물질인 A는 0이고, 극성 물질인 B는 0이 아니다.

ㄴ. 헥세인은 C—C와 C—H의 공유 결합으로 이루어져 있으므로 무극성 공유 결합이 있다.

ㄷ. 극성 분자인 B는 전기장 속에서 일정한 방향으로 배열한다.

12 이온의 형성과 구조의 변화

NH_3와 HCl가 물에 용해될 때의 화학 반응과 화합물의 루이스 전자점식은 다음과 같다.

$$
\text{H:}\overset{\cdot\cdot}{\text{N}}\text{:H} \;+\; \text{H:}\overset{\cdot\cdot}{\underset{\cdot\cdot}{\text{O}}}\text{:H} \longrightarrow \left[\text{H:}\overset{\text{H}}{\underset{\text{H}}{\text{N}}}\text{:H}\right]^{+} + \left[\text{:}\overset{\cdot\cdot}{\underset{\cdot\cdot}{\text{O}}}\text{:H}\right]^{-}
$$

$$
\text{H:}\overset{\cdot\cdot}{\underset{\cdot\cdot}{\text{Cl}}}\text{:} \;+\; \text{H:}\overset{\cdot\cdot}{\underset{\cdot\cdot}{\text{O}}}\text{:H} \longrightarrow \left[\text{H:}\overset{\text{H}}{\underset{}{\text{O}}}\text{:H}\right]^{+} + \left[\text{:}\overset{\cdot\cdot}{\underset{\cdot\cdot}{\text{Cl}}}\text{:}\right]^{-}
$$

ㄱ. ㉠은 NH_4^+이고 중심 원자 N에 수소 원자가 4개 결합된 정사면체형 구조로, 중심 원자에 비공유 전자쌍이 있는 NH_3보다 결합각이 크다.

ㄴ. ㉡은 H_3O^+이고 비공유 전자쌍은 1개이다. 따라서 비공유 전자쌍 수는 OH^-이 ㉡의 3배이다.

ㄷ. ㉡은 H_3O^+으로 중심 원자 O에 공유 전자쌍 3개와 비공유 전자쌍 1개가 있는 삼각뿔형 구조이다.

수능 ③점 테스트

본문 138~143쪽

| 01 ① | 02 ③ | 03 ⑤ | 04 ② | 05 ③ | 06 ④ | 07 ② |
| 08 ② | 09 ③ | 10 ⑤ | 11 ③ | 12 ④ | | |

01 옥텟을 만족하는 2주기 원소

2주기 원소 X와 Y로 이루어져 있고 옥텟 규칙을 만족하는 XY_3는 NF_3이다. 따라서 3가지 분자의 구조식은 다음과 같다.

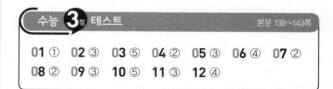

✗. 전기 음성도는 F>N이므로 XY_3(NF_3)에서 X(N)는 부분적인 양전하(δ^+)를 띤다.

ㄴ. 다중 결합이 있는 것은 N_2F_2 1가지이다.

✗. X_2Y_4(N_2F_4)는 N에 결합한 원자 수가 3이고 N에 비공유 전자쌍이 1개씩 있으므로 구성 원자가 모두 동일 평면에 있지 않다.

02 중심 원자가 여러 개인 분자의 구조식

그림은 다중 결합과 비공유 전자쌍을 모두 나타낸 아세트산의 루이스 구조식이다.

$$
\begin{array}{c}
\text{H} \quad \overset{\cdot\cdot}{\underset{\cdot\cdot}{\text{O}}}\; {}^{(가)} \\
| \quad \| \quad {}^{\alpha} \\
\text{H}-\text{C}-\text{C}-\overset{\cdot\cdot}{\underset{\cdot\cdot}{\text{O}}}\text{:} \\
| \qquad {}_{\beta} | \\
\text{H} \qquad \text{H}
\end{array}
$$

ㄱ. (가)는 중심 원자인 C에 3개의 원자가 결합하고 비공유 전자쌍이 없으므로 모든 원자는 동일 평면에 있다.

ㄴ. 중심 원자에 결합한 원자 수가 3인 결합각 α가 중심 원자에 결합한 원자 수가 2이고 중심 원자의 비공유 전자쌍 수가 2인 결합각 β보다 크다.

✗. 공유 전자쌍 수는 8이고 비공유 전자쌍 수는 4이다. 따라서 공유 전자쌍 수와 비공유 전자쌍 수의 차는 4이다.

03 공유 전자쌍 수와 구성 원자 수

분자의 쌍극자 모멘트가 0인 (나)와 (라)는 무극성 분자이다.

㉠. 구성 원자 수가 3이고 무극성 분자인 (나)의 분자 모양은 직선형이고 대칭 구조이다. 따라서 (나)의 구성 원소는 2가지이다.

㉡. 단일 결합으로 이루어진 분자는 구성 원자 수가 공유 전자쌍 수보다 많다. 따라서 구성 원자 수보다 공유 전자쌍 수가 많은 (가)와 (나)에는 다중 결합이 있다.

㉢. 모든 원자가 옥텟 규칙을 만족하므로 공유 전자쌍 수가 4인 분자는 중심 원자에 비공유 전자쌍이 없다. 따라서 중심 원자에 비공유 전자쌍이 있는 분자는 (다) 1가지이다.

04 분자 구조와 결합각

$W \sim Z$는 2주기 원소이므로 각각 Be, B, C, N, O, F 중 하나이다. 원자가 전자 수는 2~7인데, ZX_2에서 구성 원자의 원자가 전자 수의 합이 20이 되려면 X는 원자가 전자 수가 7인 플루오린(F)이고 Z는 원자가 전자 수가 6인 산소(O)이다. WZ_2에서 Z가 산소이므로 W는 탄소(C)이고, YX_3에서 X가 플루오린(F)이므로 Y는 붕소(B)이다. 각 분자의 구조식은 다음과 같다.

$$O = C = O \qquad \overset{..}{\overset{..}{O}} - F \qquad F - B - F$$
$$\qquad \qquad \overset{|}{F} \qquad \qquad \overset{|}{F}$$
$$\text{(가)} \qquad \qquad \text{(나)} \qquad \qquad \text{(다)}$$

✗. $YX_3(BF_3)$에서 붕소는 옥텟 규칙을 만족하지 않는다.

㉡. 결합각은 직선형인 $WZ_2(CO_2)$가 가장 크고 중심 원자의 비공유 전자쌍이 2개인 $ZX_2(OF_2)$가 가장 작으므로 $\alpha > \gamma > \beta$이다.

✗. WZX_2는 COF_2이고 분자 모양은 평면 삼각형이다.

$$\overset{O}{\overset{\|}{F - C - F}}$$

05 분자 구조와 결합각

화학 반응식을 완성하면 다음과 같다.

(가) $2CH_3OH + \underset{㉠}{O_2} \longrightarrow 2(\underset{㉡}{CH_2O}) + 2\underset{㉢}{H_2O}$

(나) $2CH_3OH + 3O_2 \longrightarrow 2(\underset{㉣}{CO_2}) + 4H_2O$

㉠. 무극성 공유 결합이 있는 분자는 ㉠ O_2뿐이다.

㉡. ㉣ CO_2는 무극성 분자이다.

✗. ㉠~㉣은 모든 구성 원자가 동일 평면에 있다.

06 화학 결합 모형과 분자 구조

결합 전 원자의 원자가 전자 수로부터 (가)는 H_2O, (나)는 BeF_2, (다)는 CHOF임을 알 수 있다.

✗. (가)는 굽은 형이므로 결합각이 가장 큰 것은 직선형인 (나)이고 결합각은 180°이다.

㉡. 중심 원자가 부분적인 양전하(δ^+)를 띠는 것은 중심 원자의 전기 음성도가 주변 원자의 전기 음성도보다 작은 분자이다. 전기 음성도는 $F > Be$이므로 (나)의 중심 원자는 부분적인 양전하(δ^+)를 띤다.

㉢. (가)는 굽은 형, (나)는 직선형, (다)는 평면 삼각형 구조이므로 구성 원자는 모두 같은 평면에 있다.

07 중심 원자에 결합한 원자 수

중심 원자에 결합된 원자 수와 중심 원자의 비공유 전자쌍 수에 따라 분자 모양을 결정할 수 있다.

✗. 다중 결합이 있는 경우 공유 전자쌍 수로 분자 모양을 결정할 수 없으므로 '공유 전자쌍'은 ㉠으로 적절하지 않다.

㉡. ㉢은 중심 원자에 결합된 원자가 2개이고 중심 원자에 비공유 전자쌍이 없으므로 'FCN'은 ㉢으로 적절하다.

✗. a는 직선형, b는 굽은 형, c는 평면 삼각형, d는 삼각뿔형이므로 입체 구조인 것은 d 1가지이다.

08 2, 3주기 원소로 이루어진 분자

3가지 분자는 구성 원자가 모두 옥텟 규칙을 만족하면서 N, O, S, Cl로 이루어진 분자이다. WZ_3는 NCl_3이므로 W와 Z는 각각 N와 Cl이다. XZ_2가 옥텟 규칙을 만족하려면 X는 O 또는 S인데 전기 음성도는 Y가 X보다 크므로 Y는 O, X는 S이다. 따라서 XZ_2는 SCl_2이고, WYZ는 NOCl이다. 각 분자의 루이스 구조식과 분자 모양은 그림과 같다.

$$\overset{..}{O} = \overset{..}{N} \qquad \overset{..}{Cl} - \overset{..}{S} : \qquad :\overset{..}{Cl} - \overset{..}{N} - \overset{..}{Cl}:$$
$$\overset{|}{:\overset{..}{Cl}:} \qquad \overset{|}{:\overset{..}{Cl}:} \qquad \overset{|}{:\overset{..}{Cl}:}$$
$$\text{굽은 형(WYZ)} \quad \text{굽은 형(XZ}_2) \quad \text{삼각뿔형(WZ}_3)$$

✗. WYZ는 중심 원자의 비공유 전자쌍 수가 1이고, XZ_2는 2이므로 중심 원자의 비공유 전자쌍 수는 XZ_2가 WYZ보다 크다.

㉡. 모든 구성 원자가 동일 평면에 있는 것은 굽은 형인 XZ_2와 WYZ 2가지이고, 삼각뿔형인 WZ_3은 입체 구조이다.

✗. WYZ, XZ_2, WZ_3은 모두 극성 분자이므로 분자의 쌍극자 모멘트가 0이 아니다.

09 분자의 분류

그림은 4가지 분자의 구조식이다.

$$\overset{O}{\overset{\|}{F - C - F}} \quad \overset{F}{\overset{|}{F - C - Cl}} \quad Cl - \overset{..}{P} - Cl \quad :\overset{..}{S} - H$$
$$\qquad \quad \overset{|}{Cl} \qquad \overset{|}{Cl} \qquad \overset{|}{H}$$

중심 원자가 부분적인 음전하를 띠는 것은 중심 원자의 전기 음성도가 주변 원자의 전기 음성도보다 큰 분자이므로 (가)는 H_2S이다. COF_2은 평면 삼각형, CF_2Cl_2은 사면체형, PCl_3는 삼각뿔형이므로 입체 구조인 (나)는 CF_2Cl_2, PCl_3이고, (다)는 COF_2이다.

ㄱ. H_2S의 분자 모양은 굽은 형이다.

ㄴ. (나)에 해당하는 분자는 CF_2Cl_2, PCl_3로 2가지이다.

✗. COF_2에는 2중 결합($C=O$)이 있다.

10 결합각과 공유 전자쌍 수

2주기 원소로 이루어진 분자 중 공유 전자쌍 수가 4이고 결합각이 $109.5°$인 (가)의 분자 모양은 사면체형이다. 반면 공유 전자쌍 수는 4이지만 결합각이 $180°$인 (나)의 분자 모양은 직선형이고 다중 결합이 존재한다.

ㄱ. 분자 모양이 사면체형인 (가)는 입체 구조이다.

ㄴ. (나)에는 다중 결합이 있다.

ㄷ. (다)의 공유 전자쌍 수는 3이고, (다)를 구성하는 원자는 모두 옥텟 규칙을 만족하므로 (다)의 중심 원자에는 비공유 전자쌍이 있다.

11 극성 물질과 무극성 물질

ㄱ. A는 대전체에 끌렸고 B는 대전체에 끌리지 않았으므로 A는 극성 물질이고 B는 무극성 물질이다. 따라서 (가)의 2가지 액체로 극성인 물과 무극성인 헥세인은 적절하다.

✗. B는 무극성 물질이므로 대전체에 의해 질서 있는 배열을 하지 않는다.

ㄷ. 대전체에 끌리는 정도로 분자의 구조와 성질을 탐구하였고, 가설이 옳다고 결론을 내렸으므로 '극성 물질과 무극성 물질은 대전체에 끌리는 정도가 다를 것이다.'는 가설로 적절하다.

12 쌍극자 모멘트와 분자 구조

부분 전하는 전기 음성도의 차에 의해 결정된다. 전기 음성도는 $W>X$, $W>Y$, $Z>Y$, $Y>X$, $Z>X$이므로 $W>Y>X$, $Z>Y>X$이다. 분자에서 모든 원자는 옥텟 규칙을 만족하므로 $W\sim Z$은 각각 C, N, O, F 중 하나이고, 전기 음성도는 $F>O>N>C$이므로 X는 탄소(C), Y는 질소(N)이다. (다)는 NCZ이고 옥텟 규칙을 만족하기 위한 Z는 플루오린(F)이다. 따라서 W는 O, X는 C, Y는 N, Z는 F이다.

✗. $W\sim Z$ 중 전기 음성도는 Z가 가장 크다.

ㄴ. (가)~(다)는 각각 CO_2, NOF, FCN이고 각 분자의 구조식은 다음과 같다. 따라서 3중 결합이 있는 것은 (다) 1가지이다.

$$O=C=O \qquad O=\overset{..}{N}-F \qquad N\equiv C-F$$

ㄷ. 분자 모양은 (가)와 (다)가 직선형, (나)가 굽은 형이므로 결합각이 가장 작은 것은 (나)이다.

10 동적 평형

01 황산 구리와 황산 구리 수화물의 가역 반응

실험의 반응은 다음과 같이 쓸 수 있다.

$$\underset{\text{흰색}}{CuSO_4} + 5H_2O \rightleftharpoons \underset{\text{푸른색}}{CuSO_4 \cdot 5H_2O}$$

ㄱ. $CuSO_4(s)$에 물을 가했더니 푸른색 생성물 $CuSO_4 \cdot 5H_2O$이 되었으므로 $CuSO_4$와 H_2O은 반응물이다.

ㄴ. 물을 가해 푸른색이 되고, 가열하여 물을 제거하면 흰색이 되므로 이 반응은 가역 반응이다.

ㄷ. 푸른색 고체를 가열하면 다시 흰색이 되므로 H_2O이 생성된다.

02 석회 동굴의 형성과 화학 평형

탄산 칼슘이 녹고 탄산수소 칼슘에서 이산화 탄소가 발생하는 반응은 가역 반응이다.

ㄱ. 탄산 칼슘이 녹는 반응은 (가)에서 역반응에 해당한다.

✗. 동굴이 생성되고 있을 때에도 탄산 칼슘의 용해와 석출은 동시에 일어나므로 이 반응은 가역 반응이다.

ㄷ. (가)가 동적 평형 상태에 있을 때 탄산 칼슘의 석출 속도와 용해 속도는 같다.

03 이산화 탄소의 용해와 동적 평형

물에 $CO_2(g)$가 용해되어 더 이상 기포가 발생하지 않으면 동적 평형 상태이다.

✗. $CO_2(g)$가 주입되어 물에 용해될 때 정반응과 역반응이 동시에 일어나므로 $CO_2(g) \rightleftharpoons CO_2(aq)$의 역반응 속도는 0이 아니다.

✗. 뚜껑을 닫은 물병에서 $CO_2(g) \rightleftharpoons CO_2(aq)$는 가역 반응이다.

ㄷ. 충분한 시간이 지난 후 닫힌 용기 내 $CO_2(g)$와 $CO_2(aq)$의 농도가 일정하게 유지되는 동적 평형 상태에 도달한다.

04 물의 자동 이온화

(가)는 H_3O^+이고 (나)는 OH^-이다. $25°C$ 물의 $K_w = 1 \times 10^{-14}$이므로 $[H_3O^+] = [OH^-] = 1 \times 10^{-7} \, M(mol/L)$이다.

✗. (가)는 H_3O^+이고, 25℃의 물에서 $[H_3O^+]=1\times10^{-7}$ M (mol/L)이다. 따라서 물 10^{14} L에 (가)는 (1×10^{-7}) mol/L$\times$ 10^{14} L$=10^7$ mol이 있다.

ⓒ. 물에 염산을 넣으면 H_3O^+의 양(mol)은 증가하고 OH^-인 (나)의 양(mol)은 감소한다.

✗. 일정한 온도에서 $[H_3O^+][OH^-]$는 용액의 액성과 관계 없이 일정한 값을 갖는다.

05 물의 상평형

밀폐된 상태에서는 H_2O의 증발 속도와 응축 속도가 같은 동적 평형 상태에 도달한다.

㉠. t_1은 평형에 도달하기 전이므로 증발 속도가 응축 속도보다 크다.

ⓒ. t_2 이후에 $H_2O(g)$ 분자 수는 일정하므로 $H_2O(l)$과 $H_2O(g)$가 동적 평형을 이루고 있다.

ⓒ. $H_2O(g)$의 분자 수가 $t_2>t_1$이므로 $H_2O(l)$의 양(mol)은 $t_1>t_2$이다.

06 여러 가지 물질의 pH

$pH=-\log[H_3O^+]$이고 물의 이온화 상수 $K_w=[H_3O^+][OH^-]$이다. pH가 1.0이 크면 H_3O^+의 몰 농도는 $\frac{1}{10}$배이다.

① 물의 이온화 상수 $K_w=[H_3O^+][OH^-]$이고, t℃에서 물의 pH는 7.0이므로 $7.0=-\log[H_3O^+]$, $[H_3O^+]=[OH^-]=$ 1×10^{-7} M이다. 따라서 t℃에서 $K_w=[H_3O^+][OH^-]=$ 1×10^{-14}이다.

② 1 M HCl(aq)의 $[H_3O^+]=1$ M이므로 pH는 0인 (가)와 같다.

✗. 레몬즙의 pH는 2.0이고 토마토즙의 pH는 4.0이므로 레몬즙과 토마토즙의 $[H_3O^+]$는 각각 1×10^{-2} M, 1×10^{-4} M이고 H_3O^+의 몰 농도는 레몬즙이 토마토즙의 100배이다.

④ (나)는 pH가 10.0이므로 $[H_3O^+]=1\times10^{-10}$ M이고 $[OH^-]=1\times10^{-4}$ M이다. (나)에 포함된 $\frac{OH^-의 양(mol)}{H_3O^+의 양(mol)}$ $=\frac{1\times10^{-4}}{1\times10^{-10}}=10^6$이다.

⑤ 하수구 세척액의 pH는 13.0이므로 $[OH^-]=1\times10^{-1}$ mol/L 이고, 1 L에 포함된 OH^-는 6×10^{22}개이다.

07 HCl(aq)의 pH

1 M HCl(aq) 1 mL에 포함된 HCl의 양은 1 mol/L$\times$ 0.001 L$=0.001$ mol이고, 수용액 A에 포함된 H_3O^+의 양도 0.001 mol이다.

✗. 물의 이온화 상수 $K_w=[H_3O^+][OH^-]$는 온도가 일정하면 용액의 액성에 관계없이 일정한 값을 갖는다. 따라서 25℃에서 $[H_3O^+][OH^-]$는 1×10^{-14}이다.

ⓒ. 1 M HCl(aq)의 $[H_3O^+]=1$ M이므로 pH는 0이고 pOH 는 14.0이다. 수용액 A의 $[H_3O^+]=0.01$ M이므로 pH는 2.0이 다. 따라서 $\frac{1\ M\ HCl(aq)의\ pOH}{수용액\ A의\ pH}=\frac{14.0}{2.0}=7$이다.

✗. 물의 이온화 상수(K_w)가 1×10^{-14}이므로 물의 $[OH^-]=1\times$ 10^{-7} M이고, 수용액 A의 $[H_3O^+]=0.01$ M이므로 $[OH^-]=1\times$ 10^{-12} M이다. 따라서 $[OH^-]$는 물이 수용액 A의 10^5배이다.

08 25℃ 산과 염기 수용액

25℃에서 물의 이온화 상수(K_w)는 1×10^{-14}이므로 중성에서 $[H_3O^+]=[OH^-]=1\times10^{-7}$ M이다.

㉠. (가)는 $[H_3O^+]=5\times10^{-8}$ M$<1\times10^{-7}$ M이므로 염기성이 고, (나)는 pH$-$pOH$=0$이므로 중성이다. (다)는 $[H_3O^+]=$ 0.01 M$>1\times10^{-7}$ M이므로 산성이다. 따라서 (가)~(다)의 액성 은 모두 다르다.

ⓒ. (다)의 pH=2.0, pOH=12.0이므로 $y=-10$이다.
(가)의 $[H_3O^+]=5\times10^{-8}$ M로 pH와 pOH의 차가 (다)보다 작 다. 따라서 $(x+y)$는 0보다 작다.

ⓒ. (가)의 H_3O^+의 양은 5×10^{-8} mol/L$\times0.2$ L$=1\times10^{-8}$ mol 이다. (다)의 H_3O^+의 양은 0.01 mol/L$\times0.1$ L$=1\times10^{-3}$ mol 이다. 따라서 H_3O^+의 양(mol)은 (다)가 (가)의 10^5배이다.

수능 ❸점 테스트 | 본문 154~158쪽

01 ④ **02** ③ **03** ① **04** ② **05** ① **06** ⑤ **07** ③
08 ⑤ **09** ② **10** ①

01 상평형

㉠. (가)는 $CO_2(s) \rightleftharpoons CO_2(g)$이 평형 상태에 있으므로 $CO_2(g) \longrightarrow CO_2(s)$ 반응이 일어나고 있다.

✗. 평형 상태에서 $H_2O(l)$의 증발 속도$=H_2O(g)$의 응축 속도 이고, $H_2O(g)$가 없는 초기에 응축 속도는 0이므로 t_2가 될 때까 지 $\frac{H_2O(l)의\ 증발\ 속도}{H_2O(g)의\ 응축\ 속도}$는 감소한다.

ⓒ. 초기에 $CO_2(s)$를 넣은 상태에서 $CO_2(s) \longrightarrow CO_2(g)$의 승화만 일어나다가 $CO_2(g)$가 많아질수록 $CO_2(g) \longrightarrow CO_2(s)$ 의 승화 속도가 증가하므로 평형에 도달하기 전에 $CO_2(s)$의 승 화 속도는 $CO_2(g)$의 승화 속도보다 크다.

02 용해 평형

㉠. $NaCl(s)$의 양이 일정하게 유지되는 용해 평형 상태에서 $NaCl(s)$의 질량이 c g이므로 물에 녹아 있는 $NaCl$의 질량은 $(a-c)$ g이다.

㉡. 용해 평형 상태에서 용해 속도와 석출 속도가 같으므로 용해 평형에 도달하기 전인 t_1에서는 용해 속도가 석출 속도보다 크다.

✗. 용해 평형 상태에서 $NaCl(s)$을 추가하여도 용액의 농도는 변하지 않는다.

03 이산화 질소와 사산화 이질소의 평형

㉠. (가) → (나) 과정에서 N_2O_4의 농도가 증가하므로 $N_2O_4(g)$ ⟶ $2NO_2(g)$의 반응 속도는 증가한다.

✗. (가)에서 $\dfrac{[N_2O_4]}{[NO_2]}=0$이고 (나)에서 $\dfrac{[N_2O_4]}{[NO_2]}=\dfrac{3}{4}$이므로, 평형 상태에 도달하기 전에 $\dfrac{[N_2O_4]}{[NO_2]}=1$인 순간은 존재하지 않는다.

✗. $N_2O_4(g)$ 1개가 분해되어 $NO_2(g)$ 2개를 생성하는데, 평형 상태에서 분자 수는 일정하게 유지되므로 (나)에서

$\dfrac{\text{단위 시간당 } NO_2(g)\text{로 분해되는 } N_2O_4(g)\text{의 양(mol)}}{\text{단위 시간당 } N_2O_4(g)\text{를 생성하는 } NO_2(g)\text{의 양(mol)}}=\dfrac{1}{2}$이다.

04 이산화 탄소의 용해 평형

✗. 생수의 pH=9.0이므로 생수의 $[H_3O^+]=1\times10^{-9}$ M이고, $[OH^-]=1\times10^{-5}$ M이다. 따라서 생수에 포함된 H_3O^+의 양(mol)은 OH^-의 양(mol)의 $\dfrac{1}{10^4}$배이다.

✗. 수용액의 pH=6.0이므로 $[H_3O^+]=1\times10^{-6}$ M이다. 수용액 100 mL에 존재하는 H_3O^+의 양은 1×10^{-7} mol이다.

㉢. $CO_2(g)$가 용해되면 수용액의 pH가 감소하므로 $CO_2(g)$가 용해된 빗물의 pH가 7.0보다 작음을 추론할 수 있다.

05 HCl(aq)의 희석

25°C에서 물의 이온화 상수 $K_w=[H_3O^+][OH^-]=1\times10^{-14}$이고, pH+pOH=14.0이다.

✗. $HCl(aq)$의 $\dfrac{pH}{pOH}=0$이면 pH=0이다. pH=$-\log[H_3O^+]$이고 $[H_3O^+]=1$ M이므로 (가)의 몰 농도는 1 M이다.

㉡. (다)에서 $\dfrac{pH}{pOH}=\dfrac{2}{5}$이므로 pH=4.0, pOH=10.0이고, (라)에서 $\dfrac{pH}{pOH}=\dfrac{1}{6}$이므로 pH=2.0, pOH=12.0이다. (다)의 $[H_3O^+]=1\times10^{-4}$ M, (라)의 $[H_3O^+]=1\times10^{-2}$ M이고 하나의 용액을 희석하였으므로 용질의 양은 같고 부피만 변한다. 따라서 수용액의 부피는 (다)가 (라)의 100배이다.

✗. (나)에서 $\dfrac{pH}{pOH}=1$이면 pH=pOH=7.0이고 $[OH^-]=1\times10^{-7}$ M이다. (다)에서 pOH=10.0이고 $[OH^-]=1\times10^{-10}$ M이다. $[OH^-]$는 (나)가 (다)의 1000배이지만 용액의 부피가 같지 않으므로 OH^-의 양(mol)은 (나)가 (다)의 1000배가 아니다.

06 HCl(aq)과 NaOH(aq)의 희석

✗. 25°C에서 물의 이온화 상수(K_w)는 1×10^{-14}이므로 물의 $[OH^-]=1\times10^{-7}$ M이고 물 1 L에 OH^-이 1×10^{-7} mol 존재한다. 따라서 OH^-의 양(mol)은 부피가 큰 (다)가 (가)보다 많다.

㉡. 0.2 M $NaOH(aq)$ 50 mL를 물 150 mL에 첨가하면 0.05 M $NaOH(aq)$ 200 mL가 생성된다. (나)의 $[OH^-]$와 (라)의 $[H_3O^+]$가 같으므로 (나)는 0.05 M $HCl(aq)$ 150 mL이다. $a\times50=0.05\times150$, $a=0.15$이다.

㉢. (다)의 $[OH^-]=1\times10^{-7}$ M이고 (라)의 $[OH^-]=0.05$ M이므로 $[OH^-]$는 (라)가 (다)의 5×10^5배이다.

07 산 또는 염기 수용액의 농도와 pH

(나)에서 $[OH^-]=5\times10^{-12}$ M이고 pOH가 7보다 크므로 (나)는 $HCl(aq)$이다. $K_w=[H_3O^+][OH^-]=[H_3O^+]\times5\times10^{-12}=1\times10^{-14}$이므로 ㉠ $[H_3O^+]=2\times10^{-3}$ M이다. (나)는 $HCl(aq)$이고 $0.2a=2\times10^{-3}$, $a=0.01$이다. (가)는 0.01 M $NaOH(aq)$이고 ㉡ $[OH^-]=0.01$ M이므로 pOH=2.0, pH=12.0이다.

따라서 $a\times\dfrac{㉡}{㉠}\times((가)\text{의 pH})=0.01\times\dfrac{0.01}{2\times10^{-3}}\times12.0=0.6$이다.

08 NaOH(aq)의 희석

(다)의 pH=12.0, pOH=2.0이고 $[OH^-]=0.01$ M이다. 따라서 (다)에 포함된 OH^-의 양은 0.005 mol이므로 (가)와 (나)에는 각각 0.0025 mol의 $NaOH$이 들어 있다.

(가)와 (나)에 각각 $NaOH$ 0.0025 mol이 들어 있는데, (나)의 부피가 (가)의 2배이므로 $NaOH$의 몰 농도는 (가)가 (나)의 2배이고 $[OH^-]$도 (가)가 (나)의 2배이다. $[H_3O^+][OH^-]$는 일정하므로 $[H_3O^+]$는 (나)가 (가)의 2배이다.

(나)에서 $[OH^-]=\dfrac{0.0025\ mol}{0.25\ L}=0.01$ M이다.

pOH=$-\log[OH^-]=-\log0.01=2.0$, pH=12.0이고, (다)의 pOH=2.0이다. 따라서 $\dfrac{(나)\text{의 }[H_3O^+]}{(가)\text{의 }[H_3O^+]}\times\dfrac{(나)\text{의 pH}}{(다)\text{의 pOH}}=2\times\dfrac{12.0}{2.0}=12$이다.

09 수용액의 부피에 따른 pH

0.1 M $NaOH(aq)$의 pOH=1.0, pH=13.0이다. 수용액의 부

피가 x mL에서 10 mL가 되었을 때 pH가 13.0에서 12.0이 되었으므로 $[OH^-]$는 $\frac{1}{10}$배 감소한다. 용질의 양은 일정하므로 수용액의 부피는 10배 증가했고 $x=1$이다. 수용액의 부피가 10 mL에서 20 mL로 2배 증가하면 몰 농도는 $\frac{1}{2}$배 감소한다.

따라서 10 mL에서 $[OH^-]=0.01$ M이고 20 mL에서 $[OH^-]=0.005$ M이다. 20 mL에서 $[H_3O^+]=2 \times 10^{-12}$ M이고 $z=$pH$=-\log(2 \times 10^{-12})=12-\log 2$이다. pH$=11.0$이 되면 pH$=12.0$일 때 부피의 10배가 되므로 $y=100$이다.

따라서 $x+y-z=1+100-(12-\log 2)=89+\log 2$이다.

10 10배의 농도로 희석하기

25℃에서 물의 이온화 상수 $K_w=[H_3O^+][OH^-]=1 \times 10^{-14}$로 일정하므로 $[H_3O^+]$가 감소하면 $[OH^-]$는 증가한다.

ㄨ. 4번에서 HCl(aq)을 1 mL 취한 후 10배 희석했으므로 $[H_3O^+]$는 $\frac{1}{10}$배가 되고 $[OH^-]$는 10배가 된다. 따라서 $\frac{[OH^-]}{[H_3O^+]}$는 4번 수용액이 5번 수용액의 $\frac{1}{100}$배이다.

ㄴ. $n(=1, 2, 3)$번 수용액과 $(n+4)$번 수용액 쌍의 pH와 pOH는 표와 같다.

n	1	5	2	6	3	7
pH	0	4	1	5	2	6
pOH	14	10	13	9	12	8

따라서 수용액 쌍 각각에서

$\frac{|n\text{번 수용액의 pH}-(n+4)\text{번 수용액의 pOH}|}{|(n+4)\text{번 수용액의 pH}-n\text{번 수용액의 pOH}|}=1$이다.

ㄨ. 8번 수용액은 1 M HCl(aq) 1 mL를 10^7배 희석한 것이다. 수용액의 희석에 의해 산성이 염기성으로 변하지는 않는다.

수능 2점 테스트
본문 167~169쪽

01 ③ **02** ③ **03** ⑤ **04** ③ **05** ① **06** ⑤ **07** ②
08 ⑤ **09** ④ **10** ⑤ **11** ② **12** ⑤

01 산과 염기의 정의

아레니우스 산은 수용액에서 수소 이온(H^+)을 내놓는 물질이고, 브뢴스테드·로리 산은 양성자(H^+)를 주는 물질이다.

ㄱ. NH_3는 H_2O로부터 양성자(H^+)를 받아 NH_4^+이 된다.

ㄨ. 아레니우스 산은 수용액에서 수소 이온(H^+)을 내놓는 물질이므로 NH_3는 아레니우스 산이 아니다.

ㄷ. H_2O은 NH_3에 양성자(H^+)를 주었으므로 브뢴스테드·로리 산이다.

02 산과 염기의 정의

아레니우스 산은 수용액에서 수소 이온(H^+)을 내놓는 물질이고, 브뢴스테드·로리 염기는 양성자(H^+)를 받는 물질이다.

ㄱ. (가)에서 HCl는 수용액에서 수소 이온(H^+)을 내놓으므로 아레니우스 산이다.

ㄴ. 완성된 화학 반응식 (나)는 다음과 같다.
$(CH_3)_3N(g)+H_2O(l) \longrightarrow (CH_3)_3NH^+(aq)+OH^-(aq)$
따라서 ㉠은 OH^-이다.

ㄨ. (가)에서 H_2O은 HCl로부터 양성자(H^+)를 받았으므로 브뢴스테드·로리 염기이고, (나)에서 H_2O은 $(CH_3)_3N$에 양성자(H^+)를 주었으므로 브뢴스테드·로리 산이다.

03 중화 반응과 몰 농도

(가)와 (나)에 존재하는 이온의 양(mol)은 표와 같다.

혼합 용액	이온의 양(mol)			
	H^+	Cl^-	Na^+	OH^-
(가)	0	0.002	0.002	0
(나)	0	0.004	0.008	0.004

ㄱ. OH^-이 존재하므로 (나)는 염기성이다.

ㄴ. $\frac{(나)\text{에 존재하는 모든 이온의 양(mol)}}{(가)\text{에 존재하는 모든 이온의 양(mol)}}=\frac{0.016}{0.004}=4$이다.

ㄷ. $\frac{(나)\text{에서 Na}^+\text{의 몰 농도(M)}}{(가)\text{에서 Na}^+\text{의 몰 농도(M)}}=\frac{\frac{0.008\text{ mol}}{0.04\text{ L}}}{\frac{0.002\text{ mol}}{0.03\text{ L}}}=3$이다.

04 중화 반응과 이온의 양(mol)

$HCl(aq)$과 $NaOH(aq)$의 혼합 용액이 산성이면 혼합 용액에 존재하는 모든 이온의 양(mol)은 혼합 전 $HCl(aq)$에 존재하는 모든 이온의 양(mol)과 같고, 혼합 용액이 염기성이면 혼합 용액에 존재하는 모든 이온의 양(mol)은 혼합 전 $NaOH(aq)$에 존재하는 모든 이온의 양(mol)과 같다.

㉠. (가)에서 혼합 용액의 부피는 혼합 전 $NaOH(aq)$의 부피의 $\frac{5}{2}$배이므로 Na^+의 몰 농도(M)는 혼합 전 $NaOH(aq)$의 몰 농도(M)의 $\frac{2}{5}$배인 0.04 M이다.

✗. (나)에서 혼합 전 0.1 M $NaOH(aq)$ 30 mL에 존재하는 Na^+과 OH^-의 양의 합은 0.006 mol이므로 혼합 용액에 존재하는 모든 이온의 양인 0.008 mol보다 작다. 따라서 (나)는 산성이다.

㉢. (나)에서 혼합 전 0.2 M $HCl(aq)$ V mL에 존재하는 모든 이온의 양이 0.008 mol이므로 $V=20$이다.

05 산과 염기

○이 2가지 수용액에 공통으로 존재하므로 OH^-이고, □은 X^{2-}이며, (다)는 0.2 M $H_2X(aq)$이다. 3가지 수용액의 부피가 모두 같으므로 부피를 각각 1 L라고 가정하면 각 수용액에 존재하는 이온의 양(mol)은 표와 같다.

수용액	이온의 양(mol)	
0.1 M $Z(OH)_2(aq)$	Z^{2+}	0.1
	OH^-	0.2
0.1 M $YOH(aq)$	Y^+	0.1
	OH^-	0.1
0.2 M $H_2X(aq)$	H^+	0.4
	X^{2-}	0.2

㉠. 수용액에 존재하는 음이온의 몰비가 (가) : (나)=2 : 1이므로 (가)는 0.1 M $Z(OH)_2(aq)$, (나)는 0.1 M $YOH(aq)$이다.

✗. 수용액에 존재하는 양이온의 양(mol)은 (가)와 (나)가 같다.

✗. (가)와 (나)에 존재하는 OH^-과 (다)에 존재하는 H^+의 몰비는 OH^- : H^+=3 : 4이므로 (가)~(다)를 모두 혼합한 용액은 산성이다.

06 중화 반응

$HCl(aq)$과 $NaOH(aq)$의 혼합 용액이 산성이면 혼합 용액에는 H^+, Cl^-, Na^+이 존재하고 염기성이면 OH^-, Cl^-, Na^+이 존재하며, 중성이면 Cl^-, Na^+이 존재한다.

㉠. 혼합 용액에 존재하는 이온의 가짓수는 (가)>(나)이므로 (가)에는 3가지, (나)에는 2가지 이온이 존재한다. 따라서 (나)는 중성

이고, 부피비가 $HCl(aq)$: $NaOH(aq)$=2 : 1이므로 $\dfrac{HCl(aq)의\ 몰\ 농도(M)}{NaOH(aq)의\ 몰\ 농도(M)}=\dfrac{1}{2}$이다.

㉡. (가)는 $HCl(aq)$의 부피가 $NaOH(aq)$의 부피의 2배보다 크므로 산성이다.

㉢. (다)는 $HCl(aq)$의 부피가 $NaOH(aq)$의 부피의 2배보다 작으므로 염기성이고, 가장 많이 존재하는 이온은 Na^+이다.

07 중화 반응과 이온의 몰 농도

H^+의 양은 Ⅰ에서 $(0.04+0.1x)$ mol이고, Ⅱ에서 $(0.04-0.03)$ $=0.01$ mol이다.

$$\dfrac{Ⅱ에서\ H^+의\ 몰\ 농도(M)}{Ⅰ에서\ H^+의\ 몰\ 농도(M)}=\dfrac{\dfrac{0.01\ mol}{0.35\ L}}{\dfrac{(0.04+0.1x)\ mol}{0.30\ L}}=\dfrac{1}{7}$$이므로

$x=0.2$이다.

08 산 염기와 중화 반응

(가)~(다) 중 각각 2가지씩 혼합한 용액에 존재하는 모든 양이온의 양(mol)은 표와 같다.

혼합 용액	양이온의 양(mol)
(가)+(나)	H^+ 0.005
(나)+(다)	H^+ 0.002 Na^+ 0.002
(가)+(다)	Na^+ 0.002

㉠. 혼합 용액에 존재하는 모든 양이온의 몰 농도(M)의 합은 혼합 용액 (가)+(나), (나)+(다), (가)+(다)가 각각 $\dfrac{5}{30}$, $\dfrac{4}{30}$, $\dfrac{2}{20}$이다. 따라서 Ⅰ은 (가)+(나), Ⅱ는 (나)+(다), Ⅲ은 (가)+(다)의 혼합 용액이고, ㉠은 '(가)+(나)'이다.

㉡. 혼합 용액에 존재하는 모든 양이온의 몰 농도(M)의 합의 비는 Ⅰ : Ⅱ=$\dfrac{5}{30}$: $\dfrac{4}{30}$=5 : a이므로 $a=4$이다.

㉢. Ⅰ과 Ⅱ는 산성이고, Ⅲ은 염기성이므로 Ⅰ~Ⅲ 중 산성인 것은 2가지이다.

09 중화 반응과 이온의 양(mol)

(나)에는 □ 1가지만 존재하므로 □은 Na^+이다. (가)에는 ○과 □ 2가지가 존재하므로 산성이고, ○은 H^+이다. (가)에는 H^+이 0.001 mol 존재하므로 모형 1개의 양은 0.001 mol이다. (나)에는 Na^+이 0.002 mol 존재하므로 $V=20$이다.

$$\dfrac{(나)에서\ Cl^-의\ 몰\ 농도(M)}{(가)에서\ X^{2-}의\ 몰\ 농도(M)}=\dfrac{\dfrac{0.01x\ mol}{0.03\ L}}{\dfrac{0.001\ mol}{0.02\ L}}=\dfrac{4}{3}$$이므로

$x=0.2$이다. 따라서 $x \times V=0.2 \times 20=4$이다.

10 산 염기와 중화 반응

(가)~(다)의 부피가 모두 같으므로 1 L라고 가정하면, 수용액에 존재하는 음이온의 양(mol)은 0.2 M $H_2X(aq)$, 0.1 M $HCl(aq)$, a M $NaOH(aq)$이 각각 0.2, 0.1, a이다. 수용액에 존재하는 음이온의 양(mol)은 (가)와 (나)가 같으므로 (가)와 (나)가 0.2 M $H_2X(aq)$ 또는 a M $NaOH(aq)$일 때 (다)는 0.1 M $HCl(aq)$이고, $a=0.2$이다. 또한 (가)와 (나)가 0.1 M $HCl(aq)$ 또는 a M $NaOH(aq)$일 때 (다)는 0.2 M $H_2X(aq)$이고, $a=0.1$이다.

✗. (나)와 (다)의 혼합 용액은 염기성이므로 (가)는 0.2 M $H_2X(aq)$, (나)는 0.2 M $NaOH(aq)$, (다)는 0.1 M $HCl(aq)$이다.

Ⓛ. $a=0.2$이다.

Ⓔ. (가)와 (나)의 부피가 같으므로 (가)와 (나)의 부피를 각각 1 L라고 하면, (가)와 (나)를 혼합한 용액에는 H^+ 0.2 mol, X^{2-} 0.2 mol, Na^+ 0.2 mol이 들어 있다. 따라서 (가)와 (나)를 혼합한 용액에 존재하는 $\dfrac{모든\ 음이온의\ 양(mol)}{모든\ 양이온의\ 양(mol)}=\dfrac{1}{2}$이다.

11 중화 적정 실험

적정에 사용된 $NaOH(aq)$의 부피가 V mL이므로 x M $CH_3COOH(aq)$ 20 mL에 들어 있는 H^+의 양(mol)과 0.2 M $NaOH(aq)$ V mL에 들어 있는 OH^-의 양(mol)이 같고, $x \times 0.02 = 0.2 \times 0.001V$이다.

중화점에서 Na^+의 몰 농도는 $\dfrac{(0.2 \times 0.001V)\ mol}{(0.02+0.001V)\ L}=0.12$ M 이므로 $V=30$이고, $x=0.3$이다. 따라서 $x \times V = 0.3 \times 30 = 9$ 이다.

12 중화 반응과 이온의 양(mol)

$NaOH(aq)$에 $HY(aq)$을 가할 때 중화점까지 혼합 용액에 존재하는 모든 이온의 양(mol)은 일정하고 중화점 이후부터 모든 이온의 양(mol)은 증가하며, $NaOH(aq)$에 $H_2X(aq)$을 가할 때 중화점까지 혼합 용액에 존재하는 모든 이온의 양(mol)은 감소하고 중화점 이후부터 모든 이온의 양(mol)은 증가한다.

Ⓝ. (가)와 (나)를 각각 20 mL씩 가했을 때가 중화점이고, 중화점까지 혼합 용액에 존재하는 모든 이온의 양(mol)은 (가)를 가할 때 일정하고, (나)를 가할 때 감소하므로 (가)는 $HY(aq)$이고, (나)는 $H_2X(aq)$이다.

Ⓛ. 중화점까지 가한 산 수용액의 부피는 $H_2X(aq)$과 $HY(aq)$이 모두 20 mL이므로 $H_2X(aq)$의 몰 농도는 0.1 M이고, $HY(aq)$의 몰 농도는 0.2 M이다.

따라서 $\dfrac{H_2X(aq)의\ 몰\ 농도(M)}{HY(aq)의\ 몰\ 농도(M)}=\dfrac{1}{2}$이다.

Ⓔ. $HY(aq)$을 30 mL 가했을 때 혼합 용액에는 Na^+ 0.004 mol, H^+ 0.002 mol, Y^- 0.006 mol이 존재하므로 $a=12$이고, $H_2X(aq)$을 20 mL 가했을 때 혼합 용액에는 Na^+ 0.004 mol, X^{2-} 0.002 mol이 존재하므로 $b=6$이다. 따라서 $a=2b$이다.

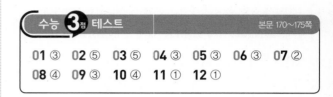

수능 3점 테스트   본문 170~175쪽

01 ③   02 ⑤   03 ⑤   04 ③   05 ③   06 ③   07 ②

08 ④   09 ③   10 ④   11 ①   12 ①

01 산과 염기의 정의

아레니우스 산은 수용액에서 수소 이온(H^+)을 내놓는 물질이고 아레니우스 염기는 수용액에서 수산화 이온(OH^-)을 내놓는 물질이다. 브뢴스테드·로리 산은 양성자(H^+)를 주는 물질이고 브뢴스테드·로리 염기는 양성자(H^+)를 받는 물질이다.

Ⓝ. (가)에서 HCOOH은 수용액에서 수소 이온(H^+)을 내놓으므로 아레니우스 산이다.

✗. (나)에서 H_2O은 CO_3^{2-}에게 양성자(H^+)를 주었으므로 브뢴스테드·로리 산이다.

Ⓔ. (다)에서 HSO_4^-은 CO_3^{2-}에 양성자(H^+)를 주었으므로 브뢴스테드·로리 산이다.

02 중화 반응과 이온의 양(mol)

(가)에 존재하는 OH^-의 양은 0.005 mol이므로 ○ 1개는 OH^- 0.001 mol을 의미한다. 따라서 (나)에서 □ 1개는 X^{n-} 0.001 mol을 의미한다.

✗. x M $H_nX(aq)$ 10 mL에는 H^+ 0.004 mol과 X^{n-} 0.002 mol이 존재하므로 $n=2$이다.

Ⓛ. x M $H_2X(aq)$ 10 mL에 존재하는 H^+의 양은 0.004 mol 이므로 $H_2X(aq)$의 몰 농도는 0.2 M이고, $x=0.2$이다.

Ⓔ. (나)는 염기성이므로 양이온은 Na^+ 0.005 mol만 존재하고, 음이온은 OH^- 0.001 mol과 X^{2-} 0.002 mol이 존재한다. 따라서 (나)에 존재하는 모든 이온의 양은 0.008 mol이다.

03 중화 반응과 이온의 양(mol)

(나)의 혼합 용액에는 Na^+ 0.002 mol, H^+ 0.002 mol, Cl^- 0.004 mol이 존재하므로 (나)의 혼합 용액에 존재하는 모든 이온의 양은 0.008 mol이고,

$\dfrac{(가)에서\ 혼합\ 용액에\ 존재하는\ 모든\ 이온의\ 양(mol)}{(나)에서\ 혼합\ 용액에\ 존재하는\ 모든\ 이온의\ 양(mol)}=\dfrac{3}{4}$이므로 (가)에 존재하는 모든 이온의 양은 0.006 mol이다. 0.1 M $NaOH(aq)$ 20 mL에는 Na^+ 0.002 mol과 OH^- 0.002 mol

이 들어 있으므로 (가)에서 만든 혼합 용액이 염기성이나 중성이면 모든 이온의 양은 0.004 mol이어야 한다. 그러나 (가)에서 만든 혼합 용액에 존재하는 모든 이온의 양은 0.006 mol이므로 산성이고 혼합 용액에는 Na^+ 0.002 mol, H^+ $(0.01x-0.002)$ mol, Cl^- $0.01x$ mol이 존재한다. 따라서 $x=0.3$이다.

04 중화 적정 실험

(나)에서 $NaOH(aq)$의 부피가 2배가 되었으므로 (나)에서 만든 $NaOH(aq)$의 몰 농도는 $\frac{1}{2}x$ M이다.

㉠. $V_1=40$ mL이므로 $\frac{1}{2}x$ M $\times 40$ mL $=0.2$ M $\times 50$ mL이고, $x=0.5$이다. $V_2=30$ mL이므로 $\frac{1}{2}x$ M $\times 30$ mL $=y$ M $\times 50$ mL이고, $y=0.15$이다. 따라서 $\frac{y}{x}=0.3$이다.

✘. $x=0.5$이므로 (가)에서 0.5 M $NaOH(aq)$ 50 mL를 만드는 데 필요한 NaOH의 양은 0.025 mol이다. NaOH의 화학식량이 40이므로 0.025 mol NaOH의 질량은 1 g이다. 따라서 $w=1$이다.

㉢. $x(=0.5)$ M $NaOH(aq)$ 20 mL에 존재하는 OH^-의 양은 0.01 mol이고, 0.2 M $HCl(aq)$ 10 mL에 존재하는 H^+의 양은 0.002 mol, $y(=0.15)$ M $HCl(aq)$ 40 mL에 존재하는 H^+의 양은 0.006 mol이므로 3가지 수용액을 모두 혼합한 용액은 염기성이다.

05 중화 반응과 이온의 양(mol)

$NaOH(aq)$과 $HCl(aq)$의 혼합 용액이 산성이면 혼합 용액에 가장 많이 존재하는 이온은 Cl^-이고, 혼합 용액이 염기성이면 혼합 용액에 가장 많이 존재하는 이온은 Na^+이다.

㉠. (가)에 존재하는 이온이 3가지이므로 (가)는 중성이 아니고, (가)에서 가장 많이 존재하는 이온이 Cl^-이므로 (가)는 산성이다.

㉡. (가)는 산성이므로 수용액에 존재하는 양이온의 양은 H^+ $(0.02x-0.03y)$ mol과 Na^+ $0.03y$ mol로 총 $0.02x$ mol이 존재한다. (나)가 중성 또는 산성이면 수용액에 존재하는 양이온의 양은 혼합 전 $HCl(aq)$에 존재하는 H^+의 양인 $0.015x$ mol과 같아야 한다. 그러나 $\frac{(나)에 존재하는 모든 양이온의 양(mol)}{(가)에 존재하는 모든 양이온의 양(mol)}=\frac{5}{4}$ 이므로 (나)에 존재하는 모든 양이온의 양은 $0.025x$ mol이고, (나)는 염기성이다. 염기성인 (나)에 존재하는 양이온은 Na^+ $0.05y$ mol이므로 $0.05y=0.025x$이다. 따라서 $\frac{y}{x}=\frac{1}{2}$이다.

✘. $\frac{y}{x}=\frac{1}{2}$이므로 (나)에 존재하는 이온은 Na^+ $0.05y$ mol, OH^- $0.02y(=0.05y-0.015x)$ mol, Cl^- $0.03y(=0.015x)$ mol이다. 따라서 (나)에서 두 번째로 많이 존재하는 이온은 Cl^-이다.

06 중화 반응과 이온의 양(mol)

x M $H_2X(aq)$ 20 mL에 0.2 M $NaOH(aq)$을 가하는 것이므로 X^{2-}의 양(mol)은 일정하다.

㉠. 가한 $NaOH(aq)$의 부피가 30 mL에서 40 mL로 증가하면 혼합 용액 속 X^{2-}의 몰 농도(M)는 감소하므로 (나)는 OH^-이고, (가)는 X^{2-}이다.

㉡. 가한 $NaOH(aq)$의 부피에 따른 혼합 용액에 존재하는 X^{2-}과 OH^-의 몰 농도(M)는 표와 같다.

가한 $NaOH(aq)$의 부피(mL)		30	40
몰 농도(M)	X^{2-}	$\frac{20x}{50}$	$\frac{20x}{60}$
	OH^-	$\frac{6-40x}{50}$	$\frac{8-40x}{60}$

가한 $NaOH(aq)$의 부피가 30 mL일 때와 40 mL일 때 혼합 용액에 존재하는 OH^-의 몰 농도(M)의 비는 $\frac{6-40x}{50} : \frac{8-40x}{60}=3b:5b$이므로 $x=0.1$이다.

가한 $NaOH(aq)$의 부피가 30 mL일 때 OH^-의 몰 농도(M)는 $3b=\frac{6-40x}{50}=\frac{6-40\times0.1}{50}=0.04$이고, X^{2-}의 몰 농도(M)는 $a=\frac{20x}{50}=\frac{20\times0.1}{50}=0.04$이므로 $a=3b$이다.

따라서 $x\times\frac{a}{b}=0.1\times3=0.3$이다.

✘. 가한 $NaOH(aq)$의 부피가 40 mL일 때 혼합 용액에는 Na^+ 0.008 mol, OH^- 0.004 mol, X^{2-} 0.002 mol이 존재한다. 따라서 혼합 용액에 존재하는 $\frac{모든 음이온의 양(mol)}{모든 양이온의 양(mol)}=\frac{3}{4}$이다.

07 중화 반응과 이온의 몰 농도

가한 $NaOH(aq)$의 부피가 증가할수록 H^+의 몰 농도(M)는 감소하므로 (가)는 Na^+, (나)는 H^+이다. 가한 $NaOH(aq)$의 부피가 $2V$ mL일 때 H^+과 Na^+의 몰 농도(M)가 같으므로 x M $HCl(aq)$ 50 mL에 존재하는 H^+의 양(mol)은 0.1 M $NaOH(aq)$ $2V$ mL에 존재하는 OH^-의 양(mol)의 2배이고, $50x\times10^{-3}=2\times0.2V\times10^{-3}$이며 $50x=0.4V$이다. 가한 $NaOH(aq)$의 부피가 $3V$ mL일 때 H^+의 몰 농도는 $\frac{(50x-0.3V)\times10^{-3}\text{ mol}}{(50+3V)\times10^{-3}\text{ L}}=0.02$ M이고, $50x=0.4V$이므로 $V=25$이며 $x=0.2$이다. 가한 $NaOH(aq)$의 부피가 $3V$ mL일 때, Na^+의 몰 농도는 $\frac{0.3V\times10^{-3}\text{ mol}}{(50+3V)\times10^{-3}\text{ L}}=\frac{7.5\times10^{-3}\text{ mol}}{(50+75)\times10^{-3}\text{ L}}=0.06$ M이고, $y=0.06$이다. 따라서 $\frac{y}{x}=\frac{0.06}{0.2}=0.3$이다.

08 중화 반응과 이온의 양(mol)

$x(=0.2)$ M $HCl(aq)$ 50 mL에 0.1 M $NaOH(aq)$ $5V(=125)$ mL를 가했을 때 혼합 용액에는 Na^+ 0.0125 mol, Cl^- 0.01 mol, OH^- 0.0025 mol이 존재하므로 혼합 용액에 존재하는 모든 이온의 몰비는 $Na^+:Cl^-:OH^-=5:4:1$이다. 따라서 혼합 용액에 존재하는 모든 이온의 양(mol)의 비율을 나타낸 것으로 가장 적절한 것은 ④이다.

09 중화 반응과 이온의 양(mol)

$HCl(aq)$과 $NaOH(aq)$의 몰 농도를 각각 x M, y M라고 가정하면 (가)는 염기성, (다)는 산성이므로 혼합 용액에 존재하는 이온의 양(mol)은 표와 같다.

혼합 용액	이온의 양(mol)			
	H^+	Cl^-	Na^+	OH^-
(가)	0	$0.01x$	$0.02y$	$0.02y-0.01x$
(다)	$0.03x-0.01y$	$0.03x$	$0.01y$	0

㉠. 혼합 용액에 존재하는 모든 이온의 양(mol)은 (가)와 (다)가 각각 $0.04y$, $0.06x$이고, 혼합 용액에 존재하는 $\dfrac{Na^+\text{의 양(mol)}}{\text{모든 이온의 양(mol)}}$의 비는 (가):(다)$=\dfrac{0.02y}{0.04y}:\dfrac{0.01y}{0.06x}=5:1$이므로 $\dfrac{y}{x}=\dfrac{3}{5}$이다. 따라서 $\dfrac{NaOH(aq)\text{의 몰 농도(M)}}{HCl(aq)\text{의 몰 농도(M)}}=\dfrac{3}{5}$이다.

✗. $\dfrac{NaOH(aq)\text{의 몰 농도(M)}}{HCl(aq)\text{의 몰 농도(M)}}=\dfrac{3}{5}$이고, (나)에서 $HCl(aq)$과 $NaOH(aq)$의 부피가 같으므로 (나)는 산성이다. 따라서 (나)에서 가장 많이 존재하는 이온은 Cl^-이다.

㉢. (나)는 산성이므로 (나)에 존재하는 이온의 양(mol)은 표와 같다.

혼합 용액	이온의 양(mol)			
	H^+	Cl^-	Na^+	OH^-
(나)	$0.02x-0.02y$	$0.02x$	$0.02y$	0

$\dfrac{y}{x}=\dfrac{3}{5}$이므로 (나)에 존재하는 $\dfrac{Na^+\text{의 양(mol)}}{\text{모든 이온의 양(mol)}}=\dfrac{0.02y}{0.04x}$ $=\dfrac{3}{10}$이다. (다)에 존재하는 $\dfrac{Na^+\text{의 양(mol)}}{\text{모든 이온의 양(mol)}}=\dfrac{0.01y}{0.06x}$ $=\dfrac{1}{10}$이므로 혼합 용액에 존재하는 $\dfrac{Na^+\text{의 양(mol)}}{\text{모든 이온의 양(mol)}}$의 비는 (나):(다)$=3:1$이고, $a=3$이다.

10 중화 반응과 이온의 몰 농도

0.2 M $HCl(aq)$ 20 mL에 존재하는 H^+의 양(mol)과 x M $NaOH(aq)$ $4V$ mL에 존재하는 OH^-의 양(mol)이 같으므로 0.004 mol$=0.004xV$ mol이고, $xV=1$이다. (가)와 (나)는 모

두 중성이고, (가)와 (나)에서 혼합된 x M $NaOH(aq)$의 부피 차이는 $6V$ mL이므로 y M $HCl(aq)$ 20 mL에 들어 있는 H^+의 양(mol)과 x M $NaOH(aq)$ $6V$ mL에 들어 있는 OH^-의 양(mol)이 같다. $0.02y$ mol$=0.006xV$ mol이고, $xV=1$이므로 $y=0.3$이다. 혼합 용액에 존재하는 Cl^-의 몰 농도(M)는 $\dfrac{(가)}{(나)}=\dfrac{\dfrac{0.2\times0.02\ \text{mol}}{(0.02+0.004V)\ \text{L}}}{\dfrac{(0.2\times0.02+y\times0.02)\ \text{mol}}{(0.04+0.01V)\ \text{L}}}=\dfrac{14}{15}$이므로 $V=10$이고, $x=0.1$이다. 따라서 $\dfrac{y}{x}\times V=\dfrac{0.3}{0.1}\times10=30$이다.

11 중화 반응과 이온의 양(mol)

(가)와 (나)가 모두 산성일 때, (가)에는 Na^+ 0.01 mol, H^+ $(0.04x-0.01)$ mol, X^{2-} $0.02x$ mol이 존재하고, (나)에는 Na^+ 0.01 mol, H^+ $(0.08x-0.01)$ mol, X^{2-} $0.04x$ mol이 존재하므로 모든 이온의 양(mol)은 (가)와 (나)가 각각 $0.06x$, $0.12x$이다. 혼합 용액에 존재하는 모든 이온의 양(mol)은 (가)가 (나)보다 많으므로 (가)와 (나)는 모두 염기성이다.

㉠. (가)에는 Na^+ 0.01 mol, OH^- $(0.01-0.04x)$ mol, X^{2-} $0.02x$ mol이 존재하고, (나)에는 Na^+ 0.01 mol, OH^- $(0.01-0.08x)$ mol, X^{2-} $0.04x$ mol이 존재한다. 혼합 용액에 존재하는 모든 이온의 몰비는 (가):(나)$=0.02-0.02x:0.02$ $-0.04x=9:8$이므로 $x=0.1$이다.

✗. (다)에서 혼합 전 OH^-의 양은 0.01 mol이고, 혼합 전 H^+의 양의 합은 0.008 mol이므로 (다)는 염기성이다.

✗. (나)에는 OH^- 0.002 mol, X^{2-} 0.004 mol이 존재하고, (다)에는 OH^- 0.002 mol, X^{2-} 0.002 mol, Y^- 0.004 mol이 존재한다. 혼합 용액에 존재하는 모든 음이온의 몰 농도(M)의 합은 (나)와 (다)가 각각 $\dfrac{0.006\ \text{mol}}{0.09\ \text{L}}$, $\dfrac{0.008\ \text{mol}}{0.08\ \text{L}}$이므로 (다)>(나)이다.

12 중화 반응과 이온의 몰 농도

산 수용액에 염기 수용액을 첨가하므로 Ⅰ이 중성이나 염기성이면 혼합 용액에 존재하는 모든 양이온의 양(mol)은 Ⅱ>Ⅰ이어야 하는데, 모든 양이온의 몰비는 Ⅰ:Ⅱ$=4:3$이므로 Ⅰ은 산성이다.

Ⅱ에서 X^{2-}의 몰 농도는 $\dfrac{xV\times10^{-3}\ \text{mol}}{(3V+20)\times10^{-3}\ \text{L}}=0.1$ M이고, $xV=0.3V+2$이다.

Ⅰ에 존재하는 H^+의 양(mol)은 $(2xV-4)\times10^{-3}$이고, $xV=0.3V+2$이므로 H^+의 양(mol)은 $0.6V\times10^{-3}$이며, (나)에서 첨가된 OH^-의 양(mol)은 $0.4V\times10^{-3}$이므로 Ⅱ는 산성이다.

I에 존재하는 양이온은 H^+ $0.6V \times 10^{-3}$ mol, Y^+ 4×10^{-3} mol이고, II에 존재하는 양이온은 H^+ $0.2V \times 10^{-3}$ mol, Y^+ 4×10^{-3} mol, Z^{2+} $0.2V \times 10^{-3}$ mol이므로 모든 양이온의 몰비는 $I : II = (0.6V+4) : (0.4V+4) = 4 : 3$이며, $V = 20$이다. $xV = 0.3V + 2$이므로 $x = 0.4$이고, $\dfrac{x}{V} = \dfrac{0.4}{20} = \dfrac{1}{50}$이다.

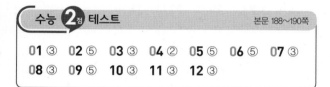

12 산화 환원 반응과 화학 반응에서 출입하는 열

01 산화수

산화수는 물질을 구성하는 원자가 산화되거나 환원되는 정도를 나타내기 위한 값이다. 공유 결합 물질에서 전자는 어느 한 원자로 완전히 이동하지 않는다. 공유 결합 물질에서 원자의 산화수는 전기 음성도가 작은 원자에서 전기 음성도가 큰 원자로 공유 전자쌍이 완전히 이동한다고 가정할 때 각 구성 원자의 전하이다. 따라서 ㉠은 전기 음성도이고, ㉡은 공유 전자쌍이다.

02 산화수

(가)~(마)에서 Cl의 산화수는 표와 같다.

물질	(가)	(나)	(다)	(라)	(마)
Cl의 산화수	+1	0	-1	+3	+7

$a = +3$, $b = +7$이고, (가)~(마) 중 Cl의 산화수가 0보다 큰 것은 3가지이므로 $\dfrac{b}{a} \times x = \dfrac{7}{3} \times 3 = 7$이다.

03 산화 환원 반응

산화수가 증가하는 반응이 산화, 산화수가 감소하는 반응이 환원이다.

㉠. (가)에서 H의 산화수는 0에서 +1로 증가했으므로 H_2는 환원제이다.

㉡. 완성된 산화 환원 반응의 화학 반응식 (나)는 다음과 같다.
$$3H_2S + 2HNO_3 \longrightarrow 3S + 2NO + 4H_2O$$
따라서 ㉠은 NO이다.

✗. N의 산화수는 ㉠에서 +2, HNO_3에서 +5이므로 HNO_3에서가 ㉠에서보다 크다.

04 산화 환원 반응

(가)에서 Na의 산화수는 +1에서 0으로 감소하고, Cl의 산화수는 -1에서 0으로 증가한다. (나)에서 Na의 산화수는 0에서 +1로 증가하고, H의 산화수는 +1에서 0으로 감소하며, O의 산화수는 변하지 않는다.

✗. (가)에서 Cl의 산화수는 1만큼 증가한다.

㉡. (나)에서 Na의 산화수가 증가하므로 Na은 환원제이다.

✗. (나)에서 H_2 2 mol이 생성될 때 H 원자 4 mol의 산화수가 1만큼씩 감소하므로 이동한 전자의 양은 4 mol이다.

05 산화 환원 반응

전기 음성도가 O > X > H이므로 XO_2, HXO_3, HXO_2에서 X의 산화수는 각각 +4, +5, +3이다.

✗. H와 O의 산화수가 변하지 않으므로 H_2O은 산화되지 않는다.

㉡. HXO_3와 HXO_2에서 X의 산화수는 각각 +5, +3이다.

㉢. XO_2와 HXO_3에서 X의 산화수는 각각 +4, +5이므로 산화수가 1만큼 증가한 X가 존재한다.

06 산화 환원 반응

X의 산화수가 2만큼 감소하고 생성물에서 X의 산화수가 0이므로 XY에서 X의 산화수는 +2, Y의 산화수는 -2이다. Y의 산화수는 변화 없으므로 Z_2Y에서 Y의 산화수는 -2, Z의 산화수는 +1이다.

✗. Z_2에서 Z의 산화수는 0이므로 '1만큼 증가'가 ㉠으로 적절하다.

㉡. X의 산화수가 감소했으므로 XY는 산화제이다.

㉢. Z의 산화수가 1만큼 증가하므로 Z_2 1 mol이 반응할 때 이동한 전자의 양은 2 mol이다.

07 금속과 금속 이온의 산화 환원 반응

A^{2+}과 B의 반응에서 B가 B^{b+}으로 산화되고, A^{2+}이 A로 환원된다.

㉠. A^{2+}은 환원되었으므로 산화제이다.

㉡. A^{2+} 0.1 mol이 환원되는 데 필요한 전자의 양은 0.2 mol이므로 이동한 전자의 양은 0.2 mol이다.

✗. 반응 후 수용액에는 B^{b+} 0.2 mol이 존재하므로 B 0.2 mol이 산화되었다. 이동한 전자의 양이 0.2 mol이므로 $b = 1$이다.

08 금속과 산 수용액의 산화 환원 반응

반응에서 $A(s)$가 $A^{2+}(aq)$으로 산화되고, $HCl(aq)$ 속 $H^+(aq)$이 $H_2(g)$로 환원된다.

㉠. $A(s)$가 $A^{2+}(aq)$으로 산화되므로 A의 산화수는 0에서 +2로 2만큼 증가한다.

✗. 반응 몰비가 A(s) : H_2(g)=1 : 1이므로 반응한 A(s) a g의 양은 0.1 mol이다. 따라서 A의 화학식량은 10a이다.

©. A의 산화수가 2만큼 증가하므로 A(s) 0.1 mol이 반응할 때 이동한 전자의 양은 0.2 mol이다.

09 금속과 금속 이온의 산화 환원 반응

(가)와 (나)에서 반응 후 수용액에 A^{a+}이 존재하므로 넣어 준 B(s) 2N mol과 C(s) 3N mol은 모두 반응했다.

㉠. (가)에서 B(s) 2N mol이 모두 반응했으므로 반응 후 수용액에 존재하는 A^{a+}과 B^{3+}의 양은 각각 7N mol, 2N mol이고, A^{a+}은 3N mol이 반응했다. B(s) 2N mol이 B^{3+} 2N mol로 산화되면서 잃은 전자의 양(=6N mol)은 A^{a+} 3N mol이 얻은 전자의 양(mol)과 같으므로 a=2이다.

©. (나)에서 C(s) 3N mol이 C^{2+} 3N mol로 산화되면서 잃은 전자의 양은 6N mol이므로 이동한 전자의 양(mol)은 (가)에서와 (나)에서가 같다.

©. (나)에서 이동한 전자의 양이 6N mol이므로 A^{a+} 3N mol만 환원되고, 수용액에는 A^{a+} 7N mol이 존재한다. 따라서 반응 후 수용액에 존재하는 A^{a+}의 양(mol)은 (가)에서와 (나)에서가 같다.

10 화학 반응에서 출입하는 열

발열 반응은 화학 반응이 일어날 때 열을 방출하는 반응이고, 흡열 반응은 화학 반응이 일어날 때 열을 흡수하는 반응이다.

㉮ C_2H_5OH의 연소 반응에서 발생되는 열을 이용하여 연료로 사용하므로 (가)는 발열 반응이다.

㉯ 중화 반응할 때 중화열이 발생되므로 (나)는 발열 반응이다.

㉲ 냉각 팩에 사용되는 NH_4Cl은 물에 녹아 열을 흡수하므로 (다)는 흡열 반응이다.

11 화학 반응에서 출입하는 열

흡열 반응은 화학 반응이 일어날 때 열을 흡수하는 반응이다.

㉠. 완성된 화학 반응식은 다음과 같다.

$2NaHCO_3 \longrightarrow Na_2CO_3 + CO_2 + H_2O$

따라서 ㉠은 CO_2이다.

✗. $NaHCO_3$이 열을 흡수하면 분해 반응이 일어나므로 $NaHCO_3$이 분해되는 반응은 흡열 반응이다.

©. 흡열 반응은 생성물의 에너지 합이 반응물의 에너지 합보다 크다.

12 화학 반응에서 출입하는 열

흡열 반응은 화학 반응이 일어날 때 열을 흡수하는 반응이다.

㉠. 수용액의 온도가 낮아지므로 NH_4NO_3(s)이 물에 용해되는 반응은 주위의 열을 흡수하는 흡열 반응이다.

©. 열량계의 열 손실이 없고, 수용액의 온도가 낮아지므로 NH_4NO_3(s)이 물에 용해되면서 얻은 열은 열량계 속 수용액이 잃은 열량과 같다.

✗. NH_4NO_3(s)이 물에 용해되는 반응은 흡열 반응이므로 주위의 열을 흡수하여 주위의 온도가 내려간다.

수능 3점 테스트 본문 191~196쪽

01 ③ 02 ③ 03 ⑤ 04 ⑤ 05 ⑤ 06 ① 07 ⑤
08 ③ 09 ② 10 ⑤ 11 ③ 12 ④

01 산화수

NO_2, NH_3, NO_3^-에서 N의 산화수는 각각 +4, -3, +5이다.

㉠. (다)는 구성 원자의 산화수의 합이 0보다 작으므로 NO_3^-이고, N의 산화수는 (가)에서가 (나)에서보다 크므로 (가)는 NO_2, (나)는 NH_3이다.

©. (다)는 NO_3^-이므로 N의 산화수는 +5이다.

✗. (가)와 (다)에서 O의 산화수는 모두 -2이고, (나)에서 N의 산화수는 -3, H의 산화수는 +1이므로 구성 원자 중 N의 산화수가 가장 큰 것은 (가)와 (다) 2가지이다.

02 산화 환원 반응

(가)에서 Al의 산화수는 0에서 +3으로 증가하고, O의 산화수는 0에서 -2로 감소한다. (나)에서 Al의 산화수는 0에서 +3으로 증가하고, Fe의 산화수는 +3에서 0으로 감소한다.

㉠. (가)와 (나)에서 Al의 산화수는 모두 증가하므로 Al은 모두 산화된다.

✗. (가)에서 O의 산화수는 0에서 -2로 감소하고, (나)의 Fe_2O_3과 Al_2O_3에서 O의 산화수는 모두 -2이다.

©. (가)와 (나)에서 모두 Al의 산화수가 3만큼 증가했으므로 Al 1 mol이 반응할 때 이동한 전자의 양은 3 mol이다.

03 산화수와 산화 환원 반응

(다)는 모든 원자의 산화수가 변하지 않으므로 산화 환원 반응이 아니고 Ⅰ에 해당한다. (나)에서 Fe의 산화수가 +2에서 +3으로 증가하므로 $Fe(OH)_2$은 환원제이고, 환원제에 금속 원소인 Fe이 포함되어 있으므로 (나)는 Ⅱ에 해당한다. (가)에서 C의 산화수는 0에서 +4로 4만큼 증가하므로 (가)는 Ⅲ에 해당한다.

04 산화수와 산화 환원 반응

완성된 산화 환원 반응식 (나)는 다음과 같다.

(나) $3Cu_2O + 2NO_3^- + 14H^+ \longrightarrow 6Cu^{2+} + 2NO + 7H_2O$

✗. (가)에서 N의 산화수는 -3에서 0으로 3만큼 증가하고, (나)에서 N의 산화수는 $+5$에서 $+2$로 3만큼 감소한다.

○. $a=3$, $b=14$, $c=6$, $d=7$이므로 $a+b > c+d$이다.

○. (나)에서 Cu의 산화수는 $+1$에서 $+2$로 1만큼 증가한다. Cu_2O 1 mol에는 Cu^+ 2 mol이 존재하므로 Cu_2O 1 mol이 반응할 때 이동한 전자의 양은 2 mol이다.

05 산화 환원 반응의 반응 계수

완성된 화학 반응식 (가)와 (나)는 다음과 같다.

(가) $SO_2 + 2H_2S \longrightarrow 2H_2O + 3S$

(나) $2HNO_3 + 3H_2S \longrightarrow 2NO + 3S + 4H_2O$

○. (가)의 SO_2에서 S의 산화수는 $+4$에서 0으로 감소하므로 SO_2은 산화제이다.

○. $b=3$, $d=3$이므로 $b=d$이다.

○. 생성물의 반응 계수의 합의 비는 (가) : (나)$=5:9=1:\dfrac{9}{5}$이다. 따라서 $x=\dfrac{9}{5}$이다.

06 금속과 금속 이온의 산화 환원 반응

$B(s)$ $6N$ mol과 $C(s)$ $6N$ mol을 넣어 반응을 완결시킬 때까지 수용액에 존재하는 모든 양이온의 양(mol)은 일정하게 증가 또는 감소하므로 넣어 준 $B(s)$ 또는 $C(s)$는 모두 반응한다.

○. A^{2+} $9N$ mol이 들어 있는 수용액에 $B(s)$ $2N$ mol을 넣어 반응을 완결시켰을 때 수용액에 존재하는 모든 양이온의 양이 $10N$ mol이므로 수용액에는 A^{2+} $8N$ mol과 B^{b+} $2N$ mol이 존재한다. $B(s)$ $2N$ mol이 B^{b+} $2N$ mol로 산화되면서 잃은 전자의 양($=2bN$ mol)은 A^{2+} N mol이 환원되면서 얻은 전자의 양($=2N$ mol)과 같으므로 $b=1$이다. 또한 A^{2+} $9N$ mol이 들어 있는 수용액에 $C(s)$ $2N$ mol을 넣어 반응을 완결시켰을 때 수용액에 존재하는 모든 양이온의 양이 $8N$ mol이므로 수용액에는 A^{2+} $6N$ mol과 C^{c+} $2N$ mol이 존재한다. $C(s)$ $2N$ mol이 C^{c+} $2N$ mol로 산화되면서 잃은 전자의 양($=2cN$ mol)은 A^{2+} $3N$ mol이 환원되면서 얻은 전자의 양($=6N$ mol)과 같으므로 $c=3$이다. 따라서 $\dfrac{c}{b}=3$이다.

✗. (다)에서 $C(s)$ $6N$ mol이 모두 반응했으므로 $C(s)$ $6N$ mol이 C^{3+} $6N$ mol로 산화되면서 잃은 전자의 양은 $18N$ mol이고, A^{2+} $9N$ mol은 모두 환원된다. 따라서 (다)에서 양이온은 C^{3+} $6N$ mol만 존재한다.

✗. (가)에는 A^{2+} $6N$ mol과 B^+ $6N$ mol이 존재하고, (나)에는 A^{2+} $6N$ mol과 C^{3+} $2N$ mol이 존재한다. 따라서 수용액에 존재하는 A^{2+}의 양(mol)은 (가)에서와 (나)에서가 같다.

07 산화수와 산화 환원 반응

(가)에서 Mn의 산화수는 $+2$에서 $+7$로 증가하고, (나)에서 Mn의 산화수는 $+7$에서 $+2$로 감소한다.

○. (가)에서 Mn의 산화수는 $+2$에서 $+7$로 5만큼 증가한다.

○. (나)에서 Mn의 산화수가 $+7$에서 $+2$로 5만큼 감소하고 Mn^{2+}의 반응 계수가 1이며 Fe의 산화수는 $+2$에서 $+3$으로 1만큼 증가하므로 $e=5$이다. 따라서 ㉠을 구성하는 원자의 종류와 수는 Mn 원자 1개와 O 원자 4개이며, Mn의 산화수가 $+7$이므로 ㉠은 MnO_4^-이다. 완성된 산화 환원 반응의 화학 반응식 (가)와 (나)는 다음과 같다.

(가) $2Mn^{2+} + 5PbO_2 + 4H^+ \longrightarrow 2MnO_4^- + 5Pb^{2+} + 2H_2O$

(나) $MnO_4^- + 5Fe^{2+} + 8H^+ \longrightarrow Mn^{2+} + 5Fe^{3+} + 4H_2O$

$a=2$, $b=4$, $c=2$, $d=2$, $e=5$이다.

○. $\dfrac{\text{(가)에서 생성물의 반응 계수의 합}}{\text{(나)에서 생성물의 반응 계수의 합}} = \dfrac{9}{10} < 1$이다.

08 금속과 산의 산화 환원 반응

(가)와 (나)에서 일어나는 반응의 양적 관계는 다음과 같다.

(가)	$A(s)$	$+\ 2H^+(aq)$	$\longrightarrow A^{2+}(aq)$	$+\ H_2(g)$
반응 전(mol)	0.01	0.05		
반응(mol)	-0.01	-0.02	$+0.01$	$+0.01$
반응 후(mol)	0	0.03	0.01	0.01

(나)	$2B(s)$	$+\ 6H^+(aq)$	$\longrightarrow 2B^{3+}(aq)$	$+\ 3H_2(g)$
반응 전(mol)	0.01	0.05		
반응(mol)	-0.01	-0.03	$+0.01$	$+0.015$
반응 후(mol)	0	0.02	0.01	0.015

○. A 이온의 산화수가 $+2$이고, B 이온의 산화수가 $+3$이므로 $A(s)$ 0.01 mol이 산화될 때 이동한 전자의 양은 0.02 mol이고, $B(s)$ 0.01 mol이 산화될 때 이동한 전자의 양은 0.03 mol이다. 따라서 이동한 전자의 양(mol)은 (나) > (가)이다.

○. 생성된 $H_2(g)$의 양(mol)은 (가)에서가 0.01, (나)에서가 0.015이므로 (나) > (가)이다.

✗. (가)에는 A^{2+} 0.01 mol과 H^+ 0.03 mol이 존재하고, (나)에는 B^{3+} 0.01 mol과 H^+ 0.02 mol이 존재한다. 따라서 수용액에 존재하는 모든 양이온의 양(mol)은 (가) > (나)이다.

09 금속과 금속 이온의 산화 환원 반응

A^{3+}과 B^+이 존재하는 수용액에 $C(s)$를 넣었을 때 반응하는 경우는 다음 3가지이다.

i) $C(s)$가 A^{3+}, B^+과 모두 반응할 때

A^{3+} $2N$ mol과 B^+ $2N$ mol이 $C(s)$ $4N$ mol과 모두 반응하면 수용액에는 C^{2+} $4N$ mol이 존재한다.

ii) C(s)와 A^{3+}만 반응할 때

A^{3+} $2N$ mol이 모두 반응하기 위해 필요한 전자의 양은 $6N$ mol이므로 C(s) $3N$ mol이 반응하고, 수용액에는 C^{2+} $3N$ mol과 B$^+$ $2N$ mol이 존재한다.

iii) C(s)와 B$^+$만 반응할 때

B$^+$ $2N$ mol이 모두 반응하기 위해 필요한 전자의 양은 $2N$ mol 이므로 C(s) N mol이 반응하고, 수용액에는 C^{2+} N mol과 A^{3+} $2N$ mol이 존재한다.

반응 완결 후 수용액에 존재하는 양이온의 종류는 2가지이고, 모든 양이온의 양은 $3N$ mol이므로 C(s)와 B$^+$만 반응한다.

✗. 반응 완결 후 수용액에는 A^{3+}과 C^{2+}이 존재한다.

○. C(s) N mol이 반응하여 C^{2+} N mol이 생성되었으므로 이동한 전자의 양은 $2N$ mol이다.

✗. A^{3+}은 C(s)와 반응하지 않았으므로 산화제가 아니다.

10 산화 환원 반응

(가)에서 H$_2$(g) 0.03 mol이 생성되었고 반응 몰비는 A(s) : H$_2$(g)=1 : 1이므로 반응한 A(s)의 양은 0.03 mol이 며 y=0.03이다. (가)에서 일어나는 반응의 양적 관계는 다음과 같다.

$$A(s) + 2H^+(aq) \longrightarrow A^{2+}(aq) + H_2(g)$$

반응 전(mol)	0.03	x		
반응(mol)	-0.03	-0.06	$+0.03$	$+0.03$
반응 후(mol)	0	$x-0.06$	0.03	0.03

(가)에 존재하는 모든 양이온의 양(mol)은 $x-0.03$=0.07이므로 x=0.1이다.

(나)에서 A의 산화수는 2만큼 증가하고 B^{b+}의 산화수는 b만큼 감소하므로 A와 B^{b+}의 반응 몰비는 b : 2이고, (나)에서 일어나는 반응의 양적 관계는 다음과 같다.

$$bA(s) + 2B^{b+}(aq) \longrightarrow bA^{2+}(aq) + 2B(s)$$

반응 전(mol)	0.03	0.1		
반응(mol)	-0.03	$-\left(\dfrac{2}{b}\times0.03\right)$	$+0.03$	$+\left(\dfrac{2}{b}\times0.03\right)$
반응 후(mol)	0	$0.1-\left(\dfrac{2}{b}\times0.03\right)$	0.03	$\dfrac{2}{b}\times0.03$

(나)에 존재하는 모든 양이온의 양(mol)은

$0.1-\left(\dfrac{2}{b}\times0.03\right)+0.03$=0.11이므로 b=3이다.

따라서 $b\times\dfrac{x}{y}=3\times\dfrac{0.1}{0.03}$=10이다.

11 화학 반응에서 출입하는 열

CaCl$_2$(s)이 물에 용해될 때 수용액의 온도가 높아졌으므로 CaCl$_2$(s)이 물에 용해되는 반응은 발열 반응이고, NH$_4$Cl(s)이

물에 용해될 때 수용액의 온도가 낮아졌으므로 NH$_4$Cl(s)이 물에 용해되는 반응은 흡열 반응이다.

○. NH$_4$Cl(s)이 물에 용해되는 반응이 흡열 반응이므로 'NH$_4$Cl(s)'은 ㉠으로 적절하다.

○. CaCl$_2$(s)이 물에 용해되는 반응은 발열 반응이므로 열을 방출한다.

✗. NH$_4$Cl(s)이 물에 용해되는 반응이 흡열 반응이므로 생성물의 에너지 합은 반응물의 에너지 합보다 크다.

12 화학 반응에서 출입하는 열

발열 반응은 화학 반응이 일어날 때 열을 방출하는 반응이다.

○. NaOH(s)이 물에 녹는 반응은 발열 반응으로 NaOH(aq)을 만들면 수용액의 온도가 높아지므로 온도가 20℃로 낮아질 때까지 기다렸다가 실험에 사용한다. 따라서 발열 반응은 ㉠으로 적절하다.

○. 실험 결과에서 수용액의 온도가 높아졌으므로 NaOH(aq)과 HCl(aq)의 반응은 발열 반응이고, 반응물의 에너지 합은 생성물의 에너지 합보다 크다.

✗. (나)에서 20℃ 0.1 M HCl(aq) 100 mL 대신 20℃ 0.1 M HCl(aq) 200 mL를 넣어 반응시키면 0.1 M HCl(aq) 100 mL만 반응하고 발생하는 중화열은 같지만, 온도가 20℃인 HCl(aq) 100 mL가 더 첨가된 것과 같으므로 혼합 용액의 최고 온도는 (나)에서 최고 온도인 24℃보다 낮다.

01 우리 생활 속의 화학

수능 2점 테스트 본문 10~11쪽

01 ⑤ 02 ① 03 ⑤ 04 ③ 05 ⑤ 06 ④ 07 ③
08 ②

수능 3점 테스트 본문 12~16쪽

01 ⑤ 02 ④ 03 ③ 04 ② 05 ③ 06 ① 07 ①
08 ④ 09 ⑤ 10 ③

02 화학식량과 몰

수능 2점 테스트 본문 25~26쪽

01 ② 02 ③ 03 ① 04 ④ 05 ⑤ 06 ③ 07 ⑤
08 ①

수능 3점 테스트 본문 27~32쪽

01 ③ 02 ④ 03 ① 04 ③ 05 ① 06 ④ 07 ④
08 ⑤ 09 ② 10 ③ 11 ⑤ 12 ①

03 화학 반응식과 용액의 농도

수능 2점 테스트 본문 41~43쪽

01 ② 02 ③ 03 ③ 04 ④ 05 ② 06 ⑤ 07 ⑤
08 ① 09 ③ 10 ④ 11 ① 12 ⑤

수능 3점 테스트 본문 44~49쪽

01 ④ 02 ③ 03 ④ 04 ③ 05 ⑤ 06 ⑤ 07 ③
08 ② 09 ② 10 ① 11 ① 12 ③

04 원자의 구조

수능 2점 테스트 본문 55~56쪽

01 ⑤ 02 ④ 03 ① 04 ③ 05 ③ 06 ⑤ 07 ④
08 ①

수능 3점 테스트 본문 57~61쪽

01 ③ 02 ⑤ 03 ② 04 ④ 05 ⑤ 06 ① 07 ③
08 ⑤ 09 ② 10 ⑤

05 현대적 원자 모형과 전자 배치

수능 2점 테스트 본문 70~72쪽

01 ③ 02 ⑤ 03 ④ 04 ⑤ 05 ② 06 ⑤ 07 ④
08 ② 09 ⑤ 10 ⑤ 11 ⑤ 12 ③

수능 3점 테스트 본문 73~78쪽

01 ① 02 ④ 03 ③ 04 ④ 05 ④ 06 ④ 07 ④
08 ⑤ 09 ② 10 ③ 11 ③ 12 ④

06 원소의 주기적 성질

수능 2점 테스트 본문 87~89쪽

01 ⑤ 02 ③ 03 ② 04 ③ 05 ④ 06 ⑤ 07 ④
08 ⑤ 09 ① 10 ⑤ 11 ⑤ 12 ⑤

수능 3점 테스트 본문 90~95쪽

01 ④ 02 ③ 03 ④ 04 ② 05 ① 06 ① 07 ③
08 ④ 09 ④ 10 ⑤ 11 ① 12 ⑤

07 이온 결합

수능 2점 테스트
본문 102~103쪽

01 ⑤ 02 ⑤ 03 ③ 04 ① 05 ④ 06 ⑤ 07 ④
08 ⑤

수능 3점 테스트
본문 104~107쪽

01 ⑤ 02 ① 03 ③ 04 ⑤ 05 ① 06 ① 07 ④
08 ⑤

08 공유 결합과 결합의 극성

수능 2점 테스트
본문 117~119쪽

01 ② 02 ② 03 ③ 04 ① 05 ④ 06 ⑤ 07 ③
08 ⑤ 09 ④ 10 ① 11 ③ 12 ①

수능 3점 테스트
본문 120~126쪽

01 ② 02 ④ 03 ② 04 ③ 05 ⑤ 06 ④ 07 ③
08 ④ 09 ③ 10 ① 11 ⑤ 12 ⑤ 13 ① 14 ①

09 분자의 구조와 성질

수능 2점 테스트
본문 135~137쪽

01 ① 02 ① 03 ⑤ 04 ② 05 ③ 06 ④ 07 ③
08 ⑤ 09 ① 10 ⑤ 11 ⑤ 12 ⑤

수능 3점 테스트
본문 138~143쪽

01 ① 02 ③ 03 ⑤ 04 ② 05 ③ 06 ④ 07 ②
08 ② 09 ③ 10 ⑤ 11 ② 12 ④

10 동적 평형

수능 2점 테스트
본문 152~153쪽

01 ⑤ 02 ④ 03 ③ 04 ② 05 ⑤ 06 ③ 07 ②
08 ⑤

수능 3점 테스트
본문 154~158쪽

01 ④ 02 ③ 03 ① 04 ② 05 ① 06 ⑤ 07 ③
08 ⑤ 09 ② 10 ①

11 산 염기와 중화 반응

수능 2점 테스트
본문 167~169쪽

01 ③ 02 ③ 03 ⑤ 04 ③ 05 ① 06 ⑤ 07 ②
08 ⑤ 09 ④ 10 ⑤ 11 ② 12 ⑤

수능 3점 테스트
본문 170~175쪽

01 ③ 02 ① 03 ⑤ 04 ③ 05 ③ 06 ③ 07 ②
08 ④ 09 ③ 10 ④ 11 ① 12 ①

12 산화 환원 반응과 화학 반응에서 출입하는 열

수능 2점 테스트
본문 188~190쪽

01 ③ 02 ③ 03 ⑤ 04 ② 05 ⑤ 06 ⑤ 07 ③
08 ③ 09 ⑤ 10 ① 11 ⑤ 12 ③

수능 3점 테스트
본문 191~196쪽

01 ③ 02 ③ 03 ⑤ 04 ⑤ 05 ⑤ 06 ① 07 ⑤
08 ③ 09 ② 10 ⑤ 11 ② 12 ④

성신!

BEYOND THE BEST

성신, 새로운 가치의 인재를 키웁니다.
최고를 넘어 창의적 인재로,
최고를 넘어 미래적 인재로.

심리학과 정정윤

2025학년도 성신여자대학교 신입학 모집

학관리실 | ipsi.sungshin.ac.kr   입학상담 | 02-920-2000

본 교재 광고의 수익금은 콘텐츠 품질 개선과 공익사업에 사용됩니다.
고두의 요강(mdipsi.com)을 통해 성신여자대학교의 입시정보를 확인할 수 있습니다.

글로컬대학 30 선정

강릉원주 국립대학교

KTX 개통으로 수도권과 더 가까워진 국립대학교
국립이라 가능해, 그래서 특별해!

입학상담 033-640-2739~2741, 033-640-2941~2942

 국립 강릉원주대학교

원서접수 2024. 09. 09(월)~10. 02(수)

수시1차 24. 09. 09월 — 10. 02수
수시2차 24. 11. 08금 — 11. 22금
정시 24. 12. 31화 — 25. 01. 14

취업성공대학

연성대학교

14011 경기도 안양시 만안구 양화로 37번길 34 연성대학교
TEL 031)441-1100 **FAX** 031)442-4400

본 교재 광고의 수익금은 콘텐츠 품질개선과 공익사업에 사용됩니다.
모두의 요강(mdipsi.com)을 통해 연성대학교의 입시정보를 확인할 수 있습니다.

연성대학교   연성대학교   연성대학교   연성대학교
입학안내 홈페이지   입학안내 카카오톡   인스타그램   페이스북